北大社·“十三五”普通高等教育本科规划教材
高等院校机械类专业“互联网+”创新规划教材

电气控制与PLC应用

主　编　程广振　徐云杰
副主编　胡晓军　柳超颖
　　　　张清珠　张　梁

内 容 简 介

本书主要内容包括常用低压电器、电气控制基本电路、电气控制电路设计方法、PLC的组成与工作原理、三菱 FX_{3U} 系列 PLC、FX_{3U} 系列 PLC 的功能指令、西门子 S7- 200 系列 PLC、S7- 200 系列 PLC 的功能指令、编程软件触摸屏及组态软件、PLC 工程应用实例，共 10 章，各章既相互联系又相对独立，注重理论联系实际。

本书可作为高等院校机械电子工程、机械设计制造及其自动化、自动化、电气工程及其自动化、机电一体化等专业的教材，也可供设计研究单位、工矿企业从事电气控制开发应用工作的工程技术人员参考使用。

图书在版编目(CIP)数据

电气控制与 PLC 应用/程广振,徐云杰主编．—北京:北京大学出版社,2021.8
高等院校机械类专业 “互联网+ ” 创新规划教材
ISBN 978-7-301-32160-7

Ⅰ.①电… Ⅱ.①程… ②徐… Ⅲ.①电气控制—高等学校—教材 ②PLC 技术—高等学校—教材 Ⅳ.①TM571.2②TM571.6

中国版本图书馆 CIP 数据核字(2021)第 074276 号

书　　名 电气控制与 PLC 应用
DIANQI KONGZHI YU PLC YINGYONG
著作责任者 程广振　徐云杰　主编
策划编辑 童君鑫
责任编辑 孙　丹　童君鑫
数字编辑 蒙俞材
标准书号 ISBN 978-7-301-32160-7
出版发行 北京大学出版社
地　　址 北京市海淀区成府路 205 号　100871
网　　址 http://www.pup.cn　新浪微博：@北京大学出版社
电子信箱 pup_6@163.com
电　　话 邮购部 010-62752015　发行部 010-62750672　编辑部 010-62750667
印 刷 者 三河市北燕印装有限公司
经 销 者 新华书店
787 毫米×1092 毫米　16 开本　22.75 印张　546 千字
2021 年 8 月第 1 版　2021 年 8 月第 1 次印刷
定　　价 69.00 元

前　言

电气控制技术是工业自动化的基础，可编程逻辑控制器（Programmable Logic Controller，PLC）作为现代工业控制的支柱之一，是专为工业环境设计的高可靠性产品。由于PLC采用现代大规模集成电路技术，内部电路采用先进的抗干扰技术，因此具有很高的可靠性，可以用于各种规模的工业控制场合。它接口方便，编程语言易被工程技术人员接受，且采用PLC控制技术，提高了电气控制的灵活性和通用性，控制功能和控制精度大大提高。

本书充分体现了机电设备电气控制系统课程教学的基本要求，具有如下优势。

（1）精选教材内容，强化工程应用。在电气控制线路的设计方法中，除了介绍电气控制线路的一般设计方法外，还详细介绍了电气控制线路的逻辑设计法，利用逻辑代数这一数学工具，用逻辑函数关系式描述控制要求，画出对应的电气控制线路图，为复杂控制电路设计提供了可靠的设计方法。PLC部分以国内大量应用的小型PLC典型机型为例，分别介绍了三菱FX_{3U}系列和西门子S7－200系列的指令应用，便于读者理解，为工程应用打下坚实基础。

（2）瞄准前沿技术，强化最新科技成果应用。三菱FX_{2N}系列PLC在我国用量较大，但已经停止生产，多数在用教材仍然以其为例进行讲解，内容严重滞后于实际应用。本书紧密结合现阶段PLC技术发展，以三菱FX_{3U}系列为例进行讲解，实用性强。第9章对触摸屏及组态软件进行了简要介绍，可以扩展学生相关知识。

（3）紧密贴合生产实际，注重工程能力培养。通过案例教学讲授编程方法，面向工程应用，着力培养懂原理、能设计、会管理的专业技术人才。插图尽量与实物一致，增强直观性，便于读者理解电气控制设备的结构、工作原理、安装调试。

本书由程广振、徐云杰担任主编，胡晓军、柳超颖、张清珠、张梁担任副主编。具体分工如下：湖州师范学院徐云杰、胡晓军共同编写了第1、7、8章和附录，湖州师范学院程广振、张清珠、张梁共同编写了第2～6章，湖州职业技术学院柳超颖编写了第9、10章。

本书的编写得到了湖州师范学院工学院领导的大力支持。在编写过程中，编者参阅了大量文献资料，在此向原作者致以衷心的感谢。

为方便选用本书作为教材的任课教师授课，编者制作了配套电子课件，需要的教师可向出版社或编者索取。

由于编者水平有限，书中难免有不妥之处，敬请读者批评指正。

编者邮箱：chgzh169@126.com

编　者

2021年5月

资源索引

目 录

第 7 章 西门子 S7-200 系列 PLC … 187

第 8 章 S7-200 系列 PLC 的功能指令 ……………………… 235

第1章 常用低压电器

知识要点	掌握程度	相关知识
概述	了解低压电器的分类； 掌握电磁式低压电器的工作原理	电动式低压电器
接触器	了解接触器的组成及工作原理； 掌握接触器的选用原则	断路器
继电器	了解继电器的分类； 掌握继电器的选用原则	控制电路保护
主令电器	了解主令电器的分类； 掌握主令电器的选用原则	控制器、按钮开关
刀开关与低压断路器	了解刀开关、负荷开关； 掌握低压断路器的选用原则	供配电网络控制与保护
熔断器	了解熔断器的分类； 掌握熔断器的选用原则	短路保护、过载保护

1.1 概　　述

低压电器是指在低压电路中工作，实现对电路或非电对象的控制、检测、保护、变换、调节等作用的电器。工作电压 AC 1200V、DC 1500V 以下的为低压电器。

1.1.1 低压电器的分类

1. 按用途或控制对象分类

(1) 配电电器。配电电器主要用于低压配电系统，是供配电系统中进行电能输送和电能分配的电器，如刀开关、低压断路器等。

(2) 控制电器。控制电器主要用于电气传动系统，是发送控制指令的主令电器，如按钮、行程开关、转换开关、主令控制器等。

(3) 保护电器。保护电器是对电路及用电设备进行保护的电器，如熔断器、热继电器、电压继电器、电流继电器等。

(4) 执行电器。执行电器是完成某种动作或实现传送功能的电器，如电磁铁、电磁离合器、接触器、中间继电器等。

2. 按动作方式分类

(1) 自动电器。自动电器依靠自身参数的变化或外来信号的作用，自动完成接通、分断等动作，如接触器、继电器、电磁铁等。

(2) 手动电器。手动电器是用手动操作进行切换的电器，如按钮、转换开关、主令控制器等用于发送控制指令的主令电器。

3. 按触点类型分类

(1) 有触点电器。有触点电器利用触点的接通和分断来切换电路，如接触器、继电器、电磁铁、按钮、行程开关、转换开关、主令控制器等。

(2) 无触点电器。无触点电器无可分离的触点，主要利用电子元件的开关效应来实现电路的通、断控制，如接近开关、霍尔开关、电子式时间继电器、固态继电器等。

4. 按工作原理分类

(1) 电磁式电器。电磁式电器是根据电磁感应原理动作的电器，如接触器、继电器、电磁铁等。

(2) 非电量控制电器。非电量控制电器是依靠外力或非电量信号（如速度、压力、温度等）的变化而动作的电器，如转换开关、行程开关、速度继电器、压力继电器、温度继电器等。

1.1.2 电磁式低压电器

1. 电磁机构

电磁机构由电磁线圈、铁芯、衔铁等组成。它的主要作用是将电磁能转换为机械能并带动触点动作，完成电路接通和分断。当线圈通过工作电流时，产生足够的磁动势，在磁路中形成磁通，使衔铁获得足够的电磁力，克服反作用力与铁芯吸合，由连接机构带动相应的触点动作。常用电磁机构的结构形式如图1.1所示。

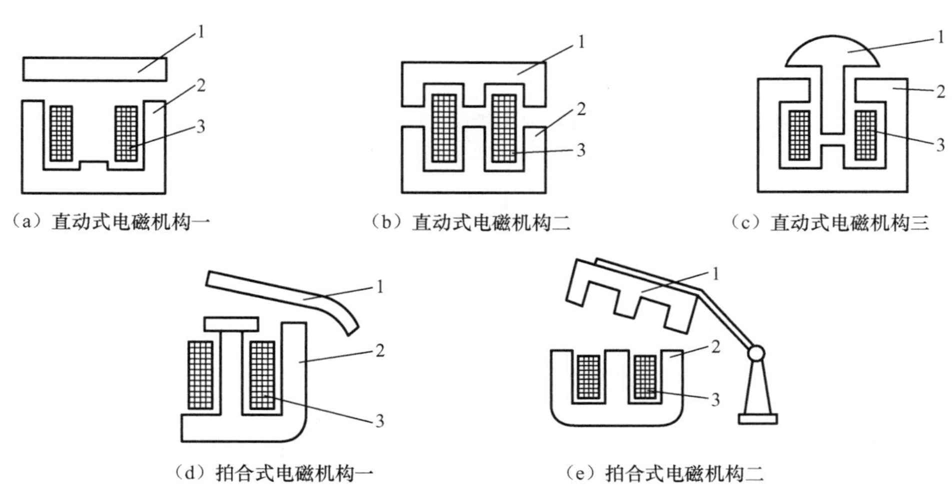

1—衔铁；2—铁芯；3—电磁线圈

图1.1　常用电磁机构的结构形式

(1) 电磁机构的结构形式。

组成：电磁线圈、铁芯、衔铁、气隙。

动作：电流通入电磁线圈，产生磁场及吸力，通过气隙转换为机械能带动衔铁运动，使触点动作。

(2) 电磁机构吸力特性与反力特性。

衔铁能否正常工作是由电磁机构的吸力特性与反力特性决定的。电磁机构使衔铁吸合的力与气隙长度的关系曲线称为吸力特性曲线。它随励磁电流种类（交流或直流）、电磁线圈连接方式（串联或并联）的不同而不同。电磁机构使衔铁释放（复位）的力与气隙长度的关系曲线称为反力特性曲线。反力与作用弹簧、摩擦阻力及衔铁质量有关。

① 电磁机构的吸力特性。

$$F=\frac{1}{2\mu_0}B^2S=\frac{10^7}{8\pi}B^2S \qquad (1-1)$$

式中，F为电磁吸力；B为气隙磁通密度；S为吸力处的铁芯截面面积，当S为常数时，F与B^2成正比，即可认为与气隙磁通的平方成正比；$\mu_0=4\pi\times10^{-7}H/m$。

② 直流电磁机构的吸力特性曲线（图1.2）。

$$\Phi=\frac{IN}{R_m}=\frac{IN}{\delta/(\mu_0S)}=\frac{IN\mu_0S}{\delta} \qquad (1-2)$$

$$F\propto B^2\propto\Phi^2\propto\frac{1}{\delta^2} \qquad (1-3)$$

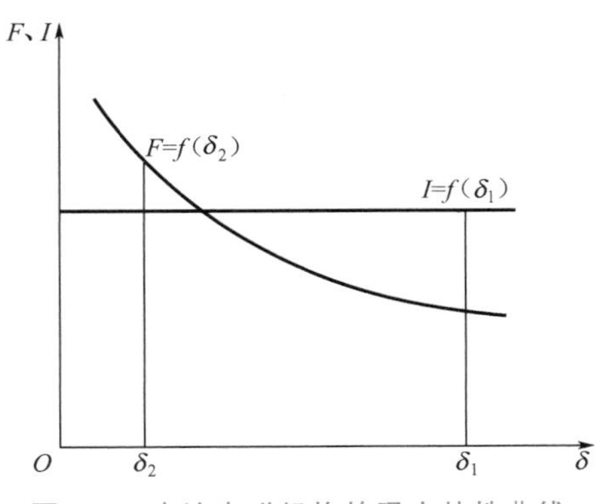

图1.2　直流电磁机构的吸力特性曲线

式中，Φ为气隙中的磁通量；I为流过线圈的电流；N 为线圈匝数；R_m 为气隙磁阻；δ 为气隙。

由式（1-3）可以看出，直流电磁机构的吸力与气隙的平方成反比。

③ 交流电磁机构的吸力特性曲线（图 1.3）。

$$U \approx E = 4.44 f \Phi N$$

$$\Phi = \frac{U}{4.44 f N}$$

式中，E 为电势。当频率 f、线圈匝数 N 和电压 U 均为常数时，Φ 为常数，F 也为常数，说明 F 与 δ 无关。实际上由于存在漏磁通，F 随着 δ 的减小而略有增大。

④ 吸力特性与反力特性曲线组合图（图 1.4）。

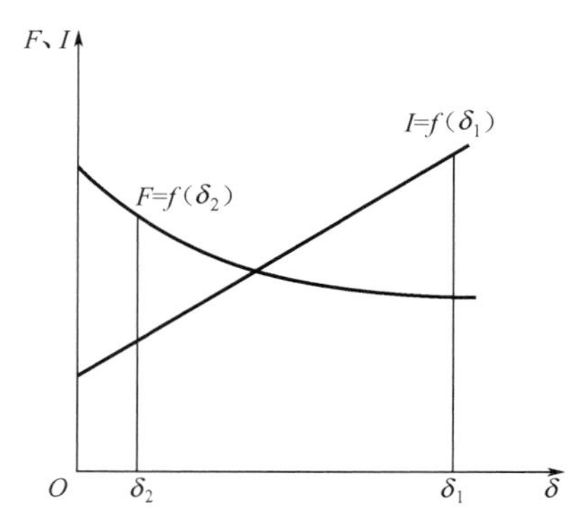

图 1.3　交流电磁机构的吸力特性曲线

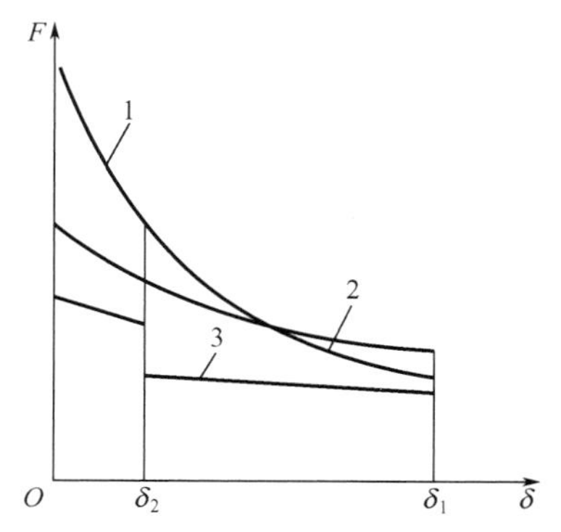

1—直流吸力特性；2—交流吸力特性；3—反力特性

图 1.4　吸力特性与反力特性曲线组合图

2. 触点

触点是电器的执行部分，用于接通和断开电路。触点主要由动触点和静触点组成，当电磁机构中的衔铁与铁芯吸合时，动触点在连动机构的带动下动作，动触点和静触点闭合或断开。

（1）触点的接触形式（图 1.5）。

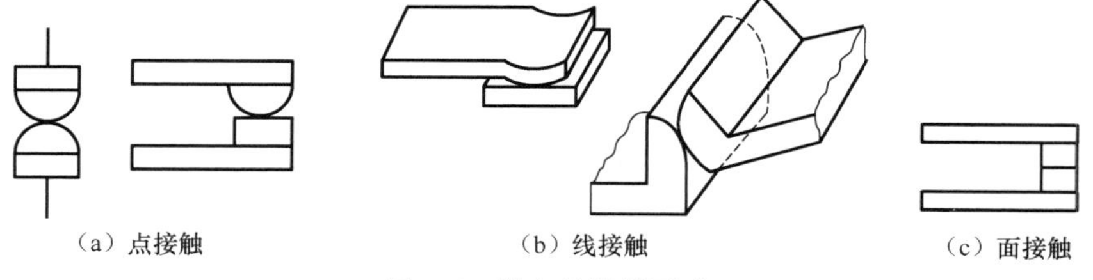

图 1.5　触点的接触形式

（2）触点的结构形式（图 1.6）。

减小触点接触电阻的常用方法如下。

① 触点材料选用电阻系数小的，使触点本身的电阻尽量减小。

② 增大触点的接触压力，一般在动触点上安装触点弹簧。

③ 改善触点表面状况，尽量避免表面形成氧化膜，在使用过程中尽量保持触点清洁。

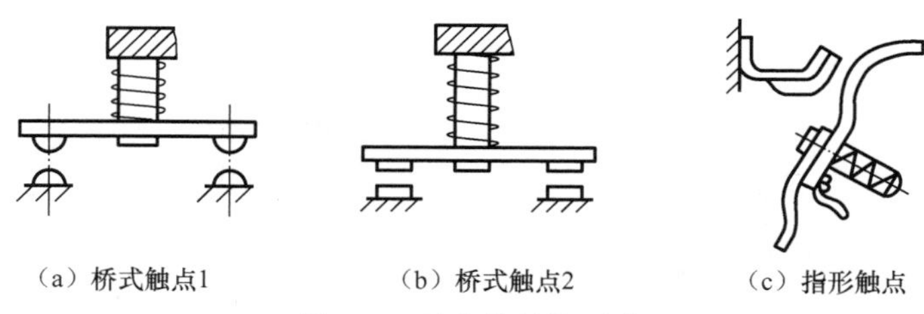

图 1.6　触点的结构形式

3. 电弧的产生和灭弧方法

电弧是触点间气体在强电场作用下产生的放电现象。在通电状态下分开的瞬间，动、静触点的间隙很小，于是在触点间形成很强的电场（$E=U/d$，其中 d 为触点间隙）。在高热和强电场作用下，金属内部的自由电子从阴极表面电离出来，加速向阳极移动，这些自由电子在运动中撞击中性气体分子，使它们产生正离子和电子，在触点间隙产生大量带电粒子，使气体导电，形成炽热的电子流，绝缘的气体变成了导体。电流通过这个游离区时消耗的电能转换为热能和光能，发出光和热，产生高温并发出强光，即电弧。

（1）电弧产生的条件。

当分断电路的电流超过 0.25～1A，分断后加在触点间隙两端的电压超过 12～20V（根据触点材质的不同取值）时，会在触点间隙产生电弧。

（2）电弧的危害。

延长电路的分断时间将烧坏触点，严重时会损坏电器和周围设备，甚至造成火灾。

（3）灭弧方法（图 1.7）。

① 机械性拉弧：分断触点时，迅速增加电弧长度，使单位长度内维持电弧燃烧的电场强度不够而熄弧。

② 双断口灭弧：效果较弱，一般用于小功率电器。

③ 磁吹灭弧：电弧电流越大，灭弧能力越强，广泛用于直流灭弧装置。

④ 灭弧栅灭弧：常用于交流灭弧。

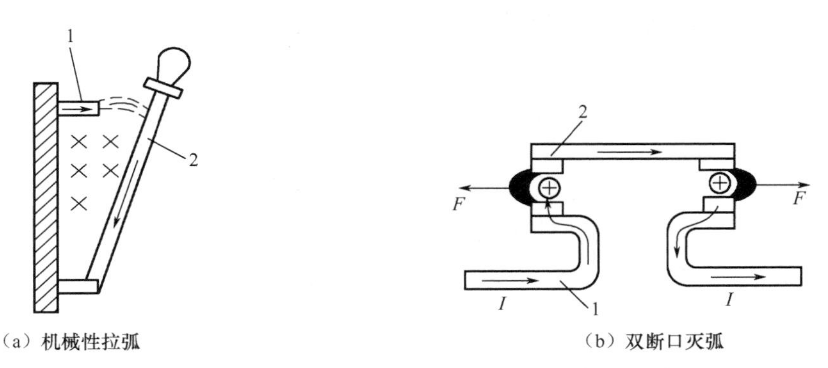

1—静触点；2—动触点；F—电磁吸力；I—流过线圈的电流

图 1.7　灭弧方法

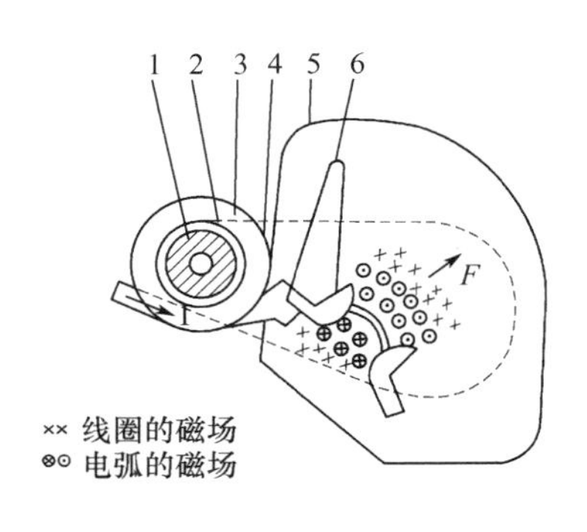

(c) 磁吹灭弧

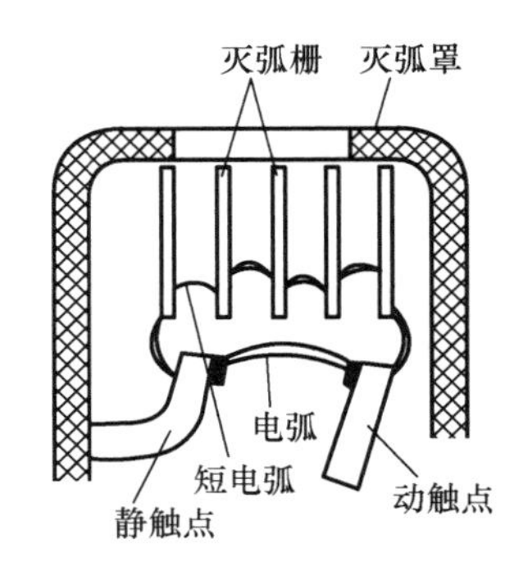

(d) 灭弧栅灭弧

1—铁芯；2—绝缘管；3—吹弧线圈；
4—导磁颊片；5—灭弧罩；6—熄弧角

图 1.7 灭弧方法（续）

1.2 接 触 器

1.2.1 接触器的分类

接触器是一种适用于频繁地接通和断开电动机主电路或其他负载电路的控制电器，由电磁线圈、铁芯、衔铁、触点和固定支架组成。当接触器的电磁线圈通入电流时，会产生很强的磁场，使衔铁被吸附，安装在衔铁上的动触点也随之与静触点闭合，使电气电路接通。当断开电磁线圈中的电流时，磁场消失，触点在弹簧的作用下恢复到断开状态。

接触器按主触点通过电流的种类可分为交流接触器和直流接触器，在控制电路中大多采用交流接触器。

1.2.2 接触器的组成及工作原理

1. 交流接触器

交流接触器（图 1.8）是在交流电路中频繁地接通和断开电动机主电路或其他负载电路的控制电器。电磁线圈加额定电压，衔铁吸合，动断触点断开，动合触点闭合，断开线圈电压，触点恢复常态。为防止铁芯振动，需加短路环。

2. 直流接触器

直流接触器（图 1.9）是在直流电路中接通和断开电动机主电路或其他负载电路的控制电器。其工作原理与交流接触器的相似。

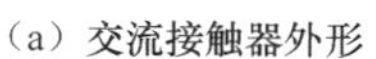
（a）交流接触器外形

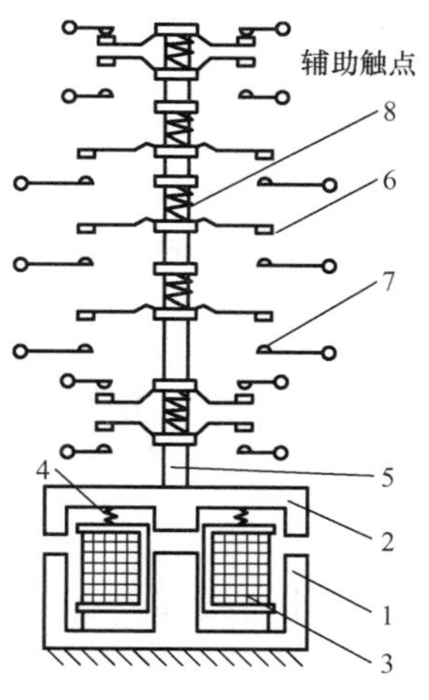

（b）交流接触器的工作原理

1—铁芯；2—衔铁；3—线圈；4—复位弹簧；
5—绝缘支架；6—动触点；7—静触点；8—触点弹簧

图 1.8 交流接触器

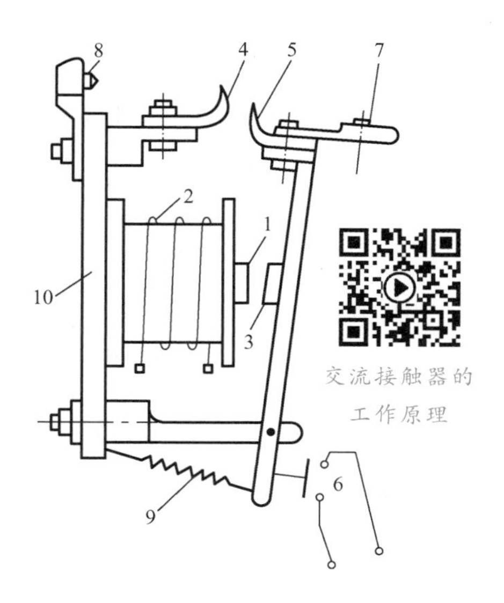

1—铁芯；2—线圈；3—衔铁；
4—静触点；5—动触点；
6—辅助触点；7，8—接线柱；
9—弹簧；10—底板

图 1.9 直流接触器

1.2.3 接触器的图形符号与文字符号

接触器的图形符号与文字符号如图 1.10 所示。

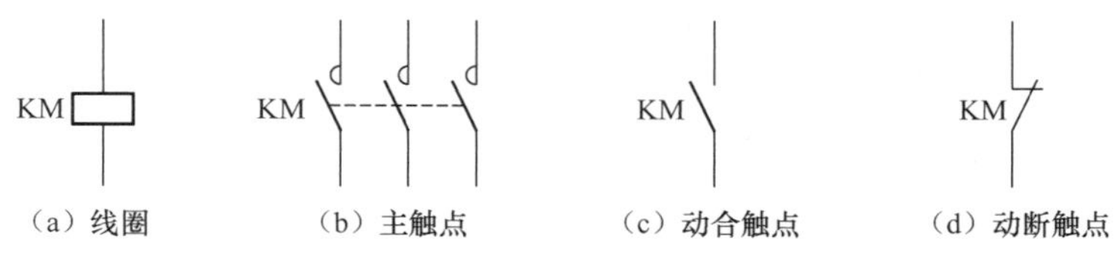

（a）线圈　（b）主触点　（c）动合触点　（d）动断触点

图 1.10 接触器的图形符号与文字符号

1.2.4 接触器的主要技术指标

（1）额定电压：主触点允许承受的长期工作电压。

交流接触器：127V、220V、380V、500V。

直流接触器：110V、220V、440V。

（2）额定电流：主触点允许通过的长期工作电流。

交流接触器：5A、10A、20A、40A、60A、100A、150A、250A、400A、600A。

直流接触器：40A、80A、100A、150A、250A、400A、600A。

（3）吸引线圈额定电压：接触器正常工作时吸引线圈两端加载的电压。

交流接触器：36V、110（127）V、220V、380V。

直流接触器：24V、48V、220V、440V。

1.2.5 接触器的型号说明

接触器的型号说明如图 1.11 所示。

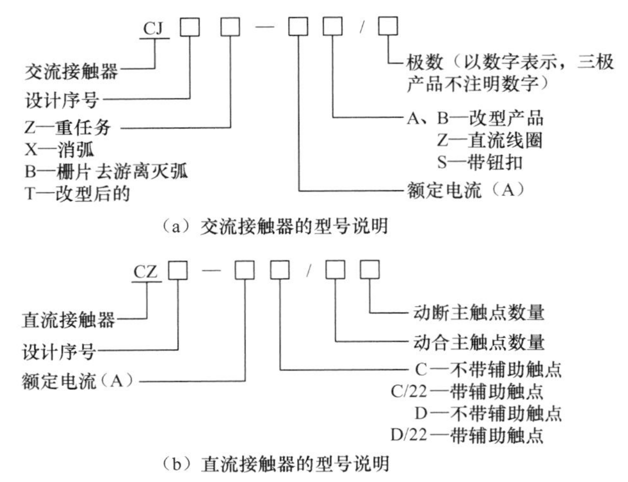

（a）交流接触器的型号说明

（b）直流接触器的型号说明

图 1.11 接触器的型号说明

例如，CJ12T－250 的含义为改型后的交流接触器，设计序号为 12，额定电流为 250A，主触点为三极；CZ0－100/20 的含义为直流接触器，设计序号为 0，额定电流为 100A，双动合主触点。

1.2.6 接触器的选用原则

（1）根据电路中负载电流的种类选择接触器。

（2）接触器的额定电压应大于或等于负载回路的额定电压。

（3）吸引线圈的额定电压应与控制电路的额定电压等级一致。

（4）额定电流应大于或等于被控主回路的额定电流。

1.3 继电器

继电器利用各种物理量的变化，将电量信号或非电量信号转换为电磁力，或使输出状态发生阶跃变化，从而通过其触点或突变量，促使在同一电路或另一电路中的其他器件或装置动作。它用于各种控制电路中进行信号传递、放大、转换、联锁等，控制主电路和辅助电路中的器件或设备按预定的动作程序工作，实现自动控制和保护。

1.3.1 继电器的分类

（1）按动作原理分类：电磁式继电器、感应式继电器、热继电器、机械式继电器、电动式继电器、电子式继电器等。

（2）按反应参数分类：电流继电器、电压继电器、时间继电器、速度继电器、压力继电器等。

（3）按动作时间分类：瞬时动作继电器、延时动作继电器等。

（4）按用途分类：控制继电器和保护继电器。控制继电器包括中间继电器、时间继电器和速度继电器等；保护继电器包括热继电器、电压继电器和电流继电器等。

1.3.2 电磁式继电器

1. 中间继电器

在控制电路中起信号传递、放大、切换和逻辑控制等作用的继电器称为中间继电器。中间继电器是将一个输入信号转换为一个或多个输出信号的继电器。它实际上是一种电压继电器，但还具有触点多（六对甚至更多）、触点能承受的电流较大（额定电流为5～10A）、动作灵敏（动作时间小于0.05s）等特点。作为转换控制信号的中间元件，其输入信号为线圈的通电信号或断电信号，输出信号为触点的动作。

常用中间继电器有交流JZ7系列，直流JZ12系列，交、直流两用JZ8系列。中间继电器的图形符号与文字符号如图1.12所示。

图1.12 中间继电器的图形符号与文字符号

2. 电流继电器

电流继电器是触点的动作与线圈电流有关的继电器，用于电力拖动系统的电流保护和控制。其特点是线圈串联接入主电路，用来感测主电路的电路电流，线圈导线粗、匝数少、阻抗小，触点接于控制电路，为执行元件。常用电流继电器有过电流继电器和欠电流继电器两种。电流继电器的图形符号与文字符号如图1.13所示。常用电流继电器外形如图1.14所示。

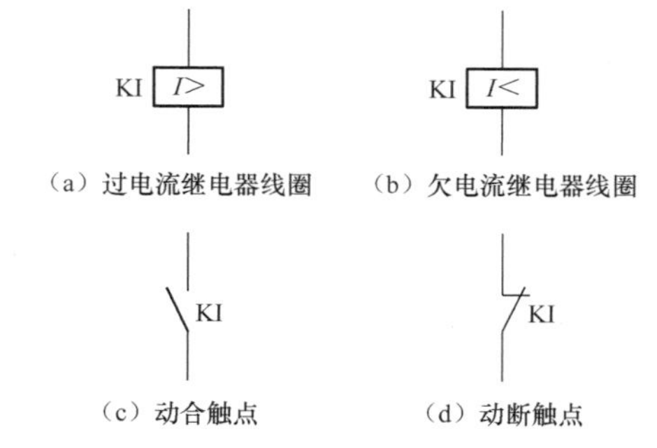

图1.13 电流继电器的图形符号与文字符号

图1.14 常用电流继电器外形

(1) 过电流继电器。

过电流继电器在电路额定电流下正常工作时，电磁吸力不足以克服弹簧阻力，衔铁不动作，当电流超过整定电流时电磁机构动作，整定电流为额定电流的 1.1～1.4 倍。过电流继电器主要用于频繁重载启动的场合，用于电动机过载保护和短路保护。常用过电流继电器有 JL14、JL15、JL18 等系列。

(2) 欠电流继电器。

欠电流继电器在电路额定电流下正常工作时，处于吸合状态，当负载电流减小至继电器释放电流时，继电器释放，释放电流整定值为额定电流的 10%～20%。欠电流继电器主要在电路中起欠电流保护作用，如直流电动机励磁保护。

3. 电压继电器

触点的动作与线圈电压有关的继电器称为电压继电器。电压继电器用于电力拖动系统的电压保护和控制。其线圈并联接入主电路，感测主电路的电路电压，线圈匝数较多，导线较细，触点接于控制电路，为执行元件。

电压继电器根据吸合电压可分为过电压继电器和欠电压继电器。电压继电器的图形符号与文字符号如图 1.15 所示。图 1.16 所示为常用电压继电器外形。

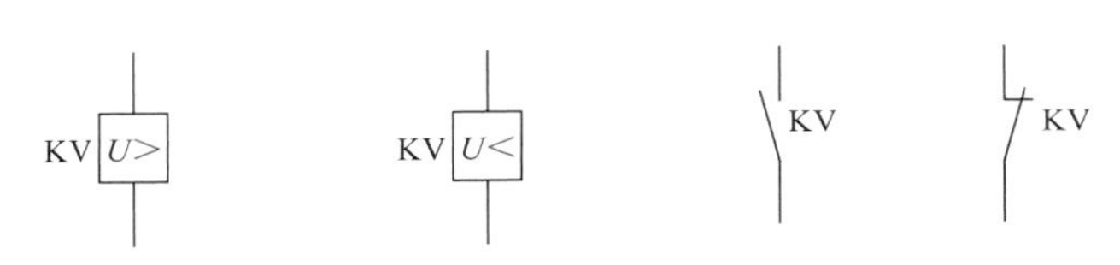

(a) 过电压继电器线圈　(b) 欠电压继电器线圈　(c) 动合触点　(d) 动断触点

图 1.15　电压继电器的图形符号与文字符号

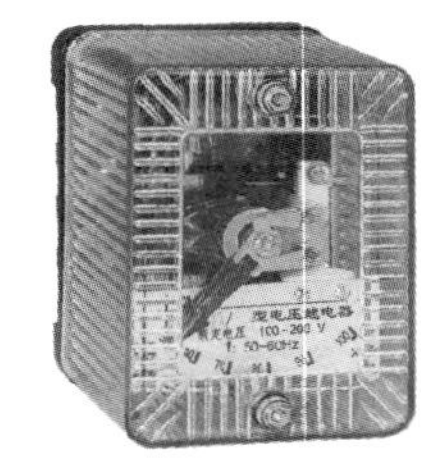

图 1.16　常用电压继电器外形

(1) 过电压继电器。

过电压继电器在电路中用于过电压保护。由于直流电路一般不会出现过电压，因此没有直流过电压继电器。交流过电压继电器线圈在额定电压下不吸合，当线圈电压达到 1.05～1.20 倍额定电压以上时，过电压继电器吸合。

(2) 欠电压继电器。

欠电压继电器在电路中用于欠电压保护或零电压保护。欠电压继电器在额定电压下处于吸合状态，当电压降到额定电压的 40%～70%以下时释放。零电压继电器用于零电压保护，电压降到额定电压的 5%～25%以下时释放。

1.3.3 热继电器

热继电器是电流通过发热元件加热使双金属片弯曲，推动执行机构动作的电器，主要用于使电动机或其他负载免于过载，以及作为三相电动机的断相保护。热继电器的图形符号与文字符号如图 1.17 所示。图 1.18 所示为常用热继电器外形。

FR　　FR　　FR

(a) 热元件　　(b) 动合触点　　(c) 动断触点

图 1.17　热继电器的图形符号与文字符号

热继电器的工作原理

图 1.18　常用热继电器外形

热继电器由双金属片、热元件、动作机构、触点系统、整定调整装置及手动复位装置等组成，如图 1.19 所示。

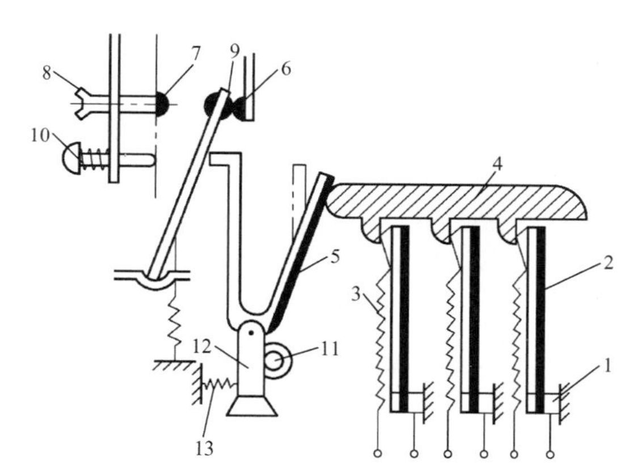

1—推杆；2—主双金属片；3—热元件；4—导板；5—补偿双金属片；6—动断静触点；7—动合静触点；8—复位调节螺钉；9—动触点；10—复位按钮；11—调节旋钮；12—支撑件；13—弹簧

图 1.19　热继电器的组成

双金属片为温度检测元件，由两种膨胀系数不同的金属片压焊而成，它被热元件加热后，因两层金属片伸长率不同而弯曲。热元件串联在电动机定子绕组中，电动机正常运行时，热元件产生的热量不会使触点系统动作。当电动机过载时，流过热元件的电流增大，经过一定的时间，热元件产生的热量使双金属片的弯曲程度超过一定值，通过导板推动热继电器的触点动作，动合触点闭合，动断触点断开。通常用动断触点与接触器线圈电路串联，切断接触器线圈电流，使电动机主电路断电。故障排除后，手动复位热继电器触点，可以重新接通控制电路。

带断相保护的热继电器工作原理如图 1.20 所示，该继电器可以避免三相异步电动机在断相情况下运行，造成电动机定子绕组烧毁的事故。

热继电器型号含义如图 1.21 所示。

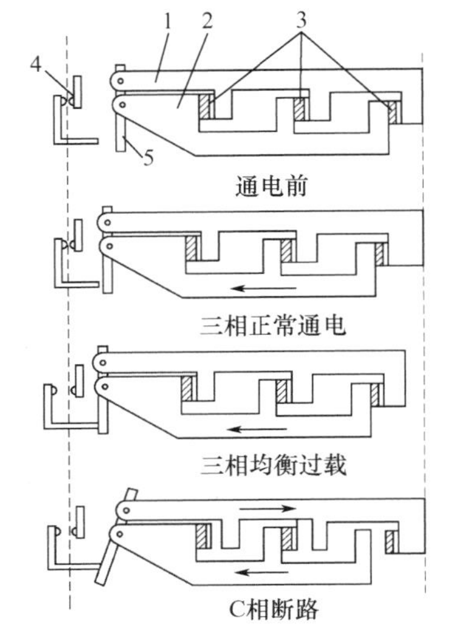

1—上导板；2—下导板；3—双金属片；
4—动断触点；5—杠杆

图 1.20　带断相保护的热继电器工作原理

带断相保护的
热继电器工作原理

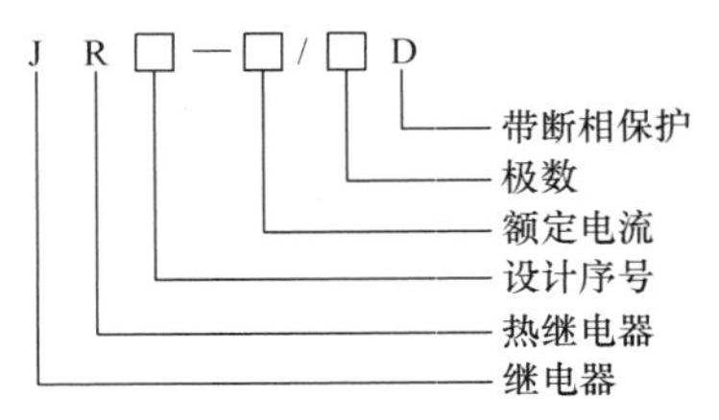

图 1.21　热继电器型号含义

1.3.4　时间继电器

时间继电器是指感应元件接收外界信号后，经过设定的延时时间才使执行机构动作的继电器。时间继电器的图形符号与文字符号如图 1.22 所示。图 1.23 所示为常用时间继电器外形。

通电延时型
时间继电器

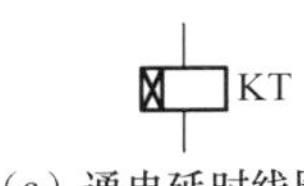

(a) 通电延时线圈

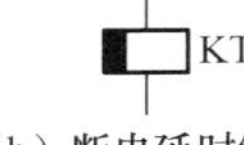

(b) 断电延时线圈

(c) 动合触点

(d) 动断触点

KT　(e) 延时闭合动合触点　KT　(f) 延时断开动合触点　KT　(g) 延时断开动断触点　KT　(h) 延时闭合动断触点

图 1.22　时间继电器的图形符号与文字符号

断电延时型
时间继电器

(a) 空气阻尼式时间继电器

(b) 数字式时间继电器

(c) 晶体管式时间继电器

图 1.23　常用时间继电器外形

1. 时间继电器的分类

（1）按构成原理分类：电磁式时间继电器、电动式时间继电器、空气阻尼式时间继电器、电子式（包括晶体管式和数字式）时间继电器。

（2）按延时方式分类：通电延时型时间继电器、断电延时型时间继电器。

2. 常用时间继电器的组成与特点

（1）空气阻尼式时间继电器。

① 包括电磁机构、工作触点及气室三部分，靠空气阻尼作用实现延时。

② 延时范围较宽，结构简单，工作可靠，价格低，使用寿命长。

③ 延时时间有 0.4～180s 和 0.4～60s 两种规格。

（2）电动式时间继电器。

① 包括同步电动机、减速齿轮机构、电磁离合系统及执行机构。

② 延时时间长，可达数十小时；延时精度高。

③ 结构复杂，体积较大。

（3）电子式时间继电器。

① 数字式时间继电器包括脉冲发生器、计数器、显示器、放大器及执行机构。

② 延时时间长，调节方便，精度高，应用广。

③ 可取代空气阻尼式时间继电器、电磁式时间继电器、电动式时间继电器等。

1.3.5 速度继电器

速度继电器是根据速度接通或断开电路，常用于三相交流异步电动机反接制动，转速接近零时自动切除反相序电源。速度继电器的图形符号与文字符号如图 1.24 所示。

速度继电器由转子、定子圆环、触点等组成。图 1.25 所示为速度继电器的工作原理。

（a）转子　（b）动合触点　（c）动断触点

图 1.24　速度继电器的图形符号与文字符号

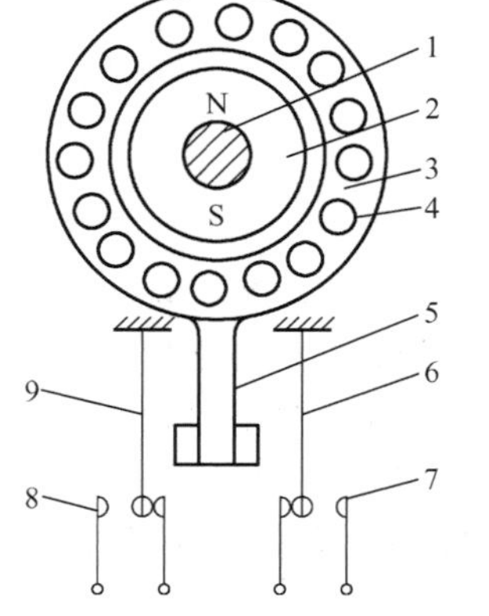

1—转轴；2—转子；3—定子；4—绕组；5—摆杆；6，9—簧片；7，8—静触点

图 1.25　速度继电器的工作原理

速度继电器的工作原理

转子：由一块永久磁铁制成，与电动机同轴相连，用于接收转动信号。

定子圆环（笼型空心绕组）：转子旋转时，切割转子磁场产生感应电动势，形成环内电流，此电流与磁铁磁场作用，产生电磁转矩，定子圆环在此力矩的作用下带动摆杆，克服弹簧力而沿着转子转动的方向摆动，并拨动触点改变通断状态。

触点：在摆杆左右各设一组切换触点，分别在速度继电器正转和反转时产生作用。调节弹簧力，可使速度继电器在不同转速下切换触点，改变通断状态。

动作转速一般大于 120r/min，复位转速小于 100r/min。工作时允许的转速高达 1000～3600r/min。

1.3.6 固态继电器

固态继电器（Solid State Relays，SSR）是一种由固态电子组件组装而成的，具有隔离功能的无触点电子开关。常用固态继电器外形如图 1.26 所示。固态继电器利用电子元器件的电、磁和光特性来完成输入和输出的可靠隔离，利用电子组件（如开关晶体管、双向晶闸管等半导体组件）的开关特性，实现无触点、无火花、接通和断开电路。固态继电器属于四端有源器件，有两个输入控制端和两个输出受控端，施加输入信号后输出呈导通状态，无输入信号时输出呈阻断状态。其耐高压的光电耦合电路实现了输入和输出之间的电气隔离。直流固态继电器输出采用晶体管，交流固态继电器输出采用晶闸管。

图 1.26　常用固态继电器外形

固态继电器的主要参数有输入电压、输入电流、输出电压、输出电流、输出漏电流等。

固态继电器的优点：工作可靠，使用寿命长，对外界干扰小，能与逻辑电路兼容，抗干扰能力强，开关速度快，无火花，无动作噪声，使用方便。

固态继电器的缺点：过载能力低，易受温度和辐射影响，通断阻抗比小。

固态继电器的应用：有逐步取代传统电磁继电器的趋势，广泛用于计算机的输入/输出接口、外围和终端设备等传统电磁继电器无法应用的领域。

交流固态继电器的工作原理如图 1.27 所示。当无信号输入时，发光二极管 V2 不发光，光电晶体管 V3 截止，晶体管 V4 导通，VT1 控制门极被钳在低电位而关断，双向晶闸管 VT2 无触发脉冲，固态继电器的两个输出端处于断开状态。只要在该电路的输入端输入很小的信号电压，就可以使发光二极管 V2 发光，光电晶体管 V3 导通，晶体管 V4 截止，VT1 控制门极为高电位，VT1 导通，双向晶闸管 VT2 可以经 R8、R9、V6、V7、V8、V9、VT1 对称电路获得正、负两个半周的触发信号，保持两个输出端处于接通状态。

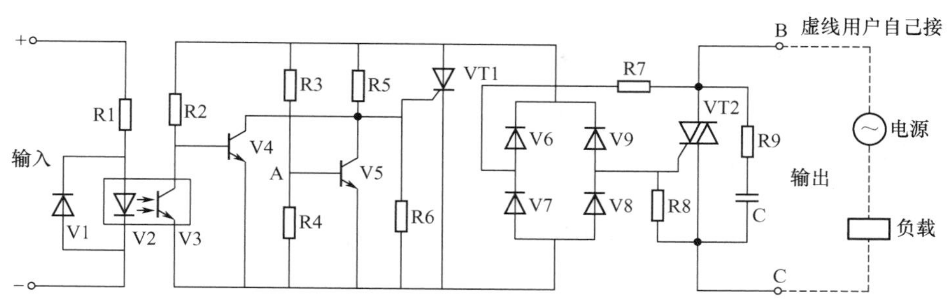

图 1.27 交流固态继电器的工作原理

1.4 主令电器

控制系统中，主令电器是一种发布电气控制指令的电器，用来改变控制系统的工作状态。主令电器可以直接作用于控制电路，也可以通过电磁式电器的转换控制电路，常用来控制电力拖动系统中电气执行机构的启动、停车、调速及制动等。常用主令电器有控制按钮、转换开关、行程开关、接近开关等。

1.4.1 控制按钮

控制按钮是一种结构简单、应用广泛的手动主令电器，可以与接触器或继电器配合，对电动机实现远距离的自动控制。它是一种短时间接通或断开小电流电路的手动控制指令电器。

根据按钮的触点形式，控制按钮分为动合按钮、动断按钮和复合按钮。控制按钮的图形符号与文字符号如图 1.28 所示。图 1.29 所示为控制按钮的外形与工作原理。

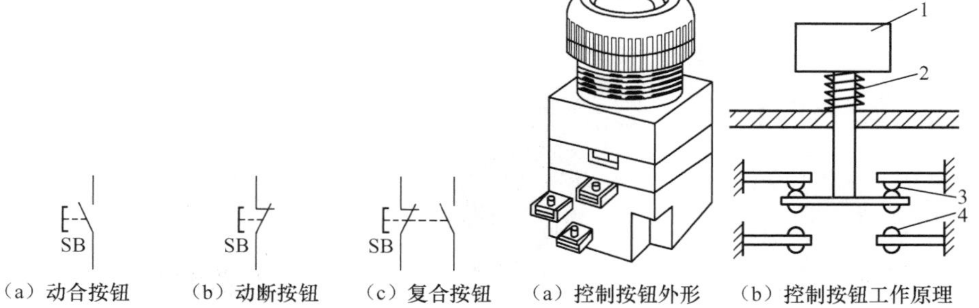

（a）动合按钮 （b）动断按钮 （c）复合按钮

图 1.28 控制按钮的图形符号与文字符号

（a）控制按钮外形 （b）控制按钮工作原理

1—按钮帽；2—复位弹簧；3—动断触点；4—动合触点

图 1.29 控制按钮的外形与工作原理

控制按钮的工作原理

按钮开关常态下动断触点闭合，动合触点断开；按下时动断触点断开，动合触点闭合。

按钮开关颜色规定：“停止”和“急停”按钮用红色；“启动”按钮用绿色；“点动”按钮用黑色；“启动”与“停止”交替动作的按钮用黑白、白色或灰色；“复位”按钮用蓝色，“复位”按钮兼有停止的作用时用红色。

1.4.2 转换开关

转换开关是由多组相同结构的触点组件叠装而成的多回路控制电器，借助不同形状的凸轮，触点按一定的次序接通和断开，能转换多种和大数量的电气控制电路，是一种多挡位、多触点、能够控制多回路的主令电器。转换开关广泛用于各种控制设备中电路的换接、遥控及电流表、电压表的换相测量等，也可用于控制小容量电动机的启动、换向、调速。

LW5 系列万能转换开关的型号说明如下。

LW5 - 15 ○ ○/ ○

额定电流 定位特征代号 接线图编号 接触系统挡数

LW5 - 15D0724/3 转换开关通断状态示例见表 1 - 1。

表 1 - 1 LW5 - 15D0724/3 转换开关通断状态示例

回路接线号	转换角度		
	45°（左）	0°	45°（右）
1 - 2			×
3 - 4			×
5 - 6		×	
7 - 8		×	
9 - 10	×		
11 - 12	×		

注：“×”表示触点接通，空白表示触点断开。

图 1.30 所示为常用转换开关外形，图 1.31 所示为三位转换开关的图形符号，图 1.32 所示为五位转换开关的图形符号。

图 1.30 常用转换开关外形

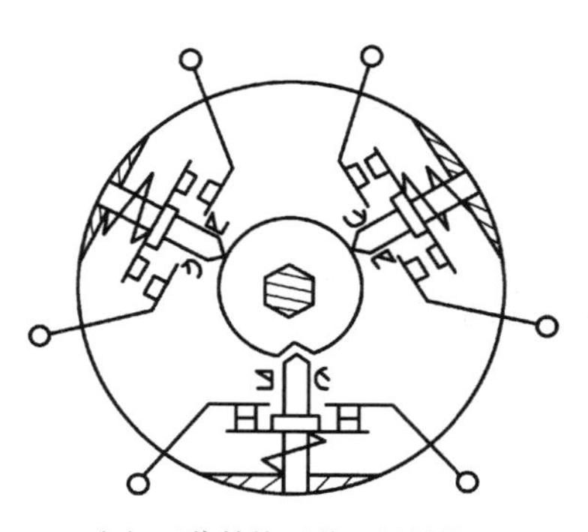
（a）三位转换开关一层结构

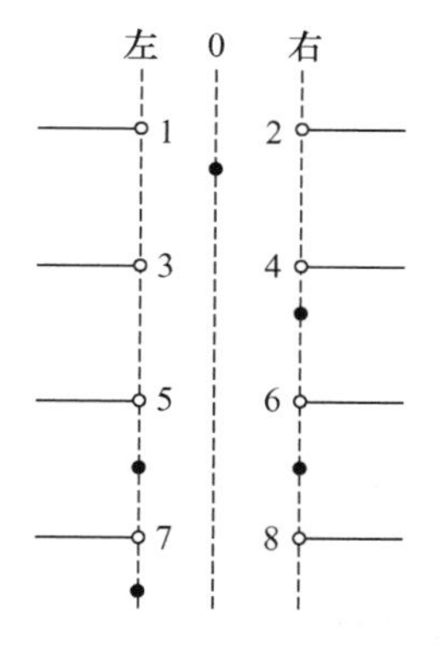

（b）四极三位通断图形符号

触点	位置		
—	左	0	右
1—2		×	
3—4			×
5—6	×		×
7—8	×		

（c）四极三位通断分合表

图 1.31　三位转换开关的图形符号

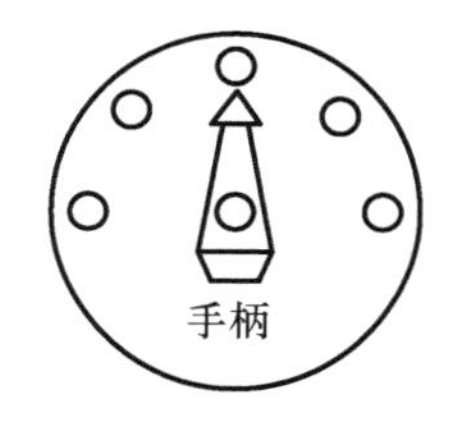

（a）五位转换开关面板

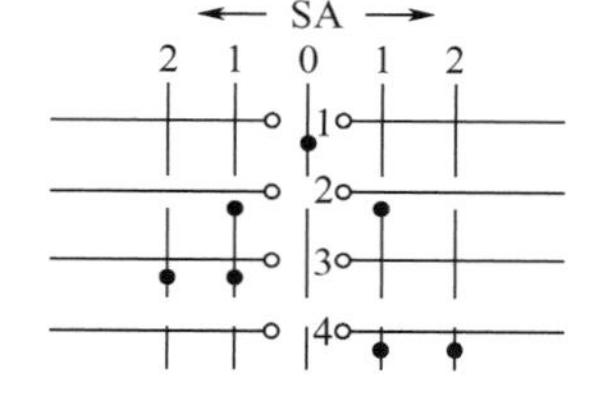

（b）四极五位转换开关图形符号

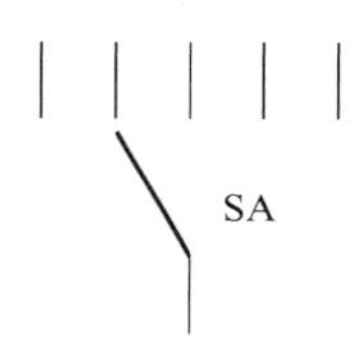

（c）单极五位转换开关的图形符号

图 1.32　五位转换开关的图形符号

1.4.3　行程开关

行程开关是用于检测工作机械的位置，发出命令以控制运动方向或行程的控制电器。它是一种短时接通或断开小电流电路的电器，用于控制机械设备的行程保护及限位保护。对于机械结构的接触式有触点行程开关，当移动物体碰撞行程开关的操动头时，行程开关的动合触点接通，动断触点断开。

根据动作方式区分，行程开关分为直动式行程开关、滚动式行程开关和微动式行程开关三种。

行程开关的图形符号与文字符号如图 1.33 所示。图 1.34 所示为行程开关外形，图 1.35 所示为行程开关的结构与工作原理。

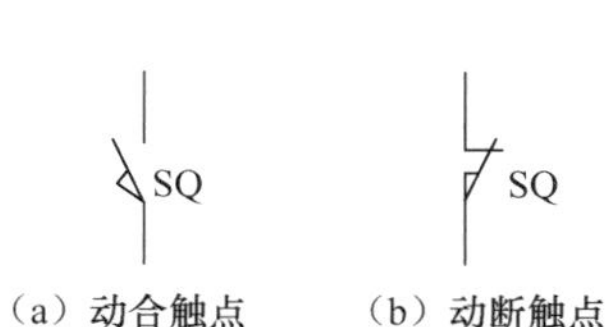

（a）动合触点　（b）动断触点

图1.33　行程开关的图形符号与文字符号

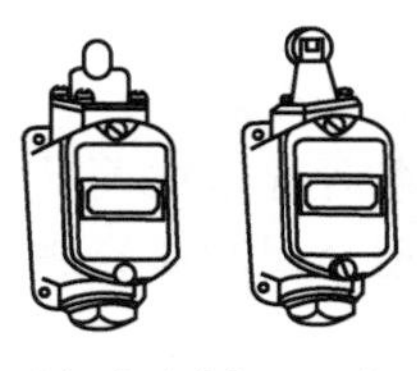
(a) 直动式行程开关

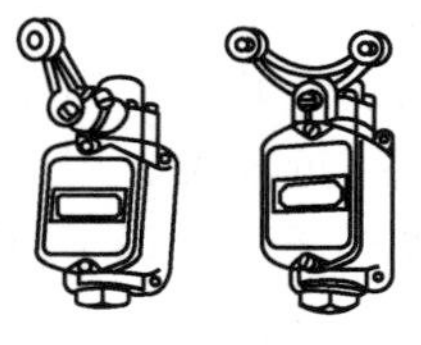
(b) 滚动式行程开关

图 1.34　行程开关外形

滚轮式行程开关的工作原理

微动式行程开关的工作原理

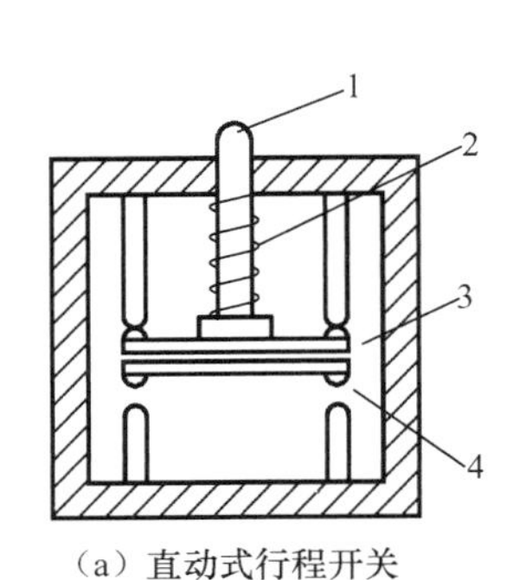

（a）直动式行程开关

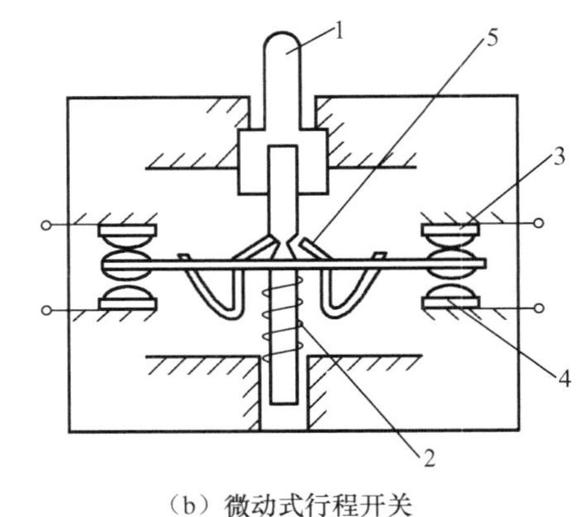

（b）微动式行程开关

1—推杆；2—弹簧；3—动断触点；4—动合触点；5—复位弹簧

图 1.35　行程开关的结构与工作原理

1.4.4　接近开关

接近开关又称无触点行程开关，当某种物体与其感应头接近到一定距离时，就会发出动作信号。它不像机械行程开关那样需要施加机械力，而是通过感应头与被测物体间介质能量的变化来获取信号，选用时应考虑的主要技术参数包括动作距离、重复精度、操作频率及复位行程等。

接近开关的图形符号与文字符号如图 1.36 所示。图 1.37 所示为常用接近开关外形。

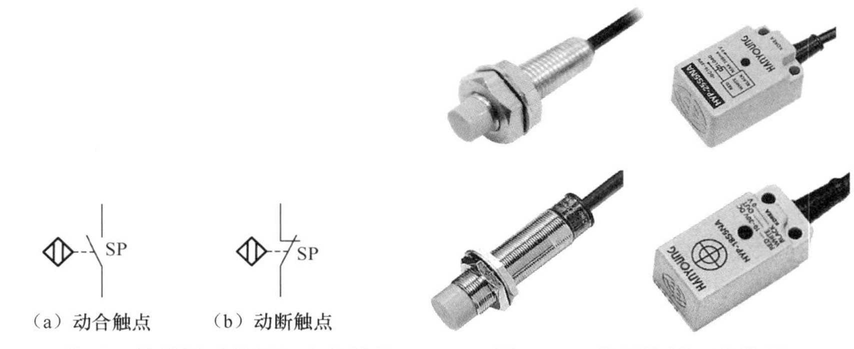

（a）动合触点　（b）动断触点

图 1.36　接近开关的图形符号与文字符号

图 1.37　常用接近开关外形

接近开关种类较多，常用的有如下几种。

（1）涡流式接近开关，用于检测各种金属。

（2）电容式接近开关，用于检测各种导电或不导电的液体及固体。

（3）霍尔接近开关，用于检测导磁金属和非导磁金属。

（4）光电式接近开关，用于检测不透光的物质。

（5）热释电式接近开关，用于检测生物体等。

1.5 刀开关与低压断路器

1.5.1 刀开关与组合开关

刀开关是将电路与电源明显地隔开的一种手动操作电器，结构简单，应用广泛。其作用是手动切除电源，保障检修人员的安全。

刀开关的主要类型有带灭弧装置的大容量刀开关、带熔断器的开启式负荷开关（胶盖开关）、带灭弧装置和熔断器的封闭式负荷开关（铁壳开关）等。

刀开关的主要技术参数如下。

（1）额定电压：长期工作所承受的最大电压，大于或等于所控制的电路额定电压。

（2）额定电流：长期通过的最大允许电流，大于或等于负载的额定电流。

（3）极数：与电源进线相数相等。

1. 刀开关

刀开关按刀的级数分为单极刀开关、双极刀开关和三极刀开关；按刀的结构分为平板式刀开关和条架式刀开关；按操作方式分为手柄操作刀开关、正面旋转手柄操作刀开关、杠杆操作刀开关和电动操作刀开关；按刀的转换方向分为单掷刀开关和双掷刀开关。

用途：不频繁地手动接通、断开电路和隔离电源。

手柄操作式单级刀开关的工作原理如图 1.38 所示。

HD 型单掷刀开关和 HS 型双掷刀开关如图 1.39 所示。

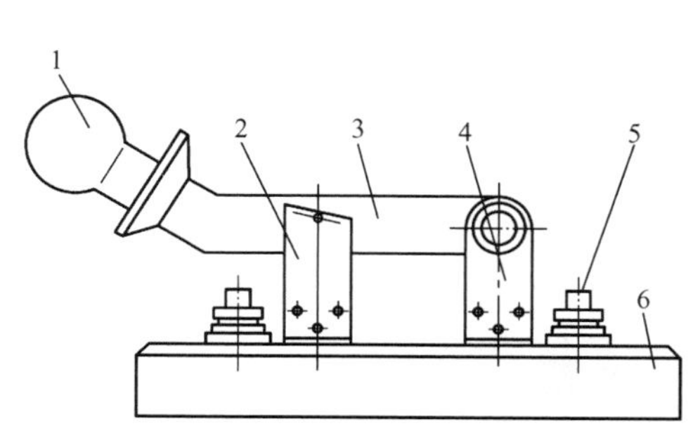

1—手柄；2—刀夹座（静触点）；
3—闸刀（动触点）；4—铰链支座；
5—接线端子；6—绝缘底板

图 1.38 手柄操作式单级刀开关的工作原理

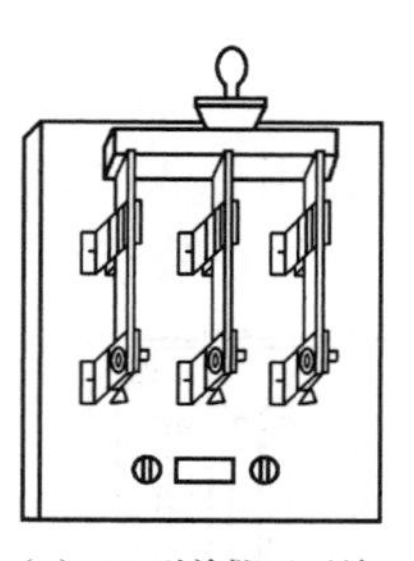

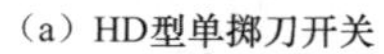
（a）HD型单掷刀开关

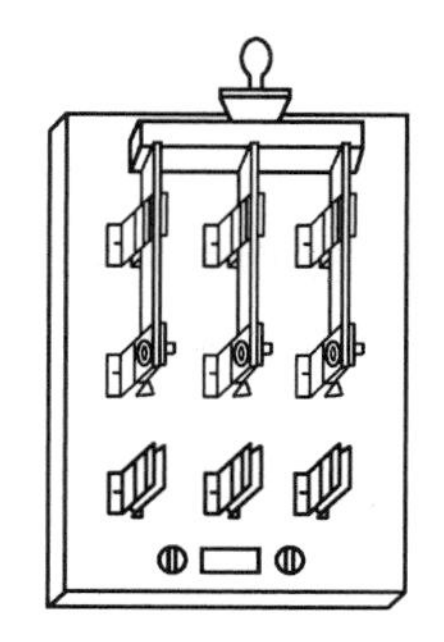

（b）HS型双掷刀开关

图1.39 HD 型单掷刀开关和 HS 型双掷刀开关

刀开关的图形符号与文字符号如图 1.40 所示。

2. 负荷开关

（1）开启式负荷开关。

开启式负荷开关分为单相双极和三相三极两种。其用途是不频繁带负荷操作和短路保护，广泛用作照明电路和小容量（5.5kW 及以下）动力电路不频繁启动的控制开关。

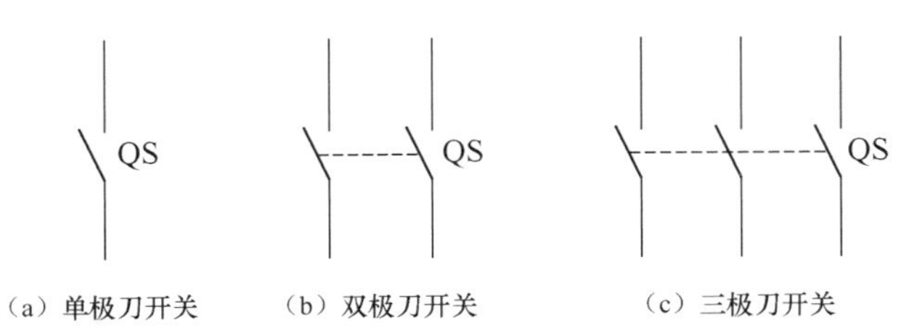

（a）单极刀开关　（b）双极刀开关　（c）三极刀开关

图 1.40　刀开关的图形符号与文字符号

HK 型开启式负荷开关由刀开关和熔断器组成，如图 1.41 所示。瓷底板上装有进线座、静触点、熔丝、出线座及刀片式动触点，工作部分用胶木盖罩住，以防电弧灼伤人手。

HK 型开启式负荷开关

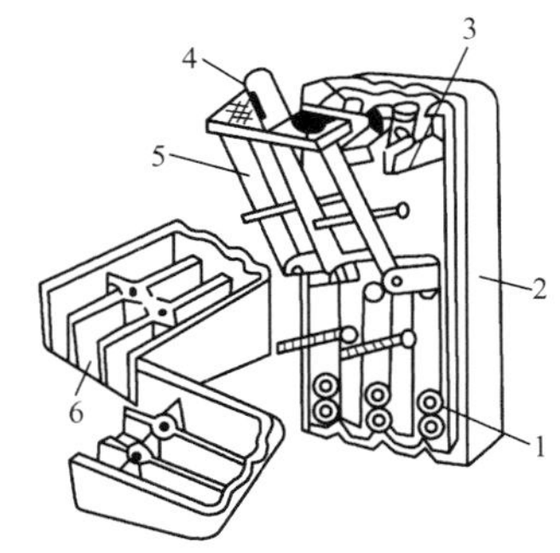

（a）HK型开启式负荷开关结构

（b）HK型开启式负荷开关外形

1—熔丝接头；2—瓷底板；3—静触点；
4—瓷柄；5—刀片式动触点；6—胶木盖

图 1.41　HK 型开启式负荷开关

（2）封闭式负荷开关。

封闭式负荷开关又称铁壳开关，用于手动通断电路及短路保护，可不频繁地接通和断开负荷电路，也可用作 15kW 以下电动机不频繁启动的控制开关。

HH 型封闭式负荷开关如图 1.42 所示，铁壳内装有由刀片和夹座组成的触点系统、熔断器和速断弹簧，30A 以上的还装有灭弧罩。

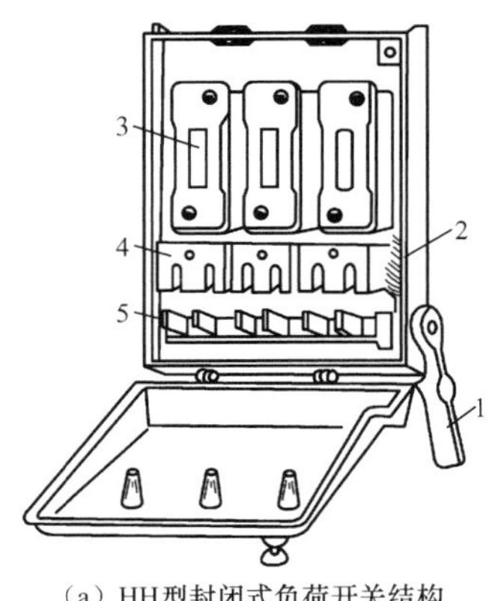

（a）HH型封闭式负荷开关结构

（b）HH型封闭式负荷开关外形

1—手柄；2—速断弹簧；3—熔断器；
4—灭弧罩；5—闸刀

图 1.42　HH 型封闭式负荷开关

负荷开关的图形符号与文字符号如图 1.43 所示。

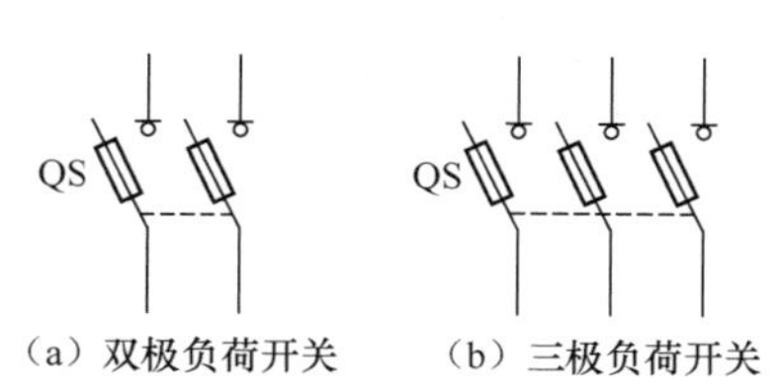

（a）双极负荷开关　（b）三极负荷开关

图 1.43　负荷开关的图形符号与文字符号

3. 组合开关

组合开关用作电源引入开关，接通和断开小电流电路，也可作为 5.5kW 以下电动机直接启动、停止、反转和调速控制开关，主要用于机床控制电路。其特点是结构紧凑，安装面积小，操作方便。

组合开关如图 1.44 所示，静触点一端固定在胶木盒内，另一端伸出盒外，与电源或负载相连。动触片套在绝缘方杆上，绝缘方杆每次做 90°正向或反向转动，改变各对触点的通断状态。

组合开关的图形符号与文字符号如图 1.45 所示。

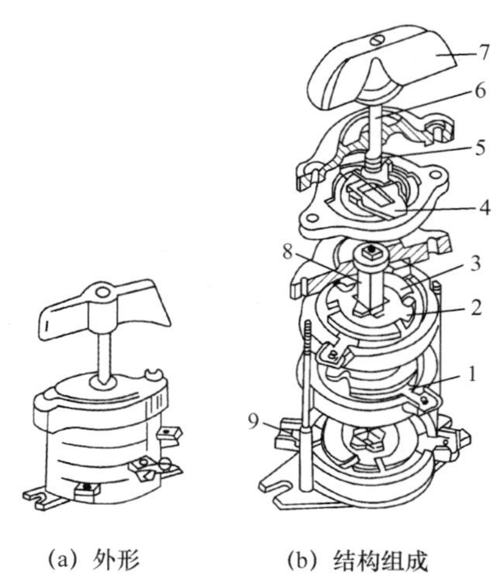

（a）外形　（b）结构组成

1—静触点；2—动触点；3—绝缘垫板；4—凸轮；5—弹簧；6—转轴；7—手柄；8—绝缘方杆；9—接线柱

图 1.44　组合开关

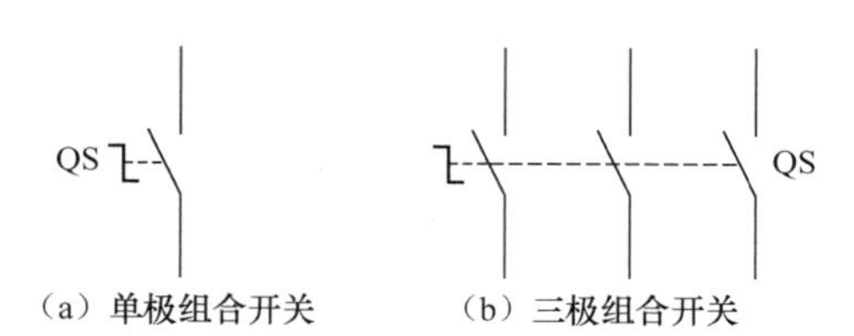

（a）单极组合开关　（b）三极组合开关

图 1.45　组合开关的图形符号与文字符号

1.5.2 低压断路器

低压断路器又称自动开关或空气开关。它相当于刀开关、熔断器、热继电器和欠电压继电器的组合，是一种既有手动开关作用，又能自动进行欠电压、断电压、过载和短路保护的电器。它是用来分配电能，不频繁地启动异步电动机，对电源电路及电动机等实行保护的电器。其发生严重过载、短路、欠电压等故障时能自动切断电路，功能相当于熔断器式断路器与过电流继电器、欠电压继电器、热继电器等的组合，在分断故障电流后一般不需要更换零部件。

1. 低压断路器的分类

低压断路器按照构造和用途分为万能框架式断路器和塑壳式断路器两类。

万能框架式断路器由具有绝缘衬垫的框架结构底座将所有构件组装在一起，适用于大容量配电装置，主要用于配电网络的总开关和保护，主要有 DW10、DW15 等系列产品。

塑壳式断路器用模压绝缘材料制成的封闭型外壳将所有构件组装在一起，安全性良好，主要用于电气控制设备及建筑物内电源电路保护，电动机过载保护和短路保护，照明系统的控制、供电电路的保护等，主要有DZ5、DZ10、DZ15、DZ20等系列产品。

2. 低压断路器的结构和工作原理

低压断路器由触点和灭弧装置、脱扣器与操作机构、自由脱扣机构组成。主触点为执行元件，用于接通和断开主电路，装有灭弧装置。脱扣器与操作机构为感受元件，检测电路故障信号，经自由脱扣机构使主触点断开，短路或过电流时过电流脱扣器的衔铁被吸合，自由脱扣机构的钩子脱开，自动开关触点分离，切除故障电流，实现短路或过电流保护。断电压或零电压时断电压脱扣器的衔铁被释放，自由脱扣机构动作，断路器触点分离，切断电路，实现断电压保护或零电压保护。自由脱扣机构用于连接操作机构和主触点，实现断路器接通、断开。图1.46所示为低压断路器外形。低压断路器的结构和工作原理如图1.47所示。

自动开关的工作原理

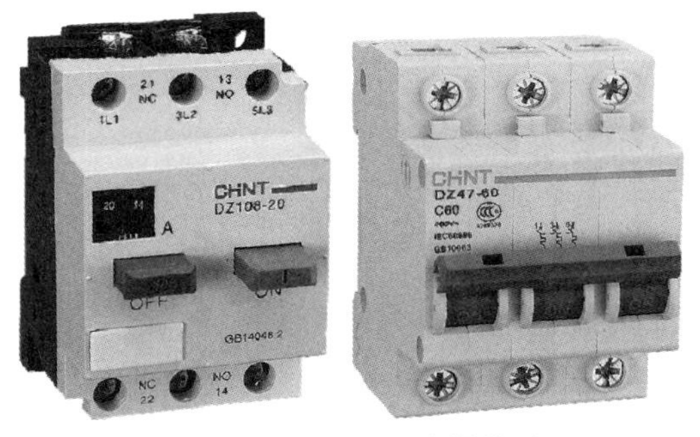

图1.46 低压断路器外形

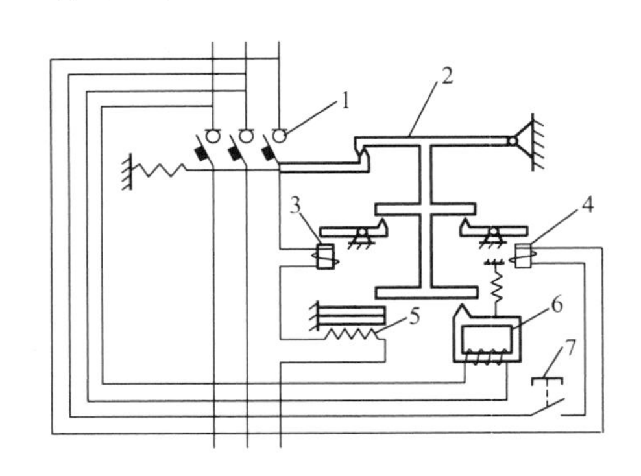

1—主触点；2—自由脱扣机构；3—过电流脱扣器；4—分励脱扣器；5—热脱扣器；6—断电压脱扣器；7—按钮

图1.47 低压断路器的结构和工作原理

3. 低压断路器的图形符号与文字符号

低压断路器的图形符号与文字符号如图1.48所示。

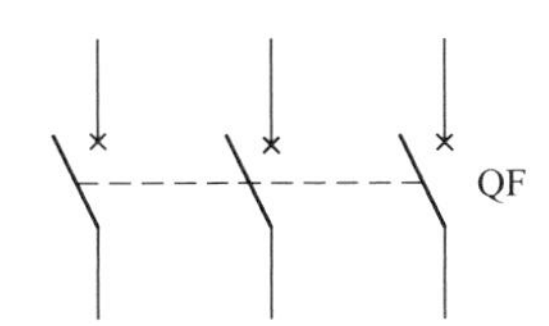

图1.48 低压断路器的图形符号与文字符号

1.6 熔断器

熔断器是一种串联在供配电电路或电气控制电路中的保护器件，当电路电流超过规定值一定时间后，它本身产生的热量使熔体熔化而断开电路。其广泛应用于低压配电系统及用电设备中作短路保护和过电流保护。

1.6.1 熔断器的分类

常用熔断器有螺旋式熔断器、瓷插式熔断器、无填料管式熔断器、有填料密封管式熔断器、快速熔断器、自复式熔断器。

1. 螺旋式熔断器

螺旋式熔断器常用于机床电气控制设备中。螺旋式熔断器的结构组成如图 1.49 所示。

2. 瓷插式熔断器

瓷插式熔断器一般用在 380V 及以下电压等级的低压照明电路末端或分支电路中，用作短路保护及高倍过电流保护。瓷插式熔断器的结构组成如图 1.50 所示。

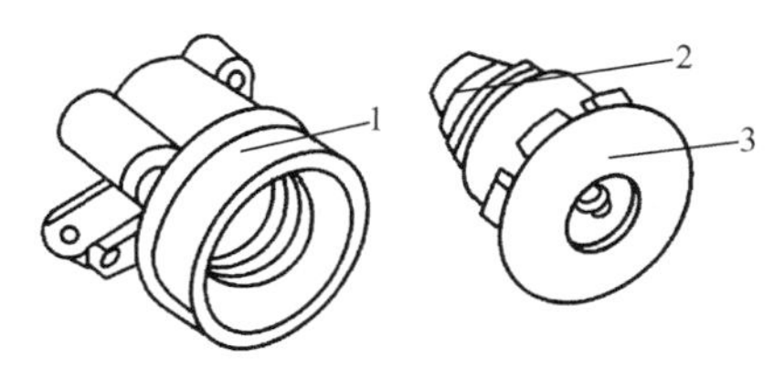

1—底座；2—熔体；3—瓷帽

图 1.49 螺旋式熔断器的结构组成

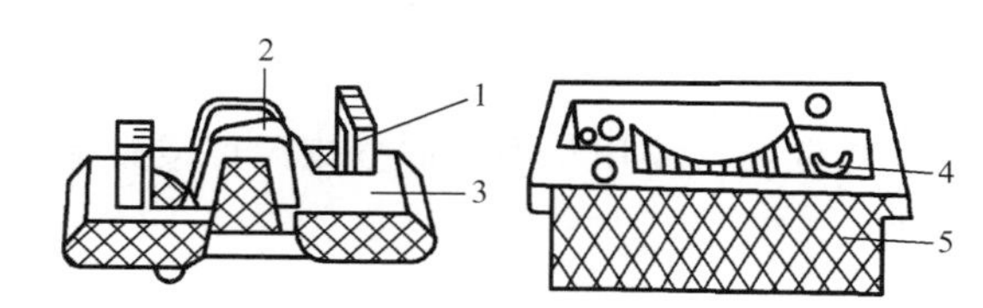

1—动触点；2—熔体；3—瓷插件；4—静触点；5—瓷座

图 1.50 瓷插式熔断器的结构组成

3. 无填料封闭管式熔断器

无填料封闭管式熔断器常用于低压电力电路或成套配电设备中的连续过载保护和短路保护。无填料管式熔断器的结构组成如图 1.51 所示。

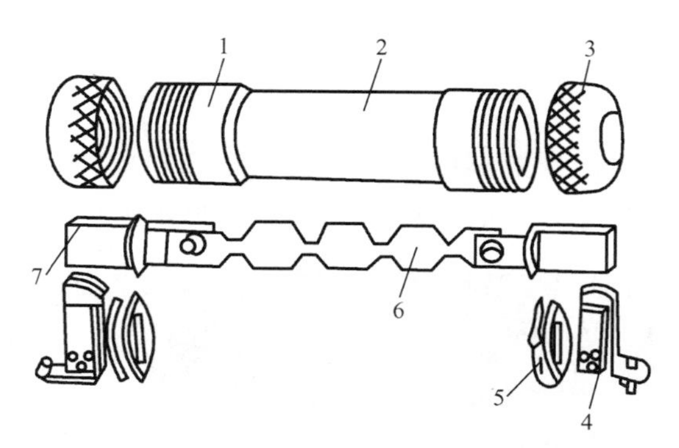

1—铜圈；2—熔断管；3—管帽；4—插座；5—特殊垫圈；6—熔体；7—熔片

图 1.51 无填料封闭管式熔断器的结构组成

4. 有填料封闭管式熔断器

有填料封闭管式熔断器常用于大容量的配电电路中。有填料封闭管式熔断器的结构组成如图 1.52 所示。

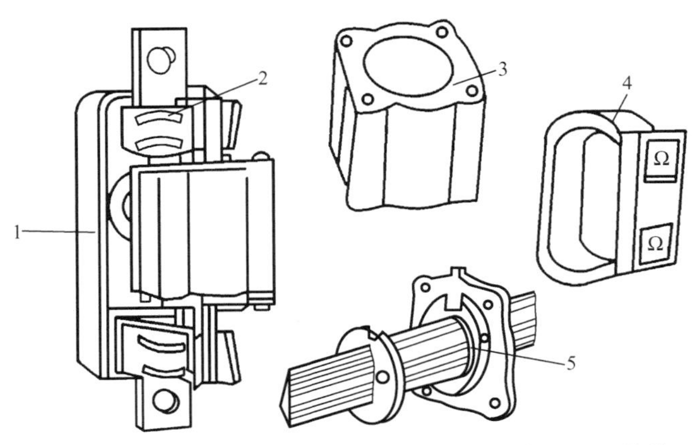

1—瓷底座；2—弹簧片；3—管体；4—绝缘手柄；5—熔体

图 1.52　有填料封闭管式熔断器的结构组成

5. 快速熔断器

快速熔断器主要用于半导体整流元件或整流装置的短路保护。图 1.53 所示为快速熔断器外形。

图 1.53　快速熔断器外形

6. 自复式熔断器

由于自复式熔断器只能限制短路电流，不能真正切断电路，因此常与断路器配合使用。它的优点是不必更换熔体，可重复使用。图 1.54 所示为自复式熔断器外形。

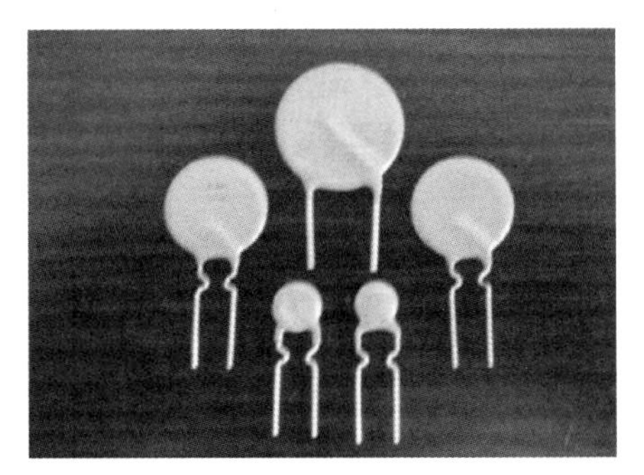

图 1.54　自复熔断器外形

1.6.2 熔断器的工作原理与安秒特性

熔断器一般由熔断管（或座）、熔体、填料及导电部件等组成。熔体是熔断器的核心，通常用低熔点的铅锡合金、锌、铜、银的丝状或片状材料制成，新型熔体通常设计成灭弧栅状或变截面片状结构。使用熔体时与被保护的电路及电气设备串联，当通过熔体的电流为正常工作电流时，熔体的温度低于材料的熔点，熔体不熔化；当电路中发生过载或短路故障时，通过熔体的电流增大，熔体的电阻损耗增大，温度上升，达到熔体金属的熔点，熔体自行熔断，故障电路断开，完成保护任务。流过熔体的电流与熔体熔断时间的关系曲线称为安秒特性曲线，如图1.55所示，其中I_N为熔体最小熔断电流。图1.56所示为熔断器的图形符号与文字符号。

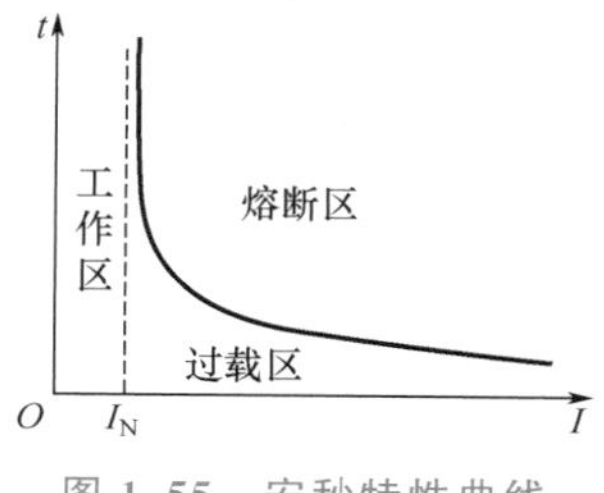

图1.55 安秒特性曲线

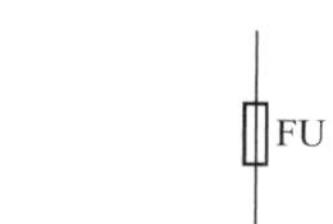

图1.56 熔断器的图形符号与文字符号

1.6.3 熔断器的主要技术参数及选用原则

1. 熔断器的主要技术参数

熔断器的主要技术参数包括额定电压、额定电流、极限分断能力、熔体额定电流等。

（1）额定电压。

额定电压是指熔断器长期工作时和熔断后所能承受的电压。

交流额定电压有220V、380V、415V、500V、600V、1140V。

直流额定电压有110V、220V、440V、800V、1000V、1500V。

（2）额定电流。

额定电流是指保证熔断器长期正常工作的电流，是熔断器在长期工作制下，各部件温升不超过极限允许温升所能承受的电流值。习惯上把熔体支持件的额定电流简称为熔断器额定电流。

（3）极限分断能力。

极限分断能力是指熔断器在额定电压下所能分断的最大短路电流。电路中出现的最大电流一般是指短路电流。所以，极限分断能力反映了熔断器分断短路电流的能力。

（4）熔体额定电流。

熔体额定电流是指熔体长期通过而不会熔断的电流。

2. 熔断器的选用原则

（1）类型选择。

选择熔断器时需考虑电路要求、使用场合、安装条件、适用范围。

（2）额定电压。

额定电压是指大于或等于实际电路的工作电压。

(3) 额定电流。

额定电流是指大于或等于实际电路的工作电流。

(4) 极限分断能力。

极限分断能力大于电路中可能出现的最大故障电流。

(5) 熔体额定电流。

① 电阻性负载。熔体额定电流略大于电路的额定电流。

② 电动机负载。单台电动机 $I_U=(1.5\sim2.5)I_N$，多台电动机 $I_U=(1.5\sim2.5)I_{Nmax}+\sum I_N$。式中，$I_U$ 为熔体额定电流；I_N 为电动机额定电流；I_{Nmax} 为容量最大的电动机的额定电流；$\sum I_N$ 为其他电动机额定电流的总和。

③ 电容性负载。负载设备中，熔体的额定电流等于 1.6 倍电容额定电流。

④ 配电系统中，主回路熔体的额定电流大于支路熔体的额定电流。为了防止越级熔断、扩大停电事故范围，各级熔断器间应有良好的协调配合，使下一级熔断器比上一级熔断器先熔断，从而满足选择性保护要求，一般选择比为 1.6∶1。

⑤ 保护半导体器件用熔断器的选择。在变流装置中做短路保护时，应考虑到熔断器熔体的额定电流是用有效值表示的，而半导体器件的额定电流是用通态平均电流表示的，应乘以 1.57 以换算成有效值。因此，熔体额定电流可按下式计算。

$$I_U=1.57I_{T(Av)} \tag{1-4}$$

式中，$I_{T(Av)}$ 为通态平均电流。

思考与练习

1-1　低压电器按用途或控制对象分为哪几类？

1-2　接触器的选用原则是什么？

1-3　选择熔断器时应考虑哪些因素？

1-4　热继电器在电路中起什么作用？

1-5　固态继电器有哪些优点？

1-6　电压继电器分成哪两类？在电路中各起什么作用？

1-7　电流继电器分成哪两类？在电路中各起什么作用？

1-8　接触器与中间继电器有何区别？

1-9　低压断路器有哪些保护功能？

1-10　常用的熔断器有哪几种？

第2章 电气控制基本电路

知识要点	掌握程度	相关知识
电气控制系统图	了解接线图、元件布置图； 掌握电气控制原理图	机床电气控制技术
三相笼型异步电动机基本控制电路	掌握异步电动机基本控制电路	接触器、继电器、熔断器
其他常用控制电路	掌握常用控制电路	短路保护、过载保护
三相笼型异步电动机的减压启动	掌握三相笼型异步电动机的减压启动	供配电网络控制与保护
三相异步电动机的制动控制	掌握三相异步电动机的制动控制	机械制动
三相绕线转子异步电动机的启动控制	掌握转子串电阻启动	过电压保护、软启动
三相笼型异步电动机的有级调速控制	掌握双速电动机控制电路	变频调速、无级调速

工、农业生产中使用的各种生产机械广泛采用电动机驱动，电动机的控制是通过不同的电气控制电路完成的，生产机械的工艺要求不同，控制电路也就不同。任何复杂的控制电路都是由一些简单的基本控制环节组合而成的，这些基本控制环节是复杂控制电路的基础。电气控制电路由各种有触点的接触器、继电器、按钮、行程开关等电器元件组成，实现对生产机械的启动、制动、正反转和调速等控制，并具有各种保护功能，满足生产工艺要求，实现生产加工自动化。

2.1 电气控制系统图

电气控制工程技术人员进行电气控制系统设计时，用电气控制系统图来表达设计思想。电气控制系统由电器元件按照一定要求连接而成，用图形的方式表示电气控制系统中的元器件及其连接关系，表达电气控制系统的结构、功能及工作原理，用于指导电气控制系统的安装、调试、使用、维修。常用的电气控制系统图包括电气原理图、电气元件布置图、电气接线图。

2.1.1 常用图形符号和文字符号

电气控制系统图必须按照国家标准，用规定的图形符号、文字符号及电气控制系统设计规范绘制，使用不同的图形符号表示不同的电气元件，使用不同的文字符号说明电气元件的名称、用途、编号及特征。为了便于国际交流与合作，我国参照国际电工委员会颁布的有关文件，颁布了GB/T 4728.1～5—2018《电气简图用图形符号》和GB/T 4728.6～13—2008《电气简图用图形符号》，电气控制系统图中的图形符号和文字符号必须符合这两个标准。

2.1.2 电气原理图

用规定的图形符号和文字符号，按主电路和辅助电路相互分开，并依据各元器件动作顺序等原则绘制的电路图，称为电气原理图。它包括所有元器件的导电部件和接线端点，不表示元器件的形状、尺寸和安装方式。电气原理图结构简单、层次分明，适合研究分析电路的工作原理，应用广泛。现以图2.1所示的某机床电气原理图为例，说明绘制电气原理图的一般原则。

1. 绘制电气原理图的一般原则

(1) 电气原理图一般包含主电路、控制电路及辅助电路。主电路是电气控制电路中大电流通过的部分，由接触器主触点、电动机等组成。辅助电路由接触器和继电器的线圈、接触器的辅助触点、继电器的触点、按钮、照明灯、控制变压器等元器件组成，包括控制电路、照明电路、信号电路及保护电路等。绘制时，应分开绘制这些电路。

(2) 各元器件采用国家标准规定的图形符号和文字符号表示。

(3) 根据便于阅读的原则来安排各元器件在控制电路中的位置。同一元器件的各部件可以根据需要不绘制在一起，但文字符号必须相同。

(4) 所有电器的触点按处于非激励状态绘制。例如，接触器按吸引线圈断电时的状态绘制，控制器按手柄处于零位时的状态绘制，行程开关按不受外力作用的状态绘制等。

(5) 各元器件一般按动作顺序从上到下、从左到右依次排列，可水平布置或垂直布置。有直接电气联系的十字交叉连接点用黑点表示，无直接电气联系的交叉连接点不画黑点。

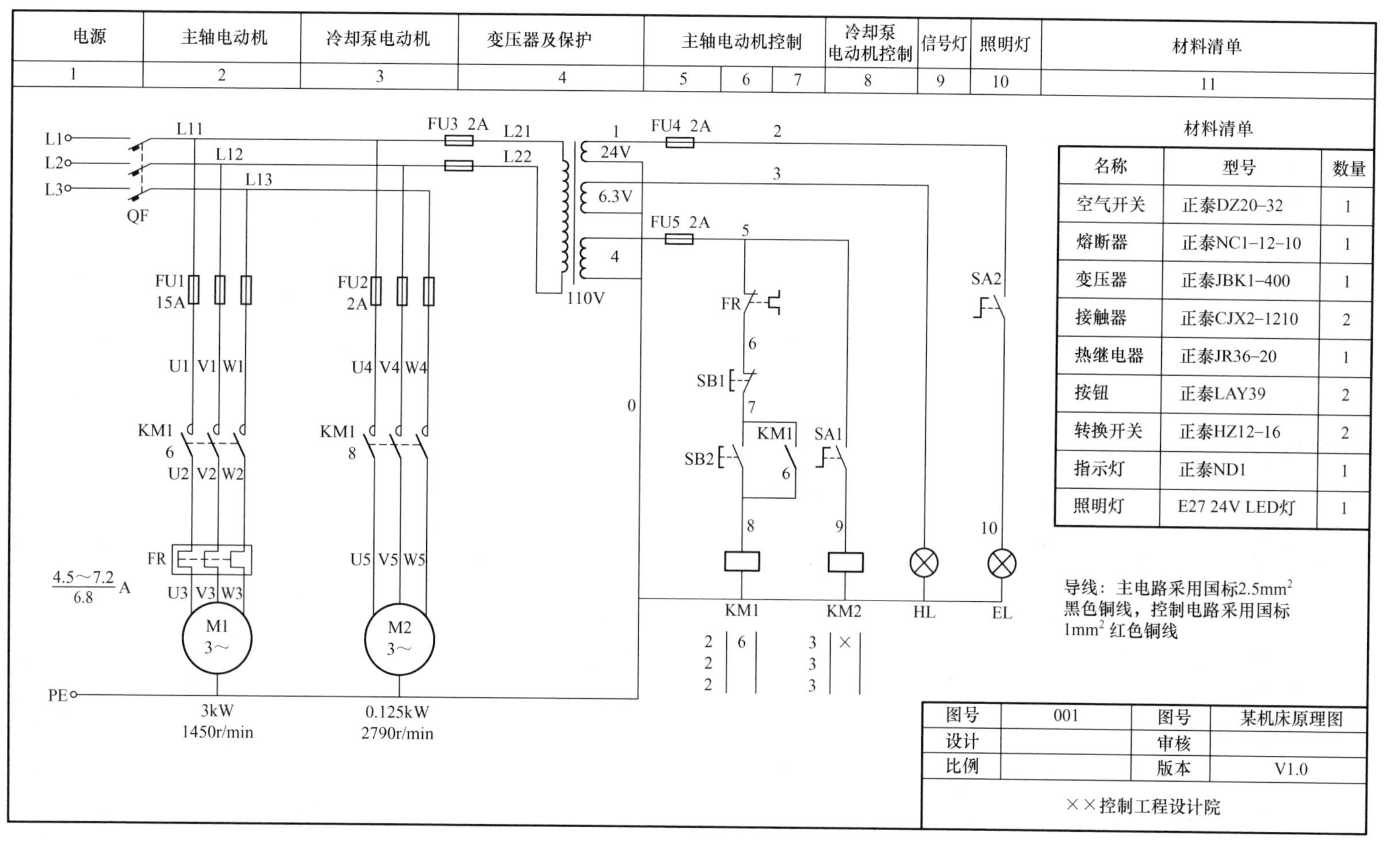

材料清单

名称	型号	数量
空气开关	正泰DZ20-32	1
熔断器	正泰NC1-12-10	1
变压器	正泰JBK1-400	1
接触器	正泰CJX2-1210	2
热继电器	正泰JR36-20	1
按钮	正泰LAY39	2
转换开关	正泰HZ12-16	2
指示灯	正泰ND1	1
照明灯	E27 24V LED灯	1

图 2.1 某机床电气原理图

2. 电气原理图区域的划分与索引

为了便于检索电气电路、方便阅读、分析电路原理，避免遗漏，特意设置了图区编号，如图 2.1 上方的数字 1、2、3 等。图区编号也可设置在图样的下方。图区编号上方的“主轴电动机”等字样表明对应区域下面元器件名称或电路的功能，便于理解全电路的工作原理。符号位置的索引采用图号、页次和图区编号的组合索引法，当某元器件相关的各符号元素出现在不同图号的图样上时，索引代号的组成为

图号/页次·图区编号

当每个图号仅有一页图样时，索引代号可简化为

图号/图区编号

当某元器件相关的各符号元素出现在同一图号的图样上，而该图号有多张图样时，可省略图号，索引代号简化为

页次·图区编号

当某元器件相关的各符号元素出现在只有一张图样的不同图区时，索引代号只用图区号表示，即

图区编号

图 2.1 中，KM1 线圈下方是接触器 KM1 相应触点的索引。电气原理图中，接触器、继电器的线圈和触点的从属关系用附图表示。在相应线圈的下方给出触点的文字符号，并在其下面注明相应触点的索引代号，未使用的触点用“×”表明，有时也可采用省去触点的表示法。

对于接触器，含义如下。

左栏	中栏	右栏
主触点 所在区号	常开辅助触点 所在区号	常闭辅助触点 所在区号

对于继电器，含义如下。

左栏	右栏
常开辅助触点 所在区号	常闭辅助触点 所在区号

3. 电气原理图中技术数据的标注

电气元件的型号和数据一般用小号字体标注在元器件代号下面，如图 2.1 中热继电器 FR 的数据标注，上面一行表示动作电流值范围，下面一行表示整定电流值。

2.1.3 电气元件布置图

电气元件布置图用来表明电气设备上所有电动机和元器件的实际位置，为电气控制设备的制造、安装、维修提供必要的档案资料。以机床电气元件布置图为例，它主要由机床电气设备布置图、控制柜和控制板电气设备布置图、操纵台和悬挂操纵箱电气设备布置图组成。上述图形可按电气控制系统的复杂程度集中绘制或单独绘制。在绘制这类图形时，机床轮廓线用粗实线或点画线表示，所有能看到的电气设备均用细实线绘制出简单的外形轮廓。图 2.2 所示为某机床电气元件布置图。

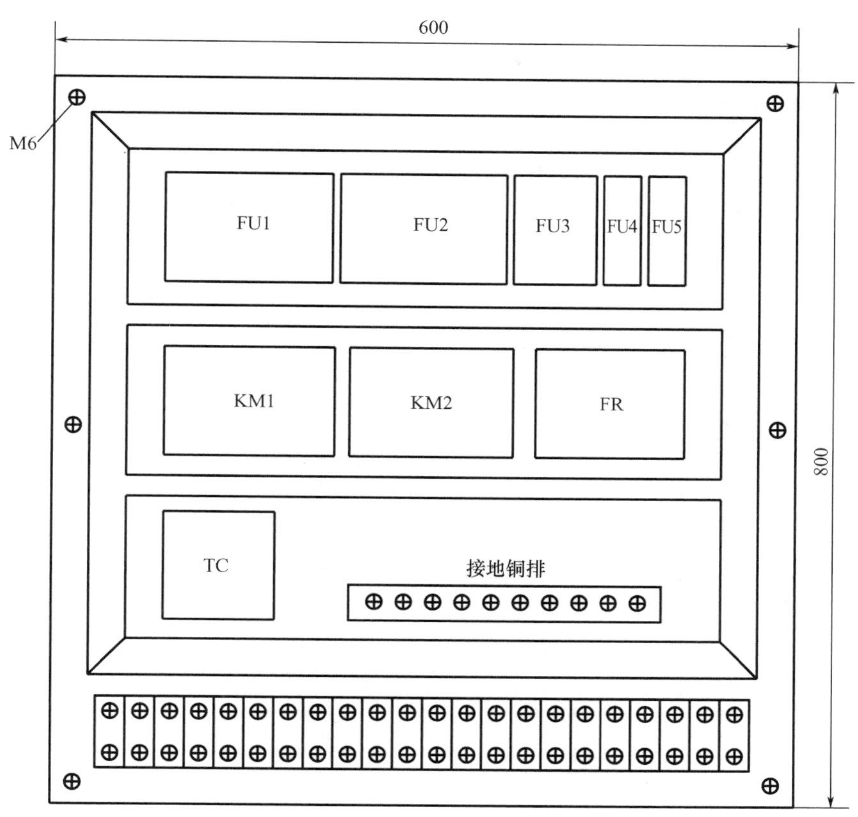

图 2.2 某机床电气元件布置图

2.1.4 电气接线图

电气接线图是用规定的图形符号，按各元器件相对位置绘制的实际接线图。由于电气接线图在具体施工和检修中能起到电气原理图所起不到的作用，因此在生产现场得到了广泛应用。

电气接线图是实际接线安装的准则和依据，它清楚地表示各元器件的相对位置及电气连接。电气接线图不仅要把同一个电器的各个部件绘制在一起，而且各个部件的布置要尽可能符合该电器的实际情况。各元器件的表示要与电气原理图一致，以便核对。同一控制柜中的各元器件之间的导线可以直接连接，不在同一个控制柜中的各元器件之间的导线必须通过接线端子连接。电气接线图中，分支导线应在各元器件接线端上引出，而不能在端子以外的地方连接。除此之外，应该详细标明导线和所穿管子的型号、规格等。

图 2.3 表明了该电气设备中电源进线、操作面板、照明灯、电动机与机床安装板接线端之间的连接关系，并标注了所采用的包塑金属软管的直径、长度，连接导线的数量、截面面积和颜色。如操作面板与安装板的连接，操作面板上有 SB1、SB2、SA1、H1 元器件，根据图 2.1 所示的电气原理图，SB1 与 SB2 有一端相连为 7，线号 0、3、5、6、7、8、9 通过红色线接到安装板上相应的接线端子，与安装板上的元器件相连。其他元器件与安装板的连接关系不再赘述。

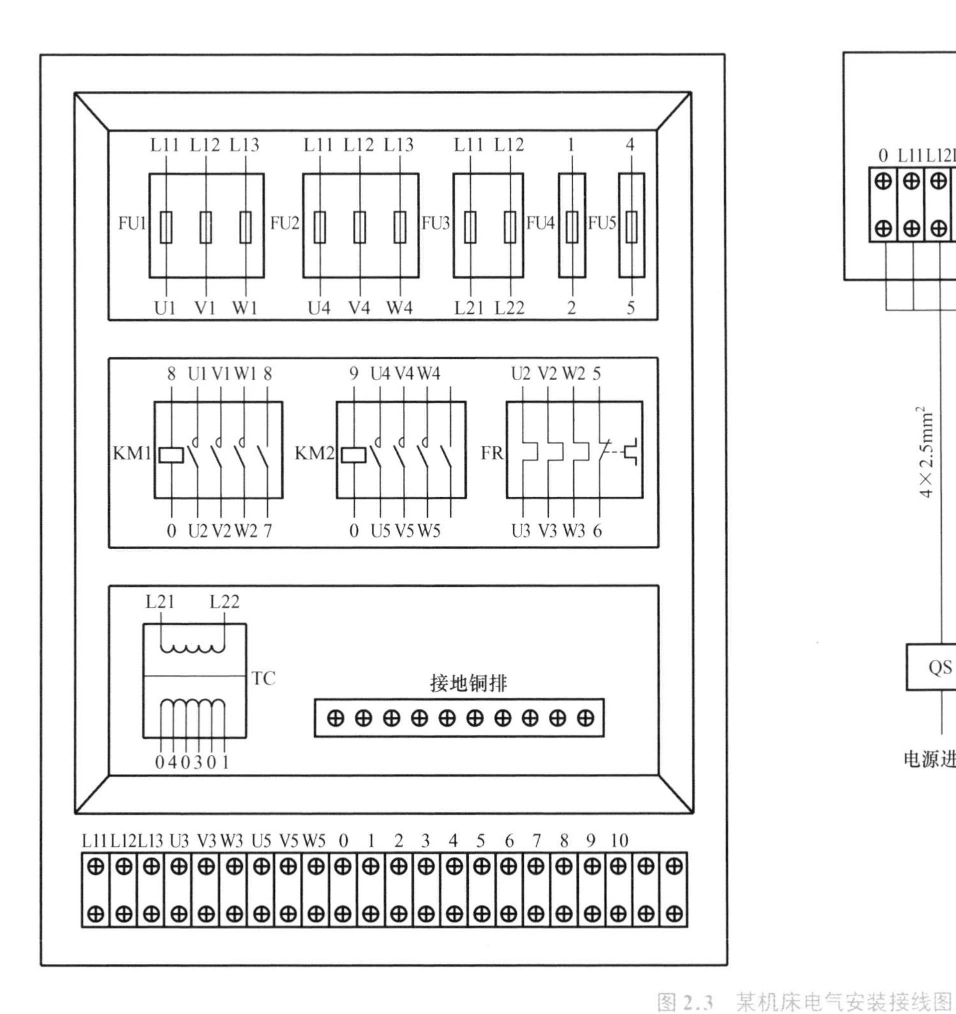

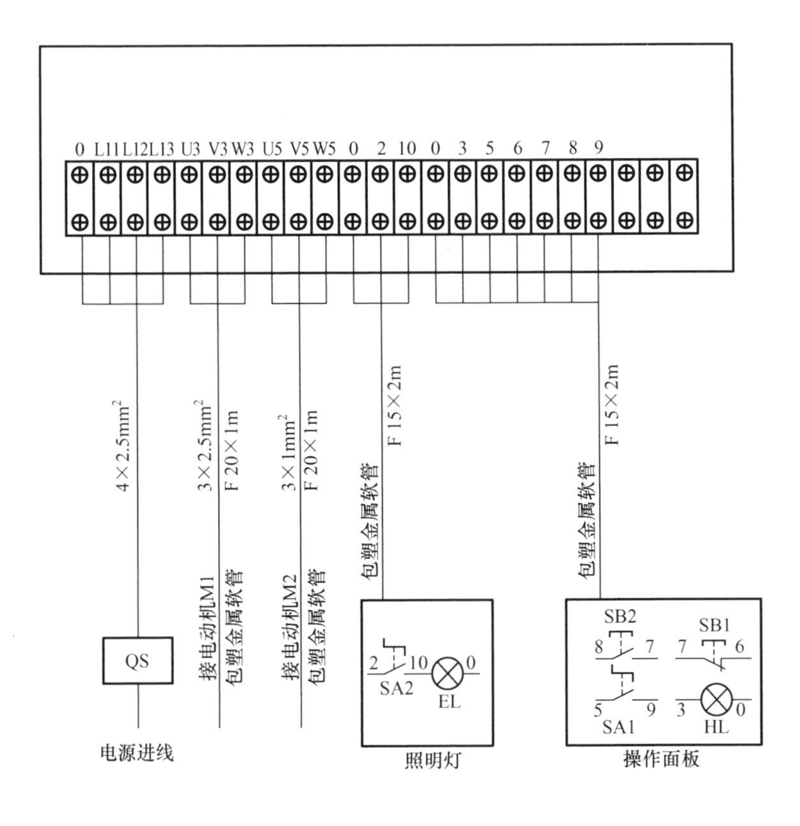

图 2.3 某机床电气安装接线图

2.2 三相笼型异步电动机基本控制电路

三相笼型异步电动机结构简单、价格低、坚固耐用、维修方便，得到了广泛应用。三相笼型异步电动机的控制电路一般由按钮、接触器、熔断器、继电器、行程开关等元器件组成。启动方式有全压直接启动和减压启动两种。全压直接启动是一种简便、经济的启动方式，但三相笼型异步电动机全压直接启动时，启动电流为额定电流的4～7倍，会造成电网电压明显下降，影响在同一电网工作的其他负载的正常工作，从而全压直接启动电动机的容量受到限制。一般根据电动机启动的频繁程度和供电变压器容量来确定允许全压直接启动的电动机的容量。需要频繁启动的电动机，允许全压直接启动的容量不大于变压器容量的20%；不频繁启动的电动机，允许全压直接启动的电动机容量不大于变压器容量的30%。通常电动机容量小于10kW的笼型异步电动机可以采用全压直接启动方式。

2.2.1 单向全压直接启动控制电路

三相笼型异步电动机单向全压直接启动控制电路如图2.4所示。主电路由隔离开关QS、熔断器FU1、接触器KM1的主触点、热继电器FR和电动机M构成。控制电路由启动按钮SB2、停止按钮SB1、接触器KM1的线圈及动合辅助触点、热继电器FR的动断触点和熔断器FU2构成。

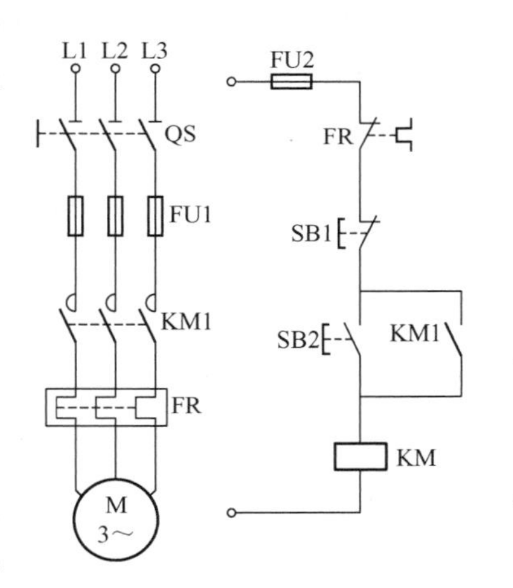

图2.4 三相笼型异步电动机单向全压直接启动控制电路

三相笼型异步电动机单向全压直接启动控制电路

1. 电路的工作原理

启动时，合上隔离开关QS接通三相电源，按下启动按钮SB2，接触器KM1的线圈通电，接触器KM1主触点闭合，电动机M接通电源启动运转，同时与SB2并联的KM1动合辅助触点闭合，使KM1线圈经两条支路通电。当SB2复位时，接触器KM1的线圈通过其动合辅助触点继续通电，从而保持电动机连续运行。这种依靠接触器自身辅助触点使其线圈保持通电的现象称为自锁，起自锁作用的辅助触点称为自锁触点。停止时，按下停止按钮SB1，接触器KM1线圈断电，其主触点断开，切断三相电源，电动机M停止运转，同时KM1的自锁触点恢复常开状态。松开SB1后，其动断触点在复位弹簧的作用下，恢复到原来的常闭状态，为下一次启动做好准备。

2. 电路的保护环节

(1) 短路保护。由熔断器FU1实现主电路的短路保护，由熔断器FU2实现控制电路的短路保护。

(2) 过载保护。由热继电器FR实现电动机的过载保护。在电动机启动时，热继电器能经得起启动电流冲击而不动作，当电动机长期过载时，串联在电动机定子电路中的发热元件使双金属片受热弯曲，使得串联在控制电路中的热继电器 FR 动断触点断开，切断接触器 KM1 线圈电路，断开电动机电源实现保护。

（3）欠电压和断电压保护。欠电压和断电压保护由接触器本身的电磁机构实现。当电源电压由于某种原因严重下降或消失时，接触器电磁吸力急剧下降或消失，衔铁自行释放，各触点复位，断开电动机电源，电动机停止运转。电源电压恢复正常时，接触器线圈不能自动通电，电动机不会自行启动，只有在操作人员再次按下启动按钮 SB2 后，电动机才会启动，从而避免事故的发生。因此，有自锁电路的接触器控制具有欠电压和断电压保护功能。

2.2.2 三相笼型异步电动机正反转控制

在生产机械工作过程中，通常要求执行机构实现正、反两个方向的运动，如机床主轴的正转与反转、工作台的前进与后退、起重机吊钩的上升与下降等，要求拖动电动机可以正反转运行。由电力拖动知识可知，对于三相异步电动机，任意对调三相电源中的两相，即改变三相电源供电的相序，电动机就会反转。因此，电动机正反转控制电路的实质是两个方向相反的单向运行电路。为避免因误操作引起电源相间短路，必须在两个方向相反的单向运行电路中加设互锁。按照电动机正反转运行操作顺序的不同，正反转控制电路分为正停反控制电路和正反停控制电路两种。三相笼型异步电动机正反转控制电路如图 2.5 所示。

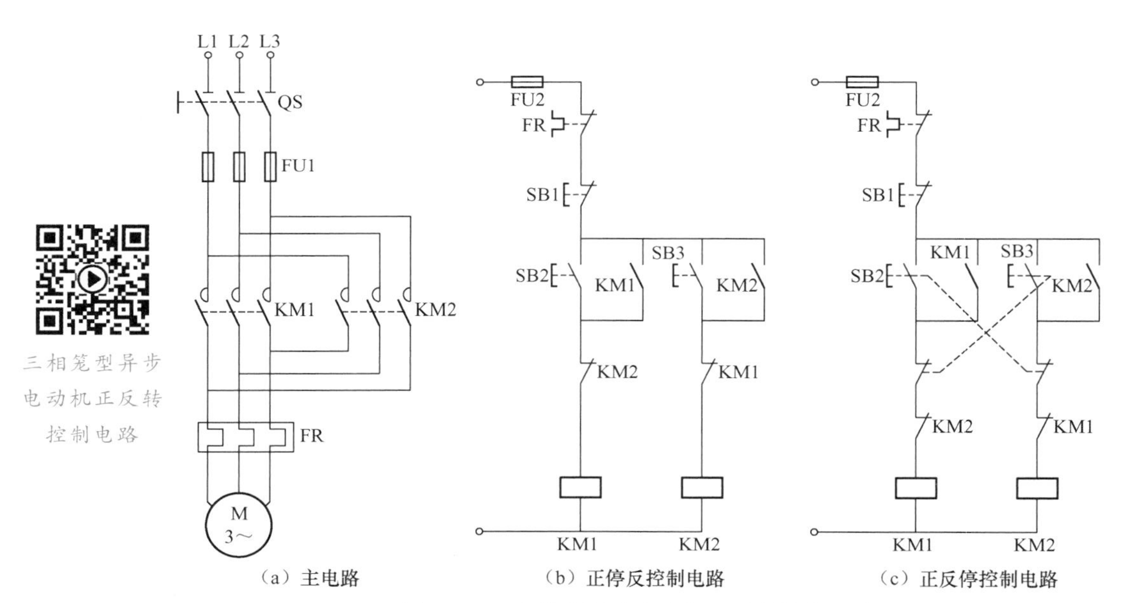

（a）主电路　（b）正停反控制电路　（c）正反停控制电路

图 2.5　三相笼型异步电动机正反转控制电路

1. 正停反控制电路

正停反控制电路如图 2.5（b）所示，该电路利用两个接触器 **KM1**、**KM2** 的动断触点起相互控制作用，在接触器线圈通电时，利用其动断辅助触点断开对方线圈的电路。这种利用两个接触器的动断辅助触点相互控制的方法称为互锁，两对起互锁作用的触点称为互锁触点。按下正转启动按钮 SB2，KM1 线圈通电，电动机正转；要使电动机反转必须先按下停止按钮 SB1，然后按下反向启动按钮 SB3，KM2 线圈通电，KM2 主触点闭合，改变三相电源的相序，实现电动机反转。这种控制电路要实现电动机正反转变换，必须经过停止环节。

2. 正反停控制电路

为提高劳动生产率、方便操作、减少辅助工时，要求直接实现电动机正反转的转换，当电动机正转时，按下反转按钮，电动机反转，其控制电路如图 2.5（c）所示。该电路中，SB2、SB3 为复合按钮，正转启动按钮 SB2 的动合触点使正转接触器 KM1 的线圈通电自锁，SB2 的动断触点串联在反转接触器 KM2 线圈的电路中，用来释放 KM2。反转启动按钮 SB3 与正转启动按钮 SB2 原理相似。正转时，按下 **SB2**，其动断触点断开，切断 **KM2** 线圈电源，动合触点闭合，接通 **KM1** 线圈，**KM1** 通电自锁，电动机正转。直接按下 **SB3**，其动断触点切断 **KM1** 线圈电源，动合触点接通 **KM2** 线圈并自锁，电动机反转。停车时，按下停止按钮 SB1，这种控制电路实现电动机正反转变换时不必经过停止环节。

2.2.3 自动往返行程控制电路

自动往返行程控制电路如图 2.6 所示，这种控制方式通常称为行程控制原则。自动往返行程控制电路应用广泛，如应用于龙门刨床、导轨磨床等。

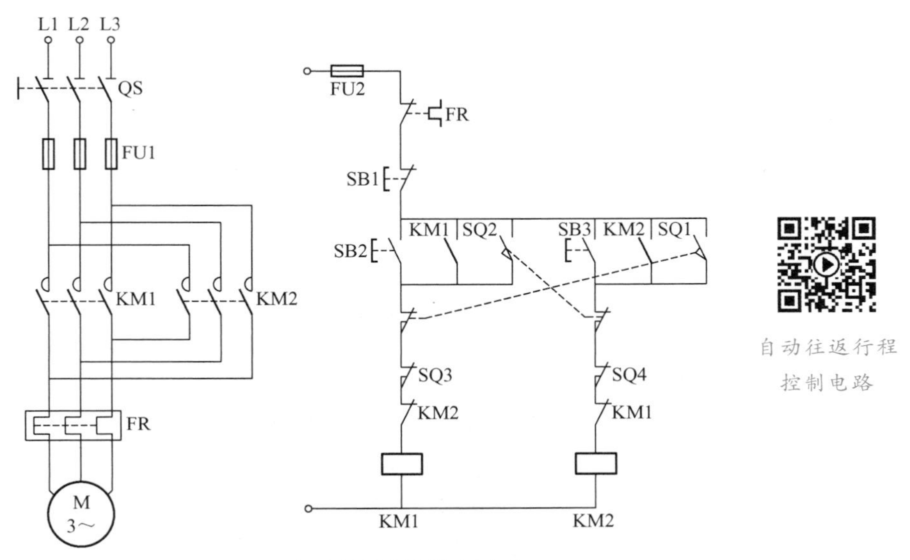

图 2.6 自动往返行程控制电路

图 2.6 中，SQ1 为前进转后退的行程开关，SQ2 为后退转前进的行程开关，SQ3 为前进极限保护限位开关，SQ4 为后退极限保护限位开关。启动时，可按下正向启动按钮或反向启动按钮，如按下前进按钮 SB2，KM1 通电吸合并自锁，电动机正转，拖动运动部件前进，当运动部件的撞块压下 SQ1 时，SQ1 的动断触点断开，切断 KM1 接触器线圈电路，SQ1 的动合触点闭合，接通反转接触器 KM2 线圈电路。此时，电动机由正转变为反转，拖动运动部件后退，直到压下 SQ2，电动机又由反转变成正转，这样周而复始地拖动

运动部件往返运动。需要停止时，按下停止按钮 SB1 即可。

自动往返行程控制电路中，运动部件每经过一个循环，电动机都经历两次反接制动，具有较大的反接制动电流和机械冲击。这种电路只适用于电动机容量较小、循环周期较长、电动机转轴具有足够刚性的拖动系统。

2.3 其他常用控制电路

2.3.1 点动控制电路

在生产实际中，生产机械不仅需要连续运转，有时还需要做点动控制，即按下启动按钮，电动机转动，松开启动按钮，电动机停转。点动控制分为单向点动控制、正反向点动控制。生产机械不仅需要一地点控制，有时还需要多地点控制。

1. 单向点动控制电路

单向点动控制所需低压设备包括刀开关 QS、熔断器 FU1、交流接触器 KM、热继电器 FR、启动按钮 SB1 和笼型异步电动机 M。单向点动控制电路如图 2.7 所示。熔断器 FU 实现短路保护；热继电器 FR 实现过载保护；接触器 KM 实现断电压保护，并具有可靠的接地保护作用。

单向点动控制电路的工作过程如下：合上刀开关 QS，按下启动按钮 SB1，接触器 KM 线圈通电，接触器主触点 KM 闭合，电动机 M 通电，直接启动运行。松开启动按钮 SB1，接触器 KM 线圈断电，接触器主触点 KM 断开，电动机 M 停转。

按下按钮，电动机转动，松开按钮，电动机停转，这种控制称为点动控制，用于实现电动机短时转动。

2. 正反向点动控制电路

正反向点动控制所需低压设备包括刀开关 QS、熔断器 FU、两个交流接触器 KM、热继电器 FR、两个启动按钮 SB 和笼型异步电动机 M。正反向点动控制电路如图 2.8 所示。

正反向点动控制电路的工作过程如下：合上刀开关 QS，按下启动按钮 SB1，接触器 KM1 线圈通电，接触器 KM1 主触点闭合，电动机 M 通电，正向直接启动运行；合上刀开关 QS，按下启动按钮 SB2，接触器 KM2 线圈通电，接触器 KM2 主触点闭合，电动机 M 通电，反向直接启动运行。松开启动按钮 SB1，接触器 KM1 线圈断电，接触器 KM1 主触点断开，电动机 M 停止正转；松开启动按钮 SB2，接触器 KM2 线圈断电，接触器 KM2 主触点断开，电动机 M 停止反转。熔断器 FU 实现短路保护；热继电器 FR 实现过载保护；接触器 KM 实现断电压保护，并具有可靠的接地保护作用。KM1、KM2 的动断触点分别串入对方的线圈电路，避免同时按下 SB1、SB2 造成短路。

3. 点动和长动混合控制电路

在生产实践中，调试一些生产机械时需要点动控制，正常运转时需要连续运行，因此要求电动机既能实现点动控制，又能实现长动控制。点动和长动混合控制电路有三种，如图 2.9 所示。

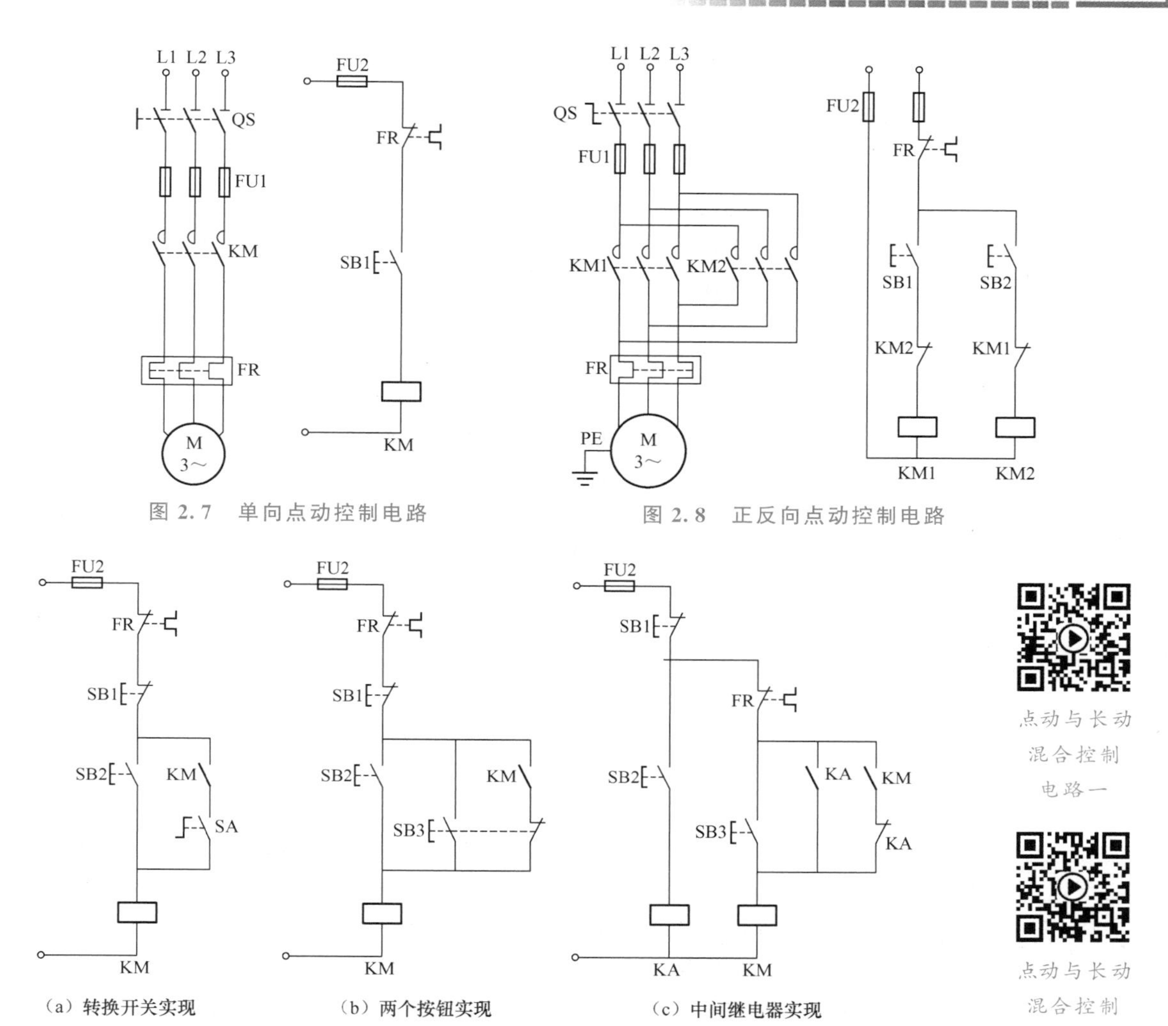

图 2.7 单向点动控制电路

图 2.8 正反向点动控制电路

（a）转换开关实现　（b）两个按钮实现　（c）中间继电器实现

图 2.9 点动和长动混合控制电路

图 2.9（a）所示为采用转换开关 SA 的点动和长动混合控制电路。点动时，将开关 SA 断开，按下启动按钮 SB2 即可实现点动控制；连续工作时，合上手动开关 SA，接入 KM 的自锁触点，按下启动按钮 SB2，电动机连续运行。

图 2.9（b）所示为采用两个按钮的点动和长动混合控制电路。点动时，按下启动按钮 SB3，其动断触点先断开自锁电路，然后动合触点闭合，接通控制电路，KM 线圈通电，主触点闭合，电动机接通电源启动。松开点动按钮 SB3，闭合的动合触点先断开，断开的动断触点再闭合，KM 线圈断电，主触点断开，电动机断电，停止转动。按下启动按钮 SB2，KM 线圈通电并自锁，电动机连续运转；按下停止按钮 SB1，KM 线圈断电，电动机停止运转。

图 2.9（c）所示为采用中间继电器的点动和长动混合控制电路。启动按钮 SB2 控制中间继电器 KA，KA 的动合触点并联在按钮 SB3 两端，控制 KM，点动时按下启动按钮 SB2，KA 线圈通电，动合触点闭合，KM 线圈通电，主触点闭合，电动机旋转。连续运转时，按下按钮 SB3，KM 线圈通电，动合触点闭合并自锁，主触点闭合，电动机连续运

转。停车时，按下停止按钮 SB1，KM 线圈断电，电动机停止运转。

2.3.2 多地控制电路

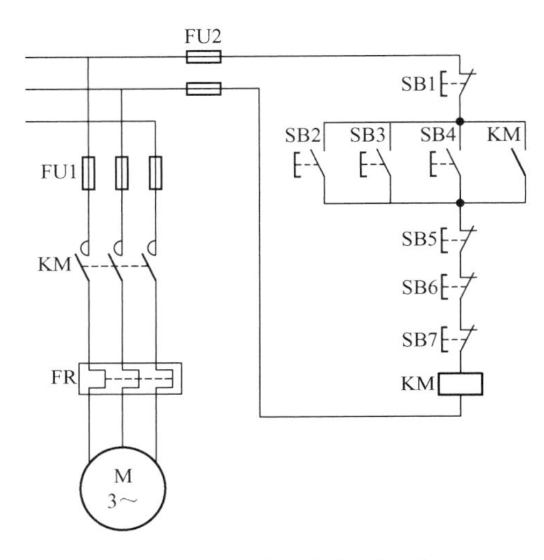

图 2.10　三地启停控制电路

1. 三地启停控制电路

生产机械不仅需要一地控制，有时还需要多地控制（在一些大型生产机械和设备上，要求操作人员在不同方位进行操作和控制）。生产实践中，有时需要在两处甚至多处控制一台电动机，如电梯的控制、工厂的行车控制、多层楼梯井顶灯的控制。三地启停控制电路如图 2.10 所示。

三个启动按钮 SB2、SB3、SB4 和三个停止按钮 SB5、SB6、SB67 分别放置三地，三个启动按钮用动合触点并联，并与接触器动合触点并联；三个停止按钮用动断触点串联，然后串联接入接触器线圈电路，即能实现三地控制。实现多地控制的接线原则是启动按钮并联连接，停止按钮串联连接。

2. 四地启停控制电路

多地控制电路

四个操作地点都按启动按钮发出主令信号，设备的三相异步电动机才能启动，在四个操作地点中的任一地点按下停止按钮，电动机都能停止。四地启停控制电路如图 2.11 所示，四个停止按钮 SB1、SB2、SB3、SB4 和四个启动按钮 SB5、SB6、SB7、SB8 分别放置四地，四个启动按钮用动合触点串联，并与接触器动合触点并联；四个停止按钮用动断触点串联，然后串联接入接触器线圈电路。四地同时按下启动按钮 SB5、SB6、SB7、SB8，电动机才能启动，在四地任意按下四个停止按钮 SB1、SB2、SB3、SB4 之一，电动机都能停止。

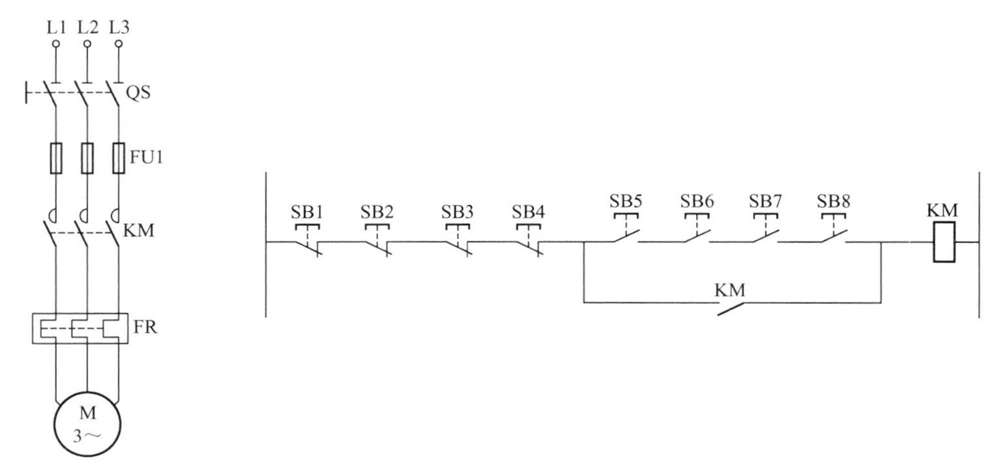

图 2.11　四地启停控制电路

2.3.3 顺序启、停控制电路

顺序控制是指让多台电动机按事先约定的步骤依次动作，在实际生产中有着广泛应用。有时要求一个拖动系统中多台电动机按先后顺序工作，例如，电梯中关门电动机动作完成后提升电动机才能启动工作，机床中润滑电动机启动后主轴电动机才能启动。其实现方法包括主电路实现顺序启动控制和控制电路实现顺序启动控制，而控制电路实现顺序启动控制又分为无延时要求的顺序启动控制和有延时要求的顺序启动控制等。

1. 主电路实现顺序启动控制电路

主电路实现顺序启动控制电路如图 2.12 所示，两台电动机的顺序启动控制由主电路实现。

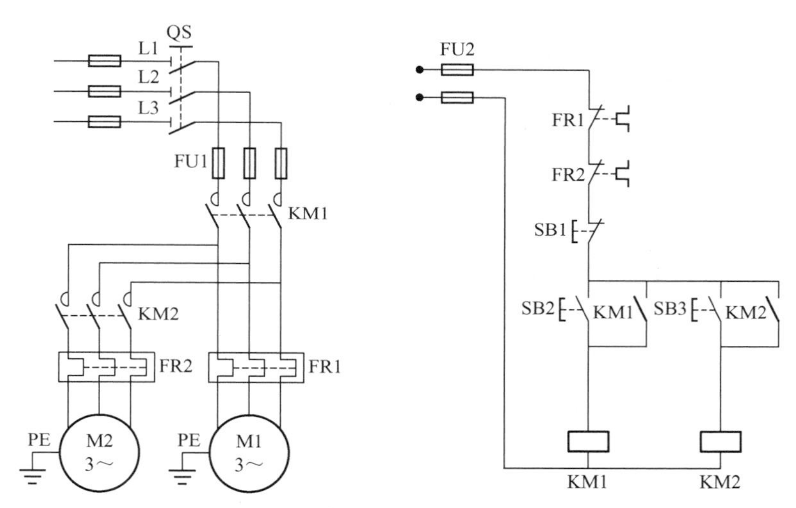

图 2.12　主电路实现顺序启动控制电路

电动机 M1 和 M2 分别通过接触器 KM1 和 KM2 控制，接触器 KM2 的主触点接在接触器 KM1 主触点的下面，从而保证了只有当 KM1 主触点闭合，电动机 M1 启动运转后，电动机 M2 才能接通电源运转，停车时同时停止运转。在该电路中，使用两个热继电器分别为两台电动机进行过载保护。

两台交流电动机不可以合用一台热继电器进行过载保护，因为两台电动机应用一个热继电器时，整定电流应不小于两台电动机额定电流的总和，一般电动机负载不是满载运行的，所以当其中一台电动机故障电流过大时也不一定超过整定电流。同时，热继电器反应较慢，电动机将得不到保护而烧毁。

2. 控制电路实现顺序启动控制电路

（1）无延时要求的顺序启动控制电路。

设计无延时要求的两台电动机顺序启动控制电路时，需将接触器的辅助触点和按钮位置合理组合接线。

① 顺序启动、单独停止或同时停止之方案（一）。如图 2.13 所示，该电路中，接触器 KM2 的线圈接在接触器 KM1 自锁触点（辅助触点）后面，保证了电动机 M1 启动，电

动机 M2 才能启动的顺序控制要求。在该控制电路中有两个停止按钮，停止按钮 SB3 控制电动机 M2 的单独停止，停止按钮 SB1 控制两台电动机同时停止。

两台电动机顺序启动控制电路

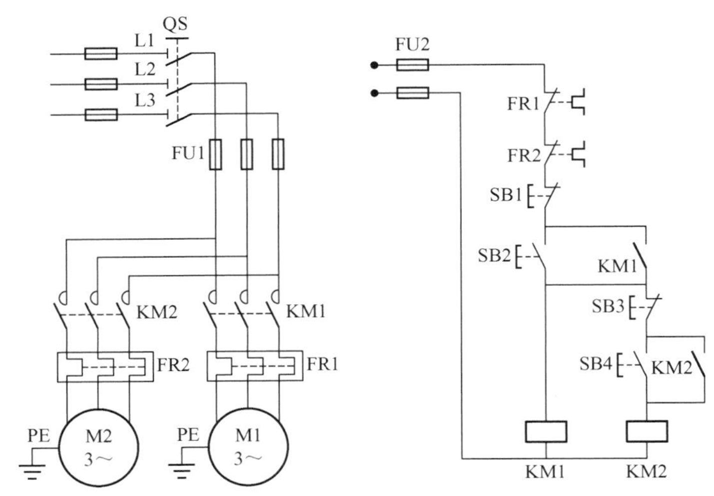

图 2.13 无延时要求的两台电动机顺序启动控制电路（一）

② 顺序启动、单独停止或同时停止之方案（二）。如图 2.14 所示，该电路中，接触器 KM2 的线圈回路中串联了接触器 KM1 的动合辅助触点，KM1 线圈不吸合，即使按下启动按钮 SB4，KM2 线圈也不吸合，只有电动机 M1 启动后，电动机 M2 才能启动。停止按钮 SB1 控制两台电动机同时停止，停止按钮 SB3 控制电动机 M2 的单独停止。

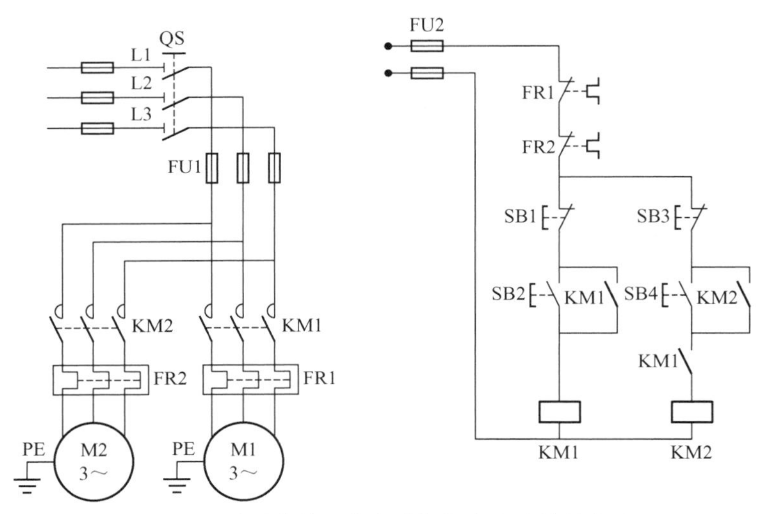

图 2.14 无延时要求的两台电动机顺序启动控制电路（二）

（2）无延时要求的顺序启动逆序停止控制电路。

两台电动机顺序启动逆序停止控制电路如图 2.15 所示。该电路中，停止按钮 SB1 两端并联了接触器 KM2 的一对动合辅助触点，从而实现电动机 M2 停止后，电动机 M1 才能停止，即电动机 M1、M2 顺序启动，逆序停止。

对于多台电动机的顺序启动逆序停止控制，启动约束为将先启动接触器的动合辅助触点串联在后启动接触器线圈回路中，停止约束为将先停止的接触器动合辅助触点并联在后停止的接触器线圈回路的停止按钮上。

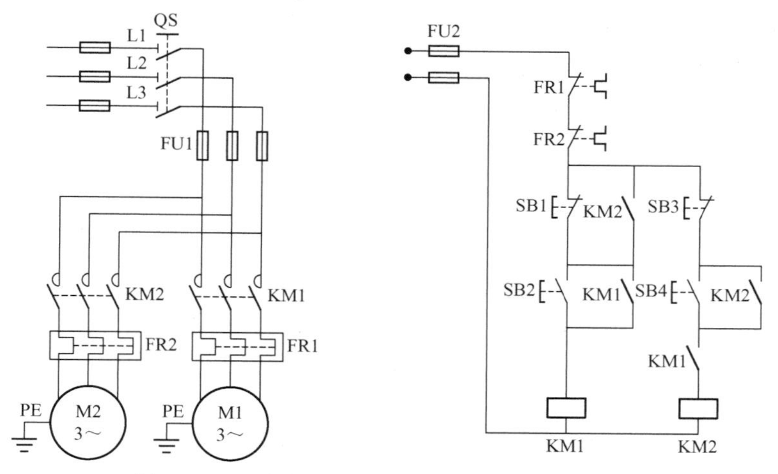

图 2.15　两台电动机顺序启动逆序停止控制电路

(3) 有延时要求的顺序启动控制电路。

有延时要求的顺序启动控制电路采用通电延时型时间继电器，按时间顺序自动控制，实现顺序启动及同时停止。顺序启动实现后，要将时间继电器线圈电路切断。

有延时要求的两台电动机顺序启动控制电路如图 2.16 所示，要求电动机 M1 启动 t 秒后，电动机 M2 自动启动，利用时间继电器的延时闭合动合触点来实现。

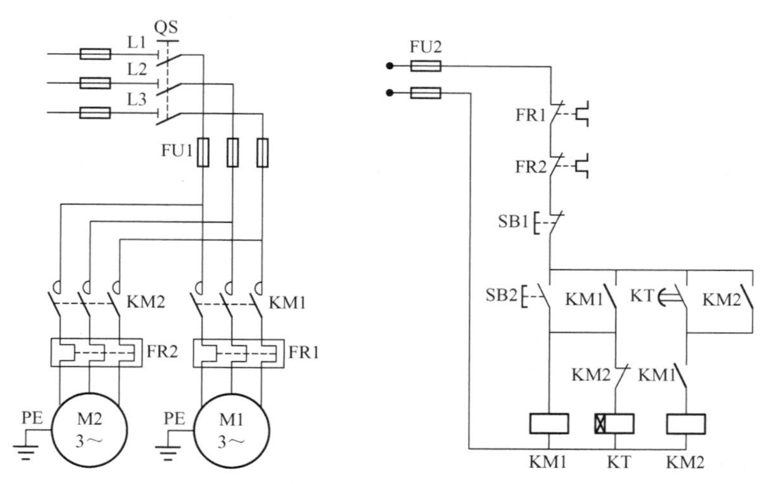

图 2.16　有延时要求的两台电动机顺序启动控制电路

合上电源开关 QS，按下启动按钮 SB2，接触器 KM1 线圈和时间继电器 KT 线圈同时通电，接触器 KM1 主触点闭合，且 KM1 动合辅助触点形成自锁，电动机 M1 启动。因为时间继电器 KT 的延时时间可调，所以可预置电动机启动 t 秒后电动机 M2 再启动。延时 t 秒后，时间继电器 KT 延时闭合触点闭合，接触器 KM2 线圈通电并自锁，电动机 M2 启动，同时 KM2 的动断触点断开，切断时间继电器 KT 线圈支路，实现电动机 M1、M2 按预定时间顺序启动控制。

2.3.4 电气控制系统常用保护措施

电气控制系统除了能满足生产机械的加工工艺要求外，要想长期正常无故障运行，还必须有各种保护措施。保护措施是所有电气控制系统不可缺少的组成部分，可以用来保护电动机、电网、电气控制设备及人身安全等。

电气控制系统中的常用保护措施有短路保护、过载保护、过电流保护、欠电压与零电压保护等。

1. 短路保护

电动机绕组的绝缘、导线的绝缘损坏或电路故障会造成短路现象，产生的短路电流将引起电气设备的绝缘严重损坏，而产生的强大电动力也会使传动设备损坏。在出现短路现象时，必须迅速切断电源。常用的短路保护方式有熔断器保护和断路器保护。

（1）熔断器保护。

熔断器的熔体串联在被保护的电路中，当电路发生短路或严重过载时，熔体自行熔断，切断电路，达到保护目的。

（2）断路器保护。

断路器通常有过电流、过载和欠电压保护等功能，这种开关能在电路发生上述故障时快速地自动切断电源。它是低压配电的重要保护电器之一，常做低压配电盘的总电源开关及电动机、变压器的合闸开关。

熔断器比较适用于对动作准确度和自动化程度要求不高的系统中，如小容量的笼型电动机、一般的普通交流电源等。在发生短路时，很可能只有一相熔断器熔断，造成单相运行。但对于断路器，只要发生短路就会自动跳闸，将三相同时切断。断路器结构复杂，操作频率低，广泛用于要求较高的场合。

2. 过载保护

电动机长期超载运行，绕组温升将超过允许值，其绝缘材料就会变脆，使用寿命缩短，严重时会使电动机损坏。过载电流越大，超过允许温升的时间就越短。常用的过载保护元件是热继电器，当电动机在额定电流下运转时，热继电器不动作，过载电流较小时，热继电器经过较长时间才动作；过载电流较大时，热继电器经过较短时间就会动作。

由于热惯性，电动机受短时过载冲击电流或短路电流时，热继电器不会动作，因此在使用热继电器进行过载保护的同时，必须设有短路保护，并且短路保护的熔断器熔体的额定电流不应超过四倍热继电器热元件的额定电流。

3. 过电流保护

过电流保护广泛用于直流电动机和绕线转子异步电动机中。对于三相笼型电动机，由于短时过电流不会产生严重后果，因此一般不采用过电流保护而采用短路保护。

过电流往往是由不正确的启动或过大的负载转矩引起的，一般比短路电流小。在电动机运行过程中产生过电流要比发生短路的可能性大，尤其是频繁正反向启动、制动，重复短时工作制的电动机。在直流电动机和绕线转子异步电动机电路中，过电流继电器也起着短路保护的作用，一般过电流继电器动作时的电流为启动电流的1.2倍左右。

4. 欠电压与零电压保护

当电动机正常运转时，电源电压过分地降低将引起一些电器释放，导致控制电路不能正常工作，从而造成事故，也会引起电动机转速下降甚至停转，需要在电源电压降到允许值以下时切断电源，这就是欠电压保护。

当电动机运转时，如果电源电压因某种原因消失，那么在电源电压恢复时，电动机可能会自行启动，这就可能造成生产设备损坏，甚至造成人身事故。对电网来说，同时有许多电动机及其他用电设备自行启动，也会引起不允许的过电流及瞬间电网电压下降。这种为了防止电压恢复时电动机自行启动的保护称为零电压保护。

(1) 主令控制器与中间继电器实现零电压保护。

一般常用主令控制器与中间继电器配合，实现欠电压与零电压保护。电动机常用保护电路如图 2.17 所示。在该电路中，当电源电压过低（欠电压）或消失（零电压）时，电压继电器 KA 就要释放，接触器 KM1 或 KM2 也立即释放，因为此时主令控制器 SC 不在零位（即 SC0 未接通），所以电压恢复时，KA 不会通电动作，接触器 KM1 或 KM2 就不能通电动作。若使电动机重新启动，必须先将主令控制器 SC 打回零位，使触点 SC0 闭合，KA 通电动作并自锁，然后将主令控制器 SC 打向正向位置 SC1 或反向位置 SC2，电动机才能启动。这样就通过 KA 继电器实现了欠电压与零电压保护。

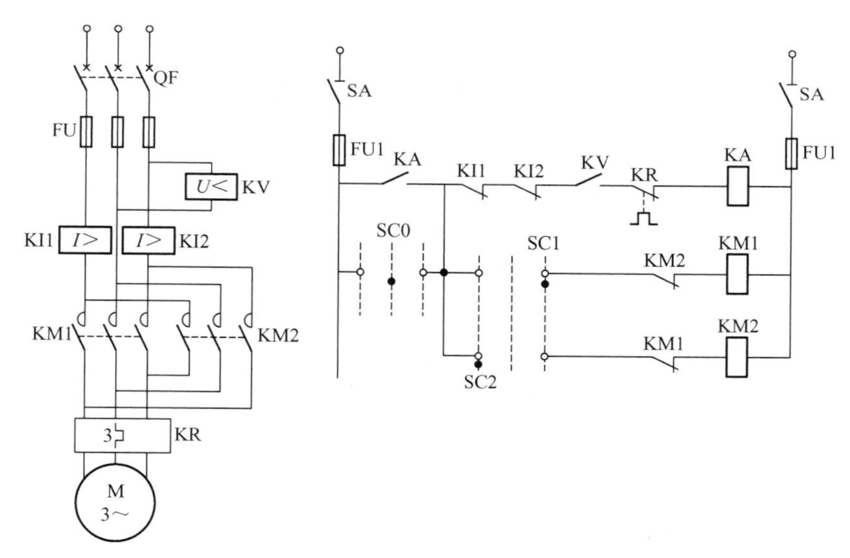

图 2.17 电动机常用保护电路

短路保护：熔断器 FU。

过载保护：热继电器 KR。

过电流保护：过电流继电器 KI1、KI2。

零电压保护：中间继电器 KA。

欠电压保护：欠电压继电器 KV。

联锁保护：KM1 与 KM2 的动断触点。

(2) 启保停电路实现零电压保护。

在采用断路器作为电源引入开关时，其各种脱扣功能为系统设置了双重保护。在许多机床中不用控制开关操作，而用按钮操作。利用按钮的自动复位作用和接触器的自锁作用，就不必另设零电压保护继电器了。带有自锁环节的启保停电路如图 2.18 所示。当电源电压过低或断电时，接触器 KM 释放，此时接触器 KM 的主触点和辅助触点同时打开，使电动机电源切断并失去自锁。当电源恢复正常时，操作人员必须重新按下启动按钮 SB2 才能启动电动机。所以带有自锁环节的启保停电路本身具备零电压保护功能。

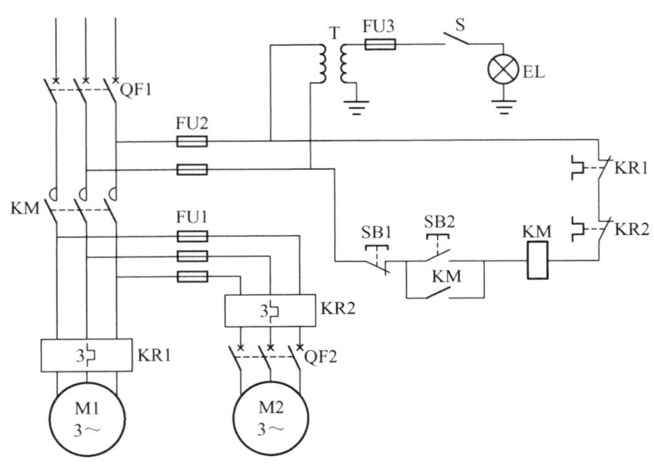

图 2.18　带有自锁环节的启保停电路

2.4　三相笼型异步电动机的减压启动

三相笼型异步电动机全压直接启动的控制电路简单，维修工作量小，但 10kW 以上容量的笼型异步电动机启动电流较大，一般不允许全压直接启动，应采用减压启动方式。有时为了减小启动时对机械设备的冲击，即使是允许全压直接启动的电动机也常采用减压启动。减压启动时，先降低加在电动机定子绕组上的电压，待启动后再将电压升高到额定值，在额定电压下正常运行。由于电枢电流与电压成正比，因此降低启动电压可以减小启动电流，从而减小电路中产生的电压降，减小对电网电压的影响。

三相笼型异步电动机的常用减压启动方法有星三角减压启动、自耦变压器减压启动、定子串电阻减压启动等。

2.4.1　星三角减压启动

星三角减压启动

正常运行时，定子绕组接成三角形运转的三相笼型异步电动机都可采用星三角减压启动。启动时，定子绕组先星形联结，然后接入三相交流电源。启动时，电动机定子绕组星形联结，每相绕组的电压为 220V，当转速接近额定转速时，将电动机定子绕组改为三角形联结，每相绕组的电压为 380V，电动机进入正常运行状态。这种减压启动方法简单、经济，可用在操作较频繁的场合，但其启动转矩只有全压启动时的 1/3，适用于空载或轻载启动。

1. 三个接触器实现星三角减压启动

图 2.19 所示为三个接触器星三角减压启动控制电路，用接触器 KM3 的主触点短接电

动机三相绕组末端，以构成星形联结，接触器 KM2 的主触点把电动机三相绕组接成三角形。通常容量在 13kW 以上的电动机采用三个接触器星三角减压启动控制电路。

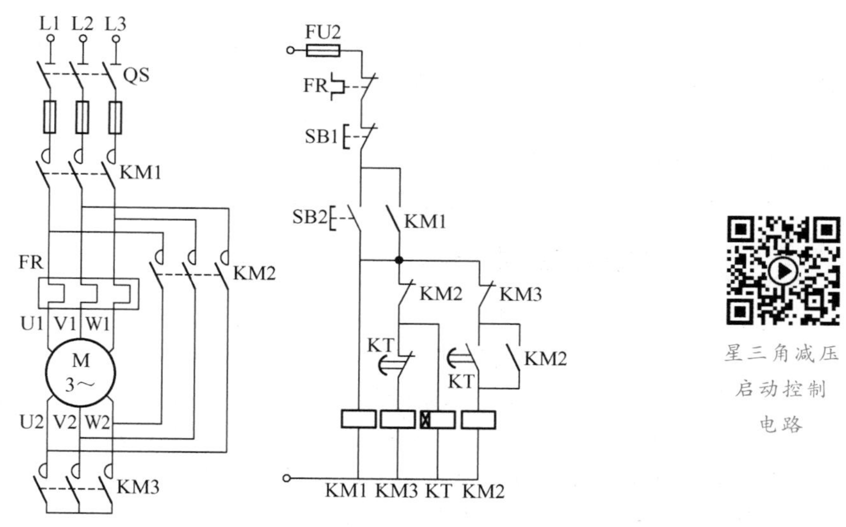

图 2.19 三个接触器星三角减压启动控制电路

电路工作原理如下：合上电源开关 QS，按下启动按钮 SB2，KM1、KT、KM3 线圈同时通电吸合并自锁，电动机成星形联结，接入三相电源进行减压启动。当电动机转速接近额定转速时，时间继电器 KT 动作，其延时断开的动断触点断开，使 KM3 线圈断电释放，KT 延时闭合的动合触点闭合，使 KM2 线圈通电吸合，电动机由星形联结改为三角形联结，正常运行，KM2 的动断触点使 KT 在电动机星三角减压启动完成后断电。电路中的 KM2 与 KM3 形成电气互锁。

2. 两个接触器实现星三角减压启动

两个接触器星三角减压启动控制电路如图 2.20 所示，用两个接触器和一个时间继电

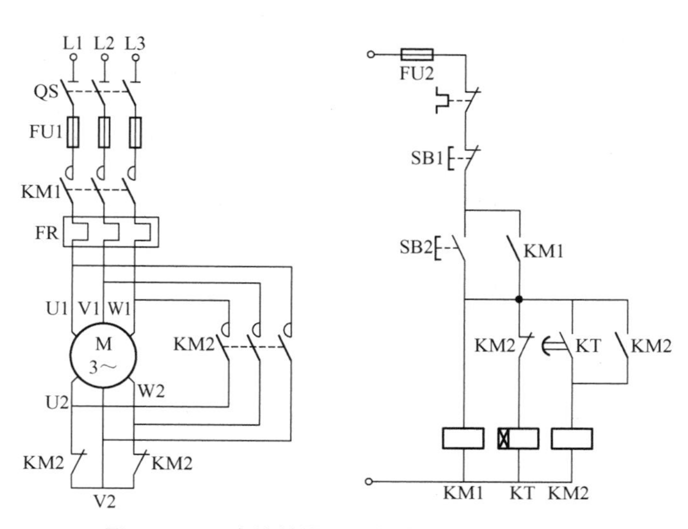

图 2.20 两个接触器星三角减压启动控制电路

器实现星三角减压启动控制，接触器 KM2 的常闭辅助触点短接电动机三相绕组末端，以构成星形联结，接触器 **KM2** 的主触点把电动机三相绕组接成三角形。由于接触器的辅助触点的容量较小，因此只能用于容量较小电动机的星三角启动。

电路工作原理如下：合上电源开关 QS，按下启动按钮 SB2，KM1 线圈和 KT 线圈同时通电吸合并自锁，电动机成星形联结，接入三相电源进行减压启动，当电动机转速接近额定转速时，时间继电器 KT 动作，KT 延时闭合的动合触点闭合，使 KM2 线圈通电吸合，KM2 的动断触点打开，KM2 的主触点闭合，电动机由星形联结改为三角形联结，进入正常运行。KM2 的动断触点使 KT 在电动机星三角启动完成后断电。

2.4.2 自耦变压器减压启动

电动机经自耦变压器减压启动时，定子绕组得到的电压是自耦变压器的二次电压 U_2，由于自耦变压器的电压变比 $K=U_1/U_2>1$，因此当利用自耦变压器减压启动时的电压为额定电压的 $1/K$，电网供给的启动电流减小到 $1/K$，由于 $T\propto U^2$，此时的启动转矩降为直接启动时的 $1/K^2$，因此自耦变压器减压启动常用于空载或轻载启动。

在自耦变压器降压启动控制电路中，限制电动机启动电流是依靠自耦变压器的降压作用来实现的。自耦变压器的一次侧与电源相连，二次侧与电动机相连。自耦变压器的二次侧一般有三个抽头，可得到三种数值的电压。使用时，可根据启动电流和启动转矩的要求灵活选择。电动机启动时，定子绕组得到的电压是自耦变压器就二次电压，一旦启动完毕，自耦变压器就被切除，电动机直接接至电源，即得到自耦变压器的一次电压，电动机全电压运行。

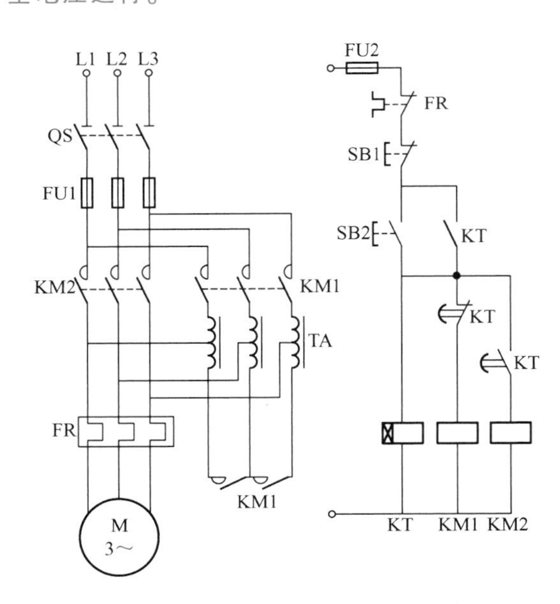

图 2.21　自耦变压器减压启动控制电路

图 2.21 所示为自耦变压器减压启动控制电路。启动时，合上电源开关 QS，按下启动按钮 SB2，KM1 线圈、KT 线圈同时通电并自锁，KM1 主触点闭合，电动机定子绕组经自耦变压器二次侧供电开始减压启动。当电动机转速接近于额定转速时，时间继电器 KT 动作，KT 的延时动断触点断开，使接触器 KM1 线圈断电，KM1 主触点断开，将自耦变压器从电网上切除，KT 的延时动合触点闭合，使接触器 KM2 线圈通电，电动机直接接到电网上，全压运行。

自耦变压器减压启动适用于容量较大、正常工作时接成星形或三角形的电动机。其启动转矩可以通过改变自耦变压器抽头的连接位置而得到改变。它的缺点是自耦变压器价格较高，而且不允许频繁启动；时间继电器一直通电，能量消耗大，且缩短了元件使用寿命。请读者自行分析并设计断电延时的控制电路。

2.4.3 定子串电阻减压启动

三相笼型异步电动机定子绕组串联启动电阻时，由于启动电阻具有分压作用，因此定子绕组启动电压降低，减小了启动电流。启动结束后将电阻短路，电动机在额定电压下正常运行。这种启动方式不受电动机接线形式的限制，设备简单、经济，在中小型生产机械中应用较广。点动控制的电动机也常用串电阻减压启动的方式来限制电动机启动时的电流。定子串电阻减压启动的控制电路如图 2.22 所示。

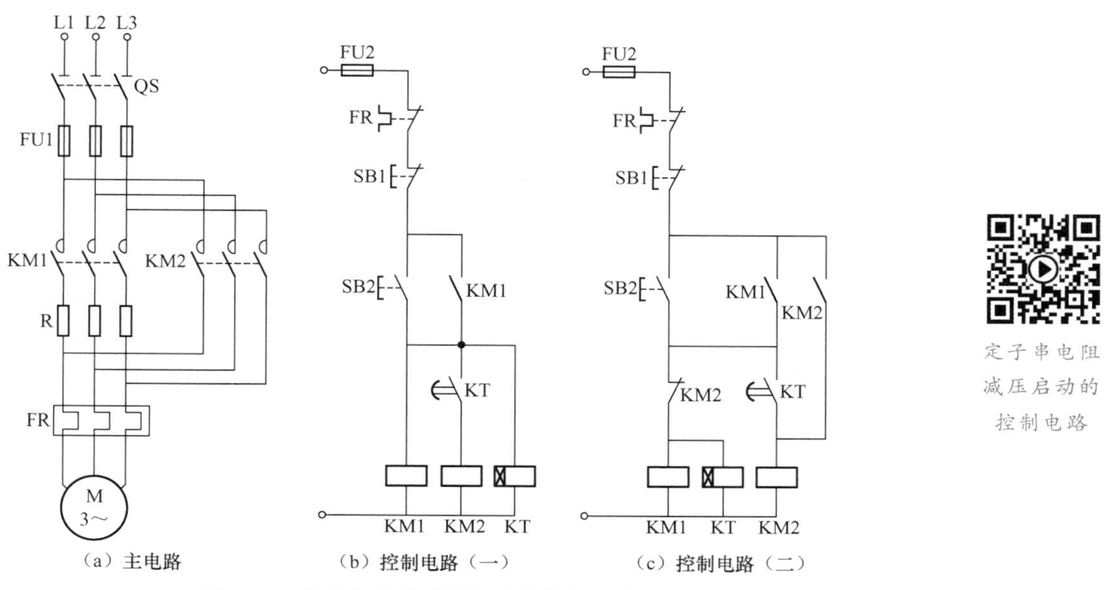

(a) 主电路　(b) 控制电路 (一)　(c) 控制电路 (二)

图 2.22　定子串电阻减压启动的控制电路

定子串电阻减压启动的控制电路

采用图 2.22 (b) 所示的控制电路，合上电源开关 QS，接入三相电源，按下启动按钮 SB2，KM1 线圈、KT 线圈通电吸合并自锁，电动机串入电阻 R 减压启动，当电动机转速接近额定转速时，时间继电器 KT 动作，其延时闭合的动合触点闭合，KM2 线圈通电，KM2 主触点闭合，电阻 R 被短路，电动机经 KM2 主触点全压正常运行。按下停止按钮 SB1，KM1 线圈、KM2 线圈、KT 线圈全部断电，电动机停止运行。该控制电路的缺点是 KM2 通电电动机全压正常运行时，KM1 线圈、KT 线圈始终通电，能量消耗大，缩短了元件使用寿命。

采用图 2.22 (c) 所示的控制电路可克服上述缺点。按下启动按钮 SB2，KM1 线圈、KT 线圈通电吸合并自锁，电动机串入电阻 R 减压启动，延时时间到，其延时闭合的动合触点闭合，KM2 线圈通电并自锁，电阻 R 被短路，电动机全压运行。KM2 线圈通电的同时，KM2 的常闭辅助触点断开，KM1 线圈、KT 线圈断电，节能降耗，延长了元件使用寿命。

启动电阻一般采用由电阻丝绕制的板式电阻或铸铁电阻，电阻功率大，能够通过较大电流，但能量消耗较大。为了降低能量消耗，可用电抗器代替电阻，控制电路与串电阻的相同。

2.5 三相异步电动机的制动控制

许多生产机械在工作时希望运动部件能够快速停车，如果停车时间过长，就会影响生产率。如万能铣床、卧式镗床等都要求机床的运动部件能够迅速停车和准确定位，这就要求对电动机进行制动，强迫其立即停止运转。由于惯性，三相异步电动机从切除电源到完全停止运转总要经过一段时间，出现运动部件停位不准、工作不安全等现象，不能适应某些生产机械工艺要求。为提高生产效率，保证机械准确停位，需要对电动机进行制动控制。

断电后能使电动机在很短的时间内停转的方法，称为制动控制。常用的制动控制有两大类，即机械制动与电气制动。生产机械的制动可以采用液压装置或机械抱闸等机械制动，但广泛应用的是电气制动。在控制电路中，经常应用的电气制动方式是反接制动和能耗制动。反接制动的特点是制动电流大，制动力矩大，制动效果显著，但在制动时有冲击，制动不平稳，能量消耗也大。能耗制动的特点是制动平稳、准确，能量消耗小，但制动力矩较小，在低速时制动效果差，并且需提供直流电源。实际使用时，应根据设备的工作要求选用合适的制动控制方式。

2.5.1 反接制动控制电路

反接制动有两种情况：一种是在负载转矩作用下，使电动机反转但电磁转矩方向为正向的倒拉反接制动，如起重机下放重物的情况；另一种是电源反接制动，即改变电动机电源的相序，使定子绕组产生反向的旋转磁场，从而产生制动转矩，使电动机转子迅速降速。这里讨论第二种情况。在使用电源反接制动时，为防止转子降速后反向启动，当电动机转速接近于零时应迅速切断电源。另外，因为转子与突然反向的旋转磁场的相对速度接近于两倍的同步转速，所以定子绕组中流过的反接制动电流相当于全压直接启动时电流的两倍。为了减小冲击电流，通常在电动机主电路中串联电阻，限制反接制动电流，该电阻称为反接制动电阻。反接制动电阻的接线方法有对称和不对称两种，采用对称接法可以在限制制动转矩的同时限制制动电流；而采用不对称接法只是限制了制动转矩，未加制动电阻的一相仍有较大电流。反接制动的特点是制动迅速、效果好、冲击大，通常仅适用于10kW以下的小容量电动机。

1. 电动机单向运转的反接制动控制电路

反接制动的关键是改变电动机电源的相序，并且在转速接近于零时，能自动切除电源，以免引起反向启动。为此，采用速度继电器来检测电动机转速的变化，速度继电器转速一般在120～3000r/min范围内触点动作，当转速低于100r/min时触点复位。

电动机单向运转的反接制动控制电路如图2.23所示。按下启动按钮SB2，接触器KM1通电并自锁，电动机全压启动。在电动机正常运转时，速度继电器KS的动合触点闭合，为反接制动做好准备。停车时，按下停止按钮SB1，接触器KM1线圈断电，电动机电源断开。由于惯性，此时电动机的转速还很高，KS的动合触点依然闭合，SB1的动合触点闭合，反接制动接触器KM2线圈通电并自锁，KM2主触点闭合，三相交流电源的两相相序对调后接入电动机定子绕组，电动机进入反接制动状态，转速迅速下降。当电动机转速接近于零时，速度继电器动合触点复位，接触器 KM2 线圈断电，其主触点断开，电动机断电，反接制动结束。

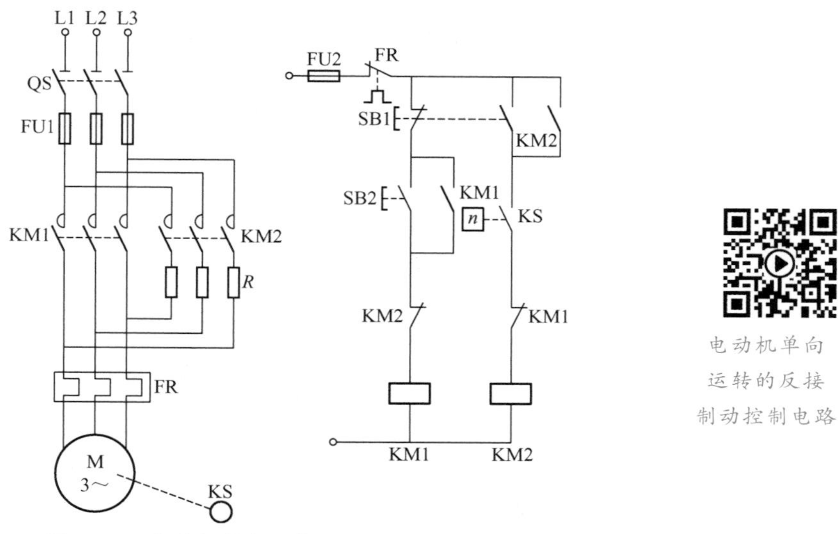

电动机单向运转的反接制动控制电路

图 2.23 电动机单向运转的反接制动控制电路

2. 电动机双向运转的反接制动控制电路

电动机双向运转的反接制动控制电路如图 2.24 所示。启动时，按下正转启动按钮 SB2，正转接触器 KM1 闭合，电动机接入正向三相交流电源开始运转，速度继电器 KS 动作，其正转的动断触点 KS1 断开，动合触点 KS1 闭合。由于 KM1 的常闭辅助触点比正转的 KS1 动合触点动作时间早，因此正转的 KS1 的动合触点仅为 KM2 线圈的通电做准备，不能使 KM2 线圈立即通电。

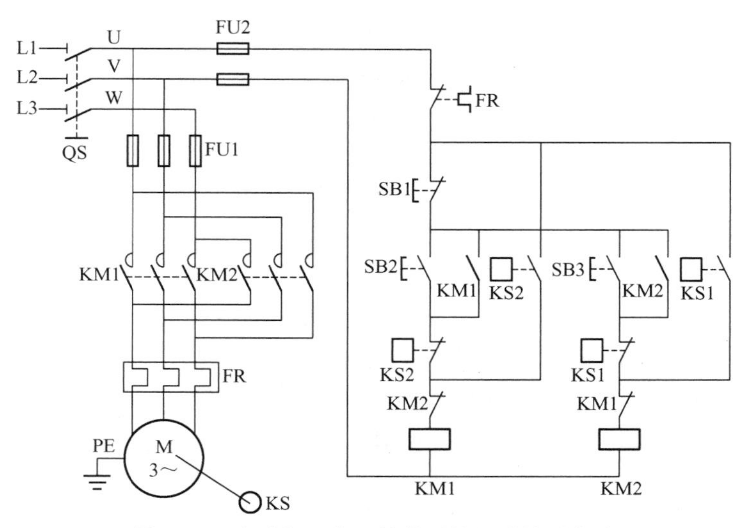

图 2.24 电动机双向运转的反接制动控制电路

停止时，按下停止按钮 SB1 时，KM1 线圈断电，KM1 的动断触点闭合，反转接触器

KM2 线圈通电，改变定子绕组的三相交流电源相序，电动机进入正向反接制动。由于速度继电器的动断触点 KS1 已断开，因此反转接触器 KM2 线圈不能依靠其自锁触点自锁。当电动机转速接近于零时，正转动合触点 KS1 断开，KM2 线圈断电，正向反接制动过程结束。电动机的反向运转反接制动原理同上，请读者自行分析。

该电路的缺点是主电路未设置限流电阻，冲击电流大。为减小冲击电流，采用图 2.25 所示的带制动电阻的电动机双向运转反接制动控制电路。图中电阻 R 是反接制动电阻，同时有限制启动电流的作用。

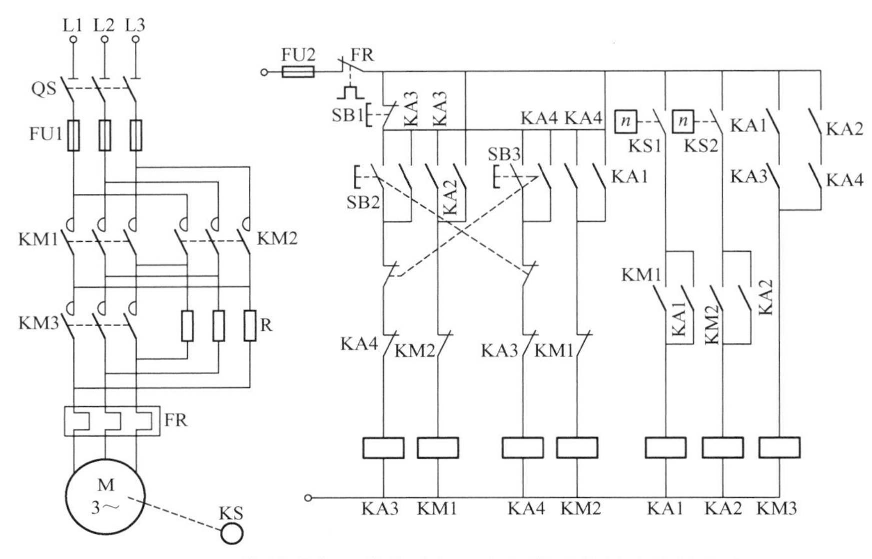

图 2.25 带制动电阻的电动机双向运转反接制动控制电路

合上电源开关 QS，按下正转启动按钮 SB2，中间继电器 KA3 线圈通电并自锁，KA3 的动断触点断开中间继电器 KA4 线圈电路，起互锁作用，KA3 的动合触点闭合，使接触器 KM1 线圈通电，KM1 的主触点闭合，定子绕组经电阻 R 接通正向三相电源，电动机定子绕组串电阻减压启动。此时中间继电器 KA1 线圈电路中的 KM1 常开辅助触点已闭合，由于速度继电器 KS 的正转动合触点 KS1 尚未闭合，因此 KA1 线圈仍无法通电。当电动机转速上升到一定值时，KS 的正转动合触点 KS1 闭合，中间继电器 KA1 通电并自锁，此时中间继电器 KA1、KA3 的动合触点全部闭合，接触器 KM3 线圈通电，KM3 主触点闭合，电阻 R 被短路，定子绕组得到额定电压，电动机转速上升到额定转速，电动机的启动过程结束。

在电动机正常运行的过程中，若按下停止按钮 SB1，则 KA3、KM1、KM3 线圈断电。但因为此时电动机转速仍然很高，速度继电器 KS 的正转动合触点 KS1 还处于闭合状态，中间继电器 KA1 线圈仍通电，所以接触器 KM1 动断触点复位后，接触器 KM2 线圈通电，KM2 常开主触点闭合，使定子绕组经电阻 R 获得反序的三相交流电源，电动机进行反接制动。转子速度迅速下降，当小于 100r/min 时，KS 的正转动合触点 KS1 复位，KA1 线圈断电，接触器 KM2 线圈断电，KM2 主触点断开，反接制动过程结束。

2.5.2 能耗制动控制电路

在三相电动机停车切断三相交流电源的同时，将一个直流电源引入定子绕组，直流电流流过定子绕组，在电动机气隙中形成固定的、不旋转的空间静止磁场。在电源被切除的瞬间，电动机转子由于惯性仍沿原方向转动，转子在静止磁场中切割磁力线，产生一个与惯性转动方向相反的电磁转矩，电动机进入制动状态，转速很快下降，并在接近于零时将直流电源切除，实现对转子的制动。

能耗制动时，制动转矩随电动机的惯性转速下降而减小，因而制动平稳。因为这种制动方法将转子惯性转动的机械能转换为电能，又消耗在转子的制动上，所以称为能耗制动。

能耗制动的制动转矩与通入的直流电流和电动机的转速有关，相同转速下，电流大，制动作用强。一般接入的直流电流为电动机空载电流的3～5倍，过大会烧坏电动机的定子绕组。可采用在直流电源回路中串联可调电阻的方法，调节制动电流。直流电源的获得有两种方式：桥式整流和单相半波整流。

1. 单向运转能耗制动控制电路

（1）按时间原则的单向运转能耗制动控制电路。

按时间原则的单向运转能耗制动控制电路如图2.26所示，变压器TC、整流装置VC提供直流电源。接触器KM1的主触点闭合接通三相电源，电动机单向运行，KM2将直流电源接入电动机定子绕组，实现能耗制动。

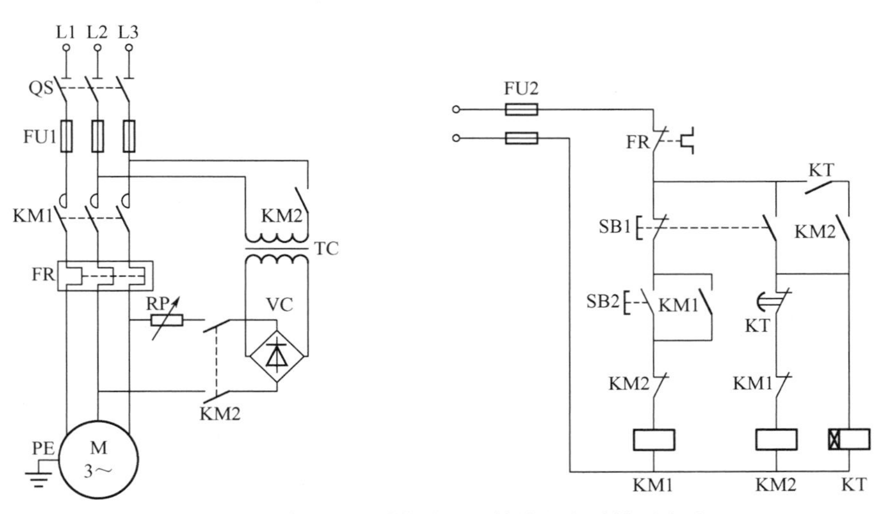

图2.26 按时间原则的单向运转能耗制动控制电路

停车时，采用时间继电器KT实现自动控制，按下复合按钮SB1，KM1线圈断电，切断三相交流电源。同时，接触器KM2和KT线圈通电并自锁，KM2在主电路中的动合触点闭合，直流电源被引入定子绕组，电动机能耗制动。时间继电器KT设定时间到，KT的延时断开动断触点动作，断开KM2、KT线圈回路，制动结束。

图2.26中，KT的瞬时动合触点是考虑KT线圈断线或机械卡阻故障时，电动机在按下SB1后能迅速制动，保证该电路具有手动控制能耗制动的能力，只要SB1处于按下的

状态，电动机就能实现能耗制动。

（2）按速度原则的单向运转能耗制动控制电路。

按速度原则的单向运转能耗制动控制电路如图 2.27 所示。该电路用速度继电器 KS 进行制动控制。制动时，按下停止按钮 SB1，KM1 线圈断电，其主触点断开，切断电动机的三相交流电源。由于惯性，电动机转速仍然很高，速度继电器 KS 的动合触点仍然闭合，接触器 KM2 线圈通电并自锁，两相定子绕组通入直流电，电动机能耗制动。当电动机转速接近于零时，KS 动合触点断开，接触器 KM2 线圈断电，其主触点断开直流电源，能耗制动结束。

单向运转能耗制动控制电路

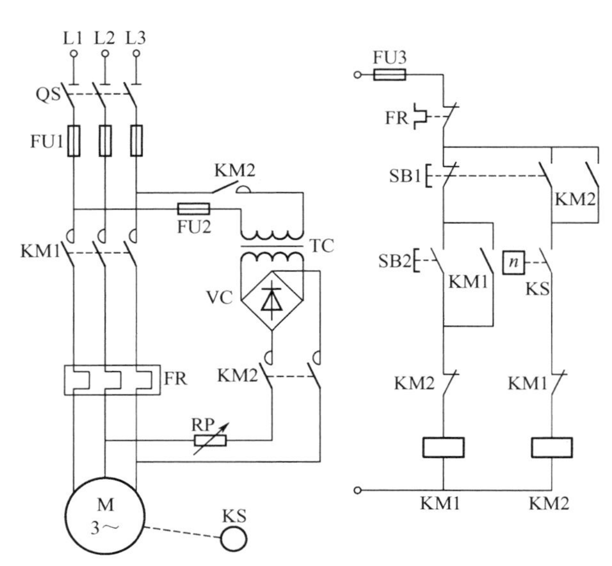

图 2.27　按速度原则的单向运转能耗制动控制电路

2. 双向运转能耗制动控制电路

（1）按时间原则的双向运转能耗制动控制电路。

按时间原则的双向运转能耗制动控制电路如图 2.28 所示。该电路中，KM1 为正转接触器，KM2 为反转接触器，KM3 为能耗制动接触器，SB2 为正转启动按钮，SB3 为反转启动按钮，SB1 为停止按钮。

需要停止正向运转时，按下 SB1，KM1 线圈断电，切断电动机正向运转电源，KM3 和 KT 线圈通电并自锁，KM3 常开主触点闭合，直流电源加到定子绕组，电动机进行正向能耗制动。电动机正向转速迅速下降，当转速接近于零时，时间继电器 KT 延时断开的动断触点断开接触器 KM3 线圈电源，KM3 主触点断开直流电源，KM3 常开辅助触点断开，时间继电器 KT 线圈也随之断电，电动机正向能耗制动结束。反转能耗制动的过程与上述正转能耗制动的过程类似。

（2）按速度原则的双向运转能耗制动控制电路。

按速度原则的双向运转能耗制动控制电路如图 2.29 所示。该电路中，KM1 为正转接触器，KM2 为反转接触器，KM3 为能耗制动接触器，SB2 为正转启动按钮，SB3 为反转启动按钮，SB1 为停止按钮。

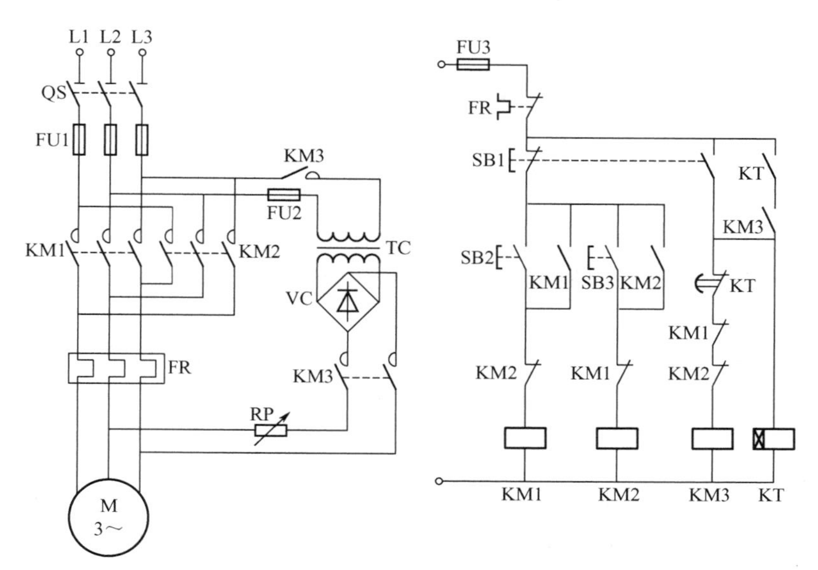

图 2.28 按时间原则的双向运转能耗制动控制电路

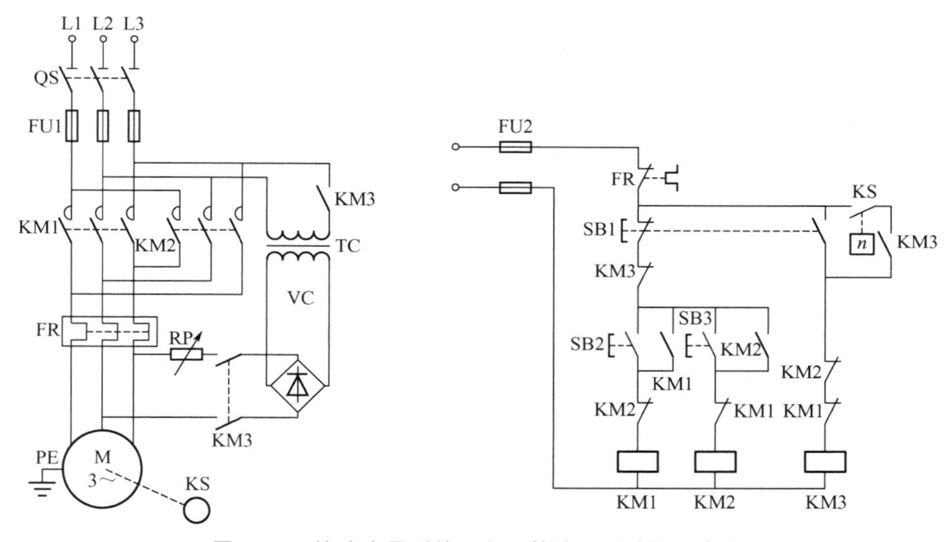

图 2.29 按速度原则的双向运转能耗制动控制电路

在需要停止正向运转时，按下 SB1，KM1 线圈断电，切断电动机正向运转电源，KM3 线圈通电并自锁，KM3 动断触点断开并锁住电动机启动电路，KM3 主（常开）触点闭合，使直流电压加至定子绕组，电动机进行正向能耗制动，转速迅速下降。当电动机转速降至 100r/min 以下时，速度继电器 KS 动合触点断开，KM3 线圈断电，电动机正向能耗制动结束。反向能耗制动的过程与上述正向能耗制动的过程类似。

2.6 三相绕线转子异步电动机的启动控制

三相绕线转子异步电动机的转子绕组可以通过集电环串联启动电阻，减小启动电流，提高转子电路功率因数和启动转矩。在要求启动转矩较高的场合，绕线转子异步电动机得到了广泛应用。按照绕线转子异步电动机转子绕组在启动过程中串联的装置不同，控制电路有串电阻启动和串频敏变阻器启动两种。

2.6.1 转子绕组串电阻启动

串联在三相转子绕组中的启动电阻一般都接成星形。启动前，启动电阻全部接入，启动过程中将电阻依次短路，启动结束时，转子电阻全部被短路。短路启动电阻的方法有两种：三相电阻不平衡短路法和三相电阻平衡短路法。三相电阻不平衡短路是三相的各级启动电阻轮流被短路，而三相电阻平衡短路是三相的各级启动电阻同时被短路。这里仅介绍用接触器控制的三相电阻平衡短路法启动控制电路。

1. 按时间原则短路启动电阻的控制电路

按时间原则短路启动电阻的控制电路如图 2.30 所示。转子绕组串入三级启动电阻，KM1 为电源电路接触器，KM2、KM3、KM4 为短路各级启动电阻的接触器，KT1、KT2、KT3 为启动时间继电器。

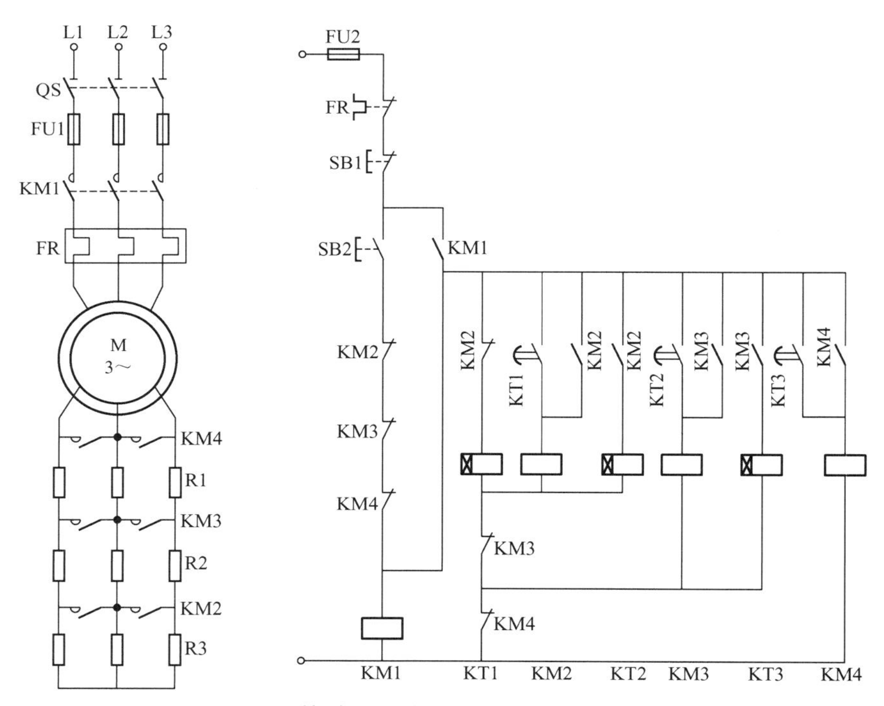

图 2.30　按时间原则短路启动电阻的控制电路

电路的工作原理如下：合上电源开关 QS，按下启动按钮 SB2，KM1 线圈通电并自锁，电动机转子接入三段电阻启动，同时 KT1 线圈通电。当 KT1 延时时间到，其延时闭合的触点闭合，使 KM2 线圈通电并自锁，KM2 主触点闭合，短路电阻 R3，KM2 的动合触点闭合，使 KT2 通电；当 KT2 延时时间到，其延时闭合的触点闭合，使 KM3 线圈通电并自锁，KM3 主触点闭合，短路电阻 R2，KM3 的动合触点闭合，使 KT3 通电；KT3 延时时间到，其延时闭合的触点闭合，KM4 线圈通电并自锁，KM4 主触点闭合，短路电阻 R1，电动机启动过程结束。电路中只有 KM1、KM4 长期通电，而 KT1、KT2、KT3、KM2、KM3 线圈的通电时间均被压缩到最低限度，这样可节能降耗，延长电器的使用寿命，更重要的是减少电路故障，保证电路安全可靠工作。

该控制电路在电动机的启动过程中采用逐段短路电阻，使电流及转矩突然增大，产生较大的机械冲击。

2. 按电流原则短路启动电阻的控制电路

按电流原则短路启动电阻的控制电路如图 2.31 所示。该电路利用电动机转子电流在启动过程中由大到小的变化来控制电阻的切除，KI1、KI2、KI3 为欠电流继电器，它们的线圈串联在电动机转子电路中。KI1、KI2、KI3 的吸合电流相同，释放电流不同。其中 KI1 的释放电流最大，KI2 的次之，KI3 的最小。

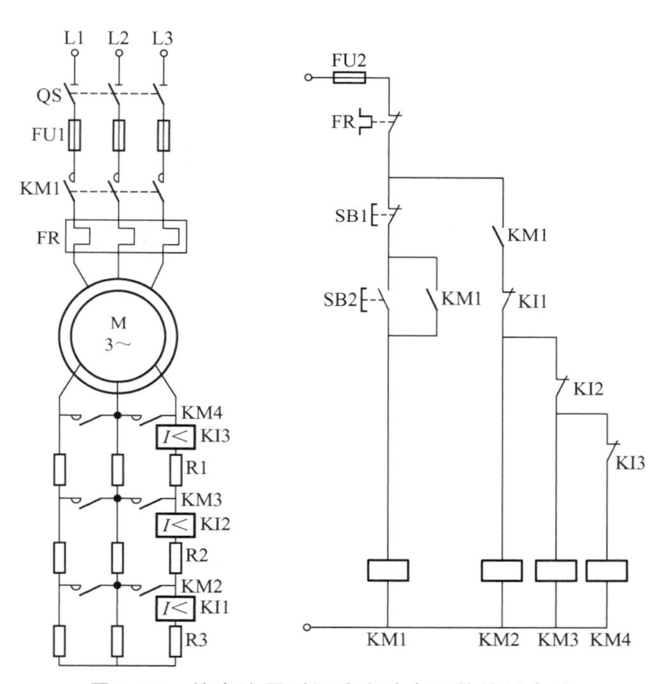

图 2.31 按电流原则短路启动电阻的控制电路

电路的工作原理如下：按下启动按钮 SB2，KM1 线圈通电动作，电动机接通电源，刚启动时启动电流大，KI1、KI2、KI3 同时吸合动作，它们的动断触点全部断开，使接触器 KM2、KM3、KM4 线圈均处于断电状态，转子启动电阻全部接入。当电动机转速升高，转子电流减小后，KI1 首先释放，其动断触点恢复闭合，接触器 KM2 线圈通电，短路第一段启动电阻 R3，此时转子电流又有所增大，启动转矩增大，转速升高，电流又逐渐减小，使得 KI2 释放，其动断触点恢复闭合，使接触器 KM3 线圈通电，短路第二段启动电阻 R2，此时转子电流又有所增大，启动转矩增大，转速升高，电流又逐渐下降，使得 KI3 释放，其动断触点恢复闭合使接触器 KM4 线圈通电，短路第一段启动电阻 R1。至此，转子全部电阻短路，电动机启动过程结束，进入稳定运行状态。

三相绕线转子异步电动机转子串联电阻启动，电路复杂、电阻本身比较笨重、能量消耗大、控制箱体积大，而且存在一定的机械冲击。从 20 世纪 60 年代起，我国开始应用和推广频敏变阻器。频敏变阻器的阻抗能够随着转子电流频率的减小而自动减小，它是绕线转子异步电动机较理想的启动设备，常用于380V低压绕线转子异步电动机的启动控制。

2.6.2 转子绕组串频敏变阻器启动

频敏变阻器是一种由多片E形钢板叠成铁芯，外面再套上绕组的三相电抗器。它由铁芯和线圈两个部分组成，采用星形联结，其铁芯损耗非常大。在启动过程中，转子频率是变化的，刚启动时，转速$n=0$，转子电动势频率f_2最高（$f_2=f_1=50\text{Hz}$），此时，频敏变阻器的电感与等效电阻最大，因此，转子电流相应受到抑制，电流不至于很大。频敏变阻器的等效电阻和电抗同步变化，转子电路的功率因数基本不变，保证有足够的启动转矩。当转速逐渐上升时，转子频率逐渐减小，频敏变阻器的等效电阻和电抗也随着减小。当电动机运行正常时，f_2很低（为f_1的5%～10%），频敏变阻器的等效阻抗变得很小。转子等效阻抗和转子回路感应电动势由大到小的变化，使串联频敏变阻器启动实现了近似恒转矩的启动特性。这种启动方式在空气压缩机等设备中有着广泛应用。

绕线转子异步电动机采用频敏变阻器启动控制电路如图2.32所示。RF为频敏变阻器，该电路可以实现自动控制和手动控制，自动控制时将开关SA扳向自动位置，按下启动按钮SB2，KM1、KT线圈通电并自锁，KT延时时间到，其延时闭合的触点闭合，KA线圈通电并自锁，KA动合触点闭合，使KM2线圈通电，KM2主触点短路频敏变阻器，完成电动机的启动。

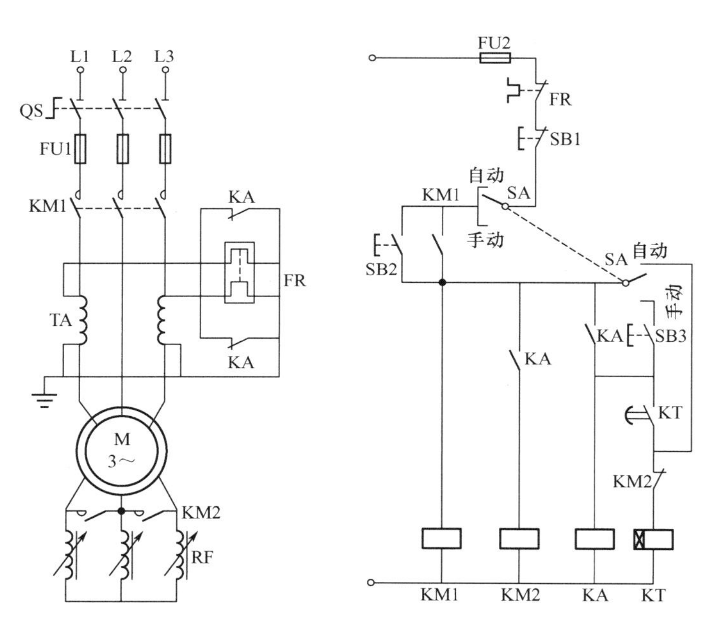

图2.32　绕线转子异步电动机采用频敏变阻器启动控制电路

将开关SA扳到手动位置时，断开时间继电器KT，按下SB2，KM1线圈通电并自锁，电动机串频敏变阻器启动，当电动机达到额定转速时，按下SB3，KA线圈通电并自锁，KA动合触点闭合，使KM2线圈通电，KM2主触点短路频敏变阻器，启动过程结束。

启动过程中，KA的动断触点将热继电器的发热元件FR短路，以免因启动时间过长而使热继电器误动作。

2.7 三相笼型异步电动机的有级调速控制

实际生产中的机械设备常需要不同的工作速度。当采用单速电动机时，须配有机械变速系统来满足变速要求，当设备的结构尺寸受到限制或要求速度连续可调时，常采用多速电动机或电动机调速来满足。随着电力电子技术的迅猛发展，交流电动机调速技术已得到快速发展和广泛应用，但由于实现调速的控制电路复杂、造价高，因此常用在调速要求高的设备上，普通中小型设备多使用多速交流电动机。

2.7.1 三相笼型异步电动机的有级调速控制原理

由三相异步电动机的转速公式 $n=60f(1-s)/p$ 可知，三相异步电动机的调速可通过三种方法来实现：一是改变电源频率 f，二是改变转差率 s，三是改变磁极对数 p。改变转差率调速可通过调整定子电压、改变转子电路中的电阻，以及采用串级调速、电磁转差离合器调速等来实现，这些方法应用都很广泛。改变转子电路电阻调速只适用于绕线转子异步电动机，变频调速和串级调速比较复杂。改变磁极调速称为变极调速。变极调速是通过改变定子绕组的连接方式来实现的，是有级调速，一般三相异步电动机磁极对数是不能随意改变的，因此，必须选用双速电动机或多速电动机。对于绕线转子异步电动机，如要改变转子磁极对数，使之与定子磁极对数一致，则其结构相当复杂，一般不采用。而三相笼型异步电动机转子磁极对数与定子磁极对数相等，只要改变定子磁极对数就可以了。所以，变磁极对数仅适用于三相笼型异步电动机。下面以双速电动机为例，分析这类电动机的控制电路。

图 2.33 所示为 4/2 极笼型双速异步电动机定子绕组接线示意。图 2.33（a）所示是 4 极三角形联结，电动机定子绕组的 U1、V1、W1 接三相交流电源，定子绕组的 U2、V2、W2 悬空，此时每相绕组中的 1、2 线圈串联，电流方向如虚线箭头所示，电动机 4 极运行，为低速。图 2.33（b）所示是 2 极双星形联结，电动机定子绕组的 U1、V1、W1 连在一起，U2、V2、W2 接三相交流电源，此时每相绕组中的 1、2 线圈并联，电流方向如虚线箭头所示，电动机 2 极运行，为高速。

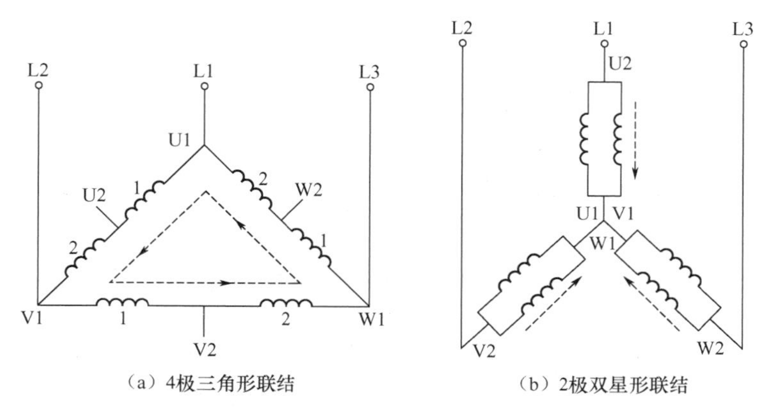

（a）4极三角形联结　　（b）2极双星形联结

图 2.33　4/2 极笼型双速异步电动机定子绕组接线示意

2.7.2 双速电动机控制电路

1. 采用手动和选择开关的双速异步电动机控制电路

双速笼型异步电动机变极调速控制电路如图 2.34 所示，采用改变定子绕组接线的方法来实现调速，**KM1** 为电动机三角形联结接触器，**KM2**、**KM3** 为双星形联结接触器，**SB2** 为低速启动按钮，**SB3** 为高速启动按钮。

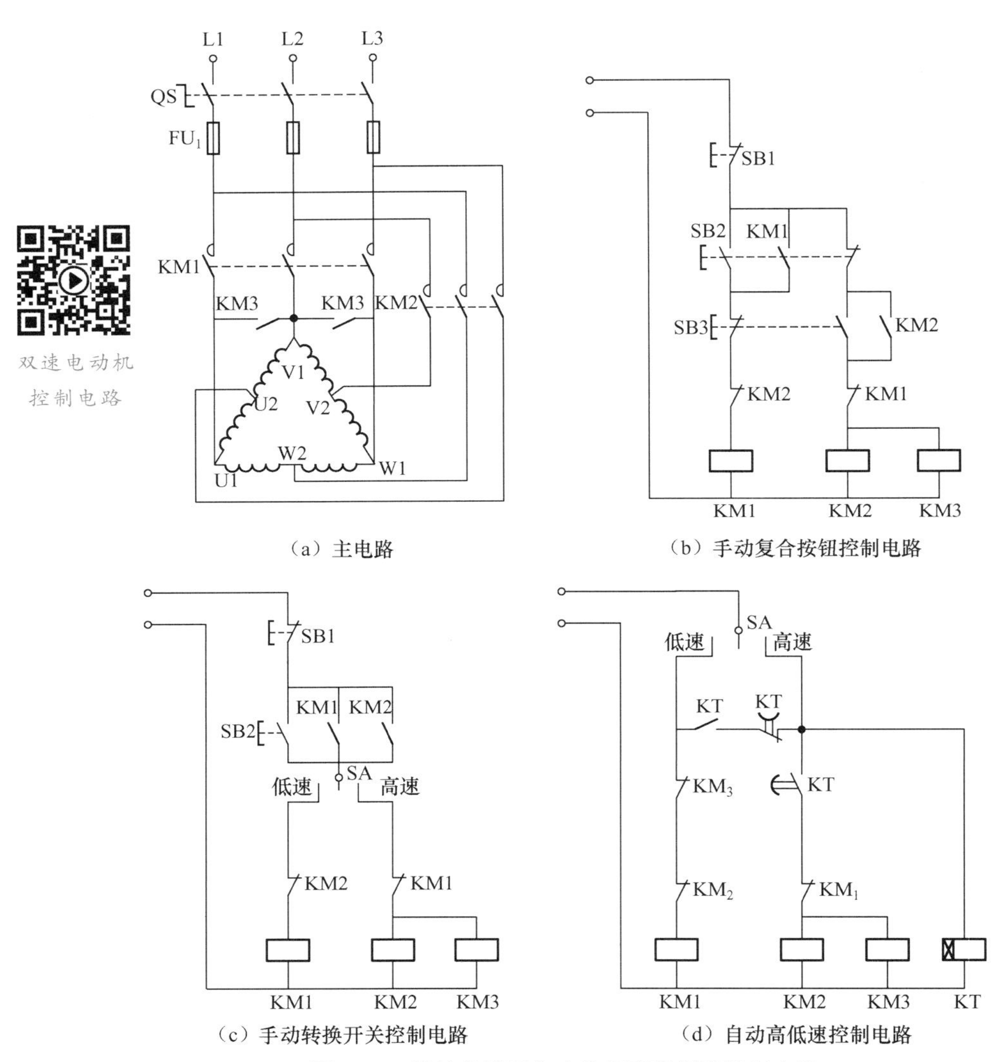

（a）主电路

（b）手动复合按钮控制电路

（c）手动转换开关控制电路

（d）自动高低速控制电路

图 2.34 双速笼型异步电动机变极调速控制电路

合上电源开关 QS，按下 SB2，接通接触器 KM1 的电源，同时切断接触器 KM2、KM3 的电源，接触器 KM1 通电并自锁，使电动机定子绕组接成三角形，电动机启动并低速运转。如需电动机高速运转，按下 SB3，KM1 线圈断电释放，主触点断开，自锁触点断开，互锁触点闭合；接触器 KM2、KM3 线圈同时通电，经 KM2、KM3 动合触点串联组成的自锁电路自锁，KM2、KM3 主触点闭合，将电动机定子绕组接成双星形。

图 2.34（b）所示控制电路由复合按钮 SB2 接通 KM1 的线圈电路，KM1 主触点闭合，电动机低速运转。SB3 接通 KM2 和 KM3 的线圈电路，其主触点闭合，电动机高速运转。为防止两种接线方式同时存在，KM1 和 KM2 的动断触点在控制电路中构成互锁。

图 2.34（c）所示控制电路采用选择开关 SA，选择接通 KM1 线圈电路或 KM2、KM3 线圈电路，即选择低速或者高速运转。图 2.34（b）和图 2.34（c）所示控制电路适用于小功率电动机。

图 2.34（d）所示控制电路适用于大功率电动机，选择开关位置决定低速运行或高速运转。选择低速运转时，接通 KM1 线圈电路，直接启动低速运转。选择高速运转时，先接通 KM1 线圈电路低速启动，然后由时间继电器 KT 切断 KM1 线圈电路，同时接通 KM2 和 KM3 线圈电路，电动机的转速自动由低速切换到高速。

2. 无选择开关的双速异步电动机自动低速高速控制电路

图 2.34（d）所示控制电路的功能也可用图 2.35（b）所示的控制电路实现。SB2 按钮是低速启动按钮，按下 SB2，接触器 KM1 线圈通电，其主触点闭合，电动机定子绕组三角形联结，电动机低速运转。

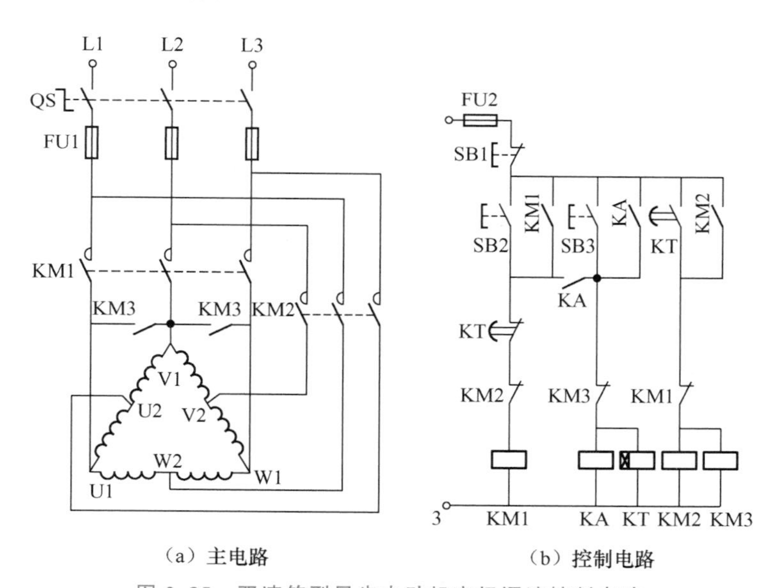

（a）主电路　　（b）控制电路

图 2.35　双速笼型异步电动机变极调速控制电路

高速时，按下 SB3，继电器 KA 通电并自锁，时间继电器 KT 线圈也通电，计时开始，接触器 KM1 线圈通电，其主触点闭合，使电动机定子绕组三角形联结，电动机低速运转。一段延时后，时间继电器 KT 动作，其动断触点延时断开，接触器 KM1 线圈断电，KM1 主触点断开，KT 的延时动合触点延时闭合，接触器 KM2、KM3 线圈通电，KM2、KM3 的主触点闭合，使电动机定子绕组双星形联结，电动机高速运转。

思考与练习

2-1　设计异步电动机星三角减压启动控制电路，并指明该方法的优缺点及适用场合。

2-2　什么是反接制动？什么是能耗制动？各有什么特点？各适用于什么场合？

2-3　设计时间继电器控制笼型异步电动机定子串电阻的启停控制电路。

2-4　设计笼型异步电动机正反转启停控制电路。

2-5　设计一个控制电路，第一台电动机启动5s以后，第二台电动机自动启动；运行10s后，第一台电动机停止，同时第三台电动机自动启动；运行15s后，全部电动机停止。

2-6　设计三相笼型异步电动机正反转控制电路，要求两处启停操作控制，画出主电路和控制电路。

2-7　设计小车运行的控制电路，小车由异步电动机拖动，其动作顺序如下：小车由原位启动→前进到终端后自动停止→在终端停留30s→自动返回原位停止。

2-8　有一台三级传送带运输机，由三台笼型异步电动机M1、M2、M3拖动，要求启动时，按M1→M2→M3→M4顺序启动，停车时，按M3→M2→M1顺序停车，请按照时间原则设计控制电路。

第3章 电气控制电路设计方法

知识要点	掌握程度	相关知识
电气控制设计的基本内容	掌握电气控制设计的基本内容	PLC
电气控制电路的一般设计法	掌握电气控制电路的一般设计法	一般设计法
电气控制电路的逻辑设计法	掌握电气控制电路的逻辑设计法	逻辑设计法、逻辑运算

电气控制电路是由有触点的接触器、继电器、按钮、行程开关等电器元件，用导线按一定方式连接起来组成的，作用是实现对电力拖动系统的启动、调速、正反转和制动等运行性能的控制，实现对拖动系统的保护，实现生产过程自动化，满足生产工艺要求。继电器-接触器控制的特点是电路简单，设计、安装、维护方便，价格低，安全可靠。

电气控制电路的设计对整个电气控制有着十分重要的意义，在电气控制电路的设计过程中，要详细了解生产工艺对电气控制的要求，这样可以为电气控制设计建立正确思路和方案；还要在设计过程中坚持简单、经济的原则，确保电气控制设计的安全性和可靠性，最大限度地发挥电气控制电路的作用。电气控制电路必须有一定的保护环节，这是生产安全的重要保障。电气控制电路的设计方法分为一般设计法和逻辑设计法。

3.1 电气控制设计的基本内容

机械设备一般是由机械与电气两大部分组成的。设计一台机械设备，首先要明确技术要求，拟订总体技术方案。电气控制设计是机械设备设计的重要组成部分，机械设备的电气控制设计应满足机械设备的总体技术方案要求。

机械设备的电气设计与机械设备的机械结构设计是分不开的，尤其是现代机械设备的结构及使用效能，与电气自动控制的自动化程度是密切相关的，对机械设计人员来说，也需要对机械设备的电气设计有一定的了解。下面讲解机械设备电气设计涉及的主要内容及电气控制系统如何满足机械设备的主要技术性能。

1. 机械设备的主要技术性能

机械设备的主要技术性能包括机械传动、液压和气动系统的工作特性，以及对电气控制系统的要求。

2. 机械设备的电气技术指标

电气传动方案要根据机械设备的结构、传动方式、调速指标，以及对启动、制动和正、反转的要求等来确定。

机械设备有一定调速范围的要求，要求不同，采取的调速传动方案就不同。调速性能与调速方式密切相关，中小型机械设备一般采用单速或双速笼型异步电动机，通过变速箱传动。对于传动功率较大、主轴转速较低的机械设备，为了降低成本，简化变速机构，可选用转速较低的异步电动机。对调速范围、调速精度、调速的平滑性要求较高的机械设备，可考虑采用交流变频调速系统和直流调速系统，以满足无级调速和自动调速的要求。

由电动机完成机械设备正、反向运动比机械方法简单容易，因此只要条件允许，就应尽可能由电动机完成。传动电动机是否需要制动，要根据机械设备需要而定，对于由电动机实现正、反向拖动的机械设备，对制动无特殊要求时，一般采用反接制动，可使控制电路简化。在电动机频繁启动、制动，或经常正、反转的情况下，必须采取措施限制电动机的启动、制动电流。

3. 机械设备电动机的调速性质与机械设备负载特性的匹配关系

设计机械设备的电气系统时，拖动电动机的调速性质应与机械设备的负载特性相适应。调速性质是指转矩、功率与转速的关系。设计任何一个机械设备电力拖动系统都离不开对负载和系统调速性质的研究，它是选择拖动和控制方案及确定电动机容量的前提。

电动机的调速性质必须与机械设备的负载特性相适应。例如，金属切削机床的切削运动需要恒功率传动，而进给运动需要恒转矩传动。双速异步电动机定子绕组由三角形联结改成双星形联结时，转速由低速升为高速，功率增大得很小，因此适用于恒功率传动。定子绕组低速为星形联结，而高速为双星形联结的双速电动机，转速改变时，电动机输出的转矩基本保持不变，因此适用于恒转矩调速。

他励直流电动机改变电压的调速方法属于恒转矩调速，改变励磁的调速方法属于恒功率调速。

4. 电气控制方式的选择

正确、合理地选择电气控制方式是机械设备电气控制系统设计的主要内容。电气控制方式应能保证机械设备的使用效能、动作程序、自动循环等基本动作要求。近代电力电子技术和计算机技术快速发展，已广泛应用到机械设备控制系统的各个领域，各种新型控制装置不断出现，不仅关系到机械设备的技术与使用性能，而且深刻地影响着机械设备的机械结构和总体方案。因此，电气控制方式应根据机械设备总体技术要求来拟定。

一般机械设备的工作程序是固定的，使用中并不需要经常改变原有程序，可采用有触点的继电器系统，控制电路在结构上接成固定式的有触点控制系统，其控制电路的接通和断开是通过开关或继电器等触点的闭合与分断来实现的。这种系统的特点是能够控制较大功率、控制方法简单、工作稳定、便于维护、成本低，在现有的机械设备控制中应用仍相当广泛。

PLC是介于继电器系统的固定接线装置与电子计算机控制装置之间的一种新型的通用控制器。由于PLC可以大大缩短机械设备的电气设计、安装和调整周期，并且可使机械设备工作程序易于更改，因此采用PLC可使机械设备的控制系统具有较强的灵活性和适应性。

5. 操作、显示、故障诊断与保护

明确有关操纵方面的要求，在设计实施过程中，综合考虑电气控制系统的安全性能和故障诊断功能，做到操作简单、维修方便、显示直观、安全可靠。

6. 电网情况对设计的影响

设计时应考虑用户供电电网情况，如电网容量、电流种类、电压及频率。

电气设计的技术条件是由机械设备设计的有关人员和电气设计人员共同拟定的。电气设计的技术条件以设计任务书形式给出，电气控制系统的设计就是明确上述技术条件后付诸实施。

综合上述内容，电气控制设计的基本内容如下。

(1) 拟订设计任务书。

(2) 确定电力拖动方案和电气控制方式。

(3) 设计电气原理图。

(4) 选择电器元件。

(5) 设计电器柜、操作台。

(6) 绘制电气安装图、电气接线图。

(7) 编写设计计算说明书、操作使用说明书，汇总资料，填写元件、材料明细表。

3.2 电气控制电路的一般设计法

一般设计法通常是根据生产工艺的控制要求，利用各种典型的控制环节，直接设计出控制电路。它要求设计人员必须掌握和熟悉大量的典型控制电路及其控制环节，同时具有丰富的设计经验。由于主要靠经验进行设计，因此一般设计法通常又称经验设计法。一般设计法的特点是没有固定的设计模式，灵活性很强，但设计方法较简单，对具有一定工作经验的设计人员来说容易掌握，能较快地完成设计任务，因此在电气设计中应用普遍。用一般设计法初步设计出来的控制电路可能有多种，也可能有一些不完善的地方，需要反复地分析、修改，有时甚至要通过实践验证，才能使控制电路符合设计要求，使设计方案更合理。

3.2.1 一般设计法的主要原则

电气控制电路设计思想和设计原则的科学性和正确性，对确保电气控制电路的可靠、保障电气设备的安全有重要作用。

1. 电气控制电路设计的基本原则

（1）应最大限度地满足机械设备对电气控制电路的控制要求和保护要求。

（2）在满足生产工艺要求的前提下，应力求使控制电路简单、经济、合理。

（3）妥善处理机械与电气的关系，综合考虑功能要求与制造成本，确定控制方案。

（4）便于操作，维修方便，保证控制的安全性和可靠性。

（5）电器元件选用合理、正确。

（6）为适应工艺的改进，设备能力应留有裕量。

2. 一般设计法的步骤

电气控制设计的内容包括主电路、控制电路和辅助电路的设计。根据生产工艺、生产机械的要求，选用适当的典型控制电路和基本控制环节，将它们有机地组合起来，并加以补充修改，综合成所需的控制电路。

（1）主电路：主要考虑电动机启动、点动、正反转、制动及调速控制的要求。

（2）控制电路：满足设备和设计任务要求的各种自动、手动的电气控制电路。

（3）辅助电路：完善控制电路要求的设计，包括短路、过电流、过载、零电压、互锁、限位等电路保护措施，以及信号指示、照明等电路。

（4）反复审核：根据设计原则审核电气设计原理图，必要时可以进行模拟实验，修改和完善电路设计，直至符合设计要求。

3. 一般设计法的特点

（1）设计方法简单，易于掌握，使用广泛。

（2）要求设计者有一定的设计经验，需要反复修改图纸，设计速度较慢。

（3）设计程序不固定，一般需要进行模拟实验。

（4）不易获得最佳设计方案，当经验不足或考虑不周全时，会影响电路工作的可靠性。

3.2.2 使用一般设计法应注意的问题

采用一般设计法设计电路时，需注意以下几个问题。

（1）尽量减少控制电源种类及控制电源。在控制电路比较简单的情况下，可直接采用主电路电源电压，即交流 380V 或 220V，简化供电设备。当控制系统所用电器比较多时，为了安全，应采用控制变压器，把控制电压降至 110V、48V 或 24V。直流控制电路多采用 220V、110V、24V。

(2) 尽量减少电气元件的品种、规格与数量，相同用途的元件尽可能选用相同品牌、型号的产品。注意搜集各种电气新产品资料，以便及时应用于设计中，使控制电路在技术指标、先进性、稳定性、可靠性等方面得到进一步提高。

(3) 在控制电路正常工作时，除必须通电的电器外，尽可能减少通电电气，以利于节能，延长电气元件使用寿命及减少故障。

(4) 合理使用电气触点简化动作。应尽量避免许多电器依次动作才能接通另一个电器的现象，如图 3.1 (a) 中继电器 K1 通电动作后，K2 才动作，然后 K3 才能接通通电，K3 的动作要通过 K1 和 K2 电器的动作。把设计修改为图 3.1 (b)，K3 动作只需 K1 动作，而且只需经过一对触点，工作可靠。

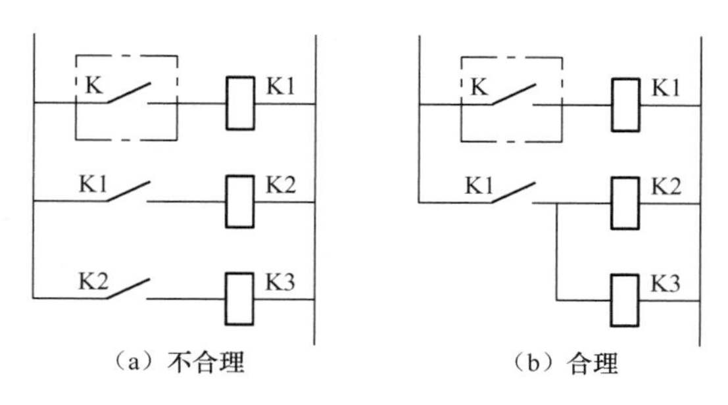

图 3.1 合理使用电气触点简化动作

(5) 电气线圈与触点的连接。在设计控制电路时，继电器、接触器及其他电气线圈的一端统一接在电源的一侧，触点连接组合接在电源的另一侧，如图 3.2 (b) 所示，这样当某个电器的触点发生短路故障时，不致引起电源短路，同时安装接线方便。电气线圈不能串联，即使控制电压等于两个串联线圈的额定电压之和也不行，这是因为电气动作时间具有分散性，必有一个先动作，先动作的因其铁磁回路磁阻减小而使线圈电抗增大，从而分得大部分电源电压，而后动作的由于达不到所需的动作电压而无法动作。如图 3.2 (a) 中 KM1 与 K1 串联使用是错误的，应设计成图 3.2 (b) 所示的连接方式，KM1 和 K1 两电气线圈并联。

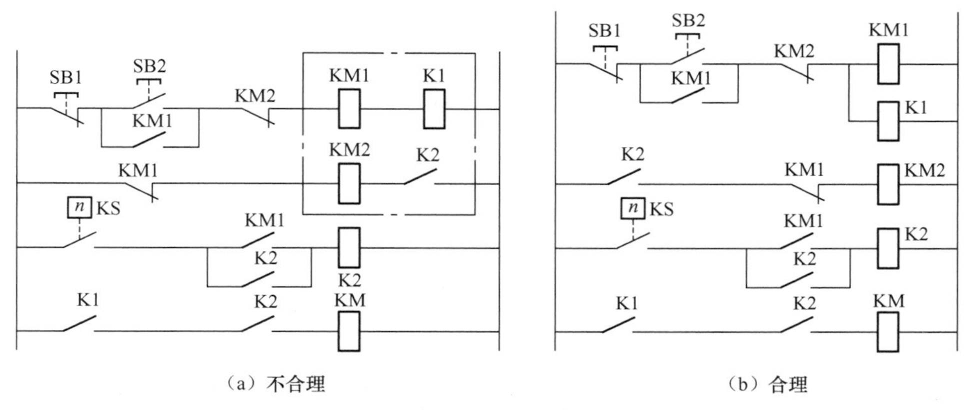

图 3.2 电器线圈与触点的连接

(6) 触点简化与合并。应尽量减少控制电路中的电气触点，以提高电路的可靠性，在简化、合并触点过程中，主要注意同类性质触点的合并，或一个触点能完成的动作不用两个触点。触点简化与合并示例如图 3.3 所示。

(7) 电气元件合理接线。应尽量减少两地间连接导线，图 3.4 (a)、图 3.4 (b) 是不合理的接线方式，图 3.4 (c)、图 3.4 (d) 是合理的接线方式，因为启动按钮和停止按钮安装在操作台上，接触器安装在电气柜里，图 3.4 (c) 中电气柜到操作台的实际引线有三条，而图 3.4 (a) 中仅有四条。在图 3.4 (b)、图 3.4 (d) 中，SB1 与 SB3 在一个地点，

SB2 与 SB4 在另一个地点，两地操作，则图 3.4（d）比图 3.4（b）的连接导线少。

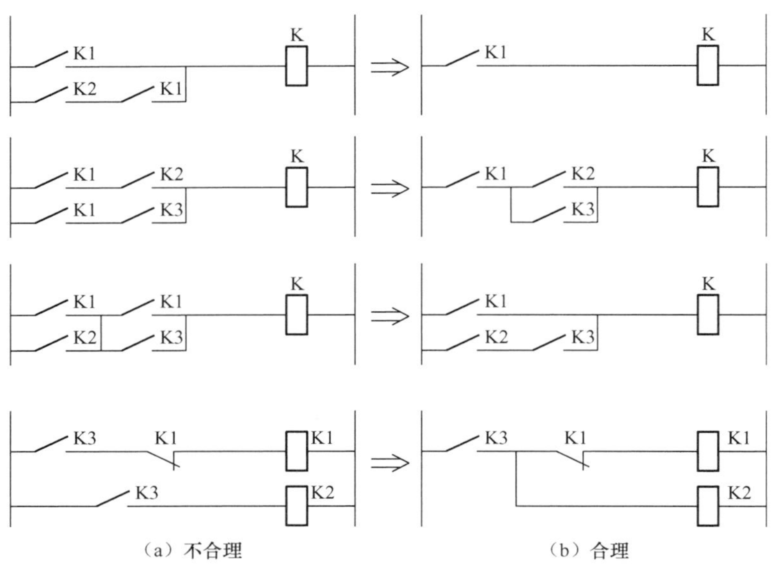

（a）不合理　　（b）合理

图 3.3　触点简化与合并示例

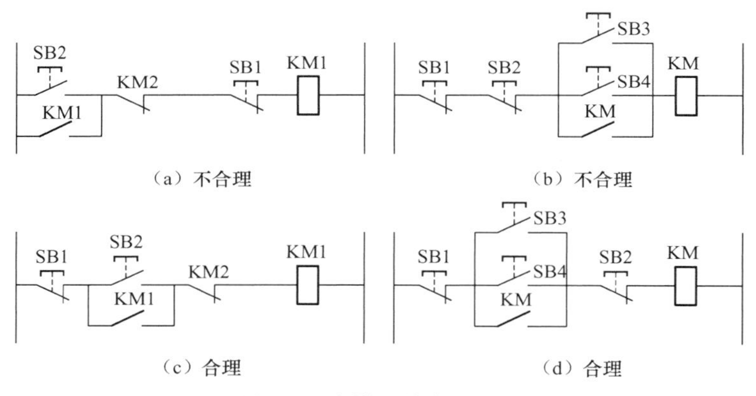

（a）不合理　　（b）不合理

（c）合理　　（d）合理

图 3.4　电器元件合理接线

（8）考虑各种联锁关系和保护措施。例如过载保护、短路保护、欠电压保护、零电压保护、限位保护、接触器互锁、按钮互锁等。

（9）其他因素。在设计控制电路时要考虑操纵方便、故障检查及检测仪表、信号指示、报警、照明等要求。

3.2.3 一般设计法控制电路举例

【例 3－1】 图 3.5 所示为加热炉自动上料机构。其工作过程如下：初始状态下，炉门 3 关闭，行程开关 SQ1 处于压下状态，推料杆 1 在原位，行程开关 SQ3 处于压下状态。按下启动按钮 SB2，电动机 M1 正向启动，通过蜗轮蜗杆传动使炉门 3 开启，直到行程开关 SQ2 被压下，炉门 3 开启到位，M1 停止，炉门 3 开启结束。接着 M2 正向启动，拖动推料杆 1 向前移动，直到行程开关 SQ4 被压下，工件 2 被推进加热炉 4，上料结束。然后 M2 反向启动，拖动推料杆 1 后退，退回到原位，压下行程开关 SQ3，M2 停转。最后 M1 反向启动，带动炉门 3 关闭至初始位置，行程开关 SQ1 被压下，M1 停转，完成一个工作循环。

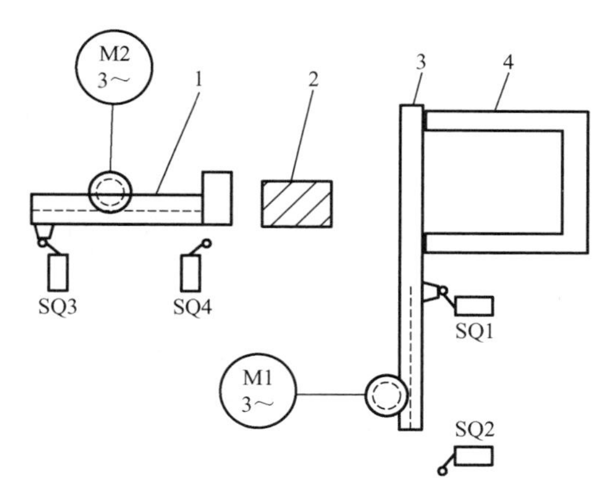

1—推料杆；2—工件；3—炉门；4—加热炉

图 3.5 加热炉自动上料机构

以上工作过程可描述如下：按下启动按钮 SB2→M1 正转，炉门 3 开启→压下 SQ2→M1 停止，炉门 3 开到位→M2 正转，推料杆 1 前移→压下 SQ4，上料结束→M2 反转、后退→压下 SQ3→M2 停止，推料杆 1 恢复初始位置→M1 反转，炉门 3 关闭→压下 SQ1→M1 停止，炉门 3 关闭到位。

采用电气控制电路一般设计法设计加热炉自动上料机构控制电路的步骤如下。

（1）由上述工作过程的描述可以看出，此例属于自动循环控制，只需按下启动按钮 SB2，即可实现工作机构的一系列动作，自动完成运动部件动作状态的切换，待循环结束后，自动停止运行。停止按钮 SB1 是为非正常停止设置的，工作过程中出现意外情况时按下 SB1，系统立即停止运行。

（2）启动按钮 SB2 只启动电动机 M1 的正转，电动机 M2 的正、反转及 M1 的反转都是由运动部件的运行位置控制的，为此设置了 4 个行程开关，分别作为运动部件的位置检测元件。

（3）启动之前，各运动部件需处于原位，行程开关 SQ1、SQ3 被压下，因此，启动条件除按下启动按钮 SB2 外，行程开关 SQ1、SQ3 还需为动作状态。

依照上述控制要求设计的加热炉自动上料机构电气控制电路如图 3.6 所示，加热炉自动上料机构主电路如图 3.7 所示。SB1 为停止按钮，SB2 为启动按钮；行程开关 SQ1、SQ2、SQ3、SQ4 的布置如图 3.5 所示；接触器 KM1、KM2 分别控制电动机 M1 的正、反转；接触器 KM3、KM4 分别控制电动机 M2 的正、反转。

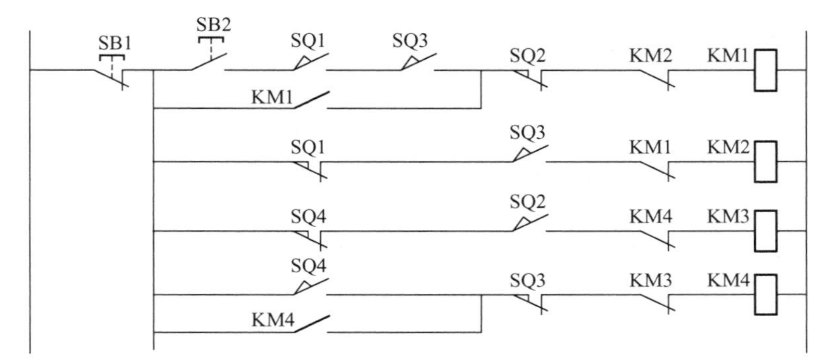

图 3.6 加热炉自动上料机构电气控制电路

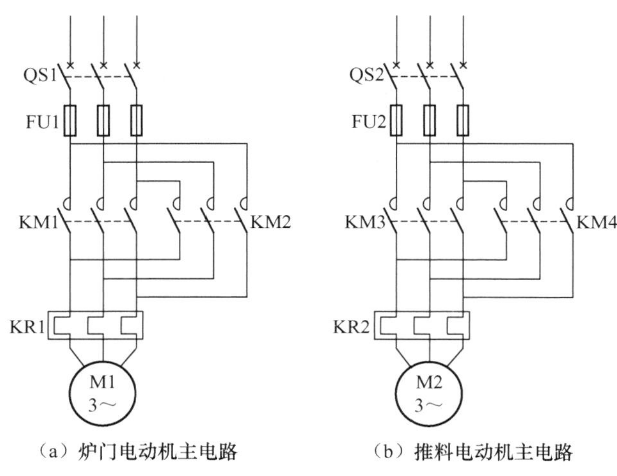

（a）炉门电动机主电路　　（b）推料电动机主电路

图 3.7　加热炉自动上料机构主电路

3.3　电气控制电路的逻辑设计法

继电器、接触器等电气元件组成的电气控制电路的工作状态，取决于继电器和接触器线圈的通电或断电，而与线圈串联和并联的动合触点、动断触点所处的状态及供电电源决定了线圈的通电或断电。若接通供电电源，则由触点的接通或断开来决定线圈的状态。由于电气触点只存在接通和断开两种状态，接触器、继电器、电磁铁、电磁阀等元件的线圈状态也只存在通电和断电两种状态，因此可以使用逻辑代数来描述这种仅有两种稳定物理状态的过程。

逻辑设计法就是利用逻辑代数来实现电气控制电路的设计。它根据生产工艺要求，将执行元件需要的工作信号及主令电器的接通与断开状态看成逻辑变量，用逻辑函数关系式来描述它们之间根据控制要求形成的连接关系；然后运用逻辑函数基本公式和运算规律进行简化，使之成为所需要的最简“与”“或”关系式；接着根据最简关系式，画出对应的电气控制电路图；最后做进一步的检查和完善，即能获得需要的控制电路。

3.3.1　逻辑设计方法概述

1. 逻辑代数与电气控制电路的对应关系

采用逻辑代数描述电气控制电路，先要建立它们之间的联系，即把电路的各个控制要求转化为逻辑代数命题，再经过逻辑运算，构成表示电路控制要求的复合命题。以阿拉伯数字 0、1 分别表示该命题的真、假。例如：将触点吸合命题记为 A，当 A 取值为 1 时，表示该命题为真，即触点确实吸合；当 A 取值为 0 时，表示该命题为假，即触点断开。这种仅含一种内容的命题称为基本命题，由两个或两个以上的基本命题按某种逻辑关系组成的新命题称为复合命题，其组成的方式称为逻辑运算。为保证电气控制电路逻辑关系的一致性，特作如下规定。

① 接触器、继电器、电磁铁、电磁阀等元件的线圈通电状态规定为 1，断电状态规定

为0。

② 接触器、继电器的触点闭合状态规定为1，触点断开状态规定为0。

③ 控制按钮、开关触点的闭合状态规定为1，触点断开状态规定为0。

④ 接触器、继电器的触点和线圈在原理图上采用同一字符标识。

⑤ 动合触点的状态用字符的原变量形式表示，如继电器K的动合触点标识为K。

⑥ 动断触点的状态用字符的非变量形式表示，如继电器K的动断触点标识为$\overline{K}$。

（1）三种基本逻辑运算所描述的电气控制过程。

① 与运算：触点串联。逻辑与触点串联电路如图3.8所示。该电路实现了逻辑与的运算，触点A和B中只要有一个断开，继电器K线圈就不通电；只有A和B同时闭合，K线圈才通电。

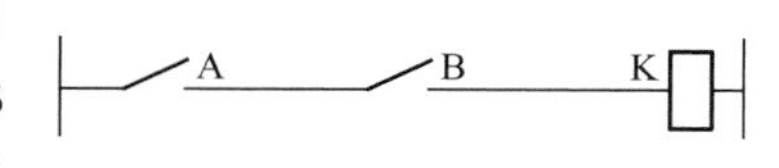

图3.8 逻辑与触点串联电路

可以用以下三个逻辑命题描述该串联电路的控制过程。

命题一：触点A闭合。

命题二：触点B闭合。

命题三：继电器K线圈通电。

命题三是由命题一和命题二构成的复合命题，即当命题一和命题二都为真时，命题三为真。该命题对应的逻辑表达式为

$$K=AB \tag{3-1}$$

可见触点串联可用逻辑与运算来描述，其逻辑关系真值表见表3-1。

表3-1 逻辑与关系真值表

A	B	K=AB
0	0	0
0	1	0
1	0	0
1	1	1

② 或运算：触点并联。逻辑或触点并联电路如图3.9所示。该电路实现了逻辑或的运算，触点A和B中只要有一个闭合，或A、B同时闭合，继电器K线圈就通电；只有A和B同时断开，K线圈才断电。

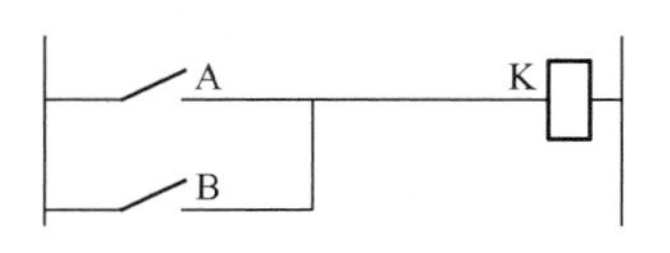

图3.9 逻辑或触点并联电路

可以用以下三个逻辑命题描述该并联电路的控制过程。

命题一：触点A闭合。

命题二：触点B闭合。

命题三：继电器K线圈通电。

命题三是由命题一和命题二构成的复合命题，即当命题一和命题二中有一个为真或同时为真时，命题三为真。该命题对应的逻辑表达式为

$$K=A+B \tag{3-2}$$

可见触点并联可用逻辑或运算来描述，其逻辑关系真值表见表3-2。

表 3-2　逻辑或关系真值表

A	B	K=A+B
0	0	0
0	1	1
1	0	1
1	1	1

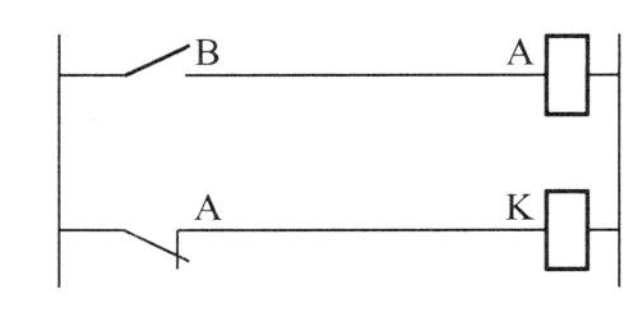

图 3.10　逻辑非触点取反电路

③ 非运算：取反。逻辑非触点取反电路如图 3.10 所示。该电路描述了触点$\overline{A}$和 K 线圈之间的控制关系，其中触点$\overline{A}$未动作时，K 线圈通电；触点$\overline{A}$动作时，K 线圈断电。

可以用以下两个逻辑命题描述该取反电路的控制过程。

命题一：触点$\overline{A}$闭合，即触点 A 断开。

命题二：继电器 K 线圈通电。

当开关 B 闭合时，A=1，动断触点的状态$\overline{A}$为 0，则 K=0，继电器线圈断电。当开关 B 断开时，A=0，动断触点的状态$\overline{A}$为 1，则 K=1，继电器线圈通电。正好与逻辑非一致，该命题对应的逻辑表达式为

$$K=\overline{A} \tag{3-3}$$

可见此逻辑关系可用逻辑非运算来描述，其逻辑关系真值表见表 3-3。

表 3-3　逻辑非关系真值表

A	$K=\overline{A}$
1	0
0	1

(2) 逻辑代数定律与电气控制电路。

逻辑代数公理、定理与电气控制电路之间有一一对应的关系，即逻辑代数公理、定理在控制电路的描述中仍然适用。

① 与 A+1=1 对应的控制电路。

A+1=1 为逻辑代数中的 0-1 定律，将等式中的 A 当作有 0 和 1 两种状态的触点，等式左边的常量 1 看作短接的导线，等式右边的 1 看作受控元件线圈的状态，与 A+1=1 对应的控制电路如图 3.11 所示。由于存在短接线，因此无论触点 A 是否吸合，继电器 K 线圈都为通电状态，即 K=1。

② 与 $A\cdot\overline{A}=0$ 对应的控制电路。

$A\cdot\overline{A}=0$ 为逻辑代数中的互补定律，与 $A\cdot\overline{A}=0$ 对应的控制电路如图 3.12 所示。同一元件的动合触点与动断触点串联，则无论触点 A 是什么状态，都无法使继电器 K 线圈通电，K 始终处于断电状态，即 K=0。

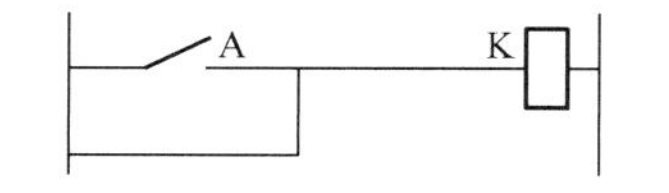

图 3.11　与 A+1=1 对应的控制电路

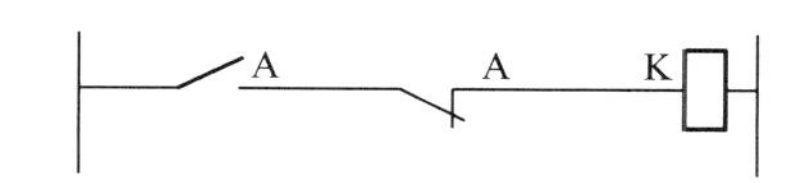

图 3.12　与 $A\cdot\overline{A}=0$ 对应的控制电路

③ 与 A＋AB＝A 对应的控制电路。

A＋AB＝A 为逻辑代数中常用的吸收定律，设 A 为元件 A 的动合触点，B 为元件 B 的动合触点，K＝A＋AB，与 A＋AB＝A 对应的控制电路如图 3.13（a）所示，A 的动合触点与 B 的动合触点串联后，再与 A 的动合触点并联，作为继电器 K 线圈的控制条件。无论 B 的状态如何，K 的状态完全取决于 A 的状态，A 吸合，K 通电，A 断开，K 断电，即 K 的状态与 A 的状态一致，可以表示成 K＝A，由此可得图 3.13（b）所示的控制电路。

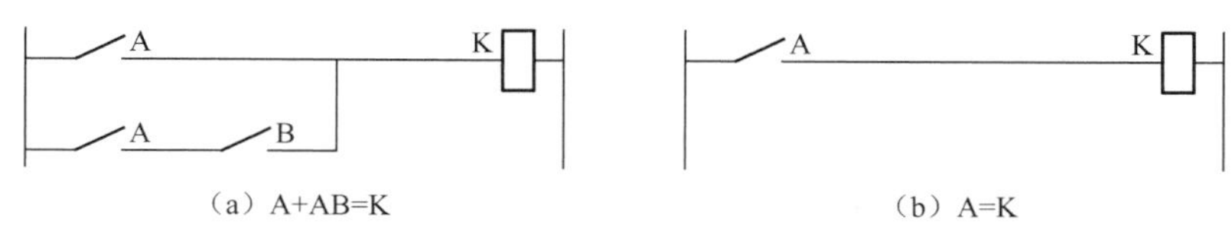

（a）A+AB=K　（b）A=K

图 3.13　与 A＋AB＝A 对应的控制电路

④ 与$\overline{A \cdot B}=\overline{A}+\overline{B}$对应的控制电路。

$\overline{A \cdot B}=\overline{A}+\overline{B}$为逻辑代数中常用的摩根定律，由等式左侧可得到图 3.14（a）所示的控制电路，动合触点 A、B 串联后控制继电器 K1 的线圈，然后由 K1 的动断触点控制继电器 K，从而实现 A 与 B 对继电器 K 的反向控制。要使 K 通电，则需要 K1 不通电，也就是说，动合触点 A 和动合触点 B 至少有一个不动作。而当 A、B 同时动作时，K1 通电，K 断电。由等式右侧可得到图 3.14（b）所示的电路，动断触点 A、B 并联后控制继电器 K 的线圈。要使 K 通电，要求 A、B 中至少有一个不动作，即$\overline{A}$、$\overline{B}$至少有一个是保持吸合的。而当 A、B 两触点同时动作时，即$\overline{A}$、$\overline{B}$都处于脱开状态时，K 才断电。

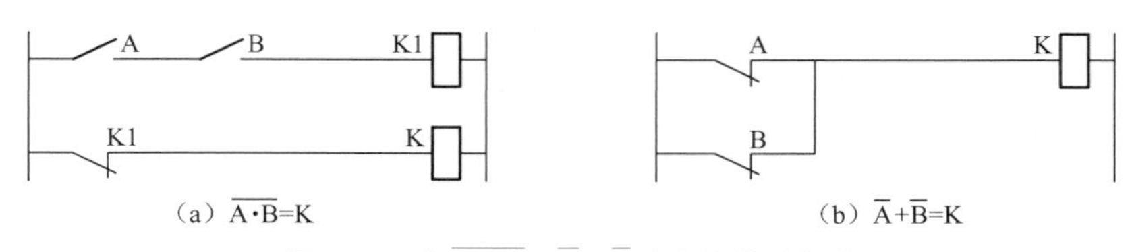

（a）$\overline{A \cdot B}$=K　（b）$\overline{A}+\overline{B}$=K

图 3.14　与$\overline{A \cdot B}=\overline{A}+\overline{B}$对应的控制电路

可见图 3.14 中的受控元件 K 和控制元件 A、B 之间的控制关系完全一致，两式相等。

通过上述分析可以得出，电气控制电路的要求可以转换为逻辑命题运算，逻辑关系表达式与电气控制电路之间存在一一对应的关系，只要建立了电气控制电路的逻辑表达式，就可以按照一定的工程规范绘制出电气控制电路。

（3）电气控制电路与逻辑表达式的对应关系。

已知某电气控制电路的逻辑表达式，就可以根据基本逻辑关系与电气控制电路的控制环节的对应关系，画出对应的电气控制电路。同样的，若已知某控制系统的电气控制电路，也可以写出对应的逻辑表达式。

① 已知电气控制逻辑表达式画电气控制电路。

某电气控制系统的控制逻辑表达式如下，画出与此逻辑表达式相对应的电气控制电路。

$$\begin{aligned} KM1 &= SB1 \cdot KA1+(\overline{SB2}+\overline{KA2})KM1 \\ KM2 &= (\overline{SB4}+\overline{KA2})(SB3 \cdot KA1+KM2) \end{aligned} \qquad (3-4)$$

按照与、或、非三种基本逻辑运算所对应的电气控制关系，与式（3－4）对应的电气控制电路如图 3.15 所示。

② 已知电气控制电路写出电气控制逻辑表达式。

某控制系统的电气控制电路如图 3.16 所示，写出与其对应的逻辑表达式。

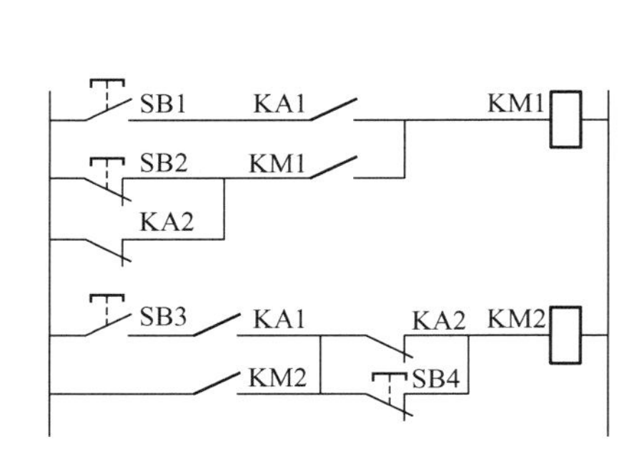

图 3.15　与式（3－4）对应的电气控制电路

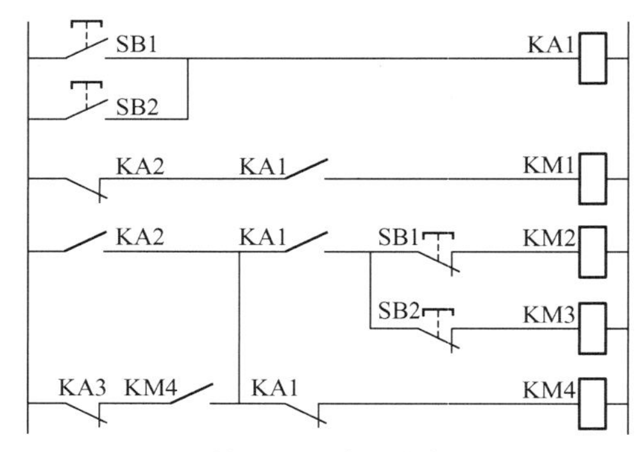

图 3.16　某控制系统的电气控制电路

电气控制电路中，每个电气元件线圈支路对应一个逻辑表达式，与图 3.16 所示的电气控制电路对应的逻辑表达式如下。

$$
\begin{aligned}
&KA1=SB1+SB2\\
&KM1=\overline{KA2}\cdot KA1\\
&KM2=(\overline{KA3}\cdot KM4+KA2)\cdot KA1\cdot\overline{SB1}\\
&KM3=(\overline{KA3}\cdot KM4+KA2)\cdot KA1\cdot\overline{SB2}\\
&KM4=(\overline{KA3}\cdot KM4+KA2)\cdot\overline{KA1}
\end{aligned}
\tag{3-5}
$$

用逻辑设计法得到逻辑表达式后，可先利用逻辑代数的定理进行化简，然后画出与之相对应的电气控制电路，这样得到的控制电路是最简单的。

2. 电气控制电路逻辑设计法的步骤

电气控制电路逻辑设计法属于图解设计法，其核心是以示意图的形式描述电气控制系统的控制要求、控制元件和受控元件的工作状态，由于这种示意图主要用于描述控制元件与受控元件之间的逻辑关系，因此称为逻辑关系图。逻辑设计法的步骤如下。

（1）以文字或图形方式描述清楚控制系统工作过程和控制要求。

（2）根据电气控制系统的工作过程及控制要求绘制逻辑关系图。

（3）布置运算元件工作区间。

（4）写出各运算元件和执行元件的逻辑表达式。

（5）根据各运算元件和执行元件的逻辑表达式绘制电气控制电路。

（6）检查、完善设计电路。

3. 电气控制工作过程及控制要求的描述

以二位四通电磁阀控制液压缸活塞进退为例（图 3.17），其控制要求如下。

（1）按下启动按钮，电磁阀 YA 通电，液压缸活塞杆前进。

（2）活塞杆碰到行程开关 SQ，电磁阀的电磁铁断电，活塞杆后退至原位停下。

上述文字清楚描述了工作过程及控制要求，可以据此进行逻辑设计。

除了用文字描述，还可以用示意图描述，图 3.17 所示系统由按钮启动，一共分两个工步，工步号 1、2 标于图上，工步的动作方向用箭头表示。

对于工作过程及控制要求较复杂的系统，常将两种方法结合起来，既有示意图，又有文字描述。示意图描述直观、简洁，文字描述可以对示意图表达不清或不便表达的内容做进一步的解释说明。

对电气控制系统的控制要求及工作过程的描述方法有多种，以描述清晰、简洁为标准进行选择。

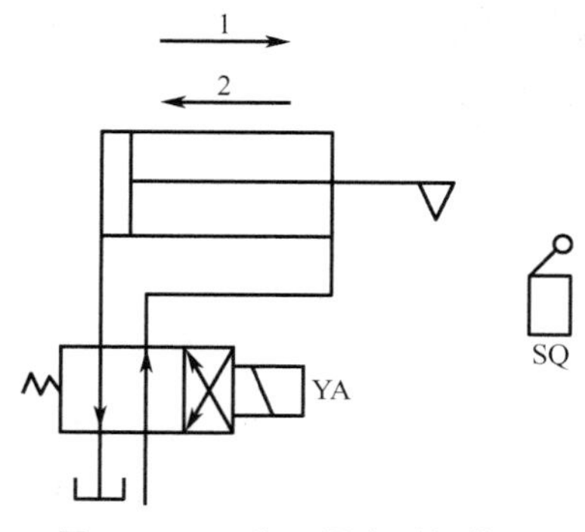

图 3.17　二位四通电磁阀控制液压缸活塞进退示意

4. 逻辑关系图的画法

绘制逻辑关系图是十分重要的一步，只有绘制出准确的逻辑关系图，才能设计出正确的控制电路。下面介绍逻辑关系图的组成及画法。

（1）检测信号按作用效果分类及画法。

在逻辑关系图中，各种控制元件发出的自身状态变化信号统称为检测信号。检测信号按作用效果分为有效信号和非控信号。

① 有效信号。能够引起执行元件状态改变或使工步发生切换的检测信号称为有效信号。有效信号在逻辑关系图中用竖实线表示。

② 非控信号。不能引起执行元件状态改变，也不能使工步发生切换的检测信号称为非控信号。非控信号在逻辑关系图中用竖虚线表示。

逻辑关系图中的有效信号和非控信号都是检测元件或运算元件的触点发出的信号，因此在每条表示有效信号的竖实线和非控信号的竖虚线上端，都要标明代表该元件触点的文字符号。

如图 3.18 所示，竖实线表示的 SB1、SB2、SQ2 和 SQ3 信号均为有效信号，其或是作为某个工作步的开始、结束信号，或是作为某个执行元件的启动、结束信号。其中用竖虚线表示的信号 SQ1 为非控信号，即 SQ1 的出现并不引起工步（相邻的两条有效信号之间的区域称为工步）的切换，也不引起某个执行元件状态的改变。

（2）检测信号按持续时间分类及画法。

检测信号按保持的时间分为瞬时信号和持续信号两种。

① 瞬时信号。持续时间小于一个工步的有效信号，称为瞬时信号。在逻辑关系图中，瞬时信号用带箭头的竖实线表示。

② 持续信号。持续时间大于一个工步的有效信号，称为持续信号。在逻辑关系图中，以持续信号开始的竖实线为起点，用垂直于该竖实线的带箭头的横实线来表示持续时间。图 3.19 中，信号 SB1、SB2、SQ3 均为瞬时信号，SQ2 为持续信号，其持续时间为一个工步。

逻辑关系图的画法

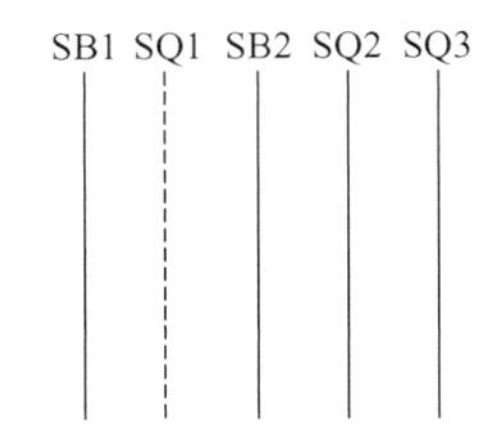

图 3.18　有效信号和非控信号的画法

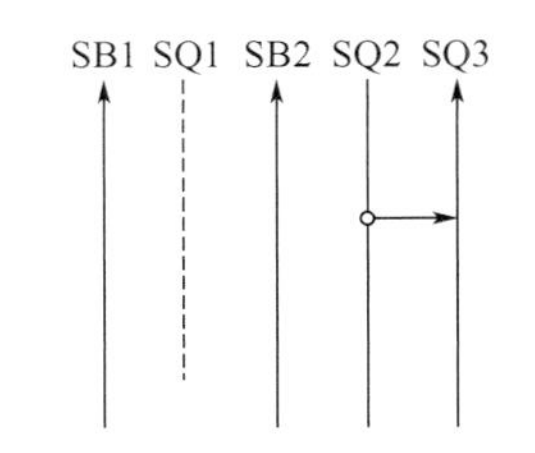

图 3.19　瞬时信号和持续信号的画法

(3) 执行元件的工作区间。

电气控制系统中的所有执行元件都会有一定的工作区间。在逻辑关系图上，用垂直于有效信号的横实线来标注执行元件的工作区间。

确定检测信号的作用效果和持续时间之后，布置执行元件的工作区间，这样就绘制成了逻辑关系图。

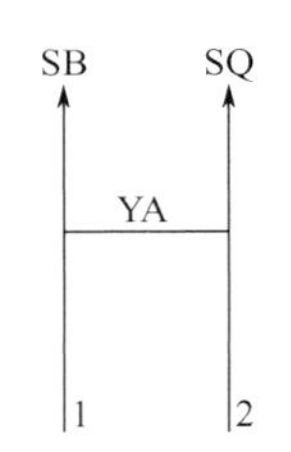

图 3.20　二位四通电磁阀控制液压缸活塞进退逻辑关系图

图 3.20 所示的逻辑关系图对应于图 3.17 所示的二位四通电磁阀控制液压缸活塞进退示意。由系统的工作过程描述可以知道，SB 发出启动信号，系统进入第一工步，行程开关 SQ 信号到来，使得第一工步结束，第二工步开始。系统中有两个能够引起工步切换的有效信号——SB 和 SQ。SB 采用复位按钮，其操作一般为瞬时的，SB 为瞬时信号；SQ 信号由行程开关发出，当活塞杆碰到行程开关后，进入第二工步，活塞杆后退，行程开关随即断开，因此 SQ 信号也是瞬时信号。此例只有一个执行元件——电磁阀 YA，在 SB 信号到来时，YA 通电，持续时间为一个工步，活塞杆前进，SQ 信号到来时，YA 断电，进入第二工步，活塞杆后退。

综上所述，绘制逻辑关系图分为以下三步。

(1) 根据系统控制要求找出所有检测信号，分析作用效果，区分有效信号与非控信号。

(2) 分析检测信号作用时间，区分瞬时信号与持续信号，确定持续信号保持区间。

(3) 布置执行元件工作区间，完成逻辑关系图。

【例 3-2】 双缸液压系统控制要求示意如图 3.21 所示，YV1、YV2 均为二位四通电磁阀，YA1、YA2 为电磁铁，液压缸 A、B 在电磁阀控制下完成四个工步的半自动循环，系统的工步序号如图中所示，启动按钮为 SB，画出该系统的逻辑关系图。

例题讲解

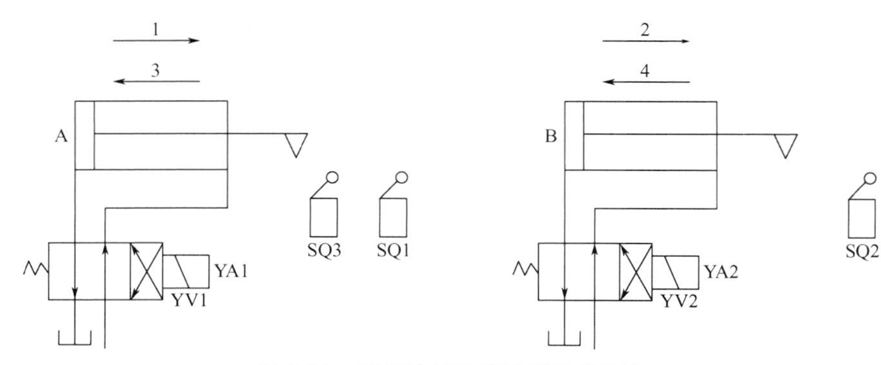

图 3.21　双缸液压系统控制要求示意

解：（1）根据系统控制要求找出所有检测信号，分析作用效果，区分有效信号与非控信号。

根据系统控制要求可以看出，按下启动按钮 SB，进入第一工步，A 液压缸活塞杆前进，压下 SQ1，进入第二工步，B 液压缸活塞杆前进，压下 SQ2，进入第三工步，A 液压缸活塞杆后退，压下 SQ3，进入第四工步，B 液压缸活塞杆后退。逻辑关系图中共有四个有效信号，分别是 SB、SQ1、SQ2、SQ3，分别用四条竖实线表示。第一工步中，A 液压缸活塞杆前进，先压下 SQ3，但此时系统的运行不做任何变动，这里的 SQ3 为非控信号，用竖虚线表示。

（2）分析检测信号作用时间，区分瞬时信号与持续信号，确定持续信号保持区间。

SB 采用复位按钮的动合触点，操作完毕，就会自动复位，SB 是瞬时信号，A 液压缸活塞杆压下 SQ1 后，进入第二工步，启动 B 液压缸活塞杆前进。在第二工步期间，YA1 仍然保持通电，SQ1 始终处于压下状态，直到第三工步开始，A 液压缸活塞杆后退，SQ1 才被释放，因此 SQ1 为持续信号，持续时间为第二工步区间。SQ2 在 A 液压缸活塞杆后退过程中始终处于压下状态，直到 SQ3 被压下，B 液压活塞杆后退，SQ2 才被释放，因此 SQ2 也是持续信号，持续时间为第三工步区间，A 液压缸活塞杆后退过程中，压下 SQ3，进入第四工步，同时 A 液压缸活塞杆继续后退，SQ3 随即被释放，因此 SQ3 为瞬时信号。

（3）布置执行元件工作区间，完成逻辑关系图。

该系统有两个执行元件——电磁铁 YA1、YA2。YA1 从按下 SB 时开始通电，直到 SQ2 信号到来，YA1 断电，YA1 通电区间为第一工步和第二工步。SQ1 信号到来，YA2 通电，SQ3 信号到来，YA2 断电，YA2 通电持续两个工步，即第二工步和第三工步。

由上面的分析可画出双缸液压系统逻辑关系图，如图 3.22 所示。

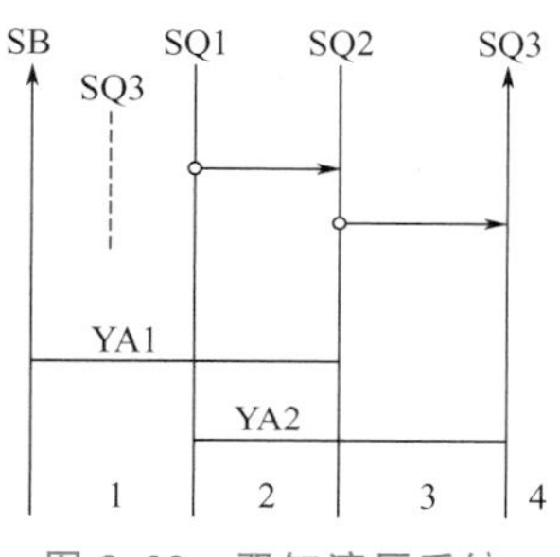

图 3.22　双缸液压系统逻辑关系图

3.3.2 运算元件的逻辑表达式

运算元件的逻辑表达式描述的是运算元件与控制信号之间的逻辑关系，列写运算元件的逻辑表达式是逻辑设计的重要环节，根据设计好的逻辑关系图，写出相应的逻辑表达式，再按照逻辑表达式画出控制电路。下面先从基本逻辑表达式入手，分析讨论运算元件逻辑表达式的列写方法。

1. 运算元件的基本逻辑表达式

图 3.23（a）所示的双缸液压系统逻辑关系图中，SB1 信号到来，KM 开始通电，在第一工作区间内，KM 保持通电状态，直到 SB2 信号到来，KM 断电。要实现此控制，其控制电路如图 3.23（b）所示，启动按钮 SB1 和停止按钮 SB2 采用自动复位按钮，SB1 使用动合触点，SB2 使用动断触点，与之相对应的逻辑关系表达式为

$$\mathrm{KM}=(\mathrm{SB1}+\mathrm{KM})\overline{\mathrm{SB2}} \tag{3-6}$$

下面分析 KM 的逻辑关系式与逻辑关系图之间的关系。由图 3.23（a）可以看出，KM 的通电工作区间位于有效信号 SB1、SB2 之间，其中 SB1、SB2 分别表示按钮开关的动合触点。即 SB1 出现，KM 通电，SB2 出现，KM 断电，在 SB1 出现之后、SB2 出现之前，KM 保持通电，与 KM 逻辑表达式的控制关系一致。

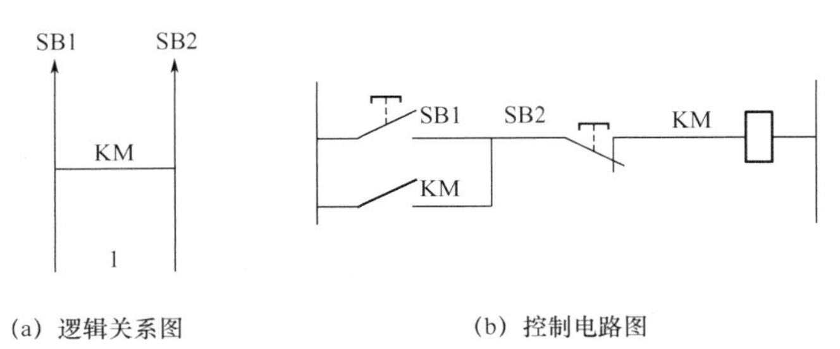

(a) 逻辑关系图　　(b) 控制电路图

图 3.23　双缸液压系统逻辑关系图和控制电路图

KM 的逻辑表达式是由两个与项构成的，第一项是 SB1 $\overline{SB2}$，即 SB1 和$\overline{SB2}$均为 1 时，KM 为 1；第二项是 KM $\overline{SB2}$，即 KM 和$\overline{SB2}$均为 1 时，KM 为 1。可见，只要 SB1 启动，KM 就会通电并保持，直到按下停止按钮$\overline{SB2}$，KM 断电。

（1）断电优先型。

在式（3－6）中，SB1 是使 KM 通电的启动信号，称为 KM 的起始信号，用 Ss 表示；SB2 是使 KM 断电的启动信号，称为 KM 的终止信号，用 Se 表示。为了具有普遍意义，便于后续讨论，用 Ss 替换 SB1，用 Se 替换 SB2，把式（3－6）改写成运算元件的基本逻辑表达式

$$KM=(Ss+KM)\overline{Se} \qquad (3-7)$$

式（3－7）称为运算元件的基本逻辑表达式，对应的控制电路如图 3.24 所示，该控制电路属于断电优先型，当起始信号 Ss 和终止信号$\overline{Se}$同时动作时，电路被关断，KM 断电，终止信号的作用优先于起始信号。

（2）通电优先型。

如果将图 3.24 调整成图 3.25 所示的控制电路，可以看出：当起始信号 Ss 和终止信号$\overline{Se}$同时动作时，电路接通，KM 通电，起始信号的作用优先于终止信号，与其对应的控制电路称为通电优先型控制电路。通电优先型控制电路对应的运算元件逻辑表达式为

$$KM=Ss+KM\cdot\overline{Se} \qquad (3-8)$$

运算元件的逻辑表达式

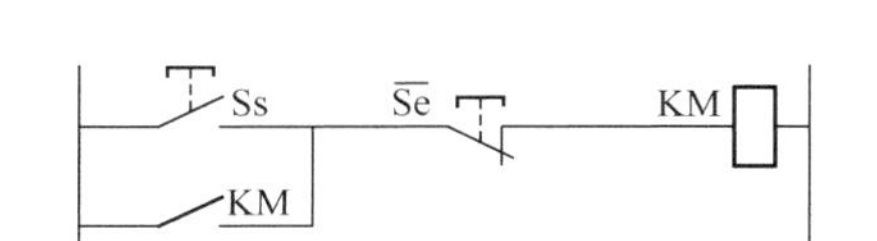

图 3.24　基本逻辑表达式对应的控制电路

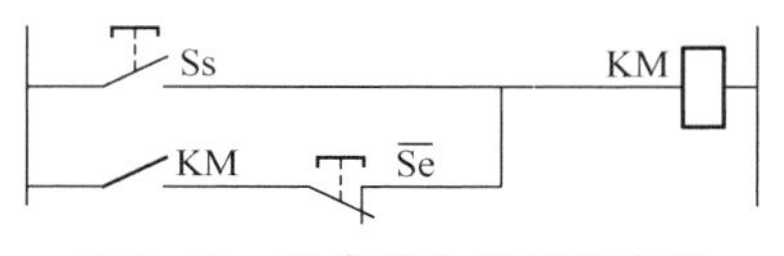

图 3.25　通电优先型控制电路

考虑到安全性，实际工程中广泛应用断电优先型控制电路。

（3）逻辑关系图与基本逻辑表达式适应条件分析。

与上述基本逻辑表达式对应的逻辑关系图中只有两个有效信号，且都是瞬时信号，分别只出现一次。如果信号 Ss、Se 还出现于图中的其他位置，仍按照基本逻辑表达式来设计控制电路图，就无法正确描述其逻辑关系，使电路图变得不合理。如果终止信号还在运算元件的工作区间内以非控信号的形式出现，就会终止运算元件的通电状态。同样，如果起始信号在运算元件的工作区间外以及终止信号的持续区间外，以非控信号的形式出现，就会重新启动运算元件，使得运算元件在工作区间外又一次通电，造成运行事故。也就是

说，只有当逻辑关系图满足以下条件时，才能用断电优先型基本逻辑表达式来描述。

① 起始信号的同名信号只能出现在运算元件的工作区间内及终止信号持续区间内。

② 终止信号的同名信号只能出现在运算元件的工作区间外。

同时满足上述两个条件的逻辑关系图才可以用基本逻辑表达式来描述。逻辑关系图与基本逻辑表达式适应条件分析如图 3.26 所示。

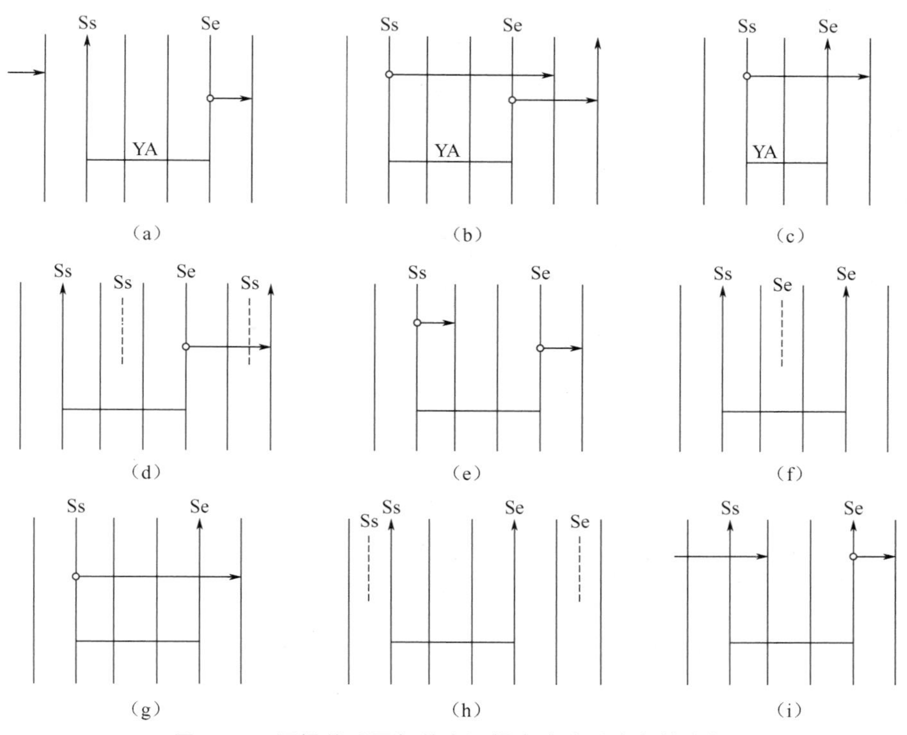

图 3.26 逻辑关系图与基本逻辑表达式适应条件分析

图 3.26（a）中的起始信号 Ss 是瞬时信号，只出现于运算元件 YA 的工作区间开始的地方，满足条件①。终止信号 Se 是持续信号，其持续区间在运算元件 YA 的工作区间外，满足条件②，可以用基本逻辑表达式描述。

图 3.26（b）中的起始信号 Ss 是持续信号，其持续区间在运算元件 YA 的工作区间内及终止信号 Se 的持续区间内，满足条件①。终止信号 Se 是持续信号，其持续区间在运算元件 YA 的工作区间外，满足条件②，可以用基本逻辑表达式描述。

图 3.26（c）中的起始信号 Ss 是持续信号，其持续区间一部分在运算元件 YA 的工作区间内，另一部分在运算元件 YA 的工作区间外，因此不满足条件①，不能用基本逻辑表达式描述。

图 3.26（d）中的起始信号 Ss 是瞬时信号，除了出现在运算元件 YA 的工作区间开始的地方外，还作为非控信号在运算元件的工作区间内出现过一次，还有一次在运算元件的工作区间外，但在终止信号的持续区间内，因此，满足条件①。终止信号 Se 是持续信号，其持续区间在运算元件 YA 的工作区间外，满足条件②，可以用基本逻辑表达式描述。

通过分析，图 3.26（e）满足条件，可以用基本逻辑表达式描述。图 3.26（f）中的终止信号 Se 在运算元件的工作区间内出现了一次，不满足条件②，不能用基本逻辑表达式描述。图 3.26（g）中的起始信号 Ss 是持续信号，其持续区间一部分在运算元件 YA 的工作区间内，另一部分在运算元件 YA 的工作区间外，不满足条件①，不能用基本逻辑表达式描述。图 3.26（h）中的终止信号 Se 满足条件②，但起始信号 Ss 不满足条件①，不能用基本逻辑表达式描述。图 3.26（i）的终止信号 Se 是持续信号，一直持续到运算元件的工作区间内，不满足条件②，不能用基本逻辑表达式描述。

【例 3-3】 用逻辑设计法设计例 3-2 的双缸液压系统的控制电路。

解： 由于运算元件电磁阀 YA 为无触点执行元件，要维持其持续通电，须借助一个带触点的控制元件，因此这里选用中间继电器 KA1、KA2 对电磁阀 YA1、YA2 进行控制，画出与图 3.22 对应的逻辑关系图，如图 3.27 所示，KA1、KA2 的工作区间与电磁阀 YA1、YA2 的相同，以横实线表示，且以继电器文字符号标注。

分析此逻辑关系图，运算元件 KA1 的起始信号是 SB，终止信号是 SQ2，满足两个条件，可以用基本逻辑表达式描述。KA2 的起始信号是 SQ1，终止信号是 SQ3，也满足两个条件，也可以用基本逻辑表达式描述。KA1、KA2 的逻辑表达式如下。

$$KA1 = (SB + KA1)\overline{SQ2}$$

$$KA2 = (SQ1 + KA2)\overline{SQ3}$$

执行元件 YA1、YA2 的工作区间与继电器 KA1、KA2 的完全相同，YA1、YA2 的逻辑表达式为

$$YA1 = KA1$$

$$YA2 = KA2$$

按照上述逻辑表达式，可以得出与之对应的电气控制电路，如图 3.28 所示。

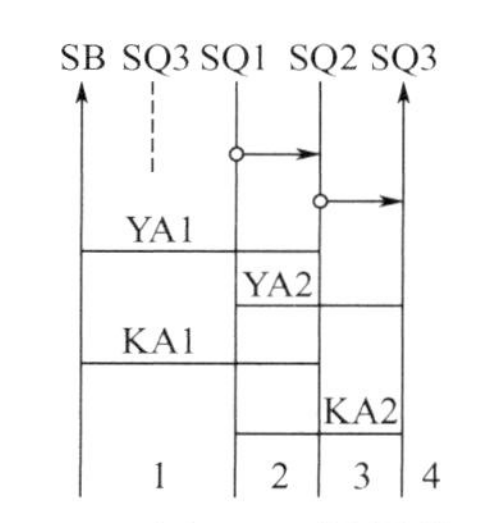

图 3.27 例 3-3 逻辑关系图

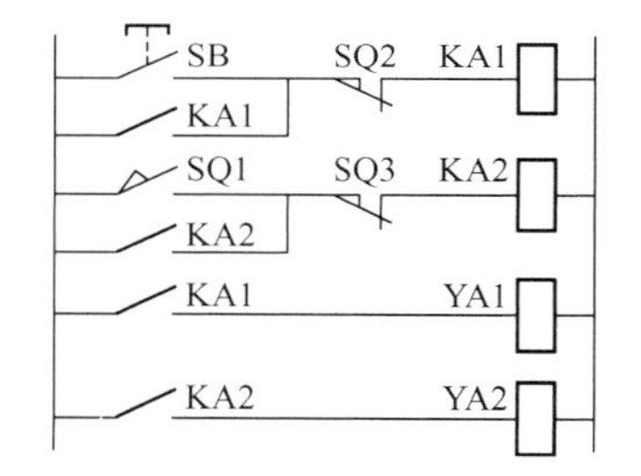

图 3.28 双缸液压系统电气控制电路

2. 运算元件的一般逻辑表达式

基本逻辑表达式的应用必须满足适用条件，不满足适用条件就采用基本逻辑表达式会造成控制混乱，不能实现预期的控制要求。造成不满足适用条件的原因往往是起始信号或终止信号的同名信号出现在限定区间之外，这类信号称为额外信号。额外信号可能是瞬时信号，也可能是持续信号。有额外信号的逻辑关系图需要采取相应的措施，才可以用基本逻辑表达式来描述。

（1）用持续信号排除额外起始信号。

额外起始信号是指出现在继电器工作区间和终止信号的持续区间外的起始信号。额外起始信号会造成运算元件在工作区间之外再次通电，引起控制混乱，必须排除。

图 3.29（a）中有六个有效信号和一个非控信号。运算元件 KA 的工作区间是第二工

步到第三工步，KA 的起始信号 Ss 为瞬时信号，KA 的终止信号 Se 为持续信号，其持续区间为第四工步，在第五工步中又出现了一个 KA 的起始信号 Ss，它位于 KA 的工作区间之外，且在 KA 的终止信号 Se 的持续区间之外，这就是额外起始信号。如果不排除它，就会使 KA 在第五工步通电。控制要求第一次出现的起始信号 Ss 有效，启动 KA 通电，第二次出现的起始信号 Ss 无效，不启动 KA 通电。采取措施，将两次出现的起始信号区分开，就可以排除额外起始信号。

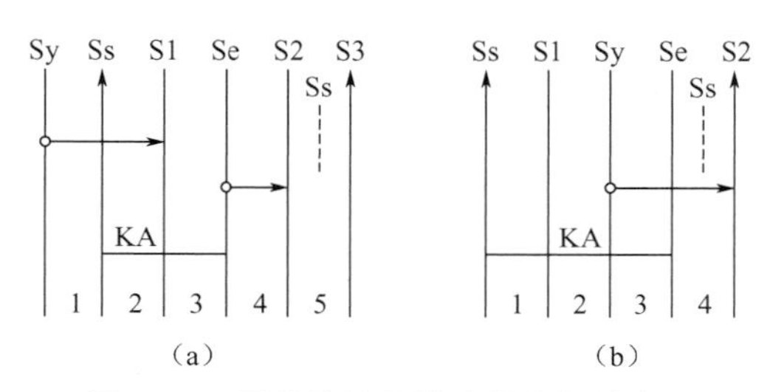

图 3.29 用持续信号排除额外起始信号

图 3.29（a）中有一个持续信号 Sy，其持续区间只覆盖了有效起始信号，而未覆盖额外起始信号，可以利用该信号来排除额外信号，即只有在 Sy 存在时起始信号 Ss 才是有效信号，表示为 Sy·Ss，这样就可以屏蔽额外起始信号。把 Sy 信号作为起始信号 Ss 的约束条件，用附加了约束条件的起始信号来替代原来单一的起始信号。断电优先型电路对应的基本逻辑表达式可以表示为

$$KA=(Sy\cdot Ss+KA)\cdot \overline{Se} \tag{3-9}$$

由式（3－9）得出的电气控制电路图如图 3.30（a）所示。

图 3.29（b）所示的逻辑关系图也存在额外起始信号，同样可以选取一个持续信号来作为约束条件，如图中的持续信号 Sy，其持续区间只覆盖了额外起始信号，即 Sy 无效时的起始信号才是有效信号，因此可以用 Sy 作为起始信号的约束条件，这样附加了约束条件的起始信号就是$\overline{Sy}\cdot Ss$。断电优先型电路对应的基本逻辑表达式可以表示为

$$KA=(\overline{Sy}\cdot Ss+KA)\cdot \overline{Se} \tag{3-10}$$

由式（3－10）得出的电气控制电路如图 3.30（b）所示。

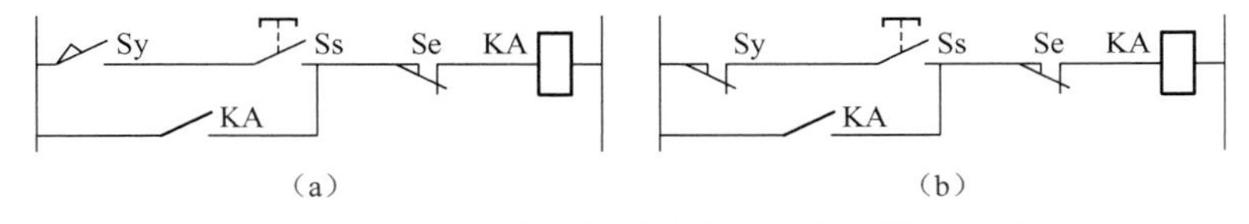

图 3.30 用持续信号排除额外起始信号控制电路

作为约束条件的持续信号应该只覆盖有效起始信号或额外起始信号。既没覆盖有效起始信号又没覆盖额外起始信号的持续信号，不能作为起始信号的约束条件。既覆盖了有效起始信号又覆盖了额外起始信号的持续信号，也无法区分有效起始信号和额外起始信号，不能作为起始信号的约束条件。

（2）用持续信号排除额外终止信号。

额外终止信号是指出现在运算元件工作区间内的终止信号的同名信号。如果不排除，就会使运算元件提前终止工作。用类似于排除额外起始信号的方法，选取适当的持续信号

作为终止信号的约束条件，来排除额外终止信号。

图 3.31（a）中的终止信号 Se 是持续信号，其持续区间是区间 5 到区间 1，而持续到区间 1 中的终止信号就是额外终止信号。运算元件 KA 的工作区间是区间 1 到区间 4，KA 的起始信号 Ss 是一个瞬时信号，这样当起始信号到来时，终止信号仍然有效，就无法启动 KA 通电。持续信号 Sy 覆盖了有效终止信号，未覆盖额外终止信号，可以作为约束信号，即 Sy 持续期间的终止信号是有效终止信号，附加该约束条件的终止信号为 $\overline{Sy \cdot Se}$，这样就排除了额外终止信号，代入基本逻辑表达式可得

$$KA=(Ss+KA)\overline{Sy \cdot Se}=(Ss+KA)(\overline{Sy}+\overline{Se}) \tag{3-11}$$

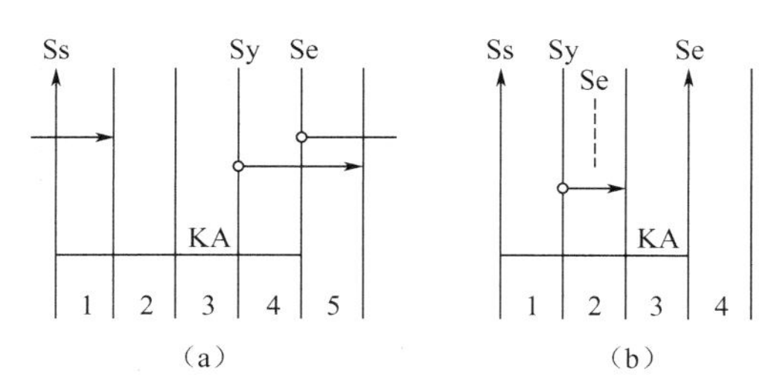

图 3.31　用持续信号排除额外终止信号

由式（3-11）得出的电气控制电路如图 3.32（a）所示。

图 3.31（b）所示的逻辑关系图中，也存在额外终止信号。KA 的起始信号 Ss 和终止信号 Se 都是瞬时信号，KA 的工作区间是区间 1 到区间 3，区间 2 出现了一个终止信号的同名信号，如果不排除，会使继电器 KA 在区间 2 断电停止工作。信号 Sy 的持续区间只覆盖了额外终止信号，即 Sy 无效时的终止信号是有效信号，可以用 Sy 作为终止信号的约束条件，附加了约束条件的终止信号为 $\overline{\overline{Sy} \cdot Se}$，代入断电优先型对应的基本逻辑表达式可得

$$KA=(Ss+KA)\overline{\overline{Sy} \cdot Se}=(Ss+KA)(Sy+\overline{Se}) \tag{3-12}$$

由式（3-12）得出的电气控制电路如图 3.32（b）所示。

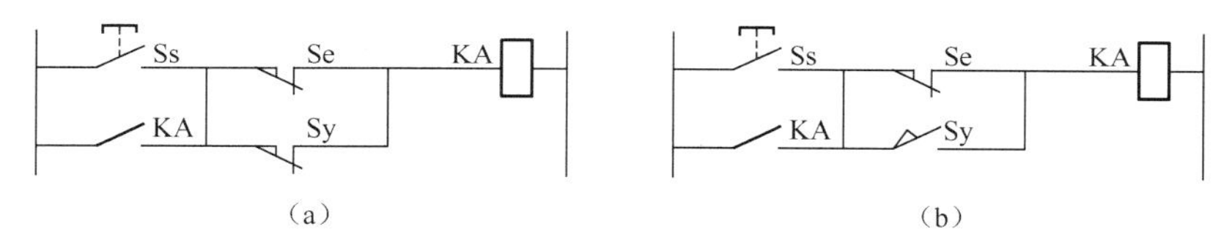

图 3.32　用持续信号排除额外终止信号控制电路

（3）运算元件的一般逻辑表达式。

许多情况下，较复杂的控制系统会同时出现额外起始信号和额外终止信号，甚至可能作用于同一元件上，此时就需要对起始信号和终止信号分别附加约束条件，构成修正后的起始信号和终止信号。把修正后的起始信号和终止信号代入基本逻辑表达式，得到运算元件的一般逻辑表达式。

$$KA=(SS+KA) \cdot \overline{SE} \tag{3-13}$$

式中，KA 为运算元件继电器；SS 为修正后的起始信号；$\overline{SE}$为修正后的终止信号。

将持续信号 SC 作为附加约束条件，修正起始信号和终止信号，SS 和 SE 的取值有如

下四种情况。

① 当 SC 只覆盖有效起始信号 Ss 时，有

$$\mathrm{SS}=\mathrm{SC}\cdot\mathrm{Ss}$$

② 当 SC 只覆盖额外起始信号 Ss 时，有

$$\mathrm{SS}=\overline{\mathrm{SC}}\cdot\mathrm{Ss}$$

③ 当 SC 只覆盖有效终止信号 Se 时，有

$$\overline{\mathrm{SE}}=\overline{\mathrm{SC}\cdot\mathrm{Se}}=\overline{\mathrm{SC}}+\overline{\mathrm{Se}}$$

④ 当 SC 只覆盖额外终止信号 Se 时，有

$$\overline{\mathrm{SE}}=\overline{\overline{\mathrm{SC}}\cdot\mathrm{Se}}=(\mathrm{SC}+\overline{\mathrm{Se}})$$

(4) 用多个持续信号排除额外信号。

对于电气控制系统中存在的多个同名额外信号，如果选择单一持续信号不能将这些额外信号全部排除，就必须选取多个持续信号作为约束条件，多约束共同作用排除全部额外信号。

① 多约束排除多个额外起始信号。如图 3.33 (a) 所示，继电器 KA 有两个额外起始信号，持续信号 SC1 覆盖了工步 1 内的额外起始信号和有效起始信号，SC2 覆盖了工步 5 内的额外起始信号和有效起始信号，选择 SC1、SC2 中的任一个持续信号都无法将有效起始信号与两个额外起始信号区分开，因为 SC1、SC2 都覆盖了有效起始信号 Ss，而又分别覆盖不同的额外起始信号。只有 SC1、SC2 都存在时的起始信号才是有效起始信号，把 SC1 · SC2 作为 KA 的起始信号的约束条件，则有

$$\mathrm{SS}=\mathrm{SC1}\cdot\mathrm{SC2}\cdot\mathrm{Ss}$$

$$\mathrm{KA}=(\mathrm{SC1}\cdot\mathrm{SC2}\cdot\mathrm{Ss}+\mathrm{KA})\cdot\overline{\mathrm{SE}}$$

图 3.33 (b) 中，当 SC1、SC2 都无效时，起始信号才是有效起始信号，则有

$$\mathrm{SS}=\overline{\mathrm{SC1}}\cdot\overline{\mathrm{SC2}}\cdot\mathrm{Ss}$$

$$\mathrm{KA}=(\overline{\mathrm{SC1}}\cdot\overline{\mathrm{SC2}}\cdot\mathrm{Ss}+\mathrm{KA})\cdot\overline{\mathrm{SE}}$$

② 多约束排除多个额外终止信号。图 3.33 (c) 中存在两个额外终止信号，还有两个持续信号 SC1、SC2，每个持续信号都覆盖一个额外终止信号和有效终止信号，即 SC1、SC2 同时存在时的终止信号才是有效终止信号，则有

$$\overline{\mathrm{SE}}=\overline{\mathrm{SC1}\cdot\mathrm{SC2}\cdot\mathrm{Se}}=\overline{\mathrm{SC1}}+\overline{\mathrm{SC2}}+\overline{\mathrm{Se}}$$

$$\mathrm{KA}=(\mathrm{SS}+\mathrm{KA})\cdot\overline{\mathrm{SC1}\cdot\mathrm{SC2}\cdot\mathrm{Se}}=(\mathrm{SS}+\mathrm{KA})(\overline{\mathrm{SC1}}+\overline{\mathrm{SC2}}+\overline{\mathrm{Se}})$$

图 3.33 (d) 中，两个持续信号 SC1、SC2 同时不存在时的终止信号为有效终止信号，则有

$$\overline{\mathrm{SE}}=\overline{\overline{\mathrm{SC1}\cdot\mathrm{SC2}}\cdot\mathrm{Se}}=\mathrm{SC1}+\mathrm{SC2}+\overline{\mathrm{Se}}$$

$$\mathrm{KA}=(\mathrm{SS}+\mathrm{KA})\cdot\overline{\overline{\mathrm{SC1}\cdot\mathrm{SC2}}\cdot\mathrm{Se}}=(\mathrm{SS}+\mathrm{KA})(\mathrm{SC1}+\mathrm{SC2}+\overline{\mathrm{Se}})$$

根据上述分析，可以得出结论：当需要若干持续信号排除额外信号时，可以利用这些持续信号的某种逻辑组合选出有效信号。当然，这些持续信号可能已经存在，也可能需要人工设置。

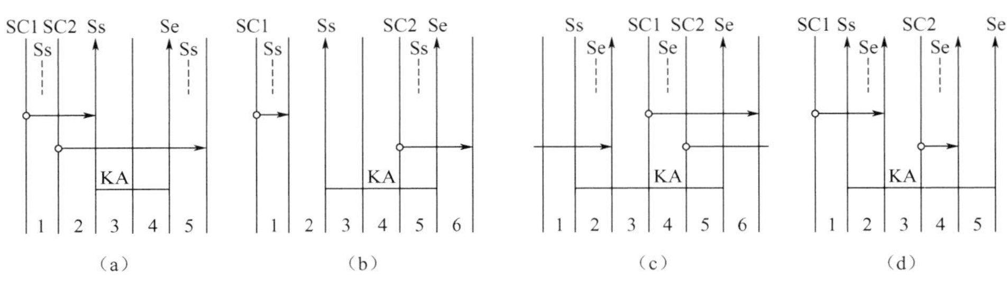

图 3.33 多个持续信号排除额外信号

3.3.3 逻辑设计应用实例

【例 3-4】 有三个二位四通电磁阀，一共要执行六个工步，工步顺序如图 3.34 所示，设计其电气控制电路。

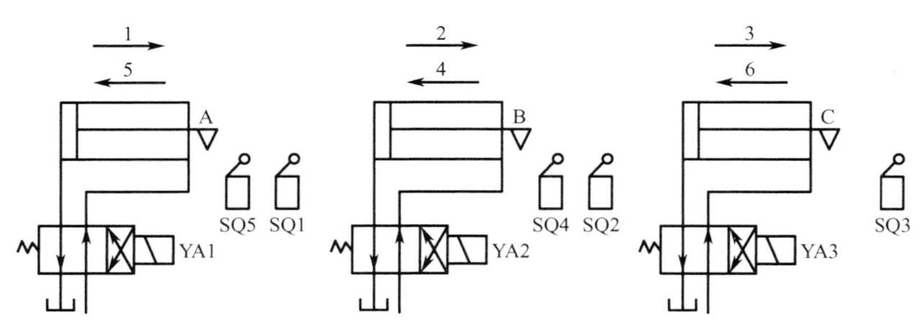

图 3.34 三液压缸系统工步顺序

解：（1）分析控制要求，描述工艺过程。

按下启动按钮 SB→YA1 通电，A 液压缸前进→压下 SQ5→压下 SQ1→YA2 通电，B 液压缸前进→压下 SQ4→压下 SQ2→YA3 通电，C 液压缸前进→压下 SQ3→YA2 断电，B 液压缸后退→压下 SQ4→YA1 断电，A 液压缸后退→压下 SQ5→YA3 断电，C 液压缸后退→A、B、C 液压缸均退至原位停止。

（2）区分有效信号与非控信号，区分瞬时信号与持续信号。

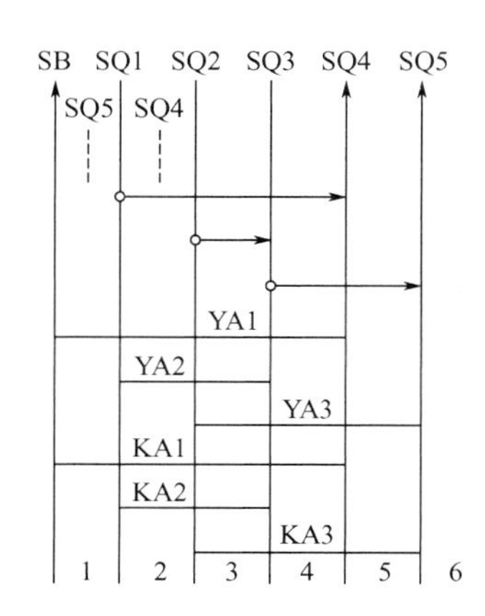

图 3.35 三液压缸系统逻辑关系图

根据系统控制要求与工艺过程，分析检测信号，SB 为启动按钮，故其为瞬时信号；行程开关 SQ1 被压下后，直到第五工步，A 液压缸后退时才复位，故其为持续信号；同理，SQ2、SQ3 也是持续信号；在 B 液压缸后退过程中，压下 SQ4 后，A 液压缸后退的同时，B 液压缸的活塞杆会继续后退至原位，SQ4 为瞬时信号；同理，SQ5 也是瞬时信号。另外，第一工步和第二工步中存在非控信号 SQ5、SQ4。

（3）布置执行元件工作区间，完成逻辑关系图。

根据系统控制要求与工艺过程，结合信号作用效果与作用时间，画出逻辑关系图，如图 3.35 所示。为便于控制，引入中间继电器 KA1、KA2、KA3，工作区间分别与 YA1、YA2、YA3 的相同。

（4）由逻辑关系图列写逻辑表达式。

继电器 KA1 的工作区间从工步 1 到工步 4，起始信号为 SB，是瞬时信号，在其他区间再没出现 SB 的同名信号，因此 SB 符合基本逻辑表达式的条件要求；其终止信号 SQ4 也为瞬时信号，但在 KA1 的工作区间（第二工步）内出现了一个额外终止信号，因此需要选取某持续信号作为约束条件来排除此额外终止信号。由图中可以看出，能够作为约束条件的持续信号有 SQ3、KA2、KA3，理论上，三者任一个都可以排除额外终止信号，但考虑各器件的具体安装位置及接线问题，一般行程开关都安装在机械设备需检测位置的部件上，且触点数量有限，如果选用行程开关 SQ3 的触点作为约束条件，则需由行程开关至电气控制柜处接线，存在接线复杂、成本高、维护检修困难等问题，因此约束条件一般不选行程开关。而继电器一般安装在电气控制柜中，触点数量多，接线方便。

选用 KA2 作为约束条件，KA1 的逻辑表达式为

$$\mathrm{KA1}=(\mathrm{SB}+\mathrm{KA1})\,\overline{\mathrm{SQ4}\cdot\overline{\mathrm{KA2}}}$$

$$\mathrm{KA1}=(\mathrm{SB}+\mathrm{KA1})(\overline{\mathrm{SQ4}}+\mathrm{KA2})$$

选用 KA3 作为约束条件，KA1 的逻辑表达式为

$$\mathrm{KA1}=(\mathrm{SB}+\mathrm{KA1})\,\overline{\mathrm{SQ4}\cdot\mathrm{KA3}}$$

$$\mathrm{KA1}=(\mathrm{SB}+\mathrm{KA1})(\overline{\mathrm{SQ4}}+\overline{\mathrm{KA3}})$$

继电器 KA2 的工作区间从工步 2 到工步 3，起始信号为 SQ1，是持续信号，持续区间从工步 2 至工步 4，均处于 KA2 的工作区间或终止信号的持续区间内，因此符合基本逻辑表达式的条件要求；终止信号是 SQ3，也为持续信号，持续区间从工步 4 到工步 5，均在 KA2 的工作区间外，也符合基本逻辑表达式的条件要求。因此，KA2 的工作区间内无额外起始信号和额外终止信号。由于起始信号 SQ1 在 KA2 的整个工作区间内始终持续保持，因此不需要加自锁环节。

KA2 的基本逻辑表达式为

$$\mathrm{KA2}=\mathrm{SQ1}\cdot\overline{\mathrm{SQ3}}$$

继电器 KA3 的工作区间从工步 3 到工步 5，起始信号为 SQ2，是持续信号，持续区间为工步 3，处于 KA3 的工作区间内，因此符合基本逻辑表达式的条件要求；终止信号是 SQ5，为瞬时信号，在第一工步内有一个 SQ5 的同名非控信号，由于不在 KA3 的工作区间内，因此 SQ5 也符合基本逻辑表达式的条件要求。

KA3 的基本逻辑表达式为

$$\mathrm{KA3}=(\mathrm{SQ2}+\mathrm{KA3})\cdot\overline{\mathrm{SQ5}}$$

各执行元件的逻辑表达式为

$$\mathrm{YA1}=\mathrm{KA1}$$

$$\mathrm{YA2}=\mathrm{KA2}$$

$$\mathrm{YA3}=\mathrm{KA3}$$

(5) 根据逻辑表达式绘制电气控制电路。

根据上述逻辑表达式，可画出与其对应的电气控制电路，如图 3.36 所示。其中 KA1 是按第一种方案（即选 KA2 作为约束条件）设计的。

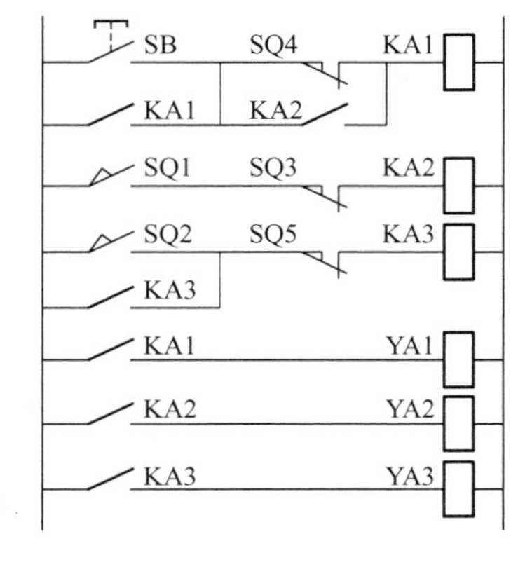

图 3.36 三液压缸系统电气控制电路

【例 3-5】 图 3.37 所示是三个二位四通电磁阀控制三个液压缸做前进、后退运动，一共要执行六个工步，

SB1 为启动按钮，根据工作原理及控制要求设计电气控制电路。

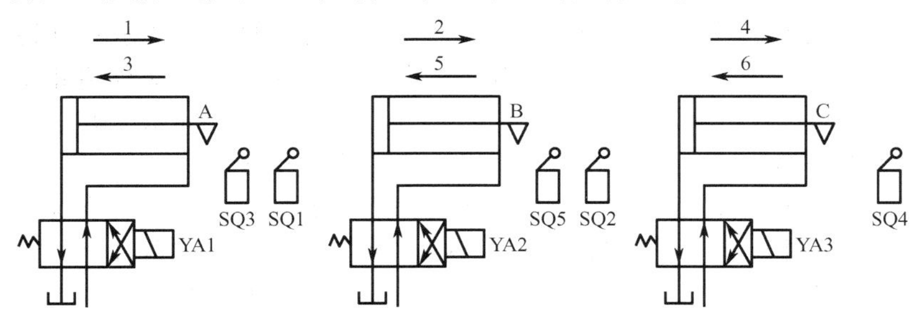

图 3.37　例 3－5 三液压缸系统控制要求示意

解：（1）分析控制要求，描述工艺过程。

按下 SB1→YA1 通电，A 液压缸前进→压下 SQ3→压下 SQ1→YA2 通电，B 液压缸前进→压下 SQ5→压下 SQ2→YA1 断电，A 液压缸后退→压下 SQ3→YA3 通电，C 液压缸前进→压下 SQ4→YA2 断电，B 液压缸后退→压下 SQ5→YA3 断电，C 液压缸后退→A、B、C 液压缸均退至原位停止。

（2）区分有效信号与非控信号，区分瞬时信号与持续信号。

根据动作状态可画出逻辑关系图，如图 3.38 所示。为便于控制，引入中间继电器 KA1、KA2、KA3，工作区间分别与 YA1、YA2、YA3 的相同。

由图 3.38 可知，SQ3 为 KA3 的起始信号，SQ5 为 KA3 的终止信号，但在工步 1 出现了额外起始信号 SQ3，选用 KA2 作为约束条件把它排除掉。工步 2 出现了终止信号 SQ5，不在工作区间内，不影响 KA3 正常工作，不作为额外终止信号考虑。

（3）由逻辑关系图列写逻辑表达式。

$$KA1=(SB1+KA1)\cdot\overline{SQ2}$$

$$KA2=(SQ1+KA2)\cdot\overline{SQ4}$$

$$KA3=(SQ3\cdot KA2+KA3)\cdot\overline{SQ5}$$

$$YA1=KA1$$

$$YA2=KA2$$

$$YA3=KA3$$

（4）根据逻辑表达式绘制电气控制电路。

根据上述逻辑表达式，可画出与其对应的电气控制电路，如图 3.39 所示。

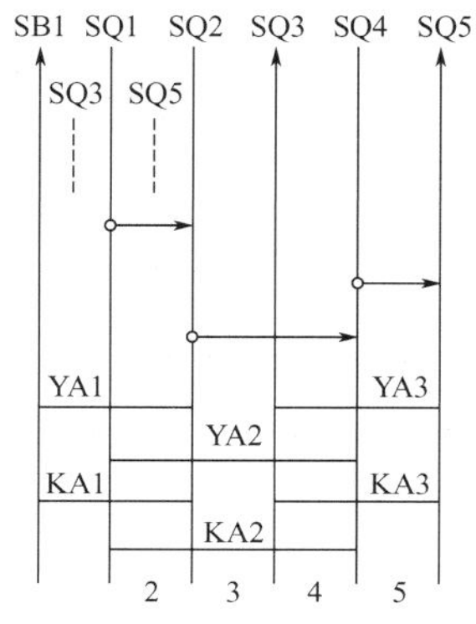

图 3.38　例 3－5 三液压缸系统逻辑关系图

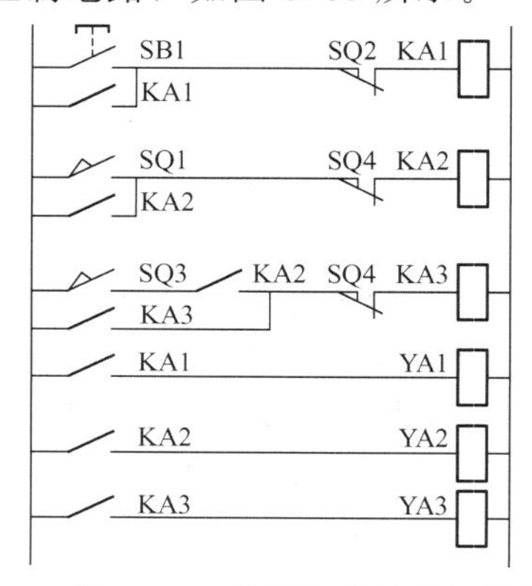

图 3.39　例 3－5 三液压缸系统电气控制电路

【例 3-6】 图 3.40 所示为双液压缸系统进退控制要求，四个工步为一次循环。每个液压缸由双电磁铁三位四通电磁阀控制，两个电磁铁分别控制活塞的前进和后退，当两个电磁铁都断电时，活塞停止运动。试用逻辑设计法设计电气控制电路。

解：(1) 分析控制要求，描述工艺过程。

分析控制要求，YA1 通电时，A 液压缸前进，执行工步 1。YA3 通电时，B 液压缸前进，执行工步 2。YA2 通电时，A 液压缸后退，执行工步 3。YA4 通电时，B 液压缸后退，执行工步 4。A 液压缸初始位置压下 SQ3，B 液压缸初始位置压下 SQ4。工艺过程描述如下：按下启动按钮 SB→YA1 通电，A 液压缸前进，SQ3 释放→压下 SQ1→YA1 断电，A 液压缸停止，YA3 通电，B 液压缸前进，SQ4 释放→压下 SQ2→YA3 断电，B 液压缸停止，YA2 通电，A 液压缸后退，SQ1 释放→压下 SQ3→YA2 断电，A 液压缸原位停止，YA4 通电，B 液压缸后退，SQ2 释放→压下 SQ4→YA4 断电，B 液压缸原位停止。

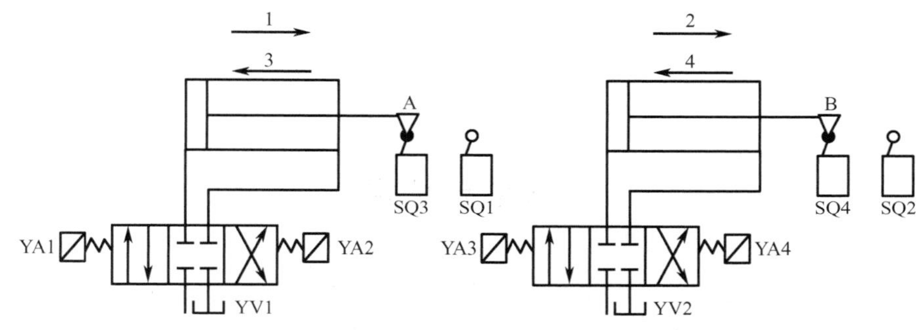

图 3.40 例 3-6 双液压缸系统控制要求

(2) 区分有效信号与非控信号，区分瞬时信号与持续信号。

根据工艺过程描述，可画出逻辑关系图，如图 3.41 所示。为便于控制，引入中间继电器 KA1、KA2、KA3、KA4，工作区间分别与 YA1、YA2、YA3、YA4 的相同。

(3) 由逻辑关系图列写逻辑表达式。

由逻辑关系图分析可知：继电器 KA1、KA2、KA3、KA4 的起始信号和终止信号均满足基本逻辑表达式的条件，即起始信号只在继电器的工作区间内及终止信号的持续区间内出现，终止信号只在继电器的工作区间外出现，因此，各继电器均可以用基本逻辑表达式来描述。其中 KA2、KA3、KA4 的起始信号都是持续信号，且覆盖整个工作区间，因此不需要加自锁环节。各运算元件及执行元件的逻辑表达式如下。

$$KA1=(SB1+KA1)\cdot\overline{SQ1}$$

$$KA2=SQ2\cdot\overline{SQ3}$$

$$KA3=SQ1\cdot\overline{SQ2}$$

$$KA4=SQ3\cdot\overline{SQ4}$$

$$YA1=KA1$$

$$YA2=KA2$$

$$YA3=KA3$$

$$YA4=KA4$$

(4) 根据逻辑表达式绘制电气控制电路。

与上述逻辑表达式对应的电气控制电路如图 3.42 所示。

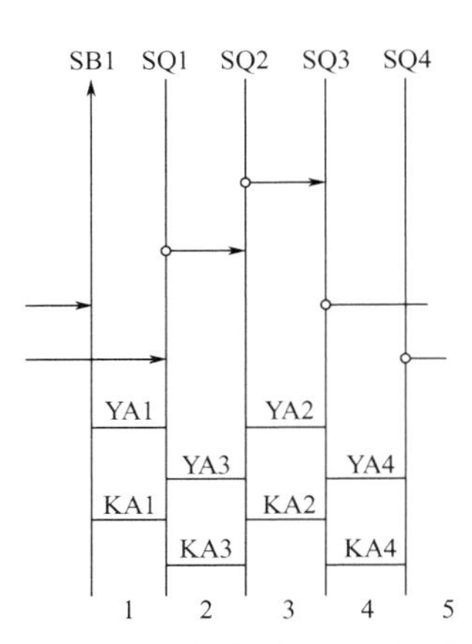

图 3.41　例 3-6 双液压缸系统逻辑关系图

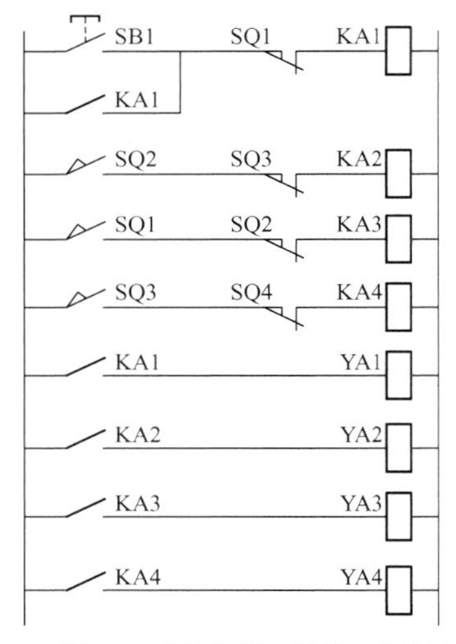

图 3.42　例 3-6 双液压缸系统电气控制电路

思考与练习

3-1　某电动机只有在继电器 KA1、KA2、KA3 中任一个或任两个动作时才可以启动，而在其他条件下都不启动，试用逻辑设计法设计电气控制电路。

3-2　两台电动机 M1、M2 分别驱动两个工作台 A、B，机构示意如图 3.43 所示，控制要求如下：按下启动按钮 SB 后，工作台 A 由 SQ1 前进到 SQ2，接着工作台 B 由 SQ3 自动前进到 SQ4，然后工作台 A 由 SQ2 自动后退到 SQ1，最后工作台 B 由 SQ4 自动后退到 SQ3。

试画出逻辑关系图，并标明各信号特性及电动机 M1 和 M2 正、反转控制接触器的工作区间，写出逻辑表达式，设计电气控制电路。

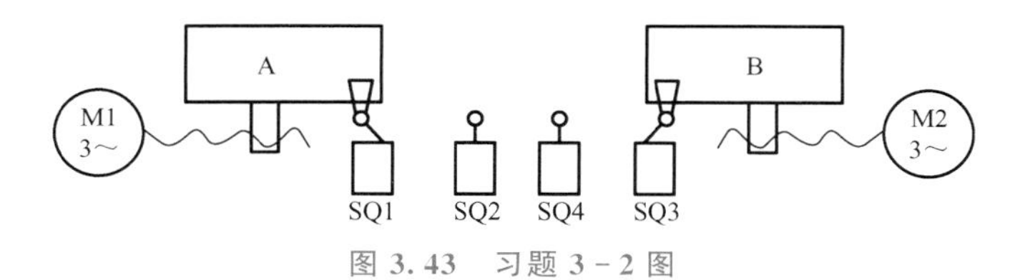

图 3.43　习题 3-2 图

3-3　某液压系统的控制要求如图 3.44 所示，试按逻辑设计法设计电气控制电路。

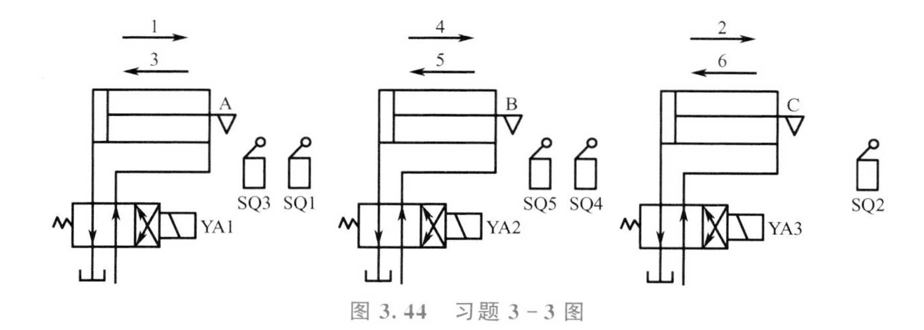

图 3.44　习题 3-3 图

3-4　某液压系统的控制要求如图3.45所示，试按逻辑设计法设计电气控制电路，要求全自动运行，每次工作循环之间停留6s。

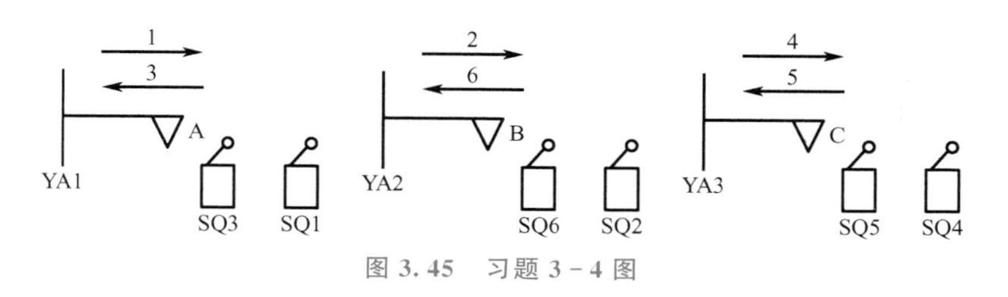

图3.45　习题3-4图

第4章 PLC的组成与工作原理

知识要点	掌握程度	相关知识
概述	了解 PLC 的发展趋势； 掌握 PLC 的分类、功能与特点	低压电器技术发展
PLC 的组成	了解 PLC 的主要性能指标； 掌握 PLC 的硬件系统组成、软件系统组成	单片机组成与工作原理
PLC 的工作原理	了解扫描周期； 掌握 PLC 的工作过程	继电器接触器控制电路
PLC 的编程语言	了解 PLC 的编程语言	汇编语言，高级语言

PLC 是一种以微处理器为核心的计算机系统，它是在继电器控制和计算机控制的基础上发展起来的一种新型工业自动控制装置。早期的 PLC 在功能上只能实现逻辑控制，主要特点是用简单的程序完成复杂的逻辑控制，与继电器控制系统相比，具有可靠性高、控制逻辑容易改变、外部接线简单等特点。随着微电子技术和微计算机技术的发展，PLC 不仅可以实现逻辑控制，还可以实现模拟量、运动和过程控制及数据处理、通信。因此，美国电气制造商协会于 1980 年将它正式命名为 PC（Programmable Controller），为避免与个人计算机（Personal Computer，PC）混淆，习惯上仍称为 PLC。

PLC 可以实现开关量控制、模拟量控制、过程控制、运动控制、通信联网，是一种专门为工业环境设计的通用工业控制装置，应用广泛、功能强大、使用方便。其诞生至今，发展势头异常迅猛，已经成为当代工业自动化领域的支柱产品之一。

4.1 概　　述

PLC是一种数字运算操作的电子系统，专为工业环境应用而设计，采用可编程的存储器，用于其内部存储程序、执行逻辑运算、顺序控制、定时、计数与算术运算等面向用户的指令，并通过数字或模拟式输入/输出，控制各种类型的机械或生产过程，是工业控制的核心部件。

4.1.1 PLC的分类功能与特点

1. PLC的定义

国际电工委员会1985年在PLC标准草案中做了如下定义：**PLC是一种数字运算的电子系统，专为在工业环境条件下应用而设计。它采用可编程的存储器，用来在内部存储执行逻辑运算、顺序控制、定时、计数和算术运算等操作的指令，并通过数字式、模拟式的输入/输出，控制各种类型的机械或生产过程。**PLC及其有关设备都应按易于使工业控制系统形成一个整体、易于扩充其功能的原则设计。

美国电气制造协会于1987年对PLC做了如下定义：它是一种带有指令存储器、数字或模拟I/O接口，以位运算为主，能完成逻辑、顺序、定时、计数和算术运算功能，用于控制机器或生产过程的自动控制装置。

2. PLC的分类

市场上PLC的种类非常多，型号和规格也不统一，了解PLC的分类有助于PLC的选型和应用。

（1）按输入/输出点数和功能分类。

为了适应不同工业生产过程的应用要求，PLC能够处理的输入/输出信号数是不同的。一般将一路信号称为一个点，将输入点数和输出点数的总和称为机器的点数，简称I/O点数。点数越多的PLC，功能越强。按照点数，可将PLC分为超小型PLC、小型PLC、中型PLC、大型PLC四种类型。

① **超小型PLC。I/O点数在64以内，内存容量为256～1000B。**

② **小型PLC。I/O点数为64～256，内存容量为1～3.6KB。**

超小型及小型PLC主要用于小型设备的开关量控制，具有逻辑运算、定时、计数、顺序控制、通信等功能。

③ **中型PLC。I/O点数为256～2048，内存容量为3.6～13KB。**中型PLC除具有超小型及小型PLC的功能外，还增加了数据处理功能，适用于小规模的综合控制系统。

④ **大型PLC。I/O点数在2048以上，内存容量在13KB以上，其中I/O点数超过8192的为超大型PLC。**

在实际应用中，一般PLC功能与I/O点数是相互关联的，即PLC的功能越强，其可配置的I/O点数越多。因此，通常所说的小型PLC、中型PLC、大型PLC，除表示I/O点数不同外，还表示对应功能为低档、中档、高档。大型PLC的功能更加完善和强大，多用于大规模过程控制、集散式控制和工厂自动化网络。

（2）按结构形式分类。

通常 PLC 按结构形式分为整体式结构、模块式结构和叠装式结构。

① 整体式结构。

超小型及小型 PLC 多为整体式结构，这种 PLC 是把 CPU、RAM、ROM、I/O 接口，以及与编程器或 EPROM 写入器相连的接口、输入/输出端子、电源、指示灯等都装配在一起的整体装置。它的优点是结构紧凑、体积小、成本低、安装方便；缺点是主机 I/O 点数固定，而且数量不大。西门子公司的 S7－200 系列 PLC 就是整体式结构。

② 模块式结构。

模块式结构是指把 PLC 系统的各组成部分分成独立的模块，使用时在一个框架上把各部分模块组装在一起，或通过各模块的插口，把各模块依次插接在一起，形成一个完整的 PLC 系统。这种结构形式的特点是，把 PLC 的每个工作单元都制成独立的模块，如 CPU 模块、输入模块、输出模块、电源模块、通信模块等。另外，机器上有一块带有插槽的母板，实际上就是计算机总线。这种结构的 PLC 的特点是系统构成非常灵活，现场适应能力强，安装、扩展、维修都很方便；缺点是体积比较大。西门子公司的 S5－115U、S7－300、S7－400 系列 PLC 就是模块式结构。

③ 叠装式结构。

还有一些 PLC 将整体式结构和模块式结构的特点结合起来，把 PLC 的基本单元、扩展单元、功能单元等制成外形尺寸一致的模块，不采用母板总线，而是采用电缆连接各单元模块。叠装式 PLC 的 CPU、电源、I/O 接口等也是各自独立的模块，但它们之间是靠电缆连接的，并且各模块可以一层层地叠装，这样不但系统可以灵活配置，而且体积小。

（3）按生产厂家分类。

PLC 的生产厂家很多，国内、国外的都有，其点数、容量、功能各有差异，但都自成系列，比较有影响的厂家有日本三菱、德国西门子、美国通用电气、日本欧姆龙、法国施耐德、美国艾伦-布拉德利、中国台达等。

3. PLC 的主要功能

（1）开关逻辑和顺序控制。这是 PLC 应用最广泛、最基本的场合，它的主要功能是完成开关逻辑运算和进行顺序逻辑控制。利用 PLC 最基本的逻辑运算、定时、计数等功能实现逻辑控制，可以取代传统的继电器-接触器控制，用于单机控制、多机群控制、生产自动线控制等，如机床、注塑机、印刷机械、装配生产线、电镀流水线及电梯的控制等。

（2）模拟控制（A/D 和 D/A 控制）。在工业生产过程中，许多连续变化的物理量（如温度、压力、流量、液位等）都属于模拟量。目前大多数 PLC 产品都具备处理这类模拟量的功能，大部分具有多路模拟量 I/O 模块和 PID 控制功能。所以 PLC 可实现模拟量控制，而且具有 PID 控制功能的 PLC 可构成闭环控制，用于过程控制。这一功能已广泛用于锅炉、反应堆、水处理、酿酒及闭环位置控制和速度控制等方面。

（3）定时/计数控制。PLC 具有很强的定时、计数功能，可以为用户提供数十甚至上百个定时器与计数器。对于定时器，定时间隔可以由用户设定。对于计数器，如果需要对频率较高的信号进行计数，则可以选择高速计数器。PLC 的定时控制精度高，定时时间设定方便、灵活。同时 PLC 提供了高精度的时钟脉冲，用于实时控制准确。

（4）步进控制。PLC为用户提供了一定数量的移位寄存器，用移位寄存器可方便地完成步进控制功能。有些PLC专门设有步进控制指令，使得编程更方便，此功能在进行顺序控制时非常有效。

（5）运动控制。在机械加工行业，PLC与计算机数控（Computer Numerical Control，CNC）集成在一起，来完成机床的运动控制。PLC通过自身的定位模块及其他运动控制器控制步进电动机或伺服电动机，实现单轴或多轴精确定位。这一功能广泛用于各种机械设备，如对各种机床、装配机械、机器人等进行运动控制。

（6）数据处理。大部分PLC都具有不同程度的数据处理能力，不仅能进行算术运算、数据传送，而且能进行数据比较、数据转换、数据排序、数据查表、数据采集、数据分析、数据处理和数据显示打印等操作，有些还可以进行浮点运算和函数运算，同时可通过通信接口将这些数据传送给其他智能装置进行处理。

（7）通信联网。PLC具有通信联网功能，使PLC与PLC之间、PLC与上位计算机及其他智能设备（变频器、现场测试仪器等）之间能够交换信息，形成统一的整体，实现“集中管理分散控制”的多级分布式控制，满足工厂自动化系统发展的需要。

4. PLC的主要特点

PLC之所以能适应工业环境，并得以迅猛的发展，是因为具有如下特点。

（1）资源丰富、功能强大、性能价格比高。PLC有丰富的内部资源，即成百上千个可供用户使用的编程元件，有很强的逻辑判断、数据处理、PID调节和数据通信功能，还可以实现更复杂的控制功能，与功能相同的继电器-接触器控制系统相比，具有很高的性能价格比。

（2）配套齐全、适应性强、使用方便。PLC发展到今天，已经形成大、中、小各种规模的系列化产品，可以用于各种规模的工业控制场合。除了逻辑处理功能以外，现代PLC大多具有完善的数据运算能力，可用于各种数字控制领域。近年来，PLC的功能单元大量涌现，使PLC渗透到位置控制、温度控制、数控等各种工业控制中，加上PLC通信能力的增强及人机界面技术的发展，使用PLC组成各种控制系统变得非常容易。

（3）设计周期短，便于安装调试。PLC用存储逻辑代替接线逻辑，大大减少了控制设备外部的接线，使控制系统设计、建造及安装的周期大为缩短，工作量也相应大大减少。PLC的用户程序可以在实验室模拟调试，输入信号用小开关来模拟，通过PLC上的发光二极管，可观察输出信号的状态。完成了系统的安装和接线后，在现场的统调过程中发现的问题一般可以通过修改程序解决，系统的调试时间比继电器-接触器控制系统的少得多。

（4）抗干扰、可靠性强、维修方便。PLC采取了一系列硬件和软件抗干扰措施，具有很强的抗干扰能力，平均无故障时间达到数万小时以上，且有完善的自诊断和显示功能，便于迅速排除故障，可以直接用于有强烈干扰的工业生产现场。更重要的是，使用同一设备只需改变程序即可适应不同产品的生产过程，非常适合多品种、小批量的生产场合。

（5）体积小、质量轻、能耗较低。PLC采用了集成电路，其结构紧凑、体积小、能耗低，因而是实现机电一体化的理想控制设备。对于复杂的控制系统，使用PLC后可以减少大量的中间继电器和时间继电器，小型PLC的体积仅相当于几个继电器的体积，因此可将开关柜的体积缩小到原来的1/10～1/2，是机电一体化的特有产品。

（6）编程简单、方法易学。梯形图是使用最多的 PLC 编程语言，其符号和表达方式与继电器-接触器电路图的相似。梯形图语言形象直观、易学易懂，熟悉继电器-接触器电路图的电气技术人员只要几天就可以熟悉梯形图语言，并用来编制用户程序。梯形图实际上是一种面向用户的高级语言，PLC 在执行梯形图程序时，用解释程序将它“翻译”成汇编语言后再执行。

4.1.2 PLC 的发展趋势

1. PLC 的产生

传统控制系统的主要元件是各种各样的继电器，它可靠且方便地组成了一个简单的继电器-接触器控制系统。但随着社会的进步、工业的发展，控制对象越来越多，逻辑关系也越来越复杂，用继电器、接触器组成的控制系统变得非常复杂、庞大，因而造成控制系统的不稳定和造价高昂，主要表现在以下几个方面。

（1）某个继电器损坏、继电器触点接触不良、导线连接不牢等都会导致存在大量设备故障，影响系统的运行，而且查找、排除故障困难，系统的可靠性降低。

（2）大量的继电器元器件须集中安装在控制柜内，因而设备体积庞大，不宜搬运，虽然继电器本身并不贵，但控制柜内元件的安装和接线工作量极大，造成系统价格偏高。

（3）继电器接点间存在大量连接导线，因而控制功能单一，尤其是产品需要不断地更新换代，生产设备的控制系统不断地做相应的调整，对庞大的控制系统而言，日常维护已很难，再做调整更难。

（4）继电器动作时固有的电磁时间使系统的动作较慢。

鉴于以上问题，1968 年美国通用汽车公司向传统的继电器-接触器控制系统提出了挑战，设想用一种新型的控制器缩小控制系统，并且能方便地修改、调整，以适应汽车型号的不断翻新，尽可能减少重新设计和更换控制系统。在当时汽车生产线由大批量向需求多样化转型的过程中，生产线的改造迫切需要一种能适应工业环境的通用控制装置，并简化计算机的编程方法和程序输入方式，用面向控制过程、面向问题的自然语言进行编程，使不熟悉计算机的人也能方便地使用。按照这个宗旨，该公司对外公开招标，提出如下十大指标。

（1）编程简单，可在现场改程序。

（2）维护方便，最好是插件式。

（3）可靠性高于继电器控制柜的。

（4）体积小于继电器控制柜的。

（5）成本低于继电器控制柜的。

（6）可将数据直接输入计算机。

（7）输入可以是市电（AC110V）。

（8）控制程序容量大于或等于 4KB。

（9）输出可驱动市电 2A 以下的负荷，能直接驱动电磁阀。

（10）扩展时，原有的系统仅做少许更改即可。

这次招标引起了工业界的密切关注，吸引了很多大公司前来投标，最后美国数字设备公司（DEC）一举中标，于 1969 年研制成功第一台 PLC，在通用汽车公司的自动装配线上试用并获得成功，从而开创了工业控制的新局面，引发了效仿的热潮，从此 PLC 技术得以迅猛的发展。紧接着莫迪康公司也开发出同类的控制器。1971 年，日本从美国引进了这项新技术，很快研制成了日本第一台 PLC。1973 年，西欧国家也研制出第一台 PLC。进入 20 世纪 80 年代，随着大规模和超大规模集成电路等微电子技术的迅猛发展，以 16 位和 32 位微处理器构成的微机化 PLC 得到了迅速发展，使 PLC 在概念、设计、性能价格比及应用等方面都有了长足的进步，不仅控制功能增强、能耗降低、体积减小、成本下降、可靠性提高、编程和故障检测更灵活方便，而且远程 I/O、通信网络、数据处理及图像显示有了很大发展，使 PLC 完全可以应用于连续生产的过程控制系统，成为自动化技术的三大支柱之一。

我国从 1974 年开始研制 PLC，1977 年开始工业应用。目前已经大量应用在楼宇自动化、家庭自动化、商业、公用事业、测试设备和农业等领域，并涌现出大批应用 PLC 的新型设备。掌握 PLC 的工作原理，具备设计、调试和维护 PLC 控制系统的能力，已经成为现代工业对机电技术人员和工科学生的基本要求。

2. 应用现状

(1) 各国情况。

自从第一台 PLC 问世以来，经过多年发展，PLC 制造发展成为一个巨大的产业，在美国、日本、德国等工业发达国家已成为重要的产业之一，生产厂家不断涌现，PLC 多达几百种。我国 PLC 研制、生产和应用也发展很快，尤其在应用方面较突出。国内应用始于 20 世纪 80 年代，一些大中型工程项目引进的成套设备、专用设备和自动化生产线上采用 PLC 控制系统，取得了明显的经济效益，从而促进了国内 PLC 的发展和应用。

我国 PLC 生产厂家主要是 20 世纪 80 年代涌现出来的，靠技术引进、转让、合资等方式进行生产。国产 PLC 大约有 20 多种，而且主要集中在小型 PLC 上，生产和销售规模均不大，质量和技术性能与发达国家相比还有较大的差距，远不能满足国内日益增长的市场需要，仍然需要依赖进口，尤其是大中型 PLC。

(2) 发展阶段。

由于 PLC 具有多种功能，因此在工厂中备受欢迎，应用最广，成为现代工业自动化的三大支柱之一。PLC 产品从诞生到现在，已发展到第四代。

① 第一代（1969—1972 年）。大多用一位机开发，用磁芯存储器存储，只具有单一的逻辑控制功能，机种单一，没有形成系列化。

② 第二代（1973—1975 年）。采用了 8 位微处理器及半导体存储器，增加了数字运算、传送、比较等功能，能实现模拟量控制，开始具备自诊断功能，初步形成系列化。

③ 第三代（1976—1983 年）。随着高性能微处理器及位片式 CPU 在 PLC 中的大量使用，PLC 的处理速度大大提高，向多功能及联网通信方向发展，增加了多种特殊功能，如浮点数的运算、三角函数、表处理、脉宽调制输出、自诊断功能及容错技术。

④ 第四代（1983 年至今）。不仅全面使用 16 位、32 位高性能微处理器，高性能位片式微处理器，精简指令系统 CPU（Reduced Instruction Set Computer，RISC）等高级 CPU，而且在一台 PLC 中配置多个微处理器，进行多通道处理，同时集成了大量内含微处理器的智能模块，使得第四代 PLC 产品成为具有逻辑控制功能、过程控制功能、运动控制功能、数据处理功能、联网通信功能的名副其实的多功能控制器。

3. PLC的发展趋势

随着功能的不断改进，PLC的应用范围迅速扩大，其发展主要有以下几个方面。

(1) 向两极化方面发展。

随着微电子技术的发展，新型元器件的涌现和应用，PLC有着向两个方面发展的趋势，其一是向结构更紧凑、体积更小、速度更快、性能价格比更高的微型化方向发展，以完全取代最小的继电器系统，适应微小型单机、数控机床和工业机器人等领域的控制要求；其二是向大容量、高速度、多功能的大型高档方向发展，I/O点数达到8192以上的大型PLC已经很多。大型PLC不但运算速度快，而且具有PID控制、多轴定位、高速计数、远程I/O、光纤通信等多种功能，能与计算机组成分布式控制系统，实现对工厂生产全过程的集中管理。

(2) 编程语言和编程工具向标准化和多样化发展。

随着计算机的日益普及，越来越多的用户使用基于个人计算机的编程软件。编程软件可以设置PLC控制系统的硬件组态，即设置硬件的结构和参数，例如设置框架各插槽上模块的型号、模块的参数、各串行通信接口的参数等。在屏幕上可以直接生成和编辑梯形图、语句表、功能块图和顺序功能图程序，并可以实现不同编程方式之间的相互转换。随着现代PLC产品应用的急速扩展，尤其是PLC在一些复杂的大规模控制系统及通信联网方面的应用，近年来PLC编程语言出现了向高级语言发展的趋势，出现了多种PLC高级编程语言。许多公司的产品都可连接BASIC、C等编程语言模块。

(3) I/O组件标准化、功能组件智能化。

PLC的I/O模块化，其点数一般以8、16、32为模块单元，可根据需要进行组合、扩充。为满足工业自动化各种控制系统的需要，国内外众多PLC生产厂家不断致力于开发各种新型元器件和智能模块。智能模块是以微处理器为基础的功能部件，模块的CPU与主CPU并行工作，可以大大减少占用主CPU的时间，有利于提高PLC的扫描速度，又可以使模块具有自适应、参数自整定等功能，使调试时间减少、控制精度提高。特殊功能智能模块主要有模拟I/O模块，PID控制模块，机械运动控制（如轴定位、步进电动机控制等）模块和高速计数模块等。

(4) 发展故障诊断技术和容错技术。

相关调查表明，PLC控制系统的故障中，内部故障占20%，其中CPU板占5%，I/O板占15%；外部故障占80%，其中传感器占45%，执行器占30%，接线占5%。除了内部故障可通过PLC的软、硬件自动检测以外，其余80%都不能通过自诊断查出，因此，PLC生产厂家都致力于研制、发展用于检测外部故障的专用智能模块，以进一步提高系统的可靠性。一些PLC生产厂家为了适应大规模、复杂控制系统及高可靠性控制场合对PLC产品的要求，不断发展容错技术，在PLC中增加容错功能，采用冗余技术、自动投入备用CPU、自动切换I/O，以大幅度提高PLC控制系统的可靠性。

(5) 通信网络化。

通信网络化是PLC系统的发展趋势，几乎所有PLC都具有通信联网功能。上位计算机与PLC之间、PLC与PLC之间都可以进行通信，它可广泛用于功能强、规模大的分散控制系统。该系统的主控制器和本地控制器均有CPU，执行各自控制程序，可对复杂分布的自动生产线进行集中控制。现代PLC大多有标准通信接口（如RS-232C、RS-422、RS-

485、PROFIBUS、以太网等)，具有通信联网功能。通过电缆或光纤，信息传送距离可达几十千米，联网后，各控制器形成统一的整体，实现集散控制。PLC 与现场总线相结合更是网络化通信的发展方向，是当前工业自动化的热点之一。现场总线以开放的、独立的、全数字化的双向多变量通信代替 0～10V 或 4～20mA 的现场电动仪表信号。使用现场总线后，自控系统的配线、安装、调试和维护等方面的费用可以节约 2/3 左右，现场总线 I/O 与 PLC 可以组成功能强大的、廉价的分布式控制系统（Distributed Control System，DCS)。

4.2 PLC 的组成

不同地区、不同国家、不同生产厂家的 PLC 产品外观各异，但硬件结构大体相同。与一般的微型计算机类似，PLC 系统由硬件系统和软件系统组成。

4.2.1 PLC 硬件系统组成

PLC 硬件系统由 CPU，存储器（ROM、RAM)，输入/输出单元（输入/输出接口)，通信接口，扩展单元，外围设备和电源等构成。PLC 的硬件结构框图如图 4.1 所示。

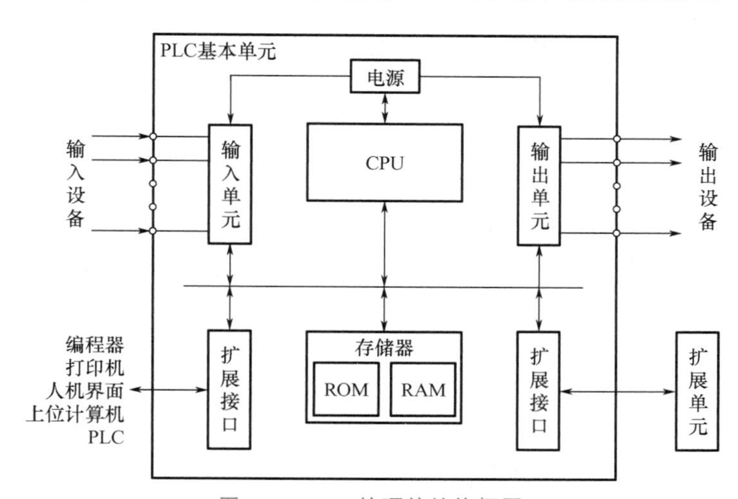

图 4.1 PLC 的硬件结构框图

对于整体式结构的 PLC，这些部件都安装在同一个机壳内；而对于模块式结构的 PLC，这些部件独立封装，称为模块，各模块通过机架和电缆连接在一起。

主机内的各部分均通过电源总线、控制总线、地址总线和数据总线连接。根据实际控制对象的需要配备一定的外围设备，可构成不同的 PLC 控制系统。常用的外围设备有编程器、打印机等。PLC 可以配置通信模块与上位计算机及其他 PLC 进行通信，构成 PLC 的分布式控制系统。

1. CPU

CPU 一般由控制器、运算器和寄存器组成，是 PLC 的核心部件，是 PLC 的控制中心和运算中心。与一般计算机 CPU 相同，CPU 从存储器中读取指令、执行指令，通过数据总线传送数据，通过控制总线传送控制命令。

PLC 采用的 CPU 因机型不同而不同，通常有三类：通用微处理器、单片机、片位式微处理器。小型 PLC 的 CPU 多采用单片机或专用 CPU，工作可靠、经济实用。中型 PLC 的 CPU 大多采用 16 位微处理器或单片机，功能较强、性能价格比高。大型 PLC 多采用 32 位微处理器或高速片位式微处理器，具有灵活性强、速度快、效率高等优点。

PLC 有自己的指令系统和有关操作的系统程序，包括监控程序、编译程序及诊断程序等。PLC 的工作过程是在 CPU 的统一指挥和协调下完成的，其主要功能如下。

(1) 接收从编程器输入的用户程序和数据，并送入存储器。

(2) 监测和诊断电源、PLC 内部电路工作状态和用户编程中的语法错误。

(3) 用扫描方式接收输入设备的状态信号，并存入相应的输入映像寄存器。

(4) 读取、编译、执行用户程序，完成用户程序规定的控制、运算、传递和存储任务。

(5) 根据数据处理的结果，刷新有关标志位的状态和输出状态寄存器的内容，以实现输出控制、数据通信。

2. 存储器

PLC 配有两种存储器，即系统存储器（常采用 EEPROM）和用户存储器（常采用 RAM）。系统存储器用来存放系统管理程序，用户不能访问和修改这部分存储器的内容。用户存储器用来存放编制的应用程序和工作数据状态。存放工作数据状态的用户存储器也称数据存储区，它包括输入/输出数据映像区、定时器、计数器预置数和当前值的数据区、存放中间结果的缓冲区。

3. 输入/输出接口

输入/输出接口即 I/O 接口。PLC 的控制对象是工业生产过程，实际生产过程中信号电平是多种多样的，外部执行机构所需的电平也是各不相同的，而 PLC 控制器所处理的信号只能是标准电平，这就需要有相应的 I/O 接口作为 PLC 与工业生产现场的桥梁，进行信号电平的转换。设计人员设计 I/O 接口采取了光电隔离、滤波等抗干扰措施，提高了 PLC 的可靠性。

(1) 输入接口电路。PLC 的输入接口电路通常有干接触输入、直流输入、交流输入三种形式。干接触输入由内部的直流电源供电，小型 PLC 的直流输入电路也由内部的直流电源供电，交流输入必须外加电源。图 4.2 所示为三种 PLC 输入接口电路原理。

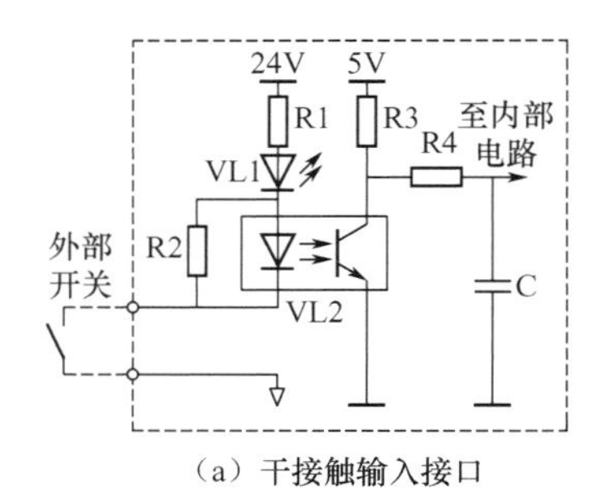

(a) 干接触输入接口　(b) 直流输入接口　(c) 交流输入接口

图 4.2　三种 PLC 输入接口电路原理

（2）输出接口电路。输出接口的作用是将 PLC 执行用户程序输出的 TTL 电平的控制信号转换为生产现场能驱动特定设备的信号，以驱动执行机构动作。通常输出接口电路有三种形式，即继电器输出、晶体管输出和双向晶闸管输出。图 4.3 所示为三种 PLC 输出接口电路原理。继电器输出可接直流或交流负载，晶体管输出只能接直流负载，而双向晶闸管输出只能接交流负载。

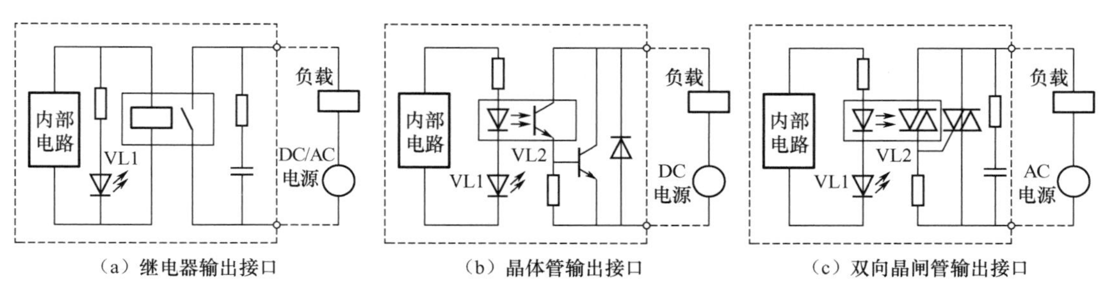

（a）继电器输出接口 （b）晶体管输出接口 （c）双向晶闸管输出接口

图 4.3 三种 PLC 输出接口电路原理

4. 电源

小型 PLC 的主机内部一般配有电源模块。该电源模块除了为 PLC 工作提供直流电源外，通常还可以通过端子向外输出 24V 直流电，为外部设备供电。但该电源的容量不大，不足以带动较大负载，当驱动较大负载时需配置另外的直流电源。PLC 电源模块的输入电压范围较宽，以满足工业环境应用。大中型 PLC 的 CPU 模块配有专门的 24V 开关稳压电源模块供用户选用。为防止 PLC 内部程序和数据等重要信息丢失，PLC 还带有锂电池作为后备电源。

5. 扩展单元

每个系列的 PLC 产品都有一系列与基本单元相匹配的扩展单元，以便根据所控制对象的规模，灵活组成电气控制系统。扩展单元内部不配备 CPU 和存储器，仅扩展输入/输出接口电路，各扩展单元的输入信息经扩展连接电缆进入主机总线，由主机 CPU 统一处理，执行程序后，需要输出的信息也由扩展连接电缆送至各扩展单元的输出电路。PLC 处理模拟量输入/输出信号时，要使用模拟量扩展单元，此时的输入接口电路为 A/D 转换电路，输出接口电路为 D/A 转换电路。

6. 外围设备

小型 PLC 最常用的外围设备是编程器和计算机。编程器用于完成用户程序的编制、编辑、输入主机、调试和执行状态监控，是 PLC 系统故障分析和诊断的重要工具。PLC 的编程器主要由键盘、显示屏、工作方式选择开关和外存储器接口等部件组成，按功能可分为简易型和智能型两大类。

很多 PLC 都可利用微型计算机作编程工具，只要配上相应的硬件接口和软件包，就可以用包括梯形图在内的多种编程语言进行编程，同时具有很强的监控功能。通常不同生产厂家的 PLC，其编程软件不同。

4.2.2 PLC 软件系统组成

PLC 软件系统是指 PLC 使用的各种程序的集合。它由系统程序（系统软件）和用户

程序（应用软件）组成。

1. 系统程序

系统程序包括监控程序、输入译码程序及诊断程序等。监控程序用于管理、控制整个系统的运行。输入译码程序则是把应用程序输入翻译成统一的数据格式，根据输入接口传来的输入量，进行各种算术、逻辑运算处理，并通过输出接口实现控制。诊断程序用来检查、显示本机的运行状态，以方便使用和维修。系统程序由 PLC 生产厂家提供，并固化在 EPROM 中，用户不能直接读写。

2. 用户程序

用户程序是用户利用 PLC 的编程语言，根据控制要求编制的程序。编制用户程序使用的不是原来的汇编语言，而是 PLC 的指令系统，这是由原来的汇编语言开发出来的 PLC 的程序语言。用户程序由用户使用专用编程器或通用微型计算机输入 PLC 内存中。PLC 是专门为工业控制开发的装置，主要使用者是广大电气控制技术人员，为了满足他们的传统习惯和掌握能力，PLC 的主要编程语言采用比计算机语言相对简单、易懂、形象的专用语言。

4.2.3 PLC 的主要性能指标

1. 输入/输出点数

PLC 的输入/输出（I/O）点数是指外部输入、输出端子数量的总和。评价 PLC 时一般常说“这个型号的 PLC 多少点”。I/O 点数是描述 PLC 容量的一个重要参数。

2. 存储容量

PLC 的存储器由系统程序存储器、用户程序存储器和数据存储器三部分组成。PLC 存储容量通常是指用户程序存储器和数据存储器容量之和，表征系统提供给用户的可用资源，是一项重要性能指标。

3. 扫描速度

PLC 采用循环扫描方式工作，完成一次扫描所需的时间叫作扫描周期。影响扫描速度的主要因素有用户程序的长度和 PLC 产品的类型。PLC 中 CPU 的类型、机器字长等直接影响 PLC 的运算精度和运行速度。

4. 指令系统

指令系统是指 PLC 所有指令的总和。PLC 的编程指令越多，软件功能就越强，但掌握应用也越复杂。用户应根据实际控制要求选择适合指令功能的 PLC。

5. 通信功能

通信分为 PLC 之间的通信和 PLC 与其他设备之间的通信。通信主要涉及通信模块、通信接口、通信协议和通信指令等内容。PLC 的组网和通信能力已成为 PLC 产品水平的重要衡量指标之一。

4.3 PLC的工作原理

4.3.1 扫描的概念

当PLC运行时，CPU只能按分时操作原理每个时刻执行一个操作。但由于CPU的运算处理速度很高，因此从PLC外部来看似乎是同时完成的。PLC按集中输入、集中输出、周期性循环扫描的工作过程称为PLC的扫描工作方式。在这种工作方式下，PLC从第一条指令开始，在无中断或跳转控制的情况下，按程序存储的地址号递增的顺序逐条执行程序，直到程序结束，然后从头开始扫描，并周而复始地重复进行。

PLC工作时的扫描过程如图4.4所示，包括五个阶段：内部处理、通信处理、输入扫描、程序执行、输出处理。PLC完成一次扫描过程所需的时间称为扫描周期。扫描周期与用户程序的长度和扫描速度有关。

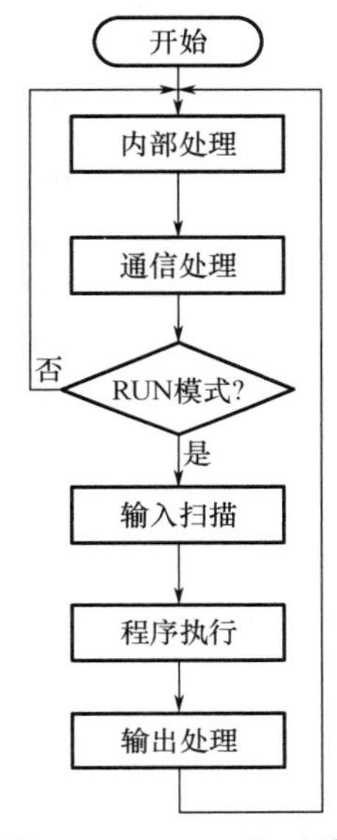

图4.4 PLC工作时的扫描过程

内部处理，CPU检查内部各硬件是否正常，在RUN模式下，还要检查用户程序存储器是否正常，如果发现异常，则停机并显示报警信息。

通信处理，CPU自动检测各通信接口的状态，处理通信请求，如与编程器交换信息、与微型计算机通信等。PLC中配置网络通信模块时，PLC与网络进行数据交换。当PLC处于STOP状态时，只完成内部处理和通信处理工作；当PLC处于RUN状态时，除完成内部处理和通信处理工作外，还要完成用户程序的整个执行过程——输入扫描、程序执行和输出处理。

4.3.2 PLC的工作过程

PLC程序执行过程分为三个主要阶段：输入采样、程序执行和输出刷新，如图4.5所示。

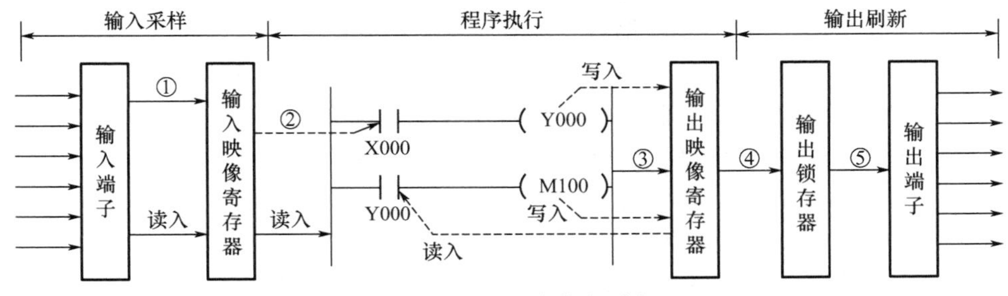

图4.5 PLC程序执行过程

1. 输入采样

PLC 以扫描方式按顺序将所有输入端的输入信号状态读入输入映像寄存器区，如图 4.5 中的①所示，这个过程称为输入采样或输入刷新。

2. 程序执行

程序执行又称程序处理，PLC 按顺序扫描程序，如果程序用梯形图表示，则按先上后下、先左后右的顺序对由触点构成的控制电路进行逻辑运算，然后根据运算结果，刷新输出映像寄存器区或系统 RAM 区对应位的状态，如图 4.5 中的②、③所示。在程序执行阶段，只有输入映像寄存器区存放的输入采样值不会发生改变，其他各种元素在输出映像寄存器区或系统 RAM 区内的状态和数据都可能随着程序的执行随时发生改变。扫描按从上到下的顺序进行，前面执行的结果可能被后面的程序用到，从而影响后面程序的执行结果；而后面扫描的结果不能改变前面的扫描结果，只有到下一个扫描周期再次扫描前面的程序时才会起作用。如果程序中两个操作相互用不到对方的操作结果，那么这两个操作的程序在整个用户程序中的相对位置是无关紧要的。

3. 输出刷新

输出刷新是在执行完用户所有程序后，PLC 将输出映像寄存器中的内容传送到输出锁存器中，再通过一定的方式驱动用户设备的过程，如图 4.5 中的④、⑤所示。

一般 PLC 在一个工作周期中，输入扫描和输出刷新的时间为 4ms 左右，而程序执行时间可因程序长度的不同而不同。

4.3.3 扫描周期与 I/O 响应时间

1. PLC 的扫描周期

在 PLC 的实际工作过程中，每个扫描周期除了包括前面所讲的输入采样、程序执行、输出刷新三个阶段外，还要进行自诊断、与外围设备通信等处理，即一个扫描周期还应包含自诊断及与外围设备通信等。一般说来，同型号 PLC 的自诊断所需的时间相同，如三菱 FX_{2N} 系列 PLC 的自诊断时间为 0.96ms。通信时间与连接的外围设备数量有关，如果没有连接外围设备，则通信时间为 0。输入采样与输出刷新时间取决于 I/O 点数，而扫描用户程序所用的时间与扫描速度及用户程序长度有关。如果程序中包含特殊功能指令，则还必须根据用户手册查表计算执行这些特殊功能指令的时间。准确地计算扫描周期比较困难，为方便用户，PLC 采取了一些措施，如在 FX_{2N} 系列 PLC 中，CPU 将最大扫描周期、最小扫描周期和当前扫描周期的值分别存入 D8012、D8011、D8010 三个特殊数据寄存器中，用户可以通过编程器查阅、监控扫描周期及变化。在 FX_{2N} 系列 PLC 中，还提供一种以恒定的扫描周期扫描用户程序的运行方式。用户可将通过计算或实际测定的最大扫描周期留点余量，作为恒定扫描周期的值存放在特殊数据寄存器 D8039 中，当特殊辅助继电器 M8039 线圈接通时，PLC 按照 D8039 中存放的数据以恒定周期扫描用户程序。若实际扫描周期小于恒定扫描周期，则 CPU 在完成本次循环后处于等待状态，直到恒定扫描周期的时间到才开始下一个扫描周期。如果实际扫描周期大于恒定扫描周期，则按实际扫描周期运行。

2. PLC 的 I/O 响应时间

扫描操作是 PLC 区别于其他控制系统的最典型的特征之一。它提供了固定的逻辑判定顺序，按指令的次序求解逻辑运算，而且每个运算的结果可立即用于后面的逻辑运算，从而消除了复杂电路的内部竞争，使用户在编程时可以不考虑内部继电器动作的延迟。PLC 采用集中 I/O 刷新方式，在程序执行阶段和输出刷新阶段，即使输入信号发生变化，输入映像寄存器区的内容也不会改变，不会影响本次循环的扫描结果，从而导致输出信号的变化滞后于输入信号的变化，这就是 PLC 的 I/O 响应滞后现象。最大滞后时间为 2～3 个扫描周期。

产生输入/输出响应滞后现象除了与 PLC 的扫描工作方式有关外，还与输入滤波器的滞后作用有关。为了提高 PLC 的抗干扰能力，在每个开关量的输入端都采用光电隔离和 RC 滤波电路等技术，其中，RC 滤波电路的滤波时间常数一般为 10～20ms。若 PLC 采用继电器输出方式，则输出电路中继电器触点的机械滞后作用也是引起输入/输出响应滞后现象的一个因素。

PLC 的这种滞后响应在一般的工业控制系统中是完全允许的，但不适用于要求 I/O 响应速度快的实时控制场合。因此，大、中、小型 PLC 除了提高了扫描速度外，还在软硬件上采取一些措施，以提高 I/O 的响应速度。在硬件方面，可选用快速响应模块、高速计数模块等；在软件方面，可改变信息刷新方式、运用中断技术、调整输入滤波器等。

4.4 PLC 的编程语言

PLC 编程语言是多种多样的，不同生产厂家、不同系列的 PLC 产品，采用的编程语言的表达方式也不相同，但基本上可归纳为两种类型：一种是采用字符表达方式的编程语言，如指令表（Instruction List，IL）等；另一种是采用图形符号表达方式的编程语言，如梯形图语言（Ladder Diagram，LAD）等。

1. 指令表

指令表是一种与汇编语言相似的助记符编程表达方式。在 PLC 应用中，经常采用简易编程器，而这种编程器中没有 CRT 屏幕显示，或没有较大的液晶屏幕显示。因此用一系列 PLC 操作命令组成的指令表将梯形图描述出来，再通过简易编程器输入 PLC 中。虽然各 PLC 生产厂家的指令表形式不尽相同，但基本功能相差无几。指令表命令采用的助记符用若干容易记忆的字符来代表 PLC 的某种操作功能，各 PLC 生产厂家使用的助记符不尽相同。

2. 梯形图语言

梯形图语言是在传统继电器-接触器控制系统的图形表达符号的基础上演变而来的，与继电器-接触器控制电路原理图相似，继承了传统电气控制逻辑中使用的框架结构、逻辑运算方式和输入/输出形式，具有形象、直观、实用的特点。因此，梯形图语言为广大电气技术人员所熟知，是应用最广泛的 PLC 编程语言，是 PLC 的第一编程语言。

3. 顺序功能图

顺序功能图（Sequential Function Chat，SFC）是一种描述顺序控制系统功能的图解表示法，又称状态转移图语言。顺序功能图提供了一种组织程序的图形方法。步、动作和转换是顺序功能图的主要元素，它将一个完整的控制过程分为若干步，各步具有不同的动作，步与步之间有一定的转换条件，满足转换条件就实现步的转移，上一步动作结束，下一步动作开始。用顺序功能图表达一个控制过程对顺序控制系统特别适用。

4. 功能块图

功能块图（Function Block Diagram，FBD）是一种建立在布尔表达式上的图形语言。其实质是一种逻辑表达式，是用类似于“与”“或”“非”等逻辑电路结构图表达出来的图形编程语言。只有少量 PLC 机型采用功能块图。

5. 结构文本

结构文本（Structured Text，ST）是 IEC 61131－3 标准创建的一种专用的高级编程语言，它能实现复杂的数学运算，编写的程序简洁、紧凑。

随着 PLC 技术的发展，为了增强 PLC 的运算、数据处理及通信等功能，近年来推出的 PLC，尤其是大型 PLC 都可用高级语言（如 BASIC 语言、C 语言、Pascal 语言等）进行编程。采用高级语言后，用户可以像使用普通微型计算机一样操作 PLC，使 PLC 的各种功能得到更好的发挥。

思考与练习

4－1　什么是 PLC?

4－2　PLC 由哪几部分组成？各部分的作用是什么？

4－3　PLC 可分为哪些类型？

4－4　PLC 的输出模块有几种形式？各有什么特点？都适用于什么场合？

4－5　PLC 有哪些主要特点？

4－6　小型 PLC 有哪几种编程语言？

4－7　PLC 扫描工作方式的特点是什么？扫描工作过程包括哪些阶段？

4－8　PLC 扫描过程中输入映像寄存器和输出映像寄存器各起什么作用？

4－9　与继电器控制系统相比，PLC 有哪些优点？

第5章 三菱 FX_{3U} 系列 PLC

知识要点	掌握程度	相关知识
FX_{3U} 系列 PLC 的基本性能及配置	了解 FX 系列 PLC 的技术性能指标；掌握命名规则、硬件配置	S7-200 PLC 基本性能及配置
FX_{3U} 系列 PLC 的内部软元件	掌握 FX_{3U} 系列 PLC 的内部软元件	S7-200 PLC 内部软元件
FX_{3U} 系列 PLC 的基本逻辑指令	掌握 FX_{3U} 系列 PLC 的基本逻辑指令	S7-200 PLC 基本逻辑指令
顺序功能图	掌握顺序功能图	S7-200 PLC 顺序控制指令
步进指令及步进梯形图	掌握步进指令及步进梯形图	S7-200 PLC 顺序控制指令应用

三菱公司于 20 世纪 80 年代推出了 F 系列小型 PLC，20 世纪 90 年代初 F 系列被 F1 系列和 F2 系列取代，后来又相继推出了 FX_0、FX_{0N}、FX_{0S}、FX_1、FX_2、FX_{2C} 等系列产品。经过不断的更新换代，FX 系列选型指南中保留的产品还有 FX_{1S}、FX_{1N}、FX_{2N}、FX_{2NC} 和 FX_{1NC} 子系列，这些产品在我国有很大保有量。FX_{3U}、FX_{3UC} 和 FX_{3G} 系列是三菱公司第三代微型 PLC，性能有大幅度提高。FX_{3U} 和 FX_{3UC} 是 FX_{2N} 和 FX_{2NC} 系列的升级产品，FX_{3G} 是 FX_{1N} 系列的升级产品。FX_{2N} 的基本单元、选件、周边设备和部分扩展模块已于 2012 年 4 月停产，可用 FX_{3U} 的对应产品代替，新旧产品的价格基本相同。

5.1 FX_{3U}系列 PLC 的基本性能及配置

5.1.1 FX系列 PLC 概述

本章重点讲解三菱公司第三代微型 PLC 的典型产品——FX_{3U}系列。由于FX_{2N}系列 PLC 具有功能强、应用范围广、性能价格比高等特点，因此尽管已经停产，但在国内仍有很大保有量，而且FX_{2N}系列 PLC 的大部分扩展模块仍在生产，且能够与FX_{3G}、FX_{3U}、FX_{3UC}系列 PLC 配套使用，因此主要介绍FX_{2N}系列。

1. FX 各系列的共同性能和规格

(1) 采用反复执行存储的程序运算方式，有中断功能和恒定扫描功能。

(2) 输入/输出控制方式为执行 END 指令时的批处理方式，有输入/输出刷新指令。

(3) 编程语言为梯形图和指令表，可以用步进指令或顺序功能图来生成顺序控制程序。

(4) FX_{1S}、FX_{1N}、FX_{1NC}、FX_{2N}和FX_{2NC}有 27 条顺序控制指令和 2 条步进指令。FX_{3G}、FX_{3U}和FX_{3UC}增加了 2 条顺序控制指令。主控指令最多嵌套 8 层（N0～N7）。

(5) 有 16 位变址寄存器 V0～V7 和 Z0～Z7。16 位十进制常数（K）的范围为 -32768～32767，32 位常数的范围为 -2147483648～2147483647。

(6) FX_{1S}、FX_{1N}、FX_{1NC}、FX_{2N}和FX_{2NC}有 256 点特殊辅助继电器和 256 点特殊数据寄存器。FX_{3G}、FX_{3U}和FX_{3UC}有 512 点特殊辅助继电器和 512 点特殊数据寄存器。

(7) 基本单元的右侧可连接输入/输出扩展模块和特殊功能模块（FX_{1S}除外），基本单元输入回路的电源电压一般为 DC 24V。

(8) 各系列均有内置的实时时钟和 RUN/STOP 开关。

(9) 有 6 点输入中断和脉冲捕捉功能，有输入滤波器调整功能。可以同时使用 C235～C255 中的 6 点 32 位高速计数器。

(10) 可以用功能扩展板来扩展 RS-232C、RS-485、RS-422 接口，可以实现 N:N 链接（PLC之间的简易链接）、并联连接、计算机链接通信；除FX_{1S}外，均可以实现 CC-Link 和 MELSEC-I/O 链接通信。

2. 基本单元、扩展单元和扩展模块

FX 系列 PLC 采用整体式结构，提供多种 I/O 点数的基本单元、扩展单元、扩展模块、功能扩展板和特殊适配器供用户选用。基本单元内有 CPU、输入/输出电路和电源，扩展单元内只有输入/输出电路和电源，基本单元和扩展单元之间用扁平电缆连接。选择不同的硬件组合，可以组成不同 I/O 点数、不同功能的控制系统，满足不同用户的需要。FX 系列的硬件配置就像模块式 PLC 一样灵活，因为它的基本单元采用整体式结构，最多有 128 个 I/O 点，所以具有比模块式 PLC 高的性能价格比。

所有基本单元上都有一个 RS-422 编程接口和 RUN/STOP 开关，FX_{3G}还集成了一个 USB 接口。FX_{1S}、FX_{1N}和FX_{3G}系列 PLC 有两个内置的设置参数用的小电位器，FX_{2N}和FX_{3U}系列可以选用有 8 个小电位器的功能扩展板。

3. 功能扩展板与显示模块

功能扩展板非常便宜，可以将一块或两块功能扩展板（与CPU型号有关）安装在基本单元内，不需要外部安装空间。功能扩展板有以下品种：4点开关量输入板、2点开关量晶体管输出板、2路模拟量输入板、1路模拟量输出板、8点电位器板，以及RS-232C、RS-485、RS-422通信板和FX_{3U}的USB通信板。

通过通信扩展板或特殊适配器，FX系列PLC可以实现多种通信和数据链接，如与RS-232C和RS-485设备的通信、计算机链接通信、FX系列PLC之间的简易链接和并联连接通信。微型设定显示模块FX_{1N}-5DM、FX_{3G}-5DM和FX_{3U}-7DM很便宜，可以直接安装在基本单元上，显示时钟的当前时间和错误信息，对定时器、计数器和数据寄存器等进行监视，以及修改设定值。

4. 特殊模块

FX系列有很多特殊模块，如模拟量输入/输出模块、热电阻/热电偶温度传感器输入模块、高速计数器模块、脉冲输出模块、定位单元模块、可编程凸轮开关模块、CC-Link主站模块、CC-Link远程设备站模块、CC-Link智能设备站模块、CC-Link/LT主站模块、远程I/O系统主站模块、AS-i主站模块、RS-232C通信接口模块、RS-232C通信适配器、RS-485通信适配器和通信模块等。

5.1.2 FX系列PLC的型号命名规则

1. FX系列PLC型号含义

FX系列PLC型号含义如下。

FX□□-□□□□-□
（1） （2）（3）（4）（5）

（1）系列序号，如0S、0N、1S、1N、2N、3G、3U等。

（2）I/O总点数，10～1280。

（3）单元类型，M为基本单元，E为I/O混合扩展单元或扩展模块，EX为输入专用扩展模块，EY为输出专用扩展模块。

（4）输出形式，R为继电器输出，T为晶体管输出，S为双向晶闸管输出。FX_{3G}和FX_{3U}系列PLC的输入均为DC 24V漏型/源型输入，可通过外部接线选择，输出形式有继电器输出、晶体管源型输出、晶体管漏型输出。

（5）特殊品种，D为DC 24V电源，24V直流输入，A或无标记为AC电源，24V直流输入，横式端子排。

2. FX_{3U}系列PLC型号含义

FX_{3U}系列PLC的基本单元内置了CPU、存储器、输入/输出、电源。FX_{3U}系列PLC型号含义如下。

FX_{3U}-○○M□/□
（1） （2）（3）（4）

（1）系列名称，3U系列。

(2) I/O 总点数。

(3) 基本单元。

(4) 电源·输入/输出方式：连接方式为端子排。

- R/ES：AC 电源/DC 24V（漏型/源型）输入/继电器输出。
- T/ES：AC 电源/DC 24V（漏型/源型）输入/晶体管（漏型）输出。
- T/ESS：AC 电源/DC 24V（漏型/源型）输入/晶体管（源型）输出。
- S/ES：AC 电源/DC 24V（漏型/源型）输入/晶闸管（SSR）输出。
- R/DS：DC 电源/DC 24V（漏型/源型）输入/继电器输出。
- T/DS：DC 电源/DC 24V（漏型/源型）输入/晶体管（漏型）输出。
- T/DSS：DC 电源/DC 24V（漏型/源型）输入/晶体管（源型）输出。
- R/UA1：AC 电源/AC 100V 输入/继电器输出。

3. FX_{2N}系列 PLC 输入/输出扩展单元型号含义

输入/输出扩展单元内置了电源回路和输入/输出，用于扩展输入/输出，可以给连接在其后的扩展设备供电。FX_{2N}系列 PLC 型号含义如下。

FX_{2N} - ○○ E □ - □/□

(1) (2) (3) (4) (5)

(1) 系列名称，2N 系列。

(2) I/O 总点数。

(3) 输入/输出扩展单元。

(4) 电源·输入/输出方式：连接方式为端子排。

- R/：AC 电源/DC 24V（漏型）输入/继电器输出。
- R - ES：AC 电源/DC 24V（漏型/源型）输入/继电器输出。
- T：AC 电源/DC 24V（漏型）输入/晶体管（漏型）输出。
- T - ESS：AC 电源/DC 24V（漏型/源型）输入/晶体管（源型）输出。
- S：DC 电源/DC 24V（漏型）输入/晶闸管（SSR）输出。
- R - DS：DC 电源/DC 24V（漏型/源型）输入/继电器输出。
- R - D：DC 电源/DC 24V（漏型）输入/继电器输出。
- T - DSS：DC 电源/DC 24V（漏型/源型）输入/晶体管（源型）输出。
- T - D：DC 电源/DC 24V（漏型）输入/晶体管（漏型）输出。
- R - UA1：AC 电源/AC 100V 输入/继电器输出。

(5) 区分：无表示尚无符合规格的产品；U1 表示符合规格的产品。

4. FX_{2N}系列 PLC 输入/输出扩展模块型号含义

输入/输出扩展模块内置了输入或输出，用于扩展输入输出，可以连接在基本单元或者输入/输出扩展单元上使用。FX_{2N}系列 PLC 输入/输出扩展模块型号含义如下。

FX_{2N} - ○○ E □ - □/□

(1) (2) (3) (4) (5)

(1) 系列名称，2N 系列。

(2) I/O 总点数。

（3）输入/输出扩展模块。

（4）电源·输入/输出方式：连接方式为端子排。

- ER/：DC 24V（漏型）输入/继电器输出/端子排。
- ER－ES：DC 24V（漏型/源型）输入/继电器输出/端子排。
- X：DC 24V（漏型）输入/端子排。
- X－C：DC 24V（漏型）输入/连接器。
- X－ES：DC 24V（漏型/源型）输入/端子排。
- XL－C：DC 5V 输入/连接器。
- X－UA1：AC 100V 输入/端子排。
- YR：继电器输出/端子排。
- YR－ES：继电器输出/端子排。
- YT：晶体管（漏型）输出/端子排。
- YT－H：晶体管（漏型）输出/端子排。
- YT－C：晶体管（漏型）输出/连接器。
- YT－ESS：晶体管（源型）输出/端子排。
- YS：晶闸管（SSR）输出/端子排。
- R－UA1：AC 电源/AC 100V 输入/继电器输出。

（5）区分：无表示尚无符合规格的产品；U1 表示符合规格的产品。

5.1.3 技术性能指标

PLC 的技术性能指标有一般指标和技术指标两种。一般指标主要是指 PLC 的结构和功能情况，是用户选用 PLC 时必须首先了解的；技术指标可分为一般的性能规格和具体的性能规格。FX 系列 PLC 的基本性能指标、输入技术指标及输出技术指标见表 5－1 至表 5－3，FX 系列 PLC 的性能参数比较见表 5－4。

表 5－1　FX 系列 PLC 的基本性能指标

<table>
<tr><th colspan="2">项　目</th><th>FX_{1S}</th><th>FX_{1N}</th><th>FX_{2N}</th><th>FX_{3U}</th></tr>
<tr><td colspan="2">运算控制方式</td><td colspan="4">存储程序，反复运算</td></tr>
<tr><td colspan="2">I/O 控制方式</td><td colspan="4">批处理方式（在执行 END 指令时），可以使用 I/O 刷新指令</td></tr>
<tr><td rowspan="2">运算处理速度</td><td>基本指令</td><td>0.55～0.7 微秒/指令</td><td colspan="2">0.08 微秒/指令</td><td>0.065 微秒/指令</td></tr>
<tr><td>功能指令</td><td>3.7 微秒至
数百微秒/指令</td><td colspan="2">1.52 微秒至
数百微秒/指令</td><td>0.642 微秒至
数百微秒/指令</td></tr>
<tr><td>程序语言</td><td colspan="5">梯形图和指令表</td></tr>
<tr><td colspan="2">程序容量（EEPROM）</td><td>内置 2KB</td><td>内置 8KB</td><td>内置 8KB</td><td>内置 64KB</td></tr>
<tr><td rowspan="2">指令数量</td><td>基本/步进</td><td colspan="3">基本指令 27 条/步进指令 2 条</td><td>29 条/2 条</td></tr>
<tr><td>应用指令</td><td>85 种</td><td>89 种</td><td>128 种</td><td>209 种</td></tr>
<tr><td colspan="2">I/O 设置</td><td>最多 30 点</td><td>最多 128 点</td><td>最多 256 点</td><td>最多 384 点</td></tr>
</table>

表 5-2　FX 系列 PLC 的输入技术指标

项　　目	X0～X7	其他输入点
输入信号电压	DC 24V（1±10%）	
输入信号电流	DC 24V，7mA	DC 24V，5mA
输入开关电流 OFF→ON	>4.5mA	>3.5mA
输入开关电流 ON→OFF	<1.5mA	
输入响应时间	一般为 10ms	
可调节输入响应时间	X0～X17 为 0～60ms（FX_{2N}），其他系列为 0～15ms	
输入信号形式	无电压触点或 NPN 集电极开路晶体管	
输入状态显示	输入状态为 ON 时 LED 灯亮	

表 5-3　FX 系列 PLC 的输出技术指标

项　　目		继电器输出	晶闸管输出（仅 FX_{2N}）	晶体管输出
外部电源		最大 AC 240V 或 DC 30V	AC 85～242V	DC 5～30V
最大负载	电阻负载	2A/1 点，8A/COM	0.3A/1 点，0.8A/COM	0.5A/1 点，0.8A/COM
	感性负载	80V·A	30V·A/AC 200V	12W/DC 24V
	灯负载	100W	30W	0.9W/DC 24V（FX_{1S}），其他系列 1.5W/AC 24V
最小负载		电压<DC 5V 时 2mA，电压<DC 24V 时 5mA（FX_{2N}）	2.3V·A/AC 240V	—
响应时间	OFF→ON	10ms	1ms	<0.2ms；<5μs（仅 Y0，Y1）
	ON→OFF	10ms	10ms	<0.2ms；<5μs（仅 Y0，Y1）
开路漏电流		—	2.4mA/AC 240V	0.1mA/DC 30V
电路隔离		继电器隔离	光电晶闸管隔离	光电耦合器隔离
输出动作显示		线圈通电时 LED 灯亮		

表 5-4　FX 系列 PLC 的性能参数比较表

项　　目	FX_{1S}	FX_{1N}	FX_{2N}	FX_{2NC}	FX_{3G}	FX_{3U}	FX_{3UC}
内存 RAM 存储器/K 步	—	—	8	8	—	64	64
可扩展 RAM 存储器/K 步	—	—	16	16	—	64	64
内置 EEPROM 存储器/K 步	2	8	—	—	32	—	—

续表

项　　目	FX_{1S}	FX_{1N}	FX_{2N}	FX_{2NC}	FX_{3G}	FX_{3U}	FX_{3UC}
可扩展 EEPROM 存储器/K 步	2	8	—	—	32	—	—
应用指令/种	85	89	132	132	112	209	209
每条基本指令处理速度/μs	0.55～0.7	0.55～0.7	0.08	0.08	0.21	0.065	0.065
内置定位功能	2 轴独立				3 轴独立		
输入输出/点	10～30	14～128	16～256	16～256	14～256	16～384	16～384
模拟电位器/点	2	2	—	—	2	—	—
辅助继电器/点	512	1536	3072	3072	7680	7680	7680
状态/点	128	1000	1000	1000	4096	4096	4096
定时器/点	64	256	256	256	320	512	512
16 位计数器/点	32	200	200	200	200	200	200
32 位计数器/点	—	35	35	35	35	35	35
高速计数器最高频率/kHz	60	60	60	60	60	200	100
数据寄存器/点	256	8000	8000	8000	8000	8000	8000
16 位扩展寄存器/点	—	—	—	—	24000	32768	32768
16 位扩展文件寄存器/点	—	—	—	—	24000	32768	32768
CJ、CALL 指令用指针/点	64	128	128	128	2048	4096	4096
定时器中断指针/点	—	—	3	3	3	3	3
计数器中断指针/点	—	—	6	6	—	6	6

5.1.4 FX 系列 PLC 系统硬件配置

FX 系列包含 FX_{1S}、FX_{1N}、FX_{2N}、FX_{3G}、FX_{3U}五个子系列，各子系列又有多种基本单元，并且在 FX_{1N}、FX_{2N}、FX_{3U}子系列产品中分别有 FX_{1NC}、FX_{2NC}、FX_{3UC}类变形产品。其主要区别在 I/O 连接方式及 PLC 电源上，变形产品的 I/O 连接方式是接插方式，只能使用 DC 24V 输入，两类产品的其他性能无太大区别。

FX_{3G}和 FX_{3U}系列 PLC 有很好的扩展性，具备双总线扩展方式。使用左侧总线可连接最多 4 台模拟量适配器和通信适配器，数据传输效率高。充分考虑到与原有系统的兼容性，右侧总线可连接 FX_{2N}系列的 I/O 扩展模块和特殊功能模块。基本单元上可安装一块或两块功能扩展板（与型号有关），可以根据客户的需要组合出性能价格比最高的控制系统。存储器容量和软元件的数量有较大幅度的提高（表5-4），增加了大量指令。

下面介绍FX_{2N}、FX_{3G}、FX_{3U}系列的配置情况。

1. FX_{2N}系列基本单元

FX_{2N}系列是FX系列中功能较强、速度较快的微型PLC，它有25种基本单元，见表5-5。输入/输出分别为8/8点、16/16点、24/24点、32/32点、40/40点和64/64点的基本单元，最多可扩展到256个I/O点，其分为继电器输出型、双向晶闸管输出型（仅交流电源型）和晶体管输出型；16点和128点的基本单元只有交流电源型；其他点数的基本单元有交流电源型，也有直流电源型。基本单元一般为直流输入，还有16点、32点、48点、64点的交流电源/交流输入/继电器输出的基本单元。

表5-5　FX_{2N}系列基本单元

AC电源，24V直流输入			DC电源，24V直流输入		输入点数	输出点数
继电器输出	晶体管输出	晶闸管输出	继电器输出	晶体管输出		
FX_{2N}-16MR-001	FX_{2N}-16MT-001	FX_{2N}-16MS-001	—	—	8	8
FX_{2N}-32MR-001	FX_{2N}-32MT-001	FX_{2N}-32MS-001	FX_{2N}-32MR-D	FX_{2N}-32MT-D	16	16
FX_{2N}-48MR-001	FX_{2N}-48MT-001	FX_{2N}-48MS-001	FX_{2N}-48MR-D	FX_{2N}-48MT-D	24	24
FX_{2N}-64MR-001	FX_{2N}-64MT-001	FX_{2N}-64MS-001	FX_{2N}-64MR-D	FX_{2N}-64MT-D	32	32
FX_{2N}-80MR-001	FX_{2N}-80MT-001	FX_{2N}-80MS-001	FX_{2N}-80MR-D	FX_{2N}-80MT-D	40	40
FX_{2N}-128MR-001	FX_{2N}-128MT-001	—	—	—	64	64

FX_{2N}系列有多种I/O扩展单元、I/O扩展模块、特殊功能模块和功能扩展板，可实现多轴定位控制，机内有实时时钟，PID指令可实现模拟量闭环控制，有功能很强的数学指令集，如浮点数运算、开平方和三角函数等。每个FX_{2N}系列基本单元可以扩展8个特殊单元，不能安装功能扩展板和显示模块。它的每条基本指令执行时间为0.08μs，内置的用户存储器为8KB，可扩展到16KB。

通过通信扩展模块（板）或特殊适配器可实现多种通信和数据链接，如CC-Link、AS-i、PROFIBUS、DeviceNet等开放式网络通信，RS-232C、RS-422和RS-485通信，N:N链接、并行链接、计算机链接和I/O链接。

2. FX_{3G}系列基本单元

FX_{3G}系列是三菱FX_{1N}的升级机型，它继承了原有FX_{1N}系列PLC的优势，并结合第3代FX系列的创新技术，为用户提供了高可靠性、高灵活性、高性能的新选择。它有12种基本单元，见表5-6。FX_{3G}系列基本单元输入/输出分别为8/6点、14/10点、24/16点和36/24点，最多256个I/O点（包括128点CC-Link网络I/O），基本单元左侧最多可连接4台FX_{3U}特殊适配器。

表 5-6 FX_{3G}系列基本单元

AC 电源，24V 直流输入		DC 电源，24V 直流输入	输入点数	输出点数
继电器输出	晶体管漏型输出	晶体管源型输出		
FX_{3G}-14MR/ES-A	FX_{3G}-14MT/ES-A	FX_{3G}-14MT/ESS	8	6
FX_{3G}-24MR/ES-A	FX_{3G}-24MT/ES-A	FX_{3G}-24MT/ESS	14	10
FX_{3G}-40MR/ES-A	FX_{3G}-40MT/ES-A	FX_{3G}-40MT/ESS	24	16
FX_{3G}-60MR/ES-A	FX_{3G}-60MT/ES-A	FX_{3G}-60MT/ESS	36	24

程序容量为 32KB，基本指令处理速度达 0.21μs。新增的 64 个 1ms 定时器使定时更加精确，状态的点数是 FX_{1N}的 4 倍，辅助继电器的点数是 FX_{1N}的 5 倍。

FX_{3G}系列通过内置的 RS-422/USB 通信接口、用于通信的功能扩展板、特殊适配器和特殊功能模块可实现编程通信、PLC 间通信、与计算机间通信、变频器通信、无协议通信、CC-Link 和 CC-Link/LT 通信。

3. FX_{3U}系列基本单元

FX_{3U}系列 PLC 为三菱第 3 代微型 PLC，内置了高速处理 CPU，提供了多达 209 种应用指令，基本功能兼容了 FX_{2N}系列 PLC 的全部功能，它有 33 种基本单元，见表 5-7。FX_{3U}系列 PLC 的基本单元输入/输出分别为 8/8 点、16/16 点、24/24 点、32/32 点、40/40 点和 64/64 点，最多可以扩展到 384 个 I/O 点（包括通过 CC-Link 扩展的远程 I/O 点），有交流电源型和直流电源型（128 点的只有交流电源型），有继电器输出型、晶体管源型输出型和晶体管漏型输出型，可连接 FX_{0N}、FX_{2N}、FX_{3U}系列的特殊单元和特殊功能模块。

表 5-7 FX_{3U}系列基本单元

DC（AC）电源	DC（AC）电源	DC（AC）电源	输入点数	输出点数
继电器输出	晶体管漏型输出	晶体管源型输出		
FX_{3U}-16MR/DS（ES-A）	FX_{3U}-16MT/DS（ES-A）	FX_{3U}-16MT/DSS（ESS）	8	8
FX_{3U}-32MR/DS（ES-A）	FX_{3U}-32MT/DS（ES-A）	FX_{3U}-32MT/DSS（ESS）	16	16
FX_{3U}-48MR/DS（ES-A）	FX_{3U}-48MT/DS（ES-A）	FX_{3U}-48MT/DSS（ESS）	24	24
FX_{3U}-64MR/DS（ES-A）	FX_{3U}-64MT/DS（ES-A）	FX_{3U}-64MT/DSS（ESS）	32	32
FX_{3U}-80MR/DS（ES-A）	FX_{3U}-80MT/DS（ES-A）	FX_{3U}-80MT/DSS（ESS）	40	40
FX_{3U}-128MR/ES-A	FX_{3U}-128MT/ES-A	FX_{3U}-128MT/ESS	64	64

4. FX_{3U}系列高速计数与定位功能

FX_{3U}系列有高速输入/输出适配器，7 种模拟量输入/输出和温度输入适配器，这些适配器不占用系统点数，使用方便。

对于 FX_{3U}系列 PLC 晶体管输出型基本单元，内置 6 点可以同时达到 100kHz 的高速计数器；此外，还有两点 10kHz 和两点 2 相 50kHz 的高速计数器；内置 3 轴独立最高 100kHz 的定位功能，可以同时输出最高 100kHz 的脉冲；增加了几条新的定位指令，使定位控制功能更强，使用更方便。加上高速输出适配器，可以实现最多 4 轴、最高 200kHz 的定位控制。使用高速输入适配器可以实现最高 200kHz 的高速计数。

5. FX_{3U}系列模拟量控制功能

FX_{3U}系列最多可以连接 4 个模拟量输入/输出和温度输入适配器。带符号位的 16 位高分辨率 A/D 转换模块的转换时间缩短到 500μs。与 FX_{2N}相比，转换速度提高了近 30 倍，基本单元与 A/D 转换模块之间的数据传送速度提高了 3～9 倍。A/D 转换模块除了具有常规数字滤波功能外，还有峰值保持功能、数据加法功能、突变检测功能和自动传送数据寄存器功能，每个通道可以记录 1700 次 A/D 转换值。模拟量数据可以自动更新，不需要使用 FROM/TO 指令。

6. FX_{3U}系列的通信功能

FX_{3U}系列增强了通信功能，最多可以同时使用 3 个通信口（包括编程口、功能扩展板和通信适配器），最多可以连接两个通信适配器；可以使用带 RS-232C、RS-485 和 USB 接口的通信功能扩展板；可以通过内置的编程口连接计算机或 GOT1000 系列人机界面，实现 115.2kbit/s 的高速通信。通过 RS-485 通信接口，FX_{3U}可以控制 8 台三菱变频器，并且能修改变频器的参数，执行各种指令。

7. FX_{3U}系列的显示模块

FX_{3U}系列可以选装单色 STN 液晶显示模块 FX_{3U}-7DM，最多能显示 4 行，每行 16 个字符或 8 个汉字。用该模块可以进行软元件的监控、测试、时钟的设定、存储器盒与内置 RAM 之间的程序传送、比较等操作，可以将该模块安装在基本单元或控制柜的面板上。

5.2 FX_{3U}系列 PLC 的内部软元件

PLC 内部有许多具有不同功能的元件，实际上这些元件是由电子电路和存储器组成的。例如，输入继电器 X 是由输入电路和输入映像寄存器组成的；输出继电器 Y 是由输出电路和输出映像寄存器组成的；定时器 T、计数器 C、辅助继电器 M、状态继电器 S、数据寄存器 D、变址寄存器 V/Z 等都是由存储器组成的。为了把它们与硬元件区分开，通常把这些元件称为软元件，是等效概念抽象模拟的元件，并非实际的物理元件。从工作过程看，软元件只注重元件的功能，按元件的功能给出名称（如输入继电器 X、输出继电器 Y 等），而且每个元件都有确定的编号，这对编程十分重要。

不同厂家甚至同一厂家的不同型号的 PLC，其软元件的数量和种类都不同。下面以 FX_{3U}系列 PLC 为例介绍 PLC 的软元件，表 5-8 所示为 FX_{3U}系列 PLC 软元件编号一览表。为了能够更有效地编写步进梯形图，需要使用多个特殊辅助继电器。表 5-9 所示为 FX_{3U}系列 PLC 常用特殊辅助继电器编号表。

表5-8 FX3U系列PLC软元件编号一览表

元件名称	内容		
输入/输出继电器			
输入继电器	X000～X367*1	248点	软元件编号为八进制 输入、输出合计为256点
输出继电器	Y000～Y367*1	248点	
辅助继电器			
一般用［可变］	M0～M499	500点	通过参数可以更改保持/非保持的设定
保持用［可变］	M500～M1023	524点	
保持用［固定］	M1024～M7679	6656点	
特殊用*2	M8000～M8511	512点	
状态			
初始化状态（一般用［可变］）	S0～S9	10点	通过参数可以更改保持/非保持的设定
一般用［可变］	S10～S499	490点	
保持用［可变］	S500～S899	400点	
信号报警器用（保持用［可变］）	S900～S999	100点	
保持用［固定］	S1000～S4095	3096点	
定时器（ON延时定时器）			
100ms	T0～T191	192点	0.1～3276.7s
100ms［子程序、中断子程序用］	T192～T199	8点	0.1～3276.7s
10ms	T200～T245	46点	0.01～327.67s
1ms累计型	T246～T249	4点	0.001～32.767s
100ms累计型	T250～T255	6点	0.1～3276.7s
1ms	T256～T511	256点	0.001～32.767s
计数器			
一般用增计数（16位）［可变］	C0～C99	100点	0～32.767的计数器通过参数可以更改保持/非保持的设定
保持用增计数（16位）［可变］	C100～C199	100点	
一般用双方向（32位）［可变］	C200～C219	20点	－21474836480～2147483647的计数器通过参数可以更改保持/非保持的设定
保持用双方向（32位）［可变］	C220～C234	15点	
高速计数器			
单相单计数的输入 双方向（32位）	C235～C245	C235～C255中最多可以使用8点［保持用］，通过参数可以更改保持/非保持的设定，－21474836480～2147483647的计数器 硬件计数器*1 单相：100kHz×6点，10kHz×2点 双相：50kHz（1倍），50kHz（4倍） 软件计数器 单相：40kHz 双相：40kHz（1倍），10kHz（4倍）	
单相双计数的输入 双方向（32位）	C246～C250		
双相双计数的输入 双方向（32位）	C251～C255		

续表

元件名称	内　　容		
数据寄存器			
一般用（16位）［可变］	D0～D199	200点	通过参数可以更改保持/非保持的设定
保持用（16位）［可变］	D200～D511	312点	
保持用（16位）［固定］ ＜文件寄存器＞	D512～D7999 ＜D1000～D7999＞	7488点 ＜7000点＞	通过参数可以将寄存器7488点中D1000以后的软元件以每500点为单位设定为文件寄存器
特殊用（16位）*2	D8000～D8511	512点	
变址用（16位）	V0～V7，Z0～Z7	16点	
文件寄存器、扩展文件寄存器			
文件寄存器（16位）	R0～R32767	32768点	通过电池进行停电保持
扩展文件寄存器（16位）	ER0～ER32767	32768点	仅在安装存储器盒时可用
指针			
JUMP、CALL分支用	P0～P4095	4096点	CJ指令、CALL指令用
输入中断、输入延时中断	I0□□～I5□□	6点	
定时器中断	I6□□～I8□□	3点	
计数器中断	I010～I060	6点	HSCS指令用
嵌套			
主控用	N0～N7	8点	MC指令用
常数			
10进制数（K）	16位	−32768～32767	
	32位	−2147483648～2147483647	
16进制数（H）	16位	0～FFFF	
	32位	0～FFFFFFFF	
实数（E）	32位	$-1.0\times 2^{128}\sim -1.0\times 2^{-128}$，0，$1.0\times 2^{-128}\sim 1.0\times 2^{128}$ 可以用小数点和指数形式表示	
字符串（“”）	字符串	用“”框起来的字符进行指定，指令上的常数中最多可以使用到半角的32个字符	

*1：根据可编程控制器型号不同而不同。详细内容参见《FX_{3G}、FX_{3U}、FX_{3GC}、FX_{3UC}系列微型可编程控制器编程手册（基本・应用指令说明书）》。

*2：对应功能请参考《FX_{3U}、FX_{3UC}系列微型可编程控制器编程手册》。

表 5-9 FX_{3U}系列 PLC 常用特殊辅助继电器编号表

软元件编号	名　称	功能及用途
M8000	RUN 监控	在 PLC 运行过程中，一直为 ON 的继电器，可以作为需要一直驱动程序的输入条件及显示 PLC 的运行状态
M8002	初始脉冲	仅在 PLC 从 STOP 切换为 RUN 的瞬间（1 个运算周期）为 ON 的继电器，用于程序的初始设定和初始状态的置位
M8040	禁止转移	驱动了该继电器后，在所有状态之间都禁止转移。此外，即使是在禁止转移状态下，由于状态内的程序仍然动作，因此输出线圈等不会自动断开
M8046*1	STL 动作	即使只有 1 个状态接通，M8046 也会自动为 ON。该继电器用于避免与其他流程同时启动，或者用作工序的动作标志位
M8047*1	STL 监控有效	驱动了该继电器后，将状态 S0～S899、S1000～S4095 中正在动作（ON）的状态的最新编号保存到 D8040 中，将下一个动作（ON）的状态编号保存到 D8041 中。以下依次保存动作状态到 D8047 为止（最大 8 点）。 • 在 FX-PCS/WIN（-E）、FX-20P（-E）和 FX-10P（-E）中，如果驱动了该继电器，则可以自动读出正在动作的状态并加以显示。 • 在 GX Developer 的 SFC 监控中，即使不驱动该继电器，也可以实现自动滚动监控

*1 为执行 END 指令时处理。

5.2.1 输入继电器、输出继电器

1. 输入继电器 X

输入继电器与 PLC 的输入端子相连，是 PLC 接收外部开关信号的窗口。PLC 通过输入端子读入外部信号的状态，并存储在输入映像寄存器中。与输入端子连接的输入继电器是光电隔离的电子继电器，其线圈、动合触点、动断触点与传统硬继电器表示方法相同。这些触点在 PLC 梯形图内可以自由使用。输入继电器编号采用八进制，如 X000～X007、X010～X017。通过 PLC 编程软件或编程器输入时，会自动生成 3 位八进制的编号，因此在标准梯形图中是 3 位编号，但在非标准梯形图中习惯写成 X0～X7、X10～X17，最多可达 248 点。

图 5.1 所示是 PLC 控制系统，X000 端子外接的输入电路接通时，它对应的输入映像寄存器为 1 状态，断开时为 0 状态。输入继电器的状态只取决于外部输入信号的状态，不受用户程序的控制，因此在梯形图中绝对不能出现输入继电器的线圈。

2. 输出继电器 Y

输出继电器与 PLC 的输出端子相连，是 PLC 向外部负载发送信号的窗口。输出继电器用来将 PLC 的输出信号传送给输出单元，再由后者驱动外部负载。图 5.1 所示的梯形图中，Y000 的线圈通电，继电器型输出单元中对应的硬件继电器的动合触点闭合，使外部负载工作。输出单元中的每个硬件继电器仅有一对硬的动合触点，但是在梯形图中，每个输出继电器的动合触点和动断触点都可以多次使用。FX 系列 PLC 的输出继电器采用八

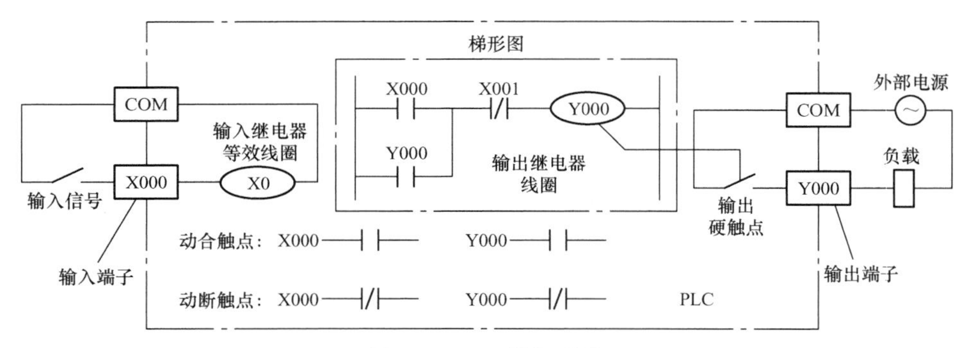

图 5.1　PLC 控制系统

进制编号，如 Y000～Y007、Y010～Y017 等，最多可达 248 点，但输入继电器和输出继电器的总和不得超过 256 点。扩展单元及扩展模块的输入继电器和输出继电器的元件号从基本单元开始，按从左到右、从上到下的顺序采用八进制编号。FX_{3U}系列 PLC 的输入/输出继电器元件编号见表 5－10。

表 5－10　FX_{3U}系列 PLC 的输入/输出继电器元件编号

型　号	FX3U－16M	FX3U－32M	FX3U－48M	FX3U－64M	FX3U－80M
输入	X000～X007 8 点	X000～X017 16 点	X000～X027 24 点	X000～X037 32 点	X000～X047 40 点
X000～X367248 点（扩展时）					
输出	Y000～Y007 8 点	Y000～Y017 16 点	Y000～Y027 24 点	Y000～Y037 32 点	Y000～Y047 40 点
Y000～Y367248 点（扩展时）					
合计	256 点				

5.2.2　辅助继电器、状态继电器

1. 辅助继电器 M

PLC 内部有很多辅助继电器，相当于继电器控制系统中的中间继电器。在某些逻辑运算中，经常需要一些中间继电器做辅助运算，用于状态暂存、移位等，它是一种内部的状态标志。另外，辅助继电器还具有特殊功能。它的动合触点和动断触点在 PLC 的梯形图中可以无限次地自由使用，但是这些触点不能直接驱动外部负载，外部负载必须由输出继电器的软外部硬触点来驱动。在 FX 系列 PLC 中，除了输入继电器和输出继电器的软元件号采用八进制编号外，其他软元件的元件号均采用十进制。

（1）一般用辅助继电器。

FX 系列 PLC 的一般用辅助继电器没有断电保持功能，如果在 PLC 运行时电源突然中断，则输出继电器和通用辅助继电器将全部变为 OFF；若电源再次接通，除了 PLC 运行时即为 ON 的元件以外，其余均为 OFF 状态。

（2）保持用辅助继电器。

某些控制系统要求记忆电源中断的瞬时状态，重新通电后再现其状态，此时可以用保持

用辅助继电器。在电源中断时，由锂电池保持 RAM 中映像寄存器的内容，或将它们保存在 EEPROM 中，它们只是在 PLC 重新通电后的第 1 个扫描周期保持断电瞬时的状态。为了利用它们的断电记忆功能，可以采用有记忆功能的电路，如图 5.2 所示，X000 和 X001 分别是启动按钮和停止按钮，M500 通过 Y000 控制外部的电动机，如果电源中断时 M500 为 1 状态，因为电路有记忆作用，则重新通电后 M500 将保持 1 状态，使 Y000 继续为 ON，电动机重新开始运行。而对于 Y001，由于 M0 没有停电保持功能，因此电源中断后重新通电时，Y001 为 OFF。

（3）特殊用辅助继电器。

特殊用辅助继电器共有 512 点，用来表示 PLC 的某些状态，提供时钟脉冲和标志（如进位、借位标志等），用于设定 PLC 的运行方式，或者用于顺序功能控制、禁止中断、设定计数器是增计数还是减计数等。特殊辅助继电器分为以下两类。

① 只能利用其触点的特殊辅助继电器。线圈由 PLC 系统程序自动驱动，用户只可以利用其触点。例如，M8000 为运行监控，PLC 运行时 M8000 的动合触点闭合，其时序图如图 5.3 所示。

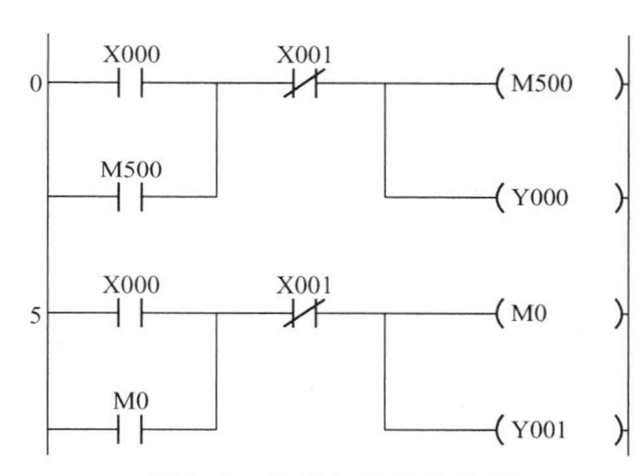

图 5.2 有记忆功能的电路

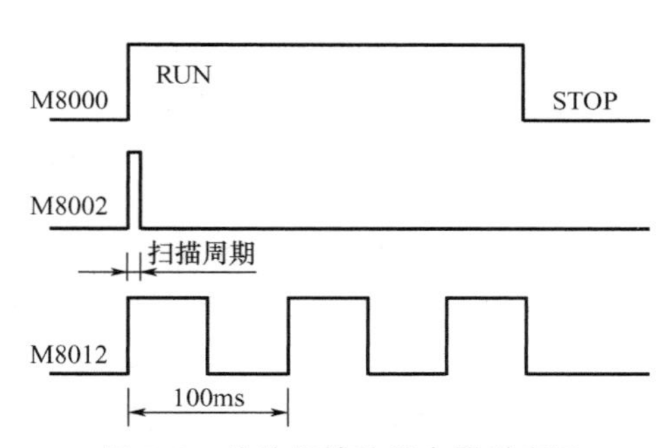

图 5.3 特殊用辅助继电器时序图

M8002 为初始脉冲，仅在运行开始瞬间接通一个扫描周期，其时序图如图 5.3 所示，可以用 M8002 的动合触点来使有断电保持功能的元件初始化复位或将其置初始值。

M8011、M8012、M8013、M8014 分别是 10ms、100ms、1s、1min 的时钟脉冲特殊辅助继电器。

② 可驱动线圈型特殊辅助继电器。由用户程序驱动其线圈，使 PLC 执行特定的操作，用户并不使用它们的触点。例如，M8030 为锂电池电压指示特殊辅助继电器，当锂电池电压跌落时，M8030 动作，指示灯亮，提醒 PLC 维修人员立即更换锂电池。

M8033 为 PLC 停止时输出保持特殊辅助继电器，M8034 为禁止输出特殊辅助继电器，M8039 为定时扫描特殊辅助继电器。

2. 状态继电器 S

状态继电器是构成顺序功能图的重要软元件，与步进梯形指令配合使用。状态继电器的动合触点、动断触点在 PLC 梯形图内可以自由使用，且使用次数不限。不使用步进指令时，状态继电器可以在程序中作为辅助继电器使用。通常状态继电器有下面 5 种类型。

（1）初始化状态继电器。S0～S9 共 10 点，可以通过参数设定保持与非保持。

（2）一般用状态继电器。S10～S499 共 490 点，可以通过参数设定保持与非保持。

（3）保持用状态继电器。S500～S899 共 400 点，可以通过参数设定保持与非保持。

(4) 信号报警用状态继电器。S900～S999共100点，这100个状态继电器可用作外部故障诊断，可以通过参数设定保持与非保持。

(5) 保持用状态继电器。S1000～S4095共3096点，不可以通过参数设定保持与非保持。

5.2.3 定时器与计数器

1. 定时器

定时器在PLC中的作用相当于时间继电器，它有1个设定值寄存器（1个字长）、1个当前值寄存器（1个字长）及无限个触点（1个位），这3个量使用相同名称。

PLC中的定时器是根据时钟脉冲累积计时的，时钟脉冲有1ms、10ms、100ms三挡，当所计时间到达设定值时，延时触点动作。定时器可以用常数*K*作为设定值，也可以用数据寄存器的内容作为设定值，这里使用的数据寄存器应有断电保持功能。

(1) 一般用定时器。

100ms定时器的设定时间范围为0.1～3276.7s，10ms定时器的设定时间范围为0.01～327.67s，1ms定时器的设定时间范围为0.001～32.767s。图5.4所示是一般用定时器的时序图，当驱动输入X0接通时，编号为T200的计数器对10ms时钟脉冲进行计数，当计数值与设定值123相等时，定时器的动合触点闭合，动断触点断开，即延时触点在驱动线圈后的123×0.01s=1.23s时动作。当输入X0断开或发生断电时，计数器当前值复位，延时触点也复位。

(2) 累计型定时器。

累计型定时器时序图如图5.5所示，当定时器线圈T250的驱动输入X1接通时，T250计数器开始累积100ms的时钟脉冲数，当计数值与设定值345相等时，定时器的动合触点闭合，动断触点断开。当计数值未达到设定值，而驱动输入X1断开或断电时，当前值保持不变。当驱动输入X1再接通或恢复供电时，计数在当前值基础上继续累积，当累积时间为0.1s×345=34.5s时，延时触点动作。当复位输入X2接通时，定时器当前值复位，延时触点也复位。

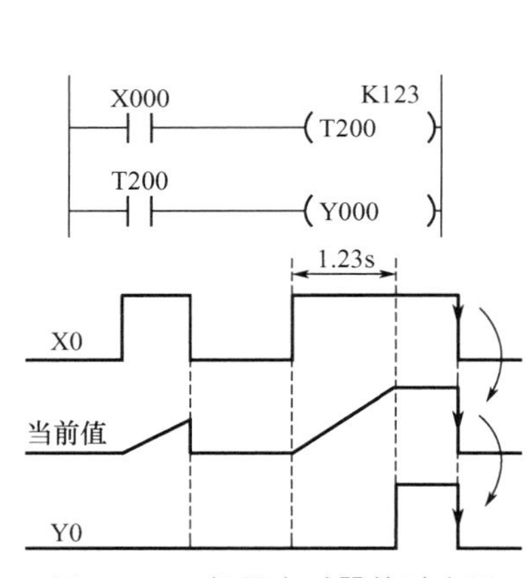

图5.4 一般用定时器的时序图

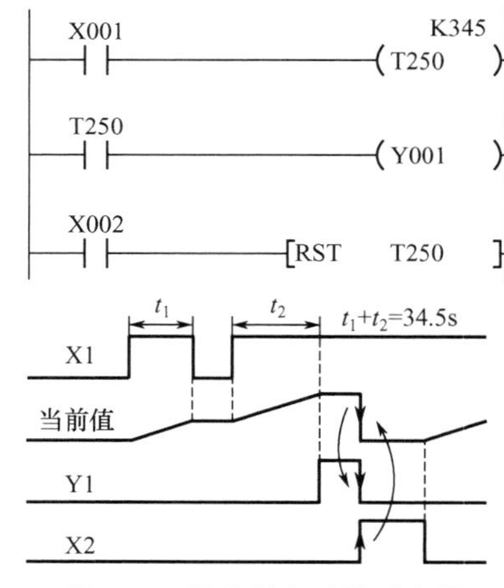

图5.5 累计型定时器时序图

2. 计数器

FX_{3U}系列PLC的计数器分为16位增计数信号计数器和32位双方向信号计数器。

16位增计数信号计数器和32位双方向信号计数器用来对PLC的内部元件（X、Y、M、S、T、C）提供的信号进行计数。计数脉冲为ON或OFF的持续时间应大于PLC的扫描周期，其响应速度通常小于数十赫兹，按功能可分为一般用和断电保持用。

（1）16位增计数信号计数器。

C0～C199共200点，其中C0～C99共100点为一般用，可通过参数变更为断电保持用；C100～C199共100点为断电保持用，也可通过参数变更为一般用。16位增计数信号计数器的设定值范围为0～32767。图5.6所示为16位增计数信号计数器梯形图与时序图，当X010的动合触点闭合后，C0被复位，计数器当前值被置0，对应的位存储单元被置0，动合触点断开，动断触点闭合。X011用来提供计数输入信号，当计数器的复位输入电路断开，计数输入电路由断开变为接通时，计数器的当前值加1，在5个计数脉冲之后，C0的当前值等于设定值5，对应的位存储单元的内容被置1，其动合触点闭合，动断触点断开。再来计数脉冲时当前值保持不变，直到复位输入电路接通，计数器的当前值被置0。

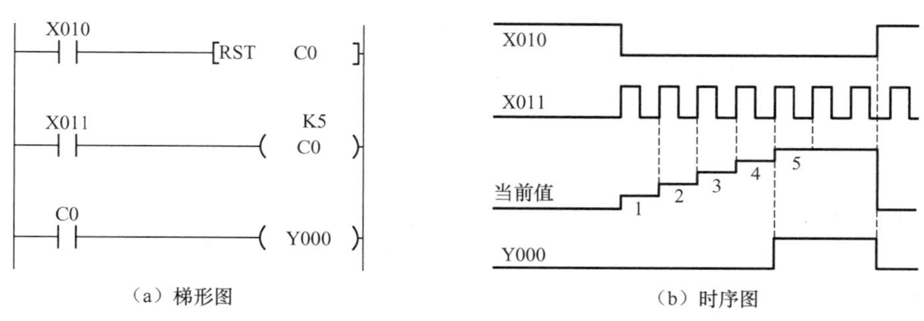

（a）梯形图　　（b）时序图

图5.6　16位增计数信号计数器梯形图与时序图

断电保持用计数器在电源断电时，可保持状态信息，重新通电后，能立即按断电时的状态恢复工作。

（2）32位双方向信号计数器。

C200～C234共35点，其中C200～C219共20点为一般用，可通过参数变更为断电保持用；C220～C234共15点为断电保持用，也可通过参数变更为一般用。32位双方向信号计数器的设定值范围为－2147483648～2147483647，其加/减计数方式由特殊辅助继电器M8200～M8234设定；当特殊辅助继电器M8200～M8234为ON时，对应的计数器C200～C234为减计数；当特殊辅助继电器M8200～M8234为OFF时，对应的计数器C200～C234为增计数。

计数器的设定值除了由常数设定外，还可通过指定数据寄存器来设定。对于32位双方向信号计数器，设定值存放在元件号相连的两个数据寄存器中，如果指定的是D0，则设定值存放在D1和D0中。图5.7所示为32位双方向信号计数器梯形图与时序图，用X014作为计数输入，驱动C200计数器进行计数操作，计数值为－5，当计数器的当前值－6加1为－5（增大）时，其触点接通；当计数器的当前值由－5减1为－6（减小）时，其触点断开。当复位输入X013接通时，C200被复位，其动合触点断开，动断触点闭合，当前值被置0。

计数器的当前值在最大值2147483647时，加1将变为最小值－2147483648；当前值为－2147483648时，减1时将变为最大值2147483647，这种计数器称为环形计数器。如

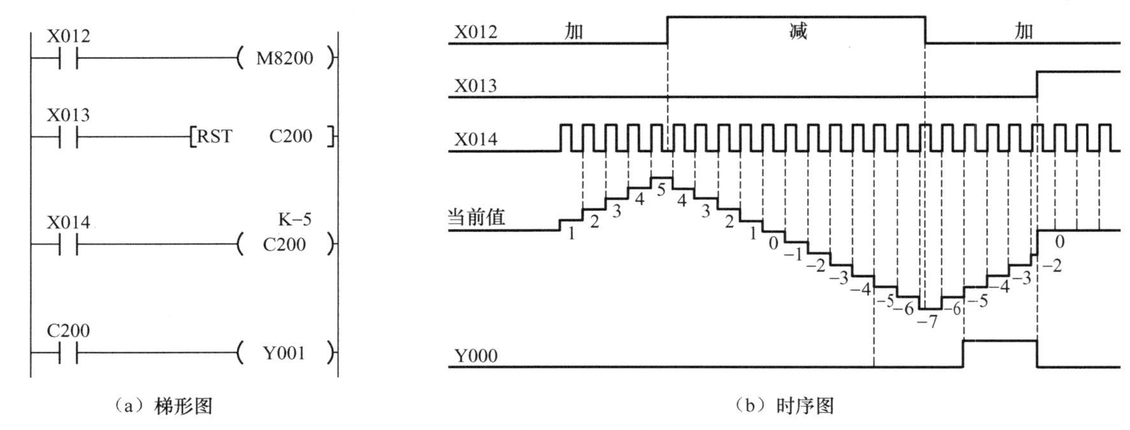

（a）梯形图　　（b）时序图

图 5.7　32 位双方向信号计数器梯形图与时序图

果使用断电保持型计数器，在电源断开时，计数器停止计数，并保持计数器当前值不变，电源再次接通后，在当前值的基础上继续计数，因此断电保持型计数器可累积计数。

3. 高速计数器

高速计数器均为 32 位双方向信号计数器。C235～C255 共 21 点，最多可以使用 8 点，通过参数可以更改保持与非保持的设定，设定值范围为－2147483648～2147483647。其中 C235～C245 共 11 点为单相单计数输入，C246～C250 共 5 点为单相双计数输入，C251～C255 共 5 点为双相双计数输入。**适用高速计数器输入的 PLC 输入端只有 8 个（X0～X7），如果这 8 个输入端中的 1 个已被某高速计数器占用，就不能再用于其他高速计数器（或其他用途）。由于只有 8 个高速计数输入端，因此最多只能用 8 个高速计数器同时工作。**

不同类型的高速计数器可以同时使用，但是它们的高速计数器输入点不能冲突。高速计数器的运行建立在中断的基础上，计数脉冲频率与 PLC 扫描周期无关。在对外部高速脉冲计数时，梯形图中高速计数器的线圈应一直通电，表示与它有关的输入点已被占用，其他高速计数器的处理不能与它冲突。高速计数器与输入端的分配见表 5－11。

表 5－11　高速计数器与输入端的分配

X	单相单计数输入											单相双计数输入					双相双计数输入				
	235	236	237	238	239	240	241	242	243	244	245	246	247	248	249	250	251	252	253	254	255
X0	UD						UD			UD		U	U		U		A	A		A	
X1		UD					R			R		D	D		D		B	B		B	
X2			UD					UD			UD		R		R			R		R	
X3				UD				R			R			U		U			A		A
X4					UD				UD					D		D			B		B
X5						UD			R					R		R			R		R
X6										S					S					S	
X7											S					S					S

注：U—增计数；D—减计数；A—A 相输入；B—B 相输入；R—复位；S—启动。

高速计数器的选择并不是任意的，它取决于所需计数的类型及高速输入端子。高速计数器的类型如下。

（1）单相单计数无启动/复位端子高速计数器C235～C240。

这类高速计数器的触点动作与低速32位加减计数器的相同，是增计数还是减计数取决于M8235～M8240的状态。单相单计数无启动/复位端子高速计数器如图5.8所示，当X010断开、M8235为OFF时，C235为增计数方式，X012接通表示选中C235，C235对X000输入端的脉冲开始增计数，当达到设定值1234时，C235的动合触点闭合，Y000输出接通，其输出指示灯亮。

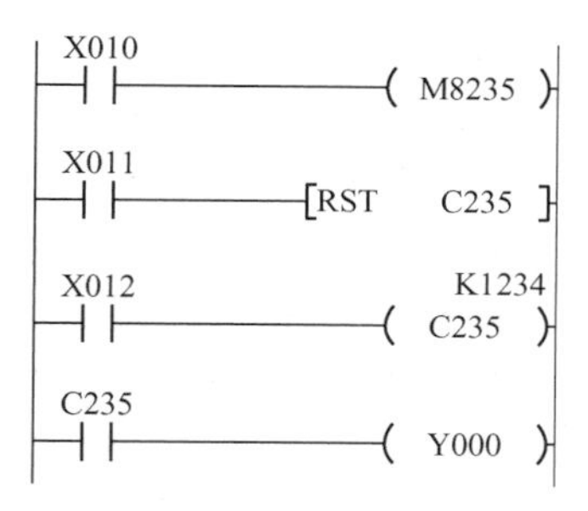

图5.8 单相单计数无启动/复位端子高速计数器

C235应用梯形图与时序图如图5.9所示。若X10闭合，则C235复位；若X12闭合，则C235做减计数；若X12断开，则C235做增计数；若X11闭合，则C235对X000输入的高速脉冲进行计数。当计数器的当前值由－5到－6（减小）时，C235动合触点（先前已经闭合）断开；当计数器的当前值由－6到－5（增大）时，C235动合触点闭合。

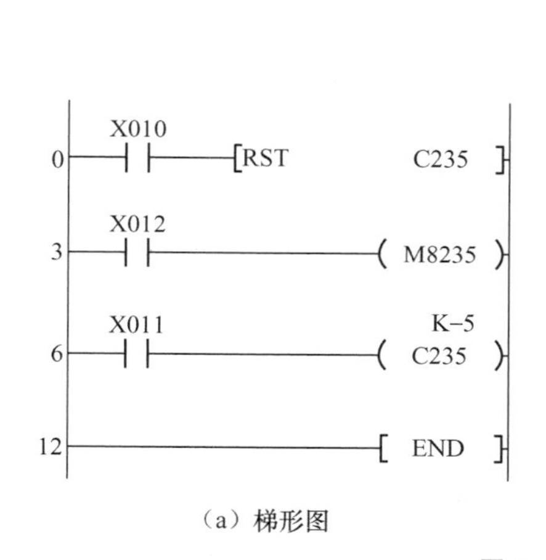

（a）梯形图

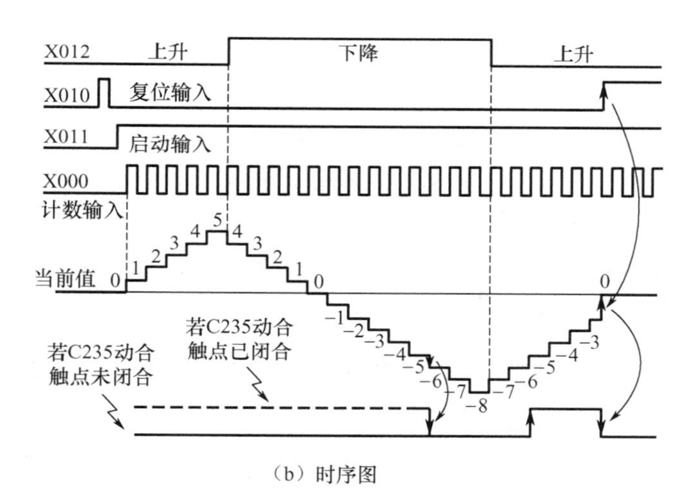

（b）时序图

图5.9 C235应用梯形图与时序图

（2）单相单计数带启动/复位端子高速计数器C241～C245。

这类高速计数器的触点动作与32位双方向信号计数器的相同，是增计数还是减计数取决于M8241～M8245的状态。单相单计数带启动/复位端子高速计数器如图5.10所示。当X010断开、M8244为OFF时，C244为增计数方式，X012接通表示选中C244，X006也接通表示C244开始计数，对X000输入端的脉冲开始增计数。当达到设定值1234时，C244的动合触点接通，Y000输出接通，其输出指示灯亮。除了可用X001复位外，也可用图中的X011复位。

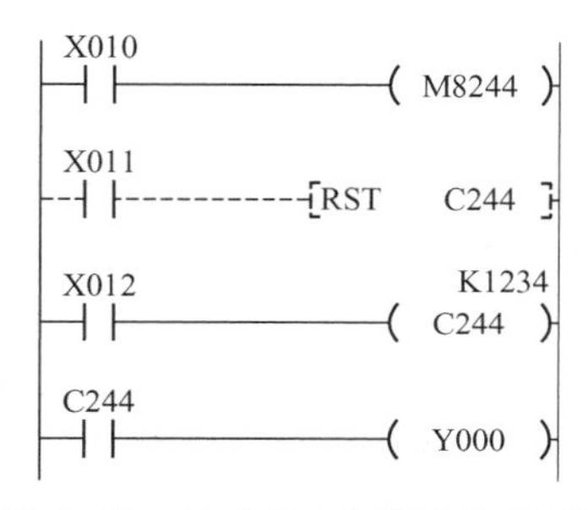

图5.10 单相单计数带启动/复位端子高速计数器

(3) 单相双计数输入高速计数器 C246～C250。

这类高速计数器有两个输入端，一个为增计数输入，另一个为减计数输入，同样可以使用 M8246～M8250 的状态监视 C246～C250 的加/减动作。如图 5.11 (a) 所示，X011 是 C246 的复位信号，X012 接通表示选中 C246，C246 开始计数，对 X000 输入端的脉冲开始增计数，X001 输入端的脉冲开始减计数。当前值达到设定值 1234 时，C246 的动合触点接通，Y000 输出接通，其输出指示灯亮。如图 5.11 (b) 所示，X011 是 C249 的复位信号，X012 接通表示选中 C249，并且 X006 接通时，C249 开始计数，对 X000 输入端的脉冲开始增计数，X001 输入端的脉冲开始减计数。当前值达到设定值 D3D2 所组成的 32 位数时，C249 的动合触点接通，Y000 输出接通，其输出指示灯亮。当 X002 接通时，C249 立即复位。

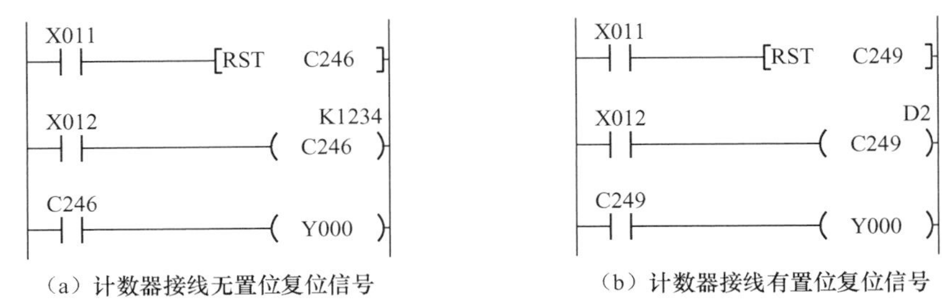

(a) 计数器接线无置位复位信号　　(b) 计数器接线有置位复位信号

图 5.11　单相双计数输入高速计数器

(4) 双相双计数输入高速计数器 C251～C255。

这类高速计数器有两个输入端，一个为 A 相输入，另一个为 B 相输入。A 相和 B 相的信号相位决定了其是增计数还是减计数。图 5.12 (a) 所示为增计数，图 5.12 (b) 所示为减计数，常用于两相式编码器的输出中，同样可以使用 M8251～M8255 的状态监视 C251～C255 的加/减动作。

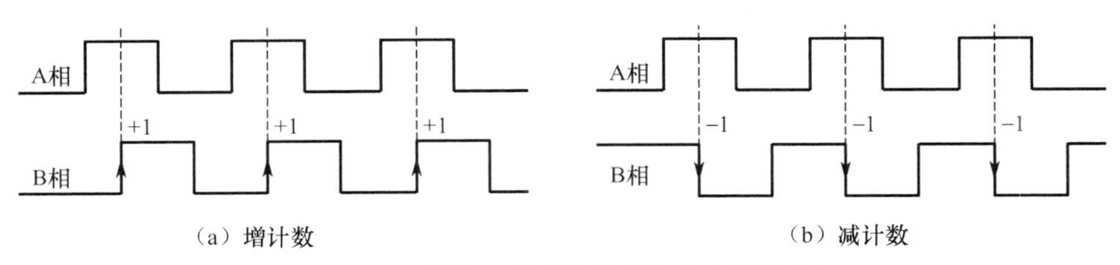

(a) 增计数　　(b) 减计数

图 5.12　A 相与 B 相的信号相位决定计数方向

如图 5.13 (a) 所示，X011 是 C251 的复位信号，X012 接通表示选中 C251，C251 开始计数，A 相为 X000 输入端，B 相为 X001 输入端。当前值达到设定值 1234 时，C251 的动合触点接通，Y002 输出接通，其输出指示灯亮。根据 A 相与 B 相的电平关系，不同的计数方向（加/减）将影响 M8251 的结果，从而决定 Y003 是否输出。

如图 5.13 (b) 所示，X011 是 C254 的复位信号，X012 接通表示选中 C254，X006 也接通时，C254 开始计数，A 相为 X000 输入端，B 相为 X001 输入端。当前值达到设定值 D3D2 所组成的 32 位数时，C254 动合触点接通，Y004 输出接通，其输出指示灯亮。根据 A 相与 B 相的电平关系，不同的计数方向（加/减）将影响 M8254 的结果，从而决定 Y005 是否输出。当 X011 接通时，C254 立即复位。

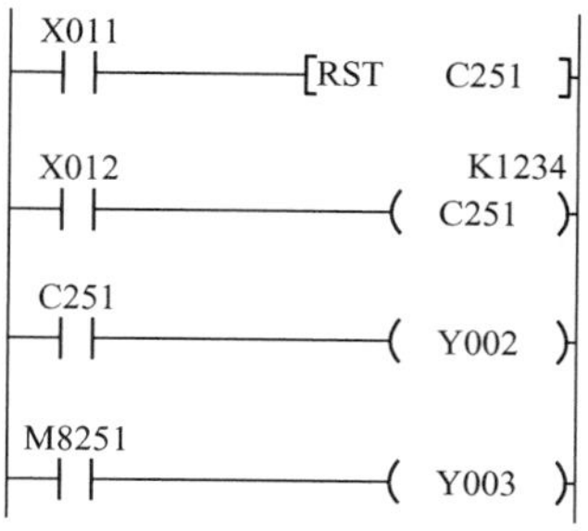

X011 [RST C251]
X012 K1234 (C251)
C251 (Y002)
M8251 (Y003)

（a）计数器接线无置位

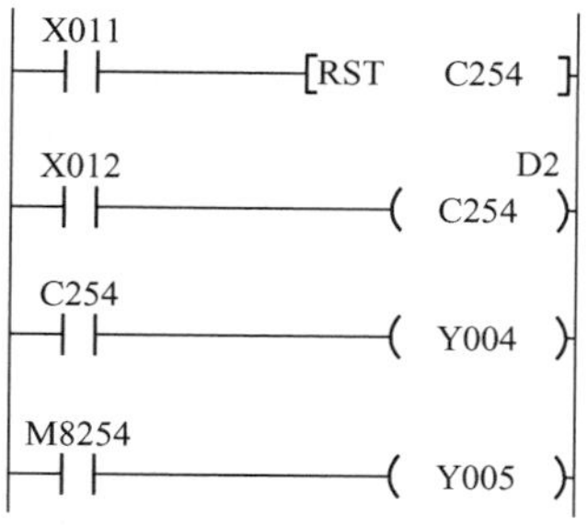

X011 [RST C254]
X012 D2 (C254)
C254 (Y004)
M8254 (Y005)

（b）计数器接线有置位复位信号

图 5.13　双相双计数输入高速计数器

5.2.4 数据寄存器、变址寄存器与文件寄存器

数据寄存器用来保持数据，变址寄存器可用来改变软元件的元件号。FX_{3U} 系列 PLC 的数据寄存器与变址寄存器软元件编号见表 5-8。

1. 数据寄存器 D

数据寄存器在模拟量检测与控制及位置控制等场合用来存储数据和参数，可存储 16 位二进制数，最高位为符号位。1 个字对应 16 位二进制数，2 个数据寄存器合并起来可以存放 32 位二进制数，称为双字。在 D0 和 D1 组成的双字中，D0 存放低 16 位，D1 存放高 16 位。字或双字的最高位为符号位，该位为 0 时数据为正，为 1 时数据为负。

（1）一般用数据寄存器 D0～D199。

将数据写入通用数据寄存器后，其值将保持不变，直到下一次被改写。PLC 从 RUN 状态进入 STOP 状态时，所有通用寄存器被复位为 0。若特殊辅助继电器 M8033 为 ON，则 PLC 从 RUN 状态进入 STOP 状态时，通用寄存器的值保持不变。可以通过参数更改保持与非保持的设定。

（2）断电保持用数据寄存器 D200～D7999。

断电保持用寄存器也称电池后备/锁存寄存器。断电保持用寄存器具有断电保持功能，PLC 从 RUN 状态进入 STOP 状态时，断电保持寄存器的值保持不变。其中 D200～D511 共 312 点可以通过参数更改保持与非保持的设定。

（3）特殊寄存器 D8000～D8511。

特殊寄存器 D8000～D8511 共 512 点，用来控制和监测 PLC 内部的各种工作方式和元件，如电池电压、扫描时间、正在动作的状态编号等。PLC 上电时，这些数据寄存器被写入默认值。

2. 变址寄存器 V/Z

FX 系列 PLC 有 16 个变址寄存器 V0～V7 和 Z0～Z7，在 32 位操作时将 V、Z 合并使用，Z 为低位，V 为高位。变址寄存器可用来改变软元件的元件号，例如，当 V0=12 时，数据寄存器 D6V0 相当于 D18（6+12=18）。可以通过修改变址寄存器的值改变实际的操作数。变址寄存器也可以用来修改常数的值，例如，当 Z0=21 时，K48Z0 相当于常数 69（48+21=69）。

3. 文件寄存器 R0～R32767

文件寄存器 R0～R32767 共 32768 点，以 500 点为单位，可被外部设备存取。文件寄存器实际上被设置为PLC的参数区，文件寄存器与锁存寄存器是重叠的，可保证数据不丢失。

可以通过参数将数据寄存器D512～D7999共7488点中，D1000以后的软元件共7000点以500点为单位，设定为文件寄存器。

5.2.5 指针与常数

1. 指针P/I

指针**P/I**包括分支和子程序用的指针**P**及中断用的指针**I**。在梯形图中，指针放在左侧母线的左边。FX_{3U}系列PLC有4096点P指针P0～P4095，有6点输入延时中断I指针I0□□～I5□□，有3点定时器中断I指针I6□□～I8□□，有6点计数器中断I指针I010～I060。

2. 常数及数据类型

在PLC内部和用户应用程序中使用大量数据，这些数据从结构或数制上分为以下几种类型。

(1) 十进制数。十进制数在PLC中主要用于定时器、计数器的设定值和当前值，以及辅助继电器、定时器、计数器、状态继电器等的编号，也用于指定应用指令中的操作数，常用K来表示。16位操作数的范围为－32768～32767，32位操作数的范围为－2147483648～2147483647。

(2) 二进制数。十进制数、八进制数、十六进制数、BCD码在PLC内部均以二进制数的形态存在，但使用外围设备进行系统运行监控显示时，会还原成原来的数制。1位二进制数在PLC中又称位数据，主要存在于各类继电器、定时器、计数器的触点及线圈。

(3) 八进制数。FX系列PLC的输入继电器、输出继电器的地址编号均采用八进制数。

(4) 十六进制数。十六进制数用于指定应用指令中的操作数，常用H来表示。十六进制数包括0～9和A～F这16个字符，16位操作数的范围为0～FFFF，32位操作数的范围为0～FFFFFFFF。

(5) BCD码。BCD码是以4位二进制数表示与其对应的1位十进制数的方法。PLC中的十进制数常以BCD码的形式出现，常用于BCD码输出的数字开关、7段码显示等。

(6) 浮点数。除了整数之外，数值形式还有小数。确定小数点的位置通常有两种方法，一种是规定小数点位置固定不变，称为定点数；另一种是小数点的位置不固定，可以浮动，称为浮点数。在计算机中，通常用定点数来表示整数和纯小数，分别称为定点整数和定点小数。对于既有整数部分又有小数部分的数，一般用浮点数表示。

① 定点整数。在定点数中，当小数点的位置固定在最低位的右边时，就表示1个定点整数。小数点并不单独占1个二进制位，而是默认在最低位的右边。定点整数又分为有符号数和无符号数两类。

② 定点小数。当小数点的位置固定在符号位与最高位之间时，就表示1个纯小数。

因为定点数能表示的数范围较小，通常不能满足实际需要，所以要采用能表示更大范围的浮点数。

③ 浮点数。在浮点数表示法中，小数点的位置是可以浮动的。在大多数计算机中，把尾数m定为二进制纯小数，把阶码e定为二进制定点整数。尾数m的二进制位数决定

了所表示数的精度；阶码 e 的二进制位数决定了所能表示数的范围。为了使所表示的浮点数精度高且范围大，必须合理规定浮点数的存储格式。

FX 系列 PLC 中提供了二进制浮点数和十进制浮点数，二进制浮点数用于浮点数运算，十进制浮点数用于监控。二进制浮点数采用编号连续的一对数据寄存器表示，例如 D11 和 D10 组成的 32 位寄存器中，D10 的 16 位加上 D11 的低 7 位共 23 位为浮点数的尾数，而 D11 中除最高位的前 8 位为指数，D11 最高位是尾数的符号位，0 为正，1 为负。

浮点数的格式如图 5.14 所示，浮点数共占用 32 位，最高位（第 31 位）为浮点数的符号位，8 位指数占第 23～30 位；尾数的小数部分 m（第 0～22 位），第 22 位对应于 2^{-1}，第 0 位对应于 2^{-23}。浮点数的范围为 $\pm1.175495\times10^{-38}\sim\pm3.402823\times10^{38}$。浮点数与 6 位有效数字的十进制数的精度相当。

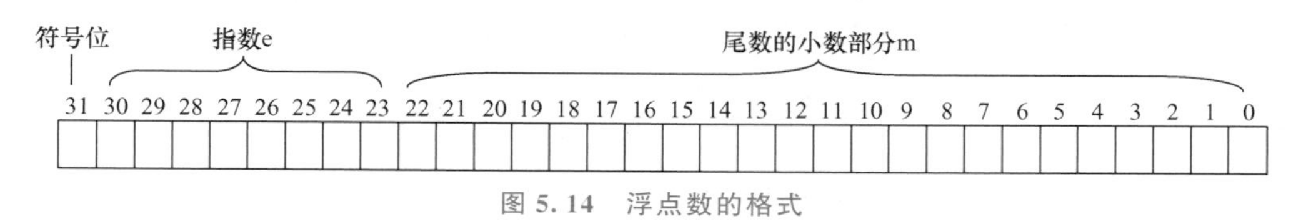

图 5.14　浮点数的格式

浮点数可以表示为 $0.m\times2^{e}$，0.m 为尾数，尾数的小数部分 m 和指数 e 均为二进制数。

十进制的浮点数也用一对数据寄存器表示，编号小的数据寄存器为尾数，编号大的为指数。例如使用数据寄存器 D1、D0 时，表示的十进制浮点数为 $D0\times10^{D1}$，其尾数是四位 BCD 码整数，如 24.567 表示为 2456×10^{-2}。

E 是表示实数（即浮点数）的符号，主要用于指定应用指令的操作数的数值。实数的指定范围为 $-1.0\times2^{128}\sim-1.0\times2^{-126}$、0 和 $1.0\times2^{-126}\sim1.0\times2^{128}$。用实数的普通表示方式 E2645.52 来指定 2645.52；用实数的指数表示方式 E5.63922+3 来指定 5.63922×10^{3}，其中+3 表示 10^{3}。

5.3　FX_{3U} 系列 PLC 的基本逻辑指令

基本逻辑指令可采用指令助记符或者梯形图等常用语言表达形式，每条基本逻辑指令都有特定的功能和应用对象。FX_{3U} 系列 PLC 基本指令的对象软元件可以是 D□.b 或文件寄存器 R。而 FX_{1S}、FX_{1N}、FX_{2N} 系列 PLC 的对象软元件不能用 D□.b 或文件寄存器 R，见表 5-12。FX_{3U} 系列 PLC 共有 29 条基本逻辑指令（表 5-13），掌握了这些指令，也就初步掌握了 PLC 的编程与使用。

表 5-12　FX_{3U} 系列 PLC 基本指令特有的软元件

对应的可编程控制器	FX_{3U}	FX_{3UC}	FX_{1S}	FX_{1N}	FX_{2N}	FX_{1NC}
基本指令	○	○	○	○	○	○
对象软元件（D□.b，R）	○	○	×	×	×	×

注：○表示可以；×表示不可以。

表 5-13　FX_{3U}系列 PLC 基本逻辑指令

符　号	名　称	梯形图回路表示	功　　能	对象软元件
触点指令				
LD	取	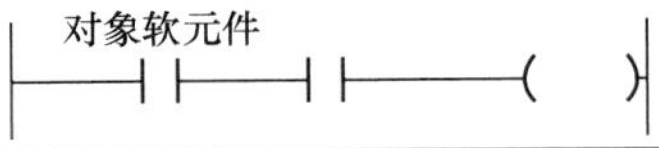 对象软元件	动合触点的逻辑运算开始	X，Y，M，S，D□.b，T，C
LDI	取反	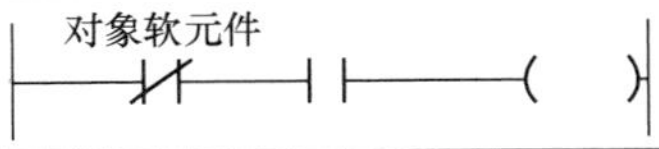 对象软元件	动断触点的逻辑运算开始	X，Y，M，S，D□.b，T，C
LDP	取脉冲上升沿	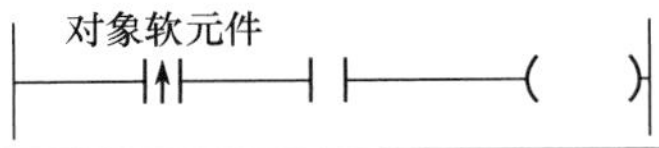 对象软元件	检测上升沿的运算开始	X，Y，M，S，D□.b，T，C
LDF	取脉冲下降沿	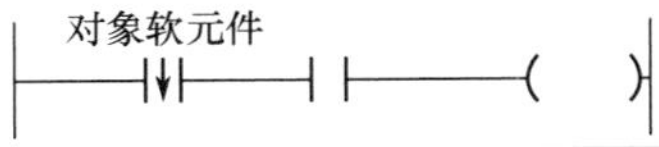 对象软元件	检测下降沿的运算开始	X，Y，M，S，D□.b，T，C
AND	与	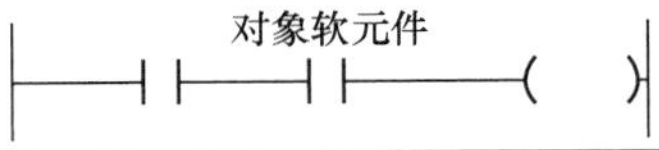 对象软元件	串联动合触点	X，Y，M，S，D□.b，T，C
ANI	与反转	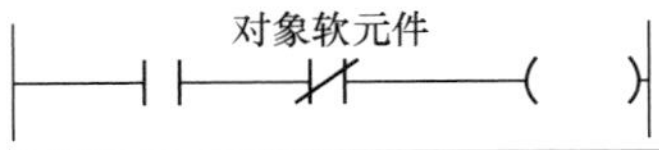 对象软元件	串联动断触点	X，Y，M，S，D□.b，T，C
ANDP	与脉冲上升沿	 对象软元件	检测上升沿的串联连接	X，Y，M，S，D□.b，T，C
ANDF	与脉冲下降沿	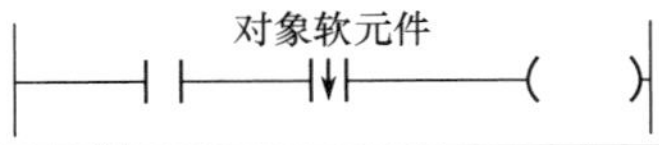 对象软元件	检测下降沿的串联连接	X，Y，M，S，D□.b，T，C
OR	或	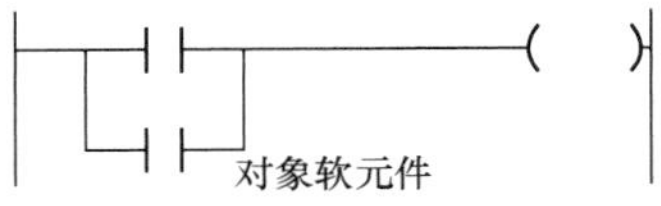 对象软元件	并联动合触点	X，Y，M，S，D□.b，T，C
ORI	或反转	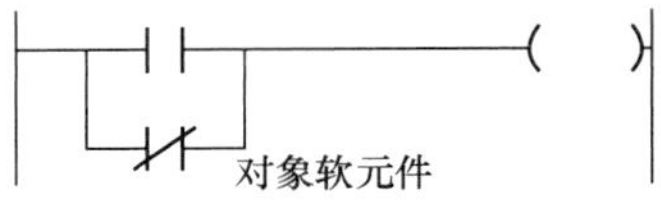 对象软元件	并联动断触点	X，Y，M，S，D□.b，T，C
ORP	或脉冲上升沿	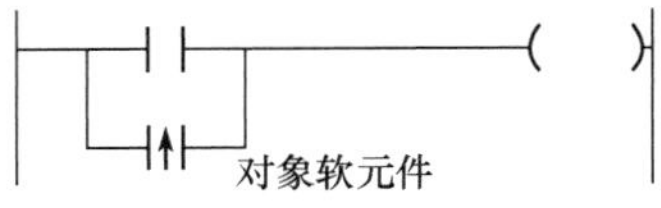 对象软元件	检测上升沿的并联连接	X，Y，M，S，D□.b，T，C
ORF	或脉冲下降沿	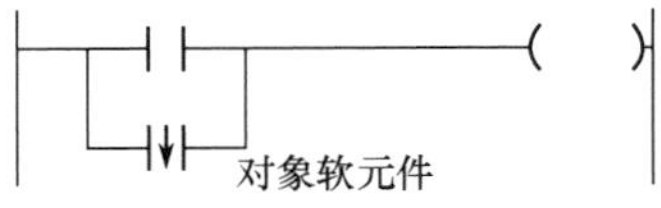 对象软元件	检测下降沿的并联连接	X，Y，M，S，D□.b，T，C
回路块、堆栈等指令				
ORB	电路块或	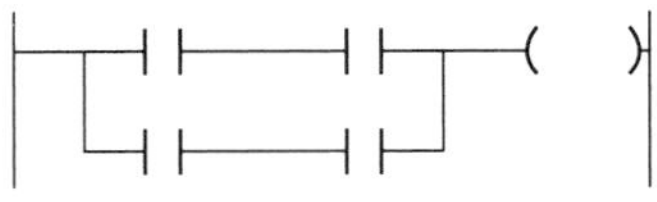	电路块的并联连接	—
ANB	电路块与	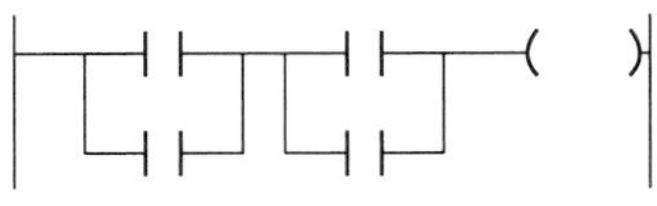	电路块的串联连接	—

续表

符　号	名　称	梯形图回路表示	功　能	对象软元件
MPS	存储器进栈	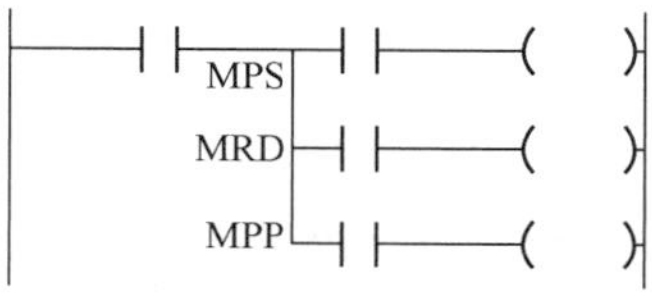 MPS	运算存储	—
MRD	存储器读栈	MRD	存储读出	—
MPP	存储器出栈	MPP	存储读出与复位	—
INV	取反	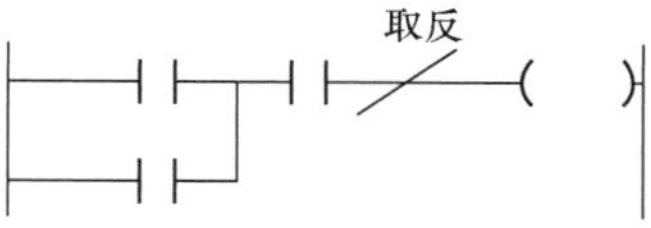 取反	运算结果的反转	—
MEP	上升沿导通		上升沿时导通	—
MEF	下降沿导通		下降沿时导通	—
输出指令				
OUT	输出	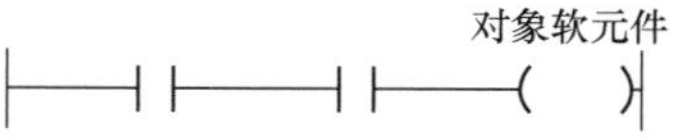 对象软元件	线圈驱动指令	Y，M，S，D□.b，T，C
SET	置位	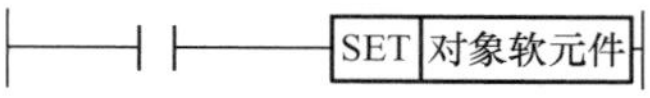 SET 对象软元件	保持线圈动作	Y，M，S，D□.b
RST	复位	 RST 对象软元件	解除保持的动作，当前值及寄存器清除	Y，M，S，D□.b，T，C，D，R，V，Z
PLS	上升沿脉冲	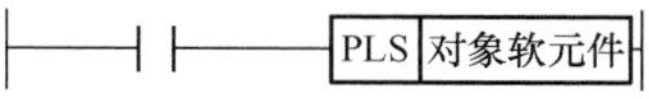 PLS 对象软元件	上升沿检测输出	Y，M
PLF	下降沿脉冲	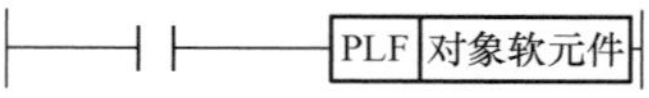 PLF 对象软元件	下降沿检测输出	Y，M
主控指令				
MC	主控	 MC N 对象软元件	连接到公共触点的指令	—
MCR	主控复位	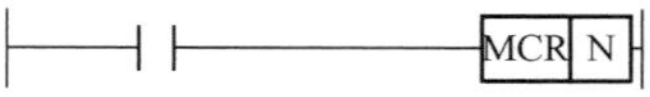 MCR N	解除连接到公共触点的指令	—
其他指令				
NOP	空操作		无操作	—
结束指令				
END	结束	 END	程序结束	—

5.3.1 逻辑取、驱动线圈输出及程序结束指令 LD、LDI、OUT、END

1. 指令功能与应用

逻辑取、驱动线圈输出及程序结束指令见表 5-14，指令用法如图 5.15 所示。

表 5-14 逻辑取、驱动线圈输出及程序结束指令

记号	名称	符号	功能	对象软元件
LD	取	对象软元件 (动合触点接线圈)	动合触点的逻辑运算开始	X，Y，M，S，D□.b，T，C
LDI	取反	对象软元件 (动断触点接线圈)	动断触点的逻辑运算开始	X，Y，M，S，D□.b，T，C
OUT	输出	对象软元件 (线圈)	线圈驱动指令	Y，M，S，D□.b，T，C
END	结束	END	程序结束	

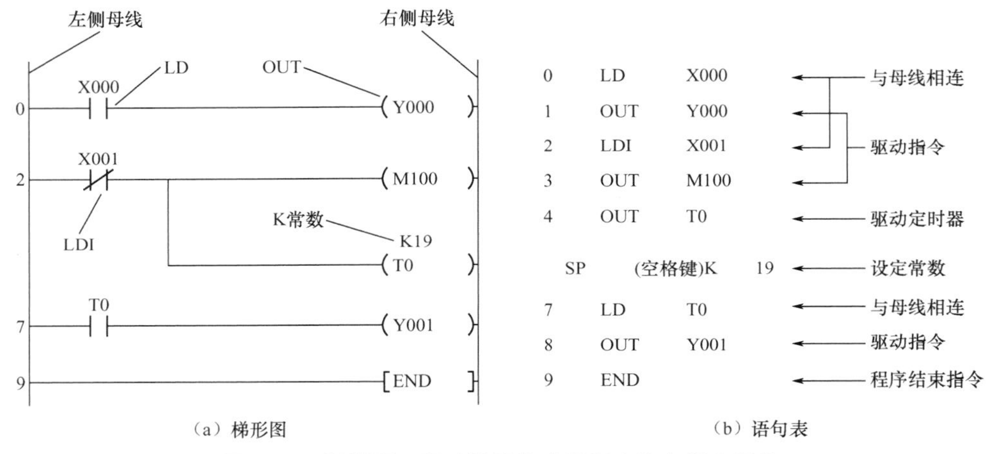

图 5.15 逻辑取、驱动线圈输出及程序结束指令用法

2. 指令使用说明

(1) LD 是动合触点连到母线上，可以用于 X、Y、M、T、C、S。

(2) LDI 是动断触点连到母线上，可以用于 X、Y、M、T、C、S。

(3) OUT 是驱动线圈的输出指令，可以用于 Y、M、T、C、S。

(4) END 是程序结束指令，没有操作元件。在程序调试过程中，可分段插入 END 指令，再逐段调试，在本段程序调试好后，删除 END 指令，然后进行下段程序的调试，直到调试完全部程序为止。

(5) LD 与 LDI 指令对应的触点一般与左侧母线相连，若与 ANB、ORB 指令组合，则可用于并、串联电路块的起始触点。

(6) 线圈驱动指令可并行多次输出，图 5.15 (a) 中的 M100 和 T0 线圈就是并行输出。

(7) 必须给出 OUT 指令后的定时器、计数器线圈的设定值。

（8）输入继电器 X 不能使用 OUT 指令。

5.3.2 触点串联、并联指令 AND、ANI、OR、ORI

1. 指令功能与应用

触点串、并联指令见表 5-15，指令用法如图 5.16 所示。

表 5-15 触点串、并联指令

记 号	名 称	符 号	功 能	对象软元件
AND	与	对象软元件	串联动合触点	X，Y，M，S，D□.b，T，C
ANI	与反转	对象软元件	串联动断触点	X，Y，M，S，D□.b，T，C
OR	或	对象软元件	并联动合触点	X，Y，M，S，D□.b，T，C
ORI	或反转	对象软元件	并联动断触点	X，Y，M，S，D□.b，T，C

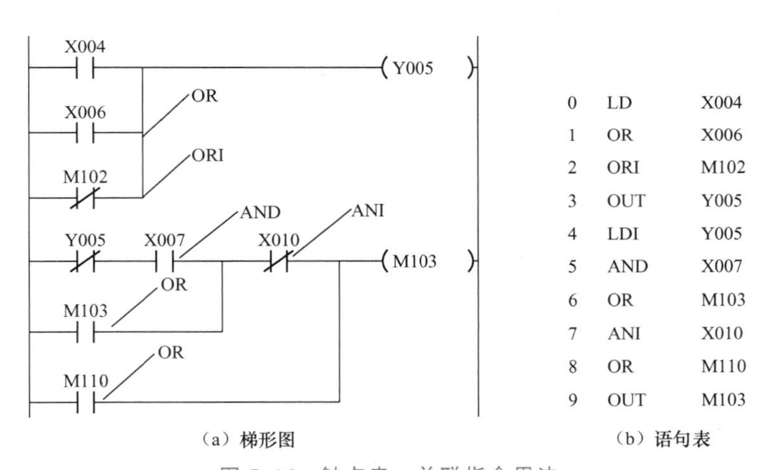

0	LD	X004
1	OR	X006
2	ORI	M102
3	OUT	Y005
4	LDI	Y005
5	AND	X007
6	OR	M103
7	ANI	X010
8	OR	M110
9	OUT	M103

（a）梯形图　（b）语句表

图 5.16 触点串、并联指令用法

2. 指令使用说明

（1）AND/ANI 指令串联单个动合/动断触点，可重复多次使用。

（2）OR/ORI 指令并联单个动合/动断触点，可重复多次使用。

5.3.3 串联电路块并联指令 ORB、并联电路块串联指令 ANB

1. 指令功能与应用

串联电路块并联、并联电路块串联指令见表 5-16。

表 5-16　串联电路块并联、并联电路块串联指令

记　号	名　称	符　号	功　　能	对象软元件
ORB	电路块或		电路块并联	—
ANB	电路块与		电路块串联	—

串联电路块并联指令用法如图 5.17 所示，并联电路块串联指令用法如图 5.18 所示。

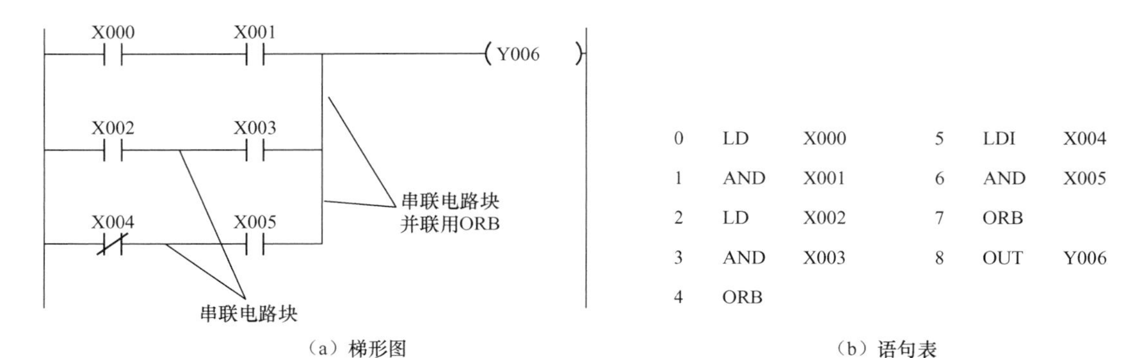

图 5.17　串联电路块并联指令用法

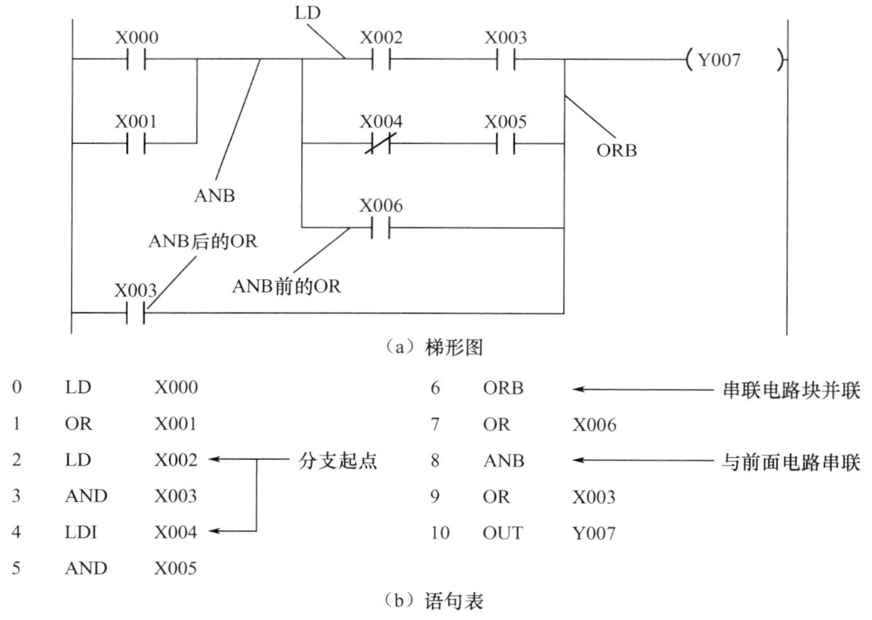

图 5.18　并联电路块串联指令用法

2. 指令使用说明

（1）由两个以上的触点串联的回路称为串联电路块。当串联电路块并联时，分支开始用 LD、LDI 指令，分支结束用 ORB 指令。

（2）由两个以上的触点并联的回路被称为并联电路块。当并联电路块串联时，分支开始用 LD、LDI 指令，分支结束用 ANB 指令。

（3）ORB、ANB 指令不带软元件，可以多次重复使用。但由于 LD、LDI 指令的重复次数一般限制在 8 次以下，因此 ORB 指令重复使用时一般也限制在 8 次以下。

5.3.4 边沿检出指令 LDP、LDF、ANDP、ANDF、ORP、ORF

1. 指令功能与应用

边沿检出指令见表 5-17，指令用法如图 5.19 所示。

表 5-17 边沿检出指令

记 号	名 称	符 号	功 能	对象软元件
LDP	取脉冲上升沿	对象软元件	检测上升沿的运算开始	X，Y，M，S，D□. b，T，C
LDF	取脉冲下降沿	对象软元件	检测下降沿的运算开始	X，Y，M，S，D□. b，T，C
ANDP	与脉冲上升沿	对象软元件	检测上升沿的串联连接	X，Y，M，S，D□. b，T，C
ANDF	与脉冲下降沿	对象软元件	检测下降沿的串联连接	X，Y，M，S，D□. b，T，C
ORP	或脉冲上升沿	对象软元件	检测上升沿的并联连接	X，Y，M，S，D□. b，T，C
ORF	或脉冲下降沿	对象软元件	检测下降沿的并联连接	X，Y，M，S，D□. b，T，C

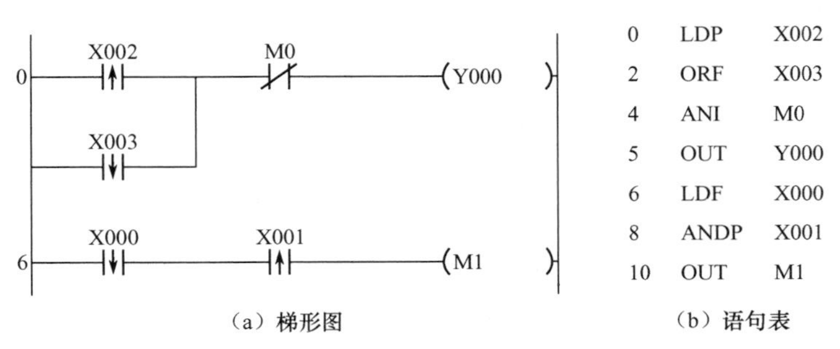

（a）梯形图 （b）语句表

X002
X003
Y000
一个扫描周期

（c）动作时序

图 5.19 边沿检出指令用法

2. 指令使用说明

(1) LDP、ANDP、ORP 指令是上升沿检出的触点指令，仅在指定位软元件的上升沿时接通一个扫描周期。

(2) LDF、ANDF、ORF 指令是下降沿检出的触点指令，仅在指定位软元件由 ON 变 OFF 的下降沿时接通一个扫描周期。

使用边沿检出指令设计的电动机正反转控制程序如图 5.20 所示。

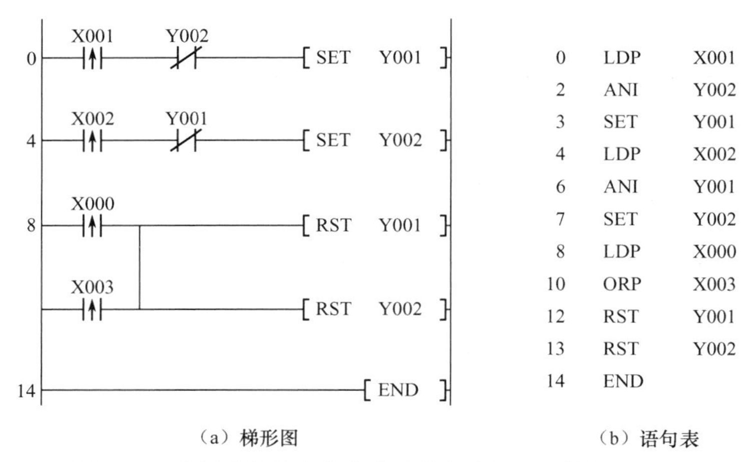

（a）梯形图　　（b）语句表

图 5.20　使用边沿检出指令设计的电动机正反转控制程序

5.3.5 堆栈操作指令 MPS、MRD、MPP

1. 指令功能与应用

堆栈操作指令见表 5-18，指令用法如图 5.21 和图 5.22 所示。

表 5-18　堆栈操作指令

记　号	名　称	符　　号	功　　能	对象软元件
MPS	存储器进栈	MPS	运算存储	—
MRD	存储器读栈	MRD	存储读出	—
MPP	存储器出栈	MPP	存储读出与复位	—

2. 指令使用说明

(1) MPS 指令是先将多重电路的公共触点或电路块存储起来，以便后面的多重支路使用。多重电路的第 1 个支路前使用 MPS 进栈指令，多重电路的中间支路前使用 MRD 读栈指令，多重电路的最后 1 个支路前使用 MPP 出栈指令。该组指令没有操作元件。

(2) FX 系列 PLC 有 11 个存储中间运算结果的堆栈存储器，堆栈采用先进后出的数据存取方式。每使用 1 次 MPS 指令，当时的逻辑运算结果压入堆栈的第 1 层，堆栈中原来的数据依次向下一层推移。

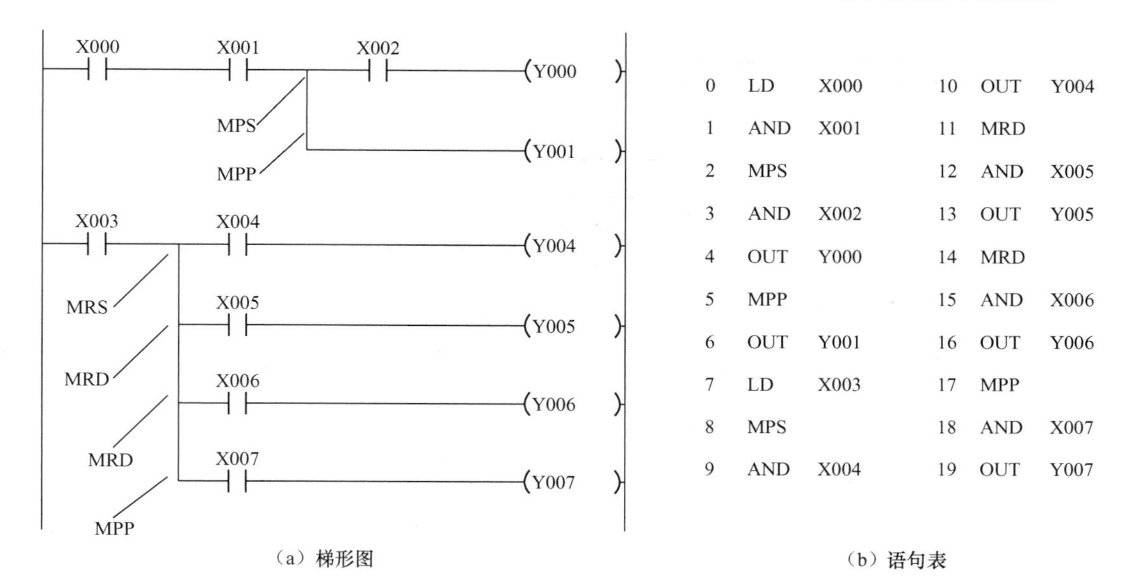

（a）梯形图　　（b）语句表

图 5.21　简单一层堆栈指令用法

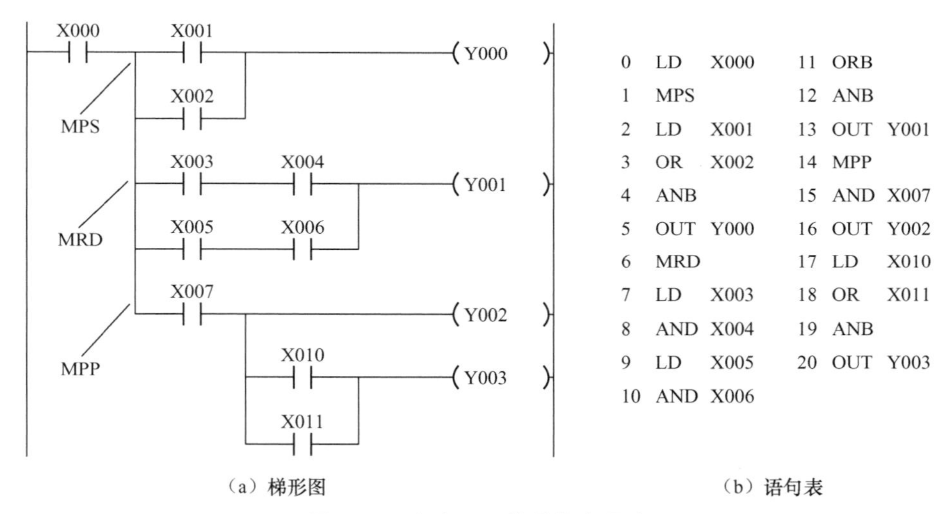

（a）梯形图　　（b）语句表

图 5.22　复杂一层堆栈指令用法

（3）MRD 指令读取存储在堆栈最上层（即电路分支处）的运算结果，将下一个触点强制连接到该点，读栈后堆栈内的数据不变。

（4）MPP 指令弹出堆栈存储器的运算结果，先将下一个触点连接到该点，然后从堆栈中去掉分支点的运算结果。使用 MPP 指令时，堆栈中各层的数据向上移动一层，最上层的数据弹出后从栈内消失。

（5）MPS、MRD、MPP 可以多层嵌套，但不能多于 11 次，MPS 和 MPP 必须成对使用。

5.3.6 主控指令 MC、主控复位指令 MCR

1. 指令功能与应用

主控指令、主控复位指令见表 5－19，指令用法如图 5.23 所示。

表 5-19　主控指令、主控复位指令

记　号	名　称	符　　号	功　　能	对象软元件
MC	主控	MC N 对象软元件	连接到公共触点的指令	M、Y
MCR	主控复位	MCR N	解除连接到公共触点的指令	—

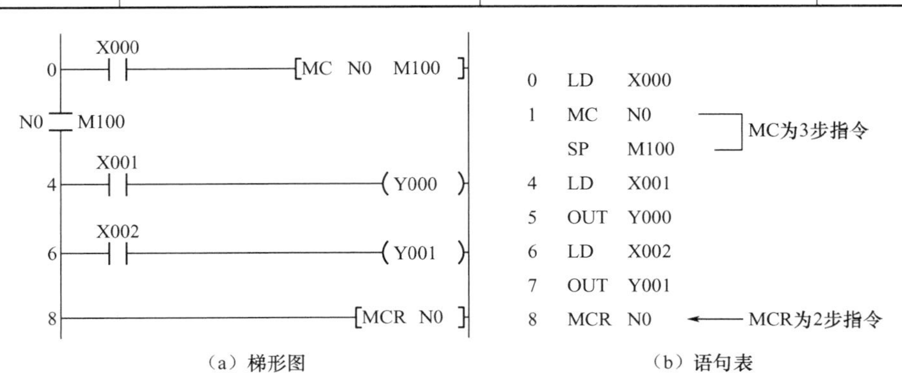

（a）梯形图　　（b）语句表

图 5.23　主控指令、主控复位指令用法

2. 指令使用说明

(1) 当控制输入触点接通时，执行 MC 与 MCR 之间的指令。当控制输入触点断开时，不执行主控命令，MC 与 MCR 指令之间的计数器、断电保持定时器和用 SET/RST 指令驱动的元件将保持当前状态，其他元件（如通用定时器、输出线圈）被复位。

(2) 对于层号 NX 相同的 MC 与 MCR 指令之间的输出，输出的软元件编号不能相同，否则为双线圈输出。

(3) 在 MC 指令内可以再使用 MC 指令进行主控嵌套，嵌套层数 N（0～7）的编号按顺序依次增大，采用 MCR 指令返回时，嵌套层数 N 的编号依次减小。

(4) 图 5.23 所示的一层主控命令中 X000 接通时，执行主控命令，M100 接通。不同版本的编程软件，M100 的显示有差别，新版编程软件只在监控状态下显示 M100 触点，即用编程软件编程时不显示 M100 触点。

5.3.7 结果取反指令 INV、空操作指令 NOP

1. 指令功能与应用

结果取反指令、空操作指令见表 5-20，结果取反指令用法如图 5.24 所示。

表 5-20　结果取反指令、空操作指令

记　号	名　称	符　　号	功　　能	对象软元件
INV	取反	取反	运算结果的反转	—
NOP	空操作	——	无操作	—

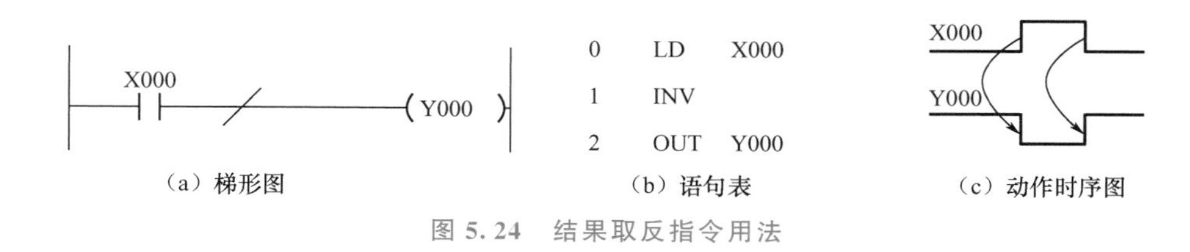

(a) 梯形图　(b) 语句表　(c) 动作时序图

图 5.24 结果取反指令用法

2. 指令使用说明

(1) INV 指令在梯形图中用一条45°的短斜线来表示，它将运算结果取反，如运算结果为0时，变为1；运算结果为1时，变为0。INV 不能与母线相连，也不能单独使用。

(2) NOP 指令为空操作，执行时什么也不做，但要消耗一定的时间。编程时可以在适当的位置加入一些 NOP 指令，以减少步号的变化。NOP 指令不能在梯形图模式下输入。

5.3.8 上升沿脉冲输出指令 PLS、下降沿脉冲输出指令 PLF

1. 指令功能与应用

上升沿脉冲输出指令、下降沿脉冲输出指令见表 5-21，指令用法如图 5.25 所示。

表 5-21 上升沿脉冲输出指令、下降沿脉冲输出指令

记　号	名　称	符　　号	功　　能	对象软元件
PLS	上升沿脉冲	─┤├─[PLS 对象软元件]	上升沿检测输出	Y，M
PLF	下降沿脉冲	─┤├─[PLF 对象软元件]	下降沿检测输出	Y，M

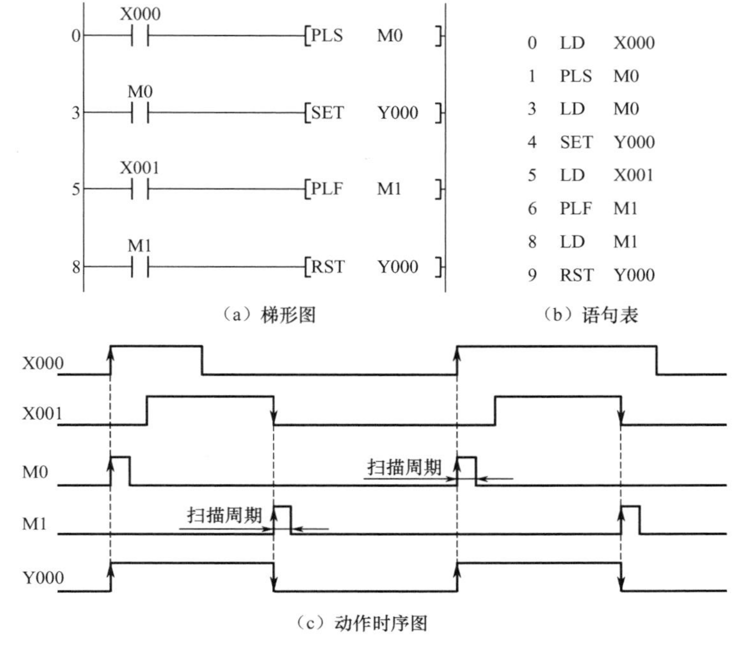

(a) 梯形图　(b) 语句表

(c) 动作时序图

图 5.25 上升沿脉冲输出指令、下降沿脉冲输出指令用法

2. 指令使用说明

（1）PLS 是上升沿脉冲输出指令，用于检出输入信号的上升沿，输出给后面的编程元件，获得一个扫描周期的脉冲输出，元件 Y、M 仅在驱动输入接通后的一个扫描周期内动作。

（2）PLF 是下降沿脉冲输出指令，用于检出输入信号的下降沿，输出给后面的编程元件，获得一个扫描周期的脉冲输出，元件 Y、M 仅在驱动输入断开后的一个扫描周期内动作。

（3）特殊继电器不能用作 PLS 或 PLF 的操作软元件。

5.3.9 置位指令 SET、复位指令 RST

1. 指令功能与应用

置位指令、复位指令见表 5-22，指令用法如图 5.26 所示。

表 5-22 置位指令、复位指令

记号	名称	符号	功能	对象软元件
SET	置位	SET 对象软元件	保持线圈动作	Y，M，S，D□.b
RST	复位	RST 对象软元件	解除保持的动作，当前值及寄存器清除	Y，M，S，D□.b，T，C，D，R，V，Z

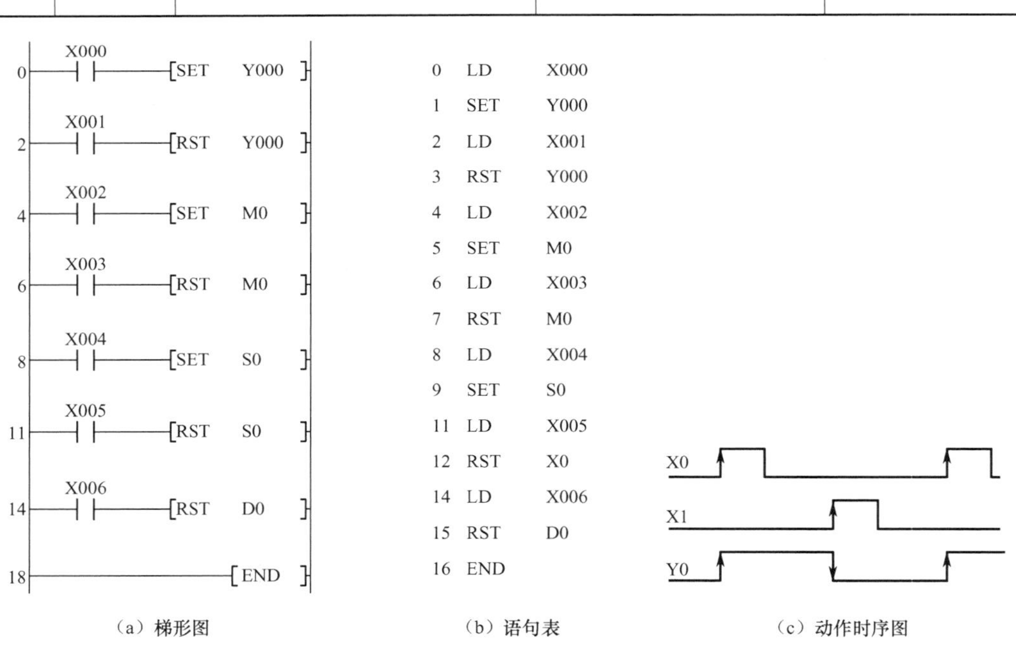

（a）梯形图　　（b）语句表　　（c）动作时序图

图 5.26 置位指令、复位指令用法

2. 指令使用说明

（1）SET、RST 指令用于对逻辑线圈 M、输出继电器 Y、状态继电器 S 置位、复位。RST 指令用于对数据寄存器 D 和变址寄存器 V、Z 清零，以及对定时器 T 和计数器 C 逻辑线圈复位，使它们的当前值清零。使用 **SET** 和 **RST** 指令，可以方便地在用户程序的任何地方对某个状态或事件设置标志和清除标志。

（2）可对同一软元件多次使用，且具有自保持功能。

使用置位指令、复位指令设计的电动机正反转控制程序如图 5.27 所示。

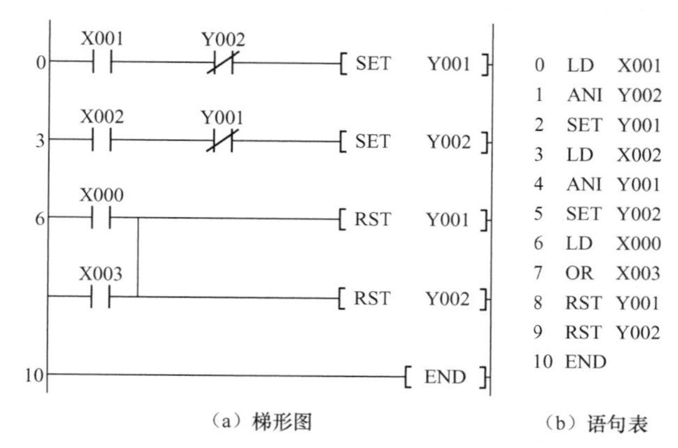

（a）梯形图　　（b）语句表

图 5.27　使用置位指令、复位指令设计的电动机正反转控制程序

5.3.10　运算结果脉冲化指令 MEP、MEF

1. 指令功能与应用

运算结果脉冲化指令见表 5－23，指令用法如图 5.28 所示。

表 5－23　运算结果脉冲化指令

记　号	名　称	符　号	功　　能	对象软元件
MEP	上升沿脉冲化		上升沿时输出脉冲	—
MEF	下降沿脉冲化		下降沿时输出脉冲	—

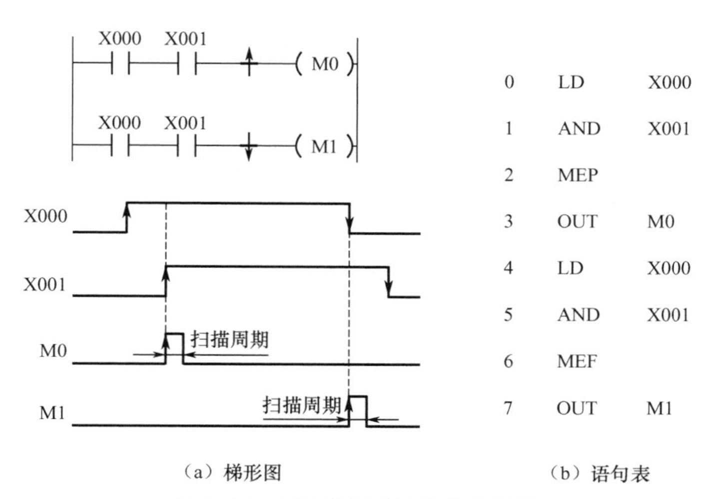

（a）梯形图　　（b）语句表

图 5.28　运算结果脉冲化指令用法

2. 指令使用说明

(1) MEP、MEF 指令使运算结果上升沿、下降沿时输出一个扫描周期的脉冲。

(2) MEP、MEF 指令不能直接与母线相连，在梯形图中的位置与 AND 指令的相同。

5.3.11 梯形图设计的基本原则

(1) PLC 在一个扫描周期内，程序扫描是按照从左到右、从上到下的顺序进行的，不能在输出线圈或功能指令与右母线之间插入其他软元件，如图 5.29 所示。

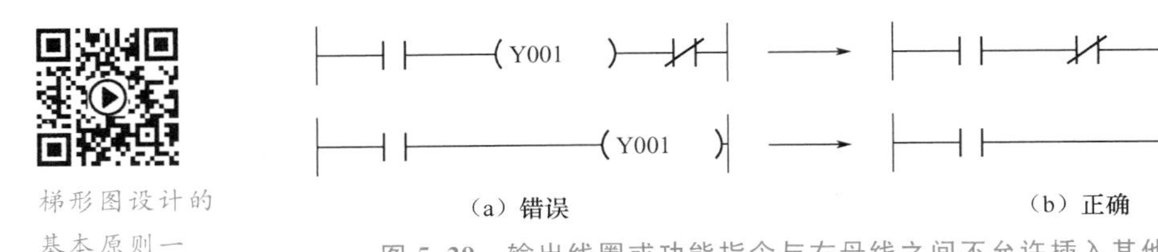

图 5.29　输出线圈或功能指令与右母线之间不允许插入其他软元件

(2) 多条支路并联时，应将串联触点多的支路安排在上面，即上面大下面小，这样可以减少 ORB 指令，如图 5.30 所示。图 5.30 (b) 所示的程序中不用 ORB 指令，程序少了一步。

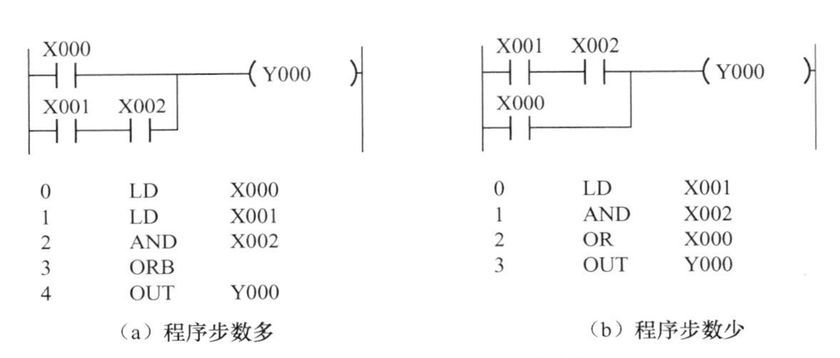

图 5.30　多条支路并联的优化

(3) 多条支路串联时，应将并联触点多的支路安排在左边，即左边大右边小，这样可以减少 ANB 指令，如图 5.31 所示。图 5.31 (b) 所示的程序中不用 ANB 指令，程序少了一步。

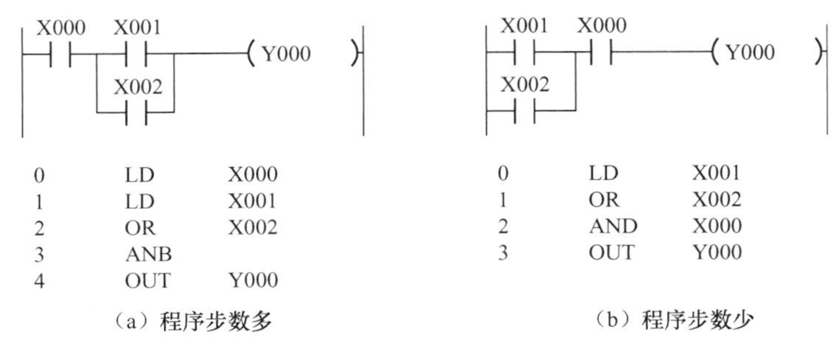

图 5.31　多条支路串联的优化

(4) 同一线圈输出多次时，多次输出的结果以最后一次优先。如图 5.32 (a) 所示，如果 X001＝ON，X002＝OFF，则 PLC 在执行梯形图的第一行时，Y003＝ON，并将 Y003 的状态存入输出映像寄存器中；到第 2 行时，Y004＝ON，并将 Y004 的状态存入输出映像寄存器中；到第 3 行时，Y003＝OFF，并将 Y003 的状态再次存入输出映像寄存器中，最终通过输出刷新使 Y003＝OFF、Y004＝ON 输出。这种结果可能不是编程者所希望的，需要改写成图 5.32（b）所示的梯形图。

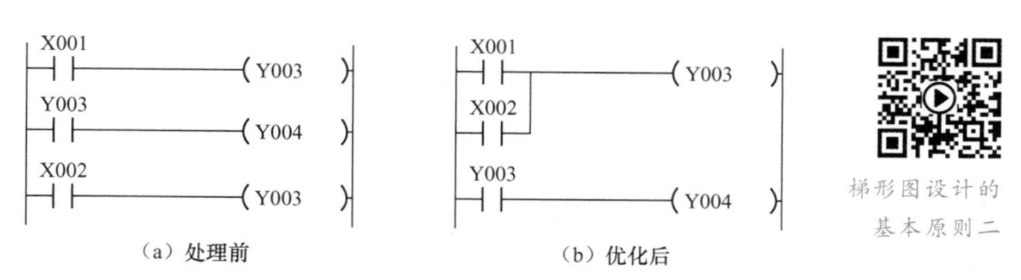

（a）处理前　　（b）优化后

图 5.32　双线圈输出处理

（5）多个线圈可并联输出。图 5.33 所示为 3 个线圈并联输出，但线圈不能串联输出。

（6）不应该产生桥式连接触点。在图 5.34（a）中，很难正确识别 X003 与其他触点的逻辑关系，因此，应根据其逻辑关系变换为图 5.34（b）或图 5.34（c）所示的梯形图。

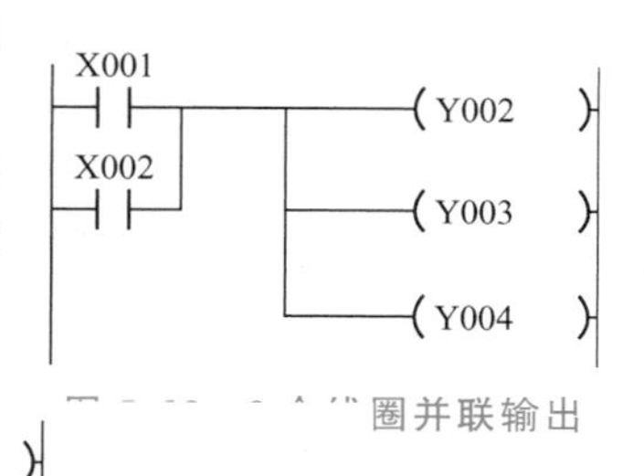

图 5.33　3 个线圈并联输出

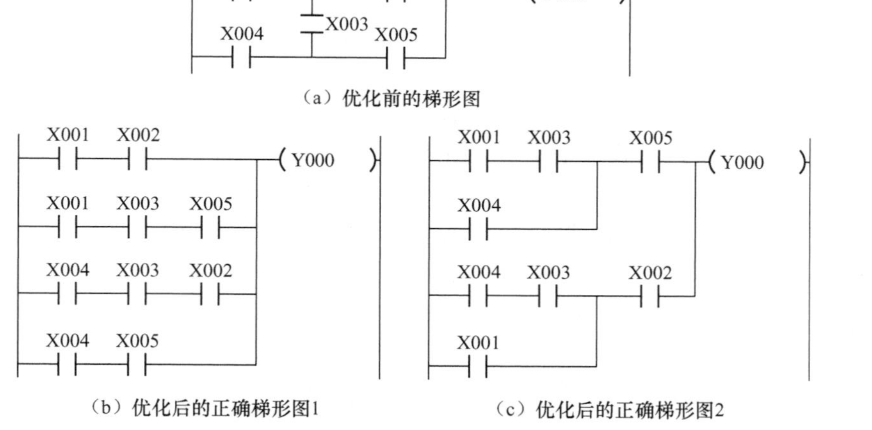

（a）优化前的梯形图

（b）优化后的正确梯形图1　　（c）优化后的正确梯形图2

图 5.34　桥式连接触点的处理

（7）PLC 输入点的外接常开按钮、常闭按钮与梯形图触点的对应关系。PLC 动合触点的闭合与动断触点的断开取决于对应端子有无信号输入，当相应端子上有信号输入时，动合触点闭合为 1，动断触点断开为 0。图 5.35 所示为使用控制按钮和接触器的电动机启停控制电路，KM 为接触器，SB1 为电动机启动按钮，SB2 为停止按钮。使用 PLC 控制时，如果将 SB2 在 PLC 的 I/O 接线图中接成常闭，则接线图和梯形图如图 5.36 所示；如果将 SB2 在 PLC 的 I/O 接线图中接成常开，则接线图和梯形图如图 5.37 所示。通常建议采用图 5.37 所示的控制方式。

梯形图设计的基本原则三

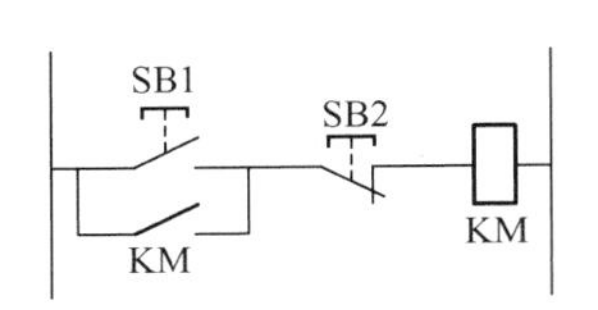

图 5.35　使用控制按钮和接触器的电动机启停控制电路

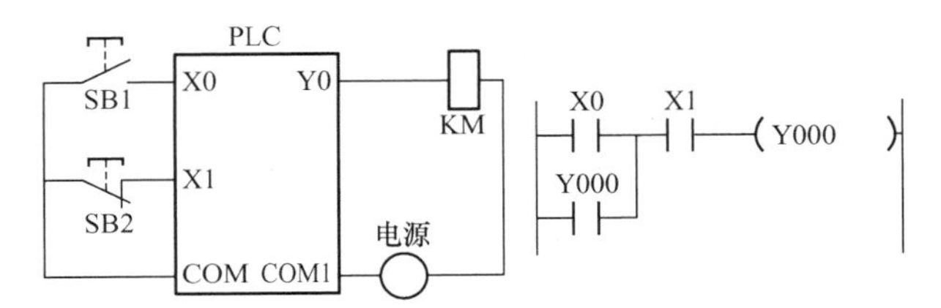

图 5.36　停止按钮为常闭的接线图和梯形图

PLC控制电动机连续运行

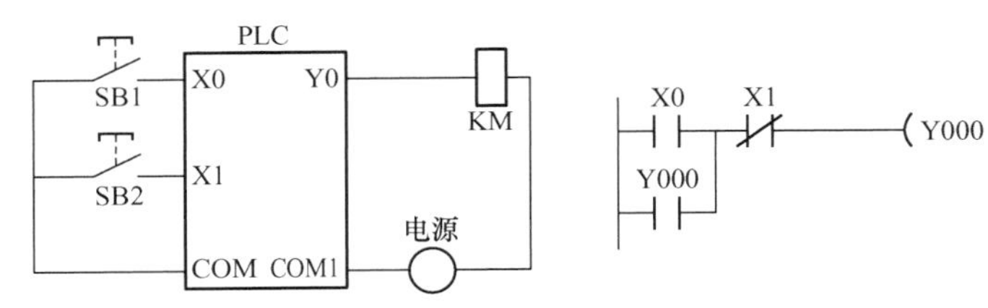

图 5.37　停止按钮为常开的接线图和梯形图

5.3.12　基本逻辑指令常用典型程序

1. 启保停程序

启保停程序即启动、保持、停止的控制程序，是梯形图中最典型的基本程序。X0 接启动按钮，X1 接停止按钮。

(1) 停止优先启保停程序。

当要启动时，按下启动按钮，X0 接通，输出线圈 Y0 通电，并通过 Y0 动合触点自锁；当要停止时，按下停止按钮，X1 断开，输出线圈 Y0 断电。普通启保停程序如图 5.38 (a) 所示。

基本逻辑指令常用典型程序

若用 SET、RST 指令编程，启保停程序包含梯形图程序的两个要素，一个是使线圈置位并保持的条件，启动按钮 X0 为 ON；另一个是使线圈复位并保持的条件，停止按钮 X1 为 ON。启动时，按下启动按钮，X0 接通，输出线圈置位并保持；停止时，按下停止按钮，X1 接通，输出线圈复位并保持。置位复位启保停程序如图 5.38 (b) 所示。

PLC控制电动机正反转运行

(a) 普通启保停程序　　(b) 置位复位启保停程序

图 5.38　停止优先启保停程序

在运用这两种方法编程时，应注意以下两点。

① 在图 5.38 (a) 所示的方法中，用 X1 的动断触点；而在图 5.38 (b) 所示的方法

中，用 X1 的动合触点，但它们的外部输入接线完全相同，均为动合按钮。

② 上述两个梯形图都为停止优先，同时按下启动按钮和停止按钮，电动机停止。

（2）启动优先启保停程序。

启动优先启保停程序如图 5.39 所示，同时按下启动按钮和停止按钮，电动机启动。

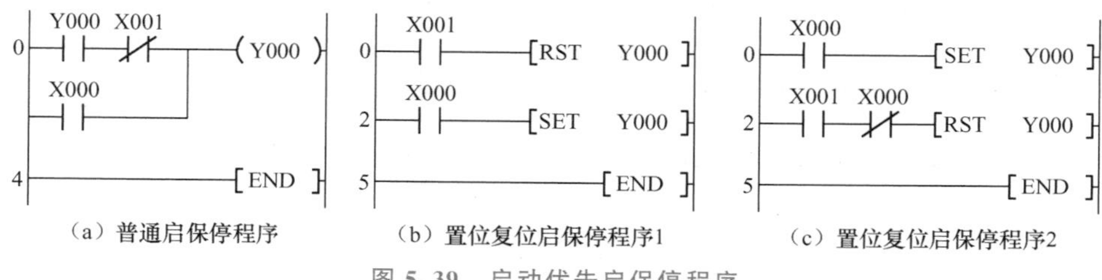

图 5.39 启动优先启保停程序

2. 延时程序

（1）通电延时闭合程序。

按下启动按钮，X0 接通，延时 2s 后输出 Y0 通电，按下停止按钮，X2 断开，输出线圈 Y0 断开，其梯形图及动作时序图如图 5.40 所示。

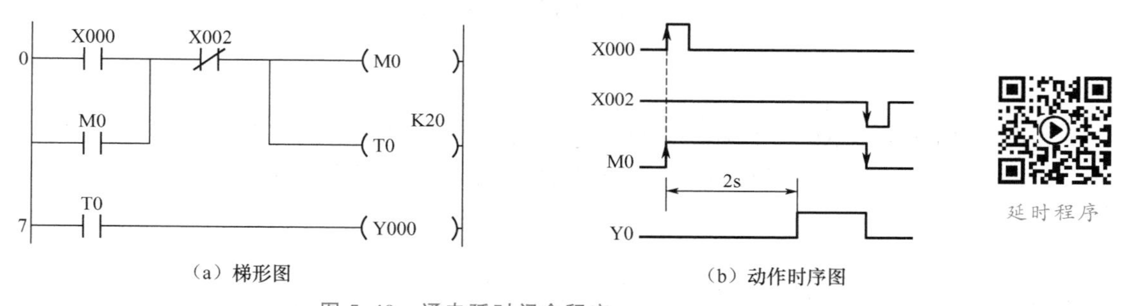

图 5.40 通电延时闭合程序

（2）断电延时断开程序。

当 X0 接通时，Y0 通电并自保；当 X0 断开时，定时器 T0 开始通电延时，延时时间达到定时器的设定时间 10s 时，Y0 由通电变为断电，实现断电延时断开，其梯形图及动作时序图如图 5.41 所示。

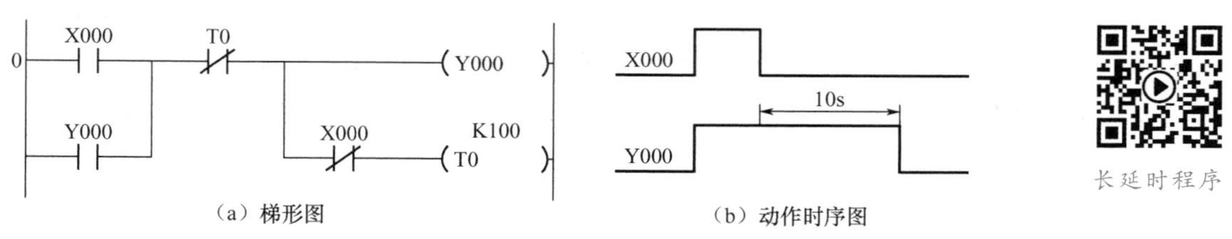

图 5.41 断电延时断开程序

（3）长延时程序。

FX 系列 PLC 的定时器最长延时时间为 3276.7s，利用多个定时器组合或者定时器与计数器的组合，可以实现大于 3276.7s 的延时。长延时程序如图 5.42 所示。

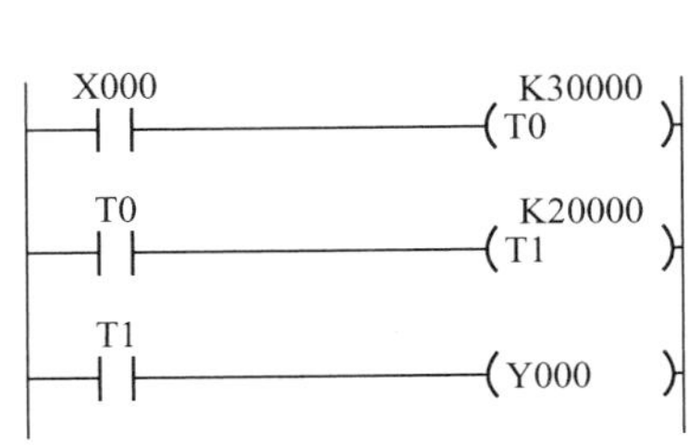

（a）定时器与定时器组合5000s延时程序

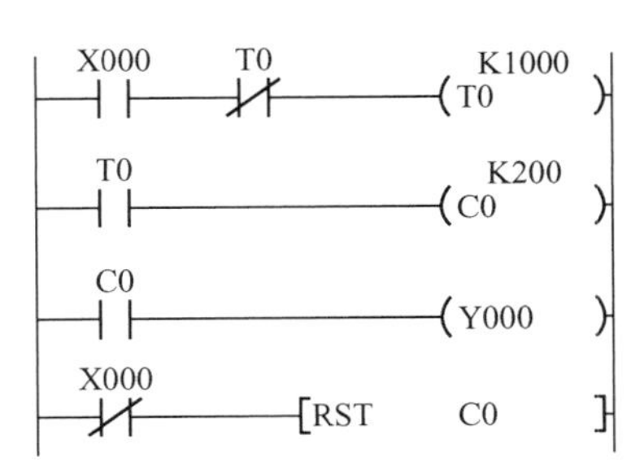

（b）定时器与计数器组合20000s延时程序

PLC控制
三台电动机
顺序启动

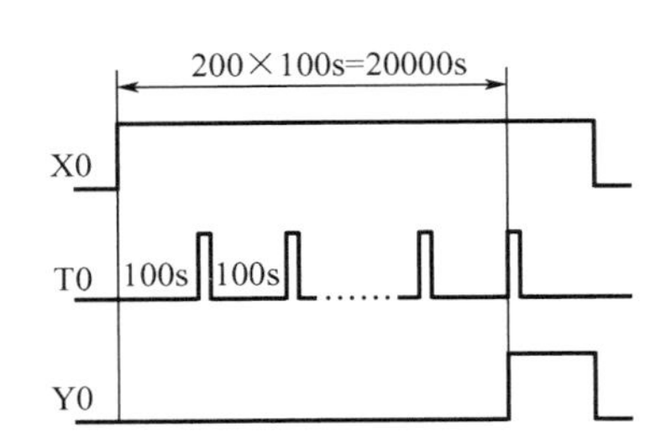

（c）定时器与计数器组合20000s动作时序图

图 5.42 长延时程序

（4）顺序延时接通程序。

如图 5.43 所示，X0 接通后，输出继电器 Y0、Y1、Y2 依次间隔 10s 通电，当 X0 断开时同时停止。定时器 T0、T1 设置不同的延时时间，可实现不同时间间隔的顺序接通。

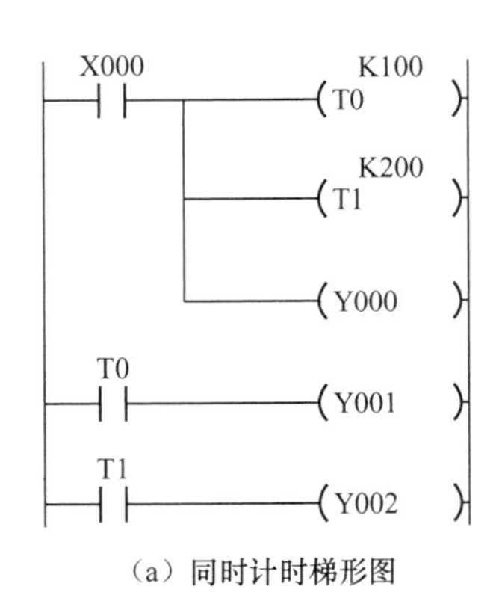

（a）同时计时梯形图

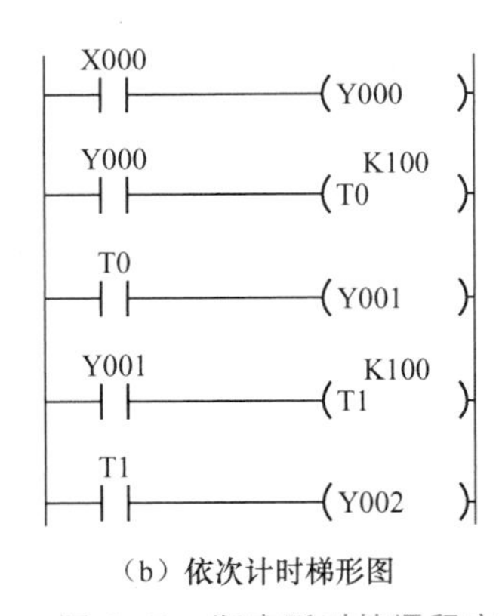

（b）依次计时梯形图

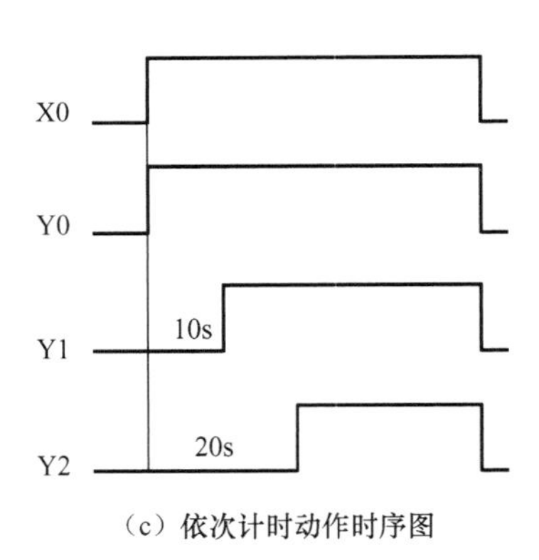

（c）依次计时动作时序图

图 5.43 顺序延时接通程序

3. 二分频程序

输入为一定频率的方波，输出得到一个频率为输入频率二分之一的方波，这种功能称为二分频。图 5.44 所示为二分频程序的梯形图及动作时序图，输入 X0 为一定频率的方波，输出 Y0 为二分频后的方波。

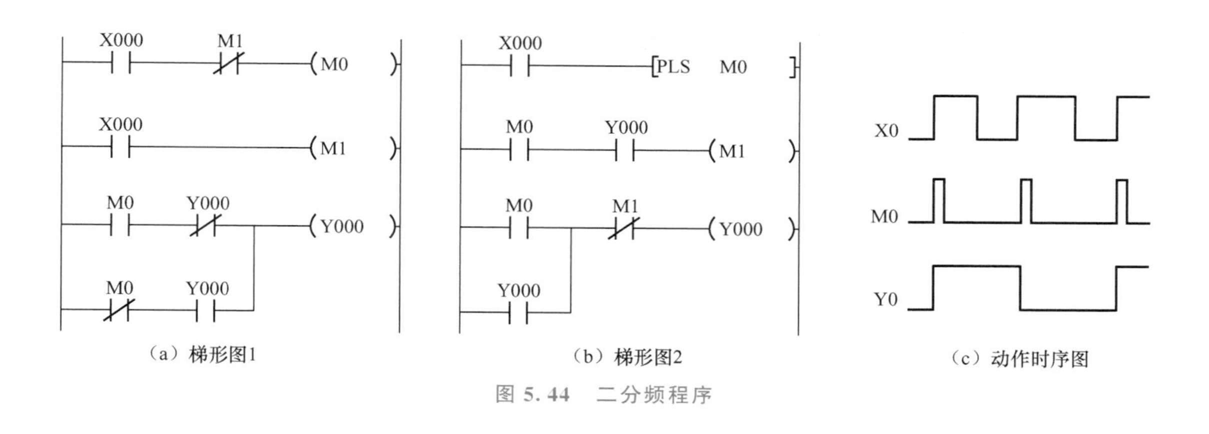

(a) 梯形图1　(b) 梯形图2　(c) 动作时序图

图 5.44　二分频程序

5.4　顺序功能图

基本逻辑指令和梯形图主要用于设计一般控制要求的 PLC 程序。对于复杂控制系统来说，系统的 I/O 点数较多，工艺复杂，每个工序的自锁要求及工序与工序之间的联锁关系也复杂，直接采用逻辑指令和梯形图进行设计较困难。在实际控制系统中，可将生产过程的控制要求以工序划分成若干段，每个工序完成一定的功能，在满足转移条件后，从当前工序转移到下道工序，这种控制通常称为顺序控制。为了方便顺序控制设计，PLC 大多设置有专门用于顺序控制或称为步进控制的指令。FX 系列 PLC 在基本逻辑指令之外增加了两条步进指令，同时辅以大量状态继电器 S，结合顺序功能图（Sequential Function Chart，SFC），可以很容易地设计复杂的顺序控制程序。

顺序功能图是描述控制系统的控制过程、功能和特性的一种图形，主要由步、步对应的动作、步与步之间的转移条件，通过有向线段连接构成。状态继电器 S 是对工序步进控制进行编程的重要软元件。FX_{3U}系列 PLC 状态继电器 S0～S4095，其中 S0～S9 为初始化状态继电器共 10 点，S10～S19 在功能指令（FNC60）IST 中被用作回零状态继电器共 10 点，S20～S499 通用状态继电器共 480 点，S500～S4095 为断电保持型状态继电器共 3596 点，其中 S900～S999 为信号报警状态继电器共 100 点。图 5.45 所示为顺序控制的顺序功能图。

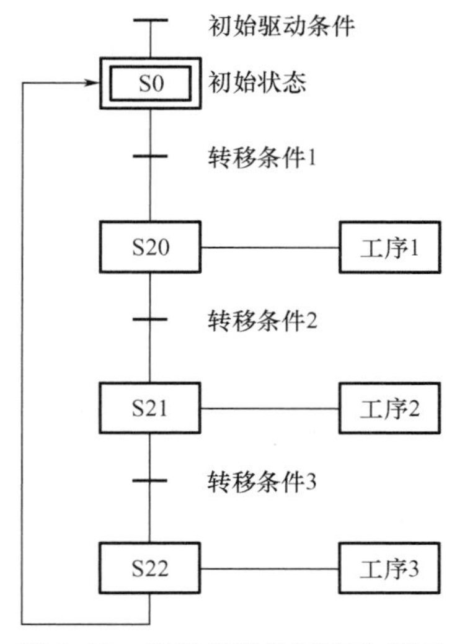

图 5.45　顺序控制的顺序功能图

设计顺序功能图时，首先要将系统的工作过程分解成若干连续的工序阶段，这些阶段称为状态或步。每步状态都要完成一定的动作，驱动一定的负载，相邻状态动作不同。一个步可以是动作的开始、持续或结束。一个过程划分的步越多，描述就越精确。步与步之间用转移条件来分隔。当相邻两步之间的转移条件满足时，转移得以实现，上一步动作的结束就是下一步动作的开始。

5.4.1 顺序功能图的画法与构成规则

1. 顺序功能图的画法

（1）步。

步是控制系统中一个相对稳定的状态。在顺序功能图中，步表示某个执行元件的状态，用矩形框来表示，矩形框中填写状态继电器 S 及其编号。

① 初始步。初始步对应于控制系统的初始状态，是其运行的起点，一个控制系统至少要有一个初始步。

② 工作步。工作步是控制系统正常运行时的状态。根据系统是否运行，步可有两种状态，即动作步和静止步，动作步是指当前正在运行的步，静止步是没有运行的步。初始步与工作步的符号如图 5.46 所示，初始步 SS 状态继电器选取 S0～S9，工作步 SW 状态继电器选取 S20～S899。

③ 与步对应的动作。动作是指一个稳定的状态，即表示过程中的一个动作，用该步右边的一个矩形框来表示。当一个步有多个动作时，用该步右边的多个矩形框来表示。步对应的动作如图 5.47 所示。

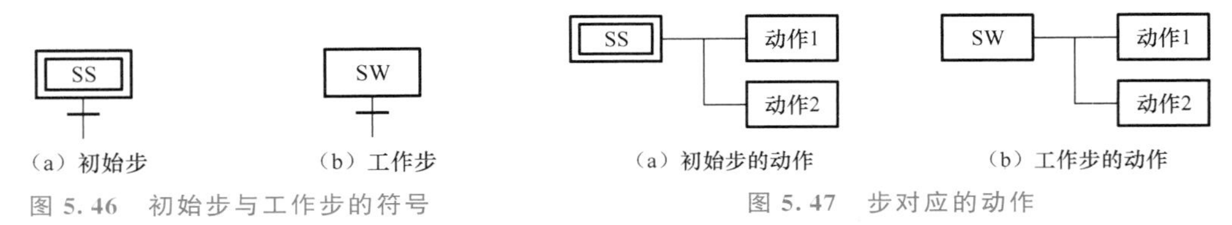

（a）初始步　（b）工作步

图 5.46　初始步与工作步的符号

（a）初始步的动作　（b）工作步的动作

图 5.47　步对应的动作

图 5.48　步的转移及转移条件画法

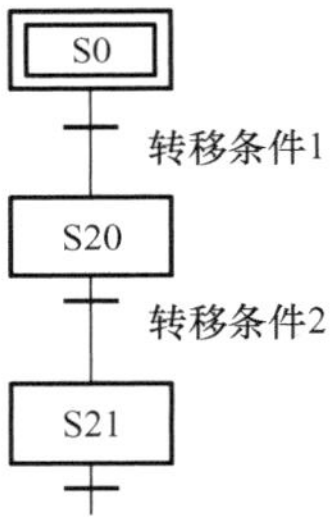

（2）步的转移及转移条件。

从一个步到另一个步的变化，称为转移。用一条有向线段来表示转移的方向，两个步之间的有向线段表示该转移，转移需要条件，当条件满足时，实现转移。转移条件可以采用文字语句或逻辑表达式等方式表示在转移符号旁。只有当一个步处于活动状态且与其相关的转移条件成立时，才能实现步的转移，转移的结果使它的后续步成为动作步，而当前步成为静止步。步的转移及转移条件画法如图 5.48 所示。

2. 顺序功能图的规则

顺序功能图必须满足以下规则。

（1）步与步不能相连，必须用转移分开。

（2）转移与转移不能相连，必须用步分开。

（3）步与转移、转移与步之间的连接采用有向线段，从上向下画时可以省略箭头。当有向线段从下向上画时，必须画上箭头，以表示方向。

（4）一个顺序功能图至少要有一个初始步。

5.4.2 顺序功能图的基本形式

1. 单流程顺序

单流程顺序的动作一个接着一个完成，每个步仅连接一个转移，每个转移也仅连接一个步，如图 5.49（a）所示。

2. 选择顺序

选择顺序是指在某步后有若干单一顺序等待选择，一次只能选择进入一个顺序。为了保证一次选择一个顺序及选择的优先权，还必须约束各转移条件。其表示方法是在某步后连接一条水平线，水平线下连接各单一顺序的第一个转移。转移图结束时，用一条水平线表示，水平线以下不允许再跟着转移，如图 5.49（b）所示。

3. 并行顺序

并行顺序是指在某转移条件下，同时启动若干顺序。并行顺序用双水平线表示，结束若干顺序也用双水平线表示，如图 5.49（c）所示。

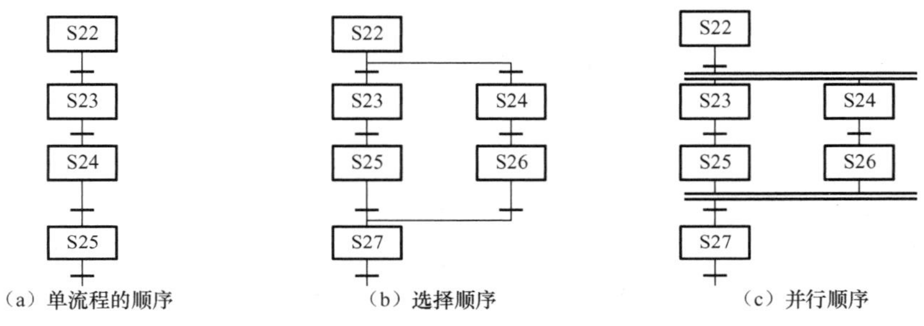

（a）单流程的顺序　（b）选择顺序　（c）并行顺序

图 5.49　顺序功能图的基本形式

5.5　步进指令及步进梯形图

5.5.1　步进指令及步进梯形图的编程方法

1. 步进指令

（1）指令功能及说明。

步进指令共有两条，见表 5-24。

表 5-24　步进指令

记　号	名　　称	符　　号	功　　能	对象软元件
STL	步进指令	STL 对象软元件	步进梯形图的开始	S
RET	步进复位指令	RET	步进梯形图的结束	—

（2）主控功能。

STL 指令仅对状态寄存器 S 有效。STL 指令将状态寄存器 S 的触点与主母线相连，并提供主控功能。使用 STL 指令后，触点的右侧起点处要使用 LD/LDI 指令，步进复位指令 RET 使 LD/LDI 点返回主母线。

（3）自动复位功能。

当使用 STL 指令时，状态转移后新的状态寄存器 S 被置位，前一个状态寄存器 S 将自动复位。

（4）驱动功能。

STL 指令后可以直接驱动或通过其他触点来驱动 Y、M、S、T、C 等元件的线圈和功能指令。若同一线圈需要在连续多个状态下驱动，则可在各状态下分别使用 OUT 指令，也可使用 SET 指令将其置位，不需要驱动时，再用 RET 指令将其复位。

（5）双线圈功能。

由于 CPU 只执行活动步对应的程序，因此顺序功能图中允许双线圈输出，即在不同 STL 程序区可以驱动同一软元件的线圈，但是同一元件的线圈不能在同时为活动步的 STL 程序区内出现。在有并行流程的顺序功能图中，应特别注意该问题。

（6）步进复位指令 RET 功能。

使用 STL 指令后，与其相连的 LD/LDI 回路块被右移，当需要把 LD/LDI 点返回到主母线上时，要用 RET 指令。STL 指令与 RET 指令并不需要成对使用，但当全部 STL 电路结束时，STL 指令一定要写入 RET 指令。

2. 步进梯形图的编程方法

应用步进指令编程时，须重视指令的功能及程序执行中的特点，注意以下几点。

（1）输出的驱动方法。

STL 指令后的母线一旦写入 LD/LDI 指令，就不能再对不再需要触点驱动的指令编程，需要修改。图 5.50 所示为 Windows 版 FXGP/WIN 编程软件 STL 指令的梯形图编程方法。

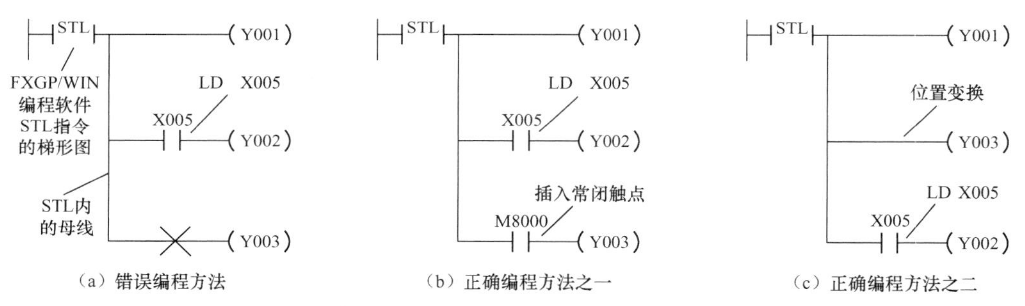

（a）错误编程方法　（b）正确编程方法之一　（c）正确编程方法之二

图 5.50　Windows 版 FXGP/WIN 编程软件 STL 指令的梯形图编程方法

图 5.51 所示为 Windows 版 GX Developer 编程软件 STL 指令的梯形图编程方法。

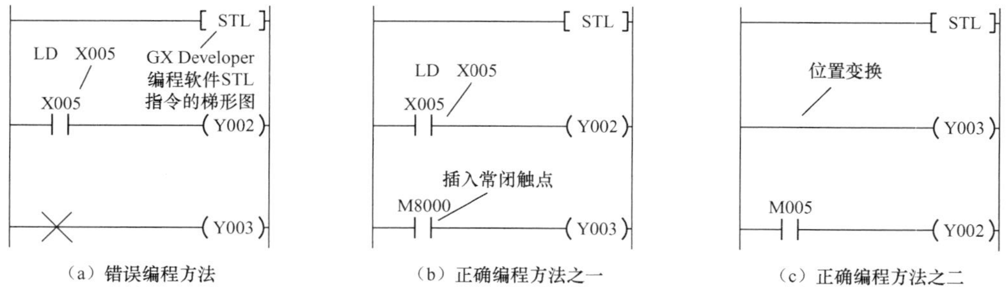

（a）错误编程方法　（b）正确编程方法之一　（c）正确编程方法之二

图 5.51　Windows 版 GX Developer 编程软件 STL 指令的梯形图编程方法

（2）转移条件回路中不能使用的指令。

转移条件回路中不能使用 ANB、ORB、MPS、MRD、MPP 等指令，如图 5.52 所示。

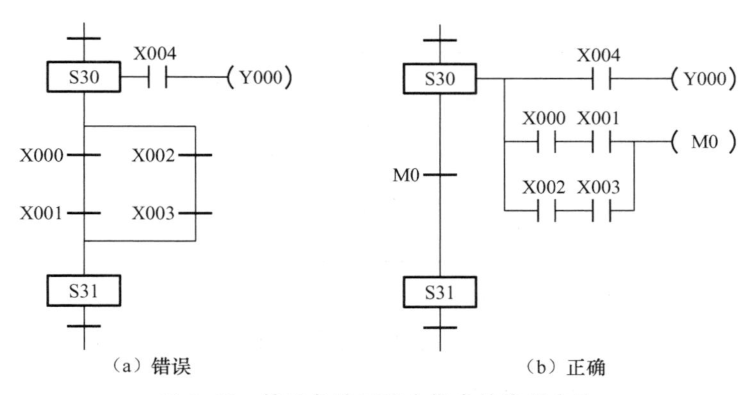

图 5.52 转移条件回路中指令的应用方法

(3) 状态复位。

选定区间内的状态同时复位，如图 5.53 所示。

(4) 禁止输出的操作。

禁止运行状态的输出如图 5.54 所示。

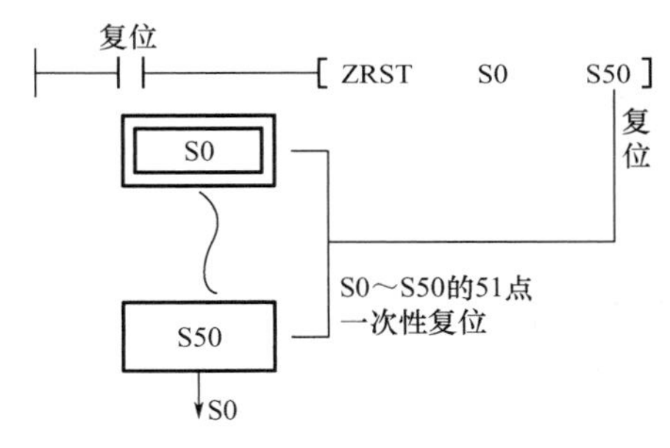

图 5.53 选定区间内的状态同时复位

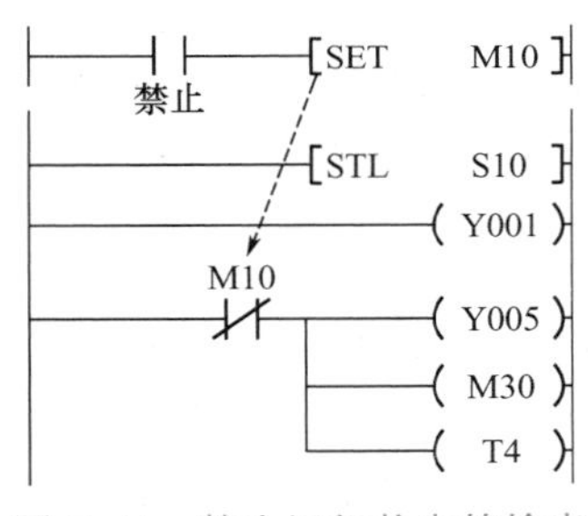

图 5.54 禁止运行状态的输出

(5) 断开输出继电器 Y 的操作。

将 PLC 中的所有输出继电器 Y 断开，如图 5.55 所示。在特殊辅助继电器 M8034 为 ON 时，顺序控制程序继续运算，使输出继电器 Y 处于断开状态。

图 5.55 断开输出继电器 Y 的操作

(6) 顺序功能图需采用的特殊辅助继电器和逻辑指令。

为了有效编写顺序功能图，常需要采用表 5－25 所示的特殊辅助继电器。

表 5－25 特殊辅助继电器

软元件号	名　　称	功能和用途
M8000	RUN 监视	PLC 在运行过程中，需要一直接通的继电器，可作为驱动程序的输入条件或 PLC 运行状态的显示
M8002	初始脉冲	在 PLC 由 STOP 到 RUN 时，仅在瞬间（一个扫描周期）接通的继电器，用于程序的初始设定或初始状态的复位
M8040	禁止转移	驱动该继电器，则禁止在所有状态之间转移。然而，即使在禁止状态下转移，由于状态内的程序仍然动作，因此输出线圈等不会自动断开

续表

软元件号	名　　称	功能和用途
M8046	STL 动作	任一状态接通时，M8046 自动接通。用于避免与其他流程同时启动或用作工序的动作标志
M8047	STL 监视有效	驱动该继电器，则编程功能可自动读出并显示正在动作中的状态

（7）断电保持型状态继电器的使用。

中途停电，恢复时需要保持停电前状态的，使用断电保持型状态继电器 S500～S4095。

5.5.2　单流程顺序功能图程序设计

1. 设计步骤

（1）根据控制要求，列出 PLC 的 I/O 分配表，画出 I/O 接线图。

（2）将整个工作过程按工作状态分解为若干步。

（3）理解每步的功能和作用，即设计负载驱动程序。

（4）找出每步的转移条件和转移方向。

（5）根据以上分析，画出控制系统的顺序功能图。

（6）根据顺序功能图写出指令表。

2. 应用实例

【例 5－1】 用步进指令设计一个三相电动机循环正、反转的控制系统。控制要求如下：按下启动按钮，电动机正转 3s，暂停 2s，反转 3s，暂停 2s，如此循环 5 个周期，然后自动停止，运行中可按停止按钮停止，热继电器动作也应停止。

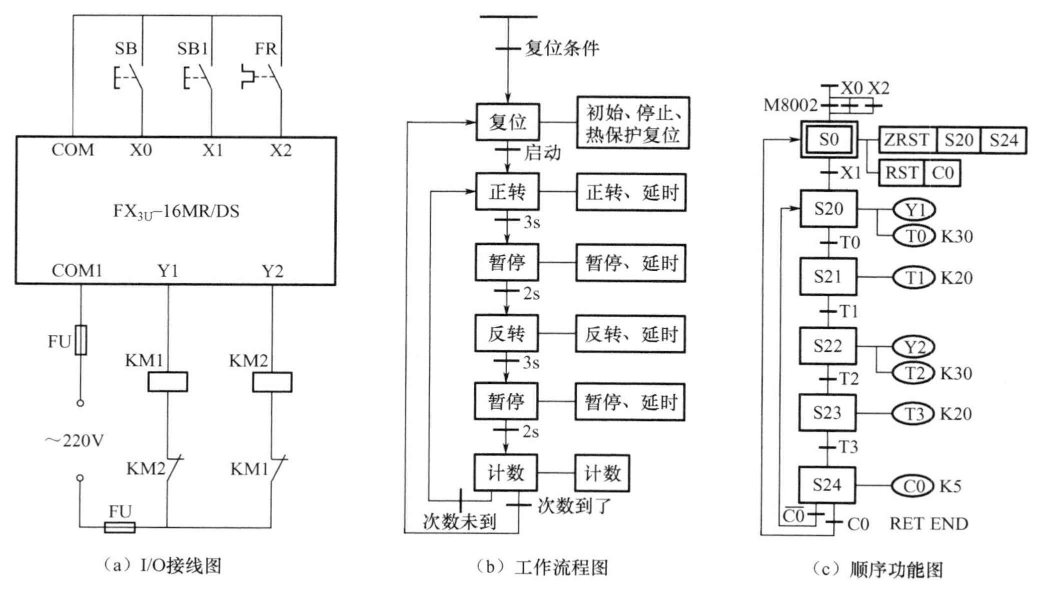

（a）I/O接线图　　（b）工作流程图　　（c）顺序功能图

图 5.56　电动机循环正、反转控制

解：（1）根据控制要求，设置停止按钮SB、启动按钮SB1、热继电器FR、热继电器FR动合触点、电动机正转接触器KM1、电动机反转接触器KM2。其I/O接线图如图5.56（a）所示。

（2）分析控制要求可知，这是一个单流程控制，其工作流程图如图5.56（b）所示，由工作流程图画出的顺序功能图如图5.56（c）所示。

（3）根据顺序功能图，使用步进指令STL写出指令，见表5－26。

表5－26　三相电动机循环正、反转指令表

LD　M8002	LD　T0	OUT　T3　K20
OR　X0	SET　S21	LD　T3
OR　X2	STL　S21	SET　S24
SET　S0	OUT　T1　K20	STL　S24
STL　S0	LD　T1	OUT　C0　K5
ZRST　S20　S24	SET　S22	LDI　C0
RST　C0	STL　S22	OUT　S20
LD　X001	OUT　Y002	LD　C0
SET　S20	OUT　T2　K30	OUT　S0
STL　S20	LD　T2	RET
OUT　Y001	SET　S23	END
OUT　T0　K30	STL　S23	

5.5.3 选择流程顺序功能图程序设计

1. 选择流程程序的特点

由两个或两个以上的分支流程组成，根据控制要求只能从中选择一个分支流程执行的程序，称为选择流程程序。图5.57所示是具有三个支路的选择流程程序，其特点如下。

（1）从三个流程中选择执行哪个流程由转移条件X000、X010、X020决定。

（2）分支转移条件X000、X010、X020不能同时接通，哪个先接通，就执行哪条分支。

（3）当S20已动作时，一旦X000接通，程序就向S21转移，则S20复位。因此，在S20再次动作前，即使X010或X020接通，S31或S41也不会动作。

（4）汇合状态S50可由S22、S32、S42中任一个驱动。

2. 选择流程分支的编程

选择流程分支的编程与一般状态的编程相同，先进行驱动处理，然后进行转移处理，所有转移处理按顺序执行，简称先驱动后转移。因此，先对S20进行驱动处理（OUT Y000），然后按S21、S31、S41的顺序进行转移处理。选择分支程序的指令见表5－27。

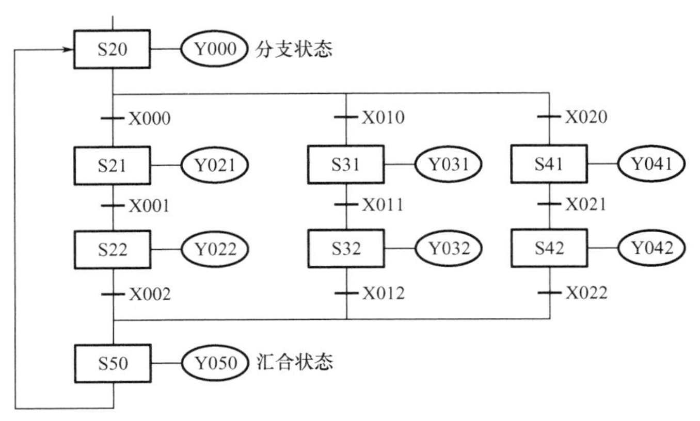

图 5.57 具有三个支路的选择流程程序

表 5-27 选择分支程序的指令

指令	说明	指令	说明
STL S20		LD X010	第 2 分支的转移条件
OUT Y000	驱动处理	SET S31	转移到第 2 分支
LD X000	第 1 分支的转移条件	LD X020	第 3 分支的转移条件
SET S21	转移到第 1 分支	SET S41	转移到第 3 分支

3. 选择流程汇合的编程

选择流程汇合的编程，先进行汇合前状态的驱动处理，然后按顺序向汇合状态进行转移处理。先分别对第 1 分支、第 2 分支、第 3 分支进行驱动处理，然后按 S22、S32、S42 的顺序向 S50 转移。选择汇合程序的指令见表 5-28。

表 5-28 选择汇合程序的指令

指令	说明	指令	说明
STL S21	第 1 分支驱动处理	LD X021	第 3 分支驱动处理
OUT Y021		SET S42	
LD X001		STL S42	
SET S22		OUT Y042	
STL S22		STL S22	由第 1 分支转移到汇合点
OUT Y022		LD X002	
STL S31	第 2 分支驱动处理	SET S50	
OUT Y031		STL S32	由第 2 分支转移到汇合点
LD X011		LD X012	
SET S32		SET S50	
STL S32		STL S42	由第 3 分支转移到汇合点
OUT Y032		LD X022	
STL S41	第 3 分支驱动处理	SET S50	
OUT Y041		STL S50 OUT Y050	

4. 应用实例

【例 5-2】 用步进指令设计三相电动机正、反转的控制程序。控制要求如下：按下正转启动按钮 SB1，电动机正转；按下反转启动按钮 SB2，电动机反转；按下停止按钮 SB，电动机停止。

解：(1) 根据控制要求，PLC 输入/输出接点分配见表 5-29。

表 5-29 PLC 输入/输出接点分配

输入		输出	
停止按钮 SB	X000	正转接触器 KM1	Y001
正转启动按钮 SB1	X001	反转接触器 KM2	Y002
反转启动按钮 SB2	X002		
热继电器 FR 动合触点	X003		

(2) 三相电动机的正、反转控制是具有两个分支的选择流程，分支转移的条件是正转启动按钮 SB1 和反转启动按钮 SB2，汇合的条件是热继电器 FR 动合触点或停止按钮 SB，而初始状态 S0 可由初始脉冲 M8002 来驱动。三相电动机正、反转控制顺序功能图如图 5.58 所示。

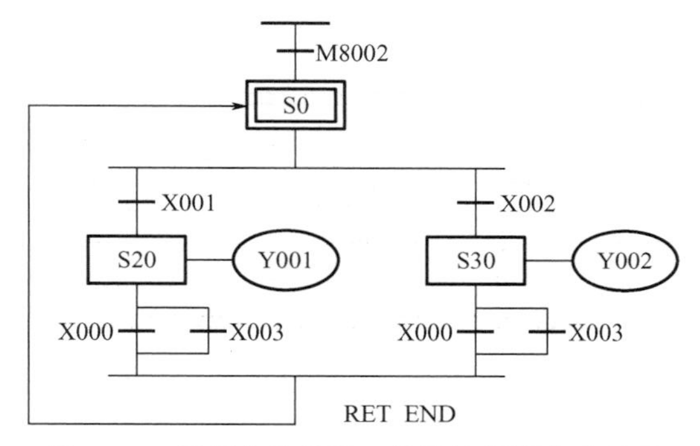

图 5.58 三相电动机正、反转控制顺序功能图

(3) 根据顺序功能图，使用步进指令 STL 写出指令，见表 5-30。

表 5-30 三相电动机正、反转指令表

LD M8002	STL S20
SET S0	LD X000
STL S0	OR X003
LD X001	OUT S0
SET S20	STL S30
LD X002	LD X000
SET S30	OR X003
STL S20	OUT S0
OUT Y001	RET

续表

STL　S30	END
OUT　Y002	

5.5.4 并行流程顺序功能图程序设计

1. 并行流程程序的特点

由两个及两个以上的分支流程组成，但必须同时执行各分支的程序，称为并行流程程序。图 5.59 所示是具有三个支路的并行流程程序，其特点如下。

(1) 若 S20 已动作，则只要分支转移条件 X0 成立，三个支路流程就同时并列执行，没有先后之分。

(2) 当各流程的动作全部结束时（先执行完的支路流程要等待全部流程动作完成），一旦 X2 为 ON，则汇合状态 S50 动作，S22、S32、S42 全部复位。若其中一个流程没执行完，则 S50 不可能动作。

(3) 并行流程最多能实现 8 个支路流程的分支与汇合。

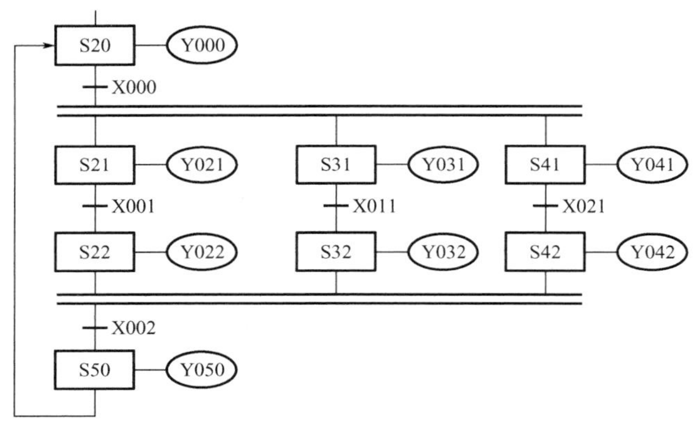

图 5.59　具有三个支路的并行流程程序

2. 并行流程分支的编程

并行流程分支的编程与选择分支的编程相同，先进行驱动处理，然后进行转移处理，所有转移处理按顺序执行。并行流程分支的编程方法，先对 S20 进行驱动处理（OUT Y0），然后按第 1 分支、第 2 分支、第 3 分支的顺序进行转移处理。并行分支程序的指令见表 5－31。

表 5－31　并行分支程序的指令

STL　S20		SET　S21	转移到第 1 分支
OUT　Y000	驱动处理	SET　S31	转移到第 2 分支
LD　X000	转移条件	SET　S41	转移到第 3 分支

3. 并行流程汇合的编程

并行流程汇合的编程与选择流程汇合的编程相同，也是先进行汇合前状态的驱动处理，然后按顺序向汇合状态进行转移处理。即先对 S21、S22、S31、S32、S41、S42 进行驱动处理，然后按 S22、S32、S42 的顺序向 S50 转移。并行流程汇合程序的指令见表 5－32。

表 5－32 并行流程汇合程序的指令

指令	说明	指令	说明
STL S21	第 1 分支驱动处理	STL S41	第 3 分支驱动处理
OUT Y021		OUT Y041	
LD X001		LD X021	
SET S22		SET S42	
STL S22		STL S42	
OUT Y022		OUT Y042	
STL S31	第 2 分支驱动处理	STL S22	由第 1 分支汇合
OUT Y031		STL S32	由第 2 分支汇合
LD X011		STL S42	由第 3 分支汇合
SET S32		LD X002	汇合条件
STL S32		SET S50	汇合状态
OUT Y032		STL S50 OUT Y050	

4. 应用实例

【例 5－3】 用步进指令设计一个按钮式人行横道指示灯的控制程序。控制要求如下：按下按钮 SB1 或 SB2，人行横道和车道指示灯按图 5.60 所示点亮（高电平表示点亮，低电平表示不亮）。

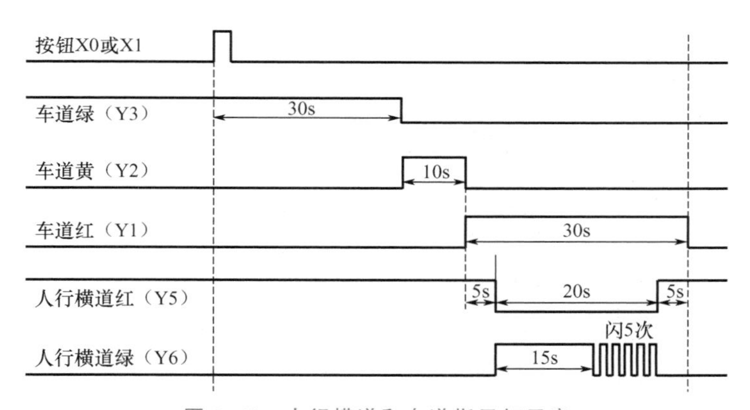

图 5.60 人行横道和车道指示灯示意

解：（1）根据控制要求，PLC 输入/输出接点分配见表 5－33。

表 5－33 PLC 输入/输出接点分配

输 入		输 出	
按钮 SB1	X000	车道红灯 H11	Y001
按钮 SB2	X001	车道黄灯 H12	Y002
		车道绿灯 H13	Y003

续表

输入		输出	
		人行横道红灯 H15	Y005
		人行横道绿灯 H16	Y006

（2）PLC 外部接线图如图 5.61 所示。

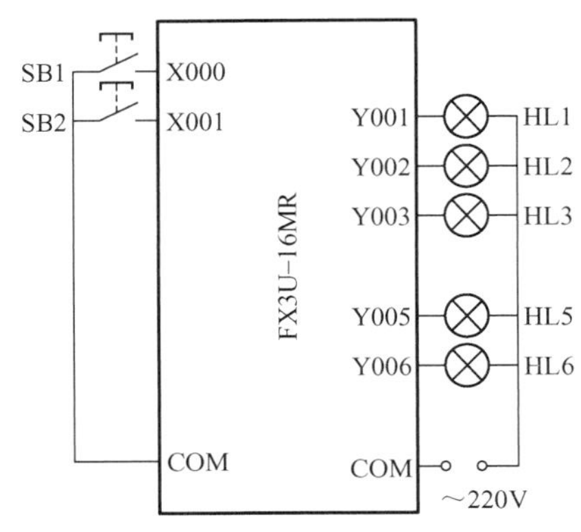

图 5.61 PLC 外部接线图

（3）根据控制要求，未按下按钮 SB1 或 SB2 时，人行横道亮红灯，车道亮绿灯；按下按钮 SB1 或 SB2 时，人行横道指示灯和车道指示灯同时运行。此流程是具有两个分支的并行流程。按钮式人行横道指示灯的顺序功能图如图 5.62 所示。

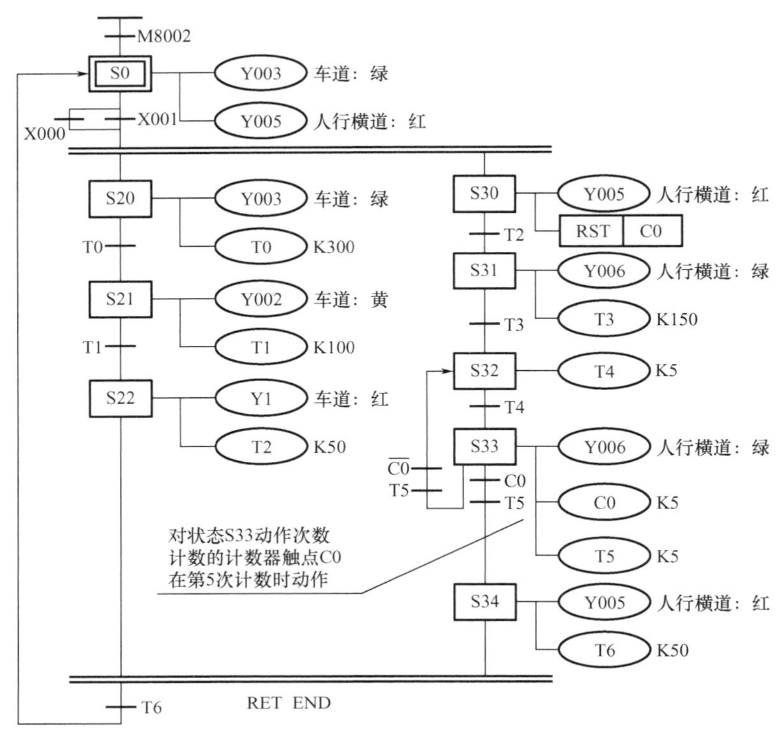

图 5.62 按钮式人行横道指示灯的顺序功能图

（4）根据顺序功能图，按照并行流程的编程方法，使用步进指令 STL 写出指令，见表 5－34。

表 5－34　按钮式人行横道指示灯的指令表

LD　M8002	STL　S22	OUT　C0　K5
SET　S0	OUT　Y001	OUT　T5　K5
STL　S0	OUT　T2　K50	LD　T5
OUT　Y003	STL　S30	ANI　C0
OUT　Y005	OUT　Y005	OUT　S32
LD　X000	RST　C0	LD　C0
OR　X001	LD　T2	AND　T5
SET　S20	SET　S31	SET　S34
SET　S30	STL　S31	STL　S34
STL　S20	OUT　Y006	OUT　Y005
OUT　Y003	OUT　T3　K150	OUT　T6　K50
OUT　T0　K300	LD　T3	STL　S22
LD　T0	SET　S32	STL　S34
SET　S21	STL　S32	LD　T6
STL　S21	OUT　T4　K5	OUT　S0
OUT　Y002	LD　T4	RET
OUT　T1　K100	SET　S33	END
LD　T1	STL　S33	
SET　S22	OUT　Y006	

（5）系统工作过程。

① PLC 从 STOP 到 RUN 时，初始状态 S0 动作，车道亮绿灯，人行横道亮红灯。

② 按下人行横道按钮 SB1 或 SB2，状态转移到 S20 和 S30，车道亮绿灯，人行横道亮红灯。

③ 30s 后车道亮黄灯，人行横道仍亮红灯。

④ 再过 10s 车道亮红灯，同时定时器 T2 启动，5s 后 T2 触点接通，人行横道亮绿灯。

⑤ 15s 后人行横道绿灯开始闪烁（S32 人行横道绿灯灭，S33 人行横道绿灯亮）。

⑥ 闪烁中 S32、S33 反复循环动作，计数器 C0 设定值为 5，当循环达到 5 次时，C0 动合触点闭合，动作状态向 S34 转移，人行横道亮红灯，车道仍亮红灯，5s 后返回。

思考与练习

5-1　FX 系列 PLC 的输出电路有哪几种形式？各自的特点是什么？

5-2　FX 系列 PLC 的编程软元件有哪些？

5-3　通用继电器和电池后备继电器有什么区别？

5-4　特殊辅助继电器 M8000 和 M8002 有什么区别？

5-5　说明通用型定时器的工作原理。

5-6　解释 FX_{3U}-48MT/ESS 的含义。

5-7　用接在 X0 输入端的光电开关检测传送带上通过的产品，有产品通过时 X0 为 ON，如果在 9 s 内没有产品通过，则由 Y0 发出报警信号，用 X1 输入端外接的开关解除报警信号，画出梯形图，并将它转换为指令表。

5-8　写出图 5.63 所示梯形图对应的语句表。

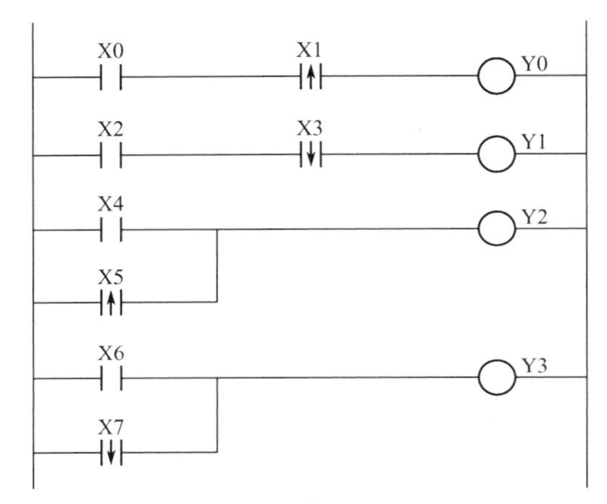

图 5.63　习题 5-8 图

第6章

FX_{3U}系列PLC的功能指令

知识要点	掌握程度	相关知识
功能指令的表示与执行方式	掌握功能指令的表示与执行方式	S7-200 PLC功能指令
程序流向控制指令	掌握程序流向控制指令	S7-200 PLC中断指令
数据传送与区间比较指令	掌握数据传送与区间比较指令	S7-200 PLC数据传送指令
算术运算和逻辑运算指令	掌握算术运算和逻辑运算指令	S7-200 PLC算术运算和逻辑运算指令
循环移位与移位指令	掌握循环移位与移位指令	S7-200 PLC移位指令
数据处理指令	了解数据处理指令	S7-200 PLC数据处理指令
高速处理指令	了解高速处理指令	S7-200 PLC高速处理指令
外部设备I/O指令	了解外部设备I/O指令	S7-200 PLC外部设备I/O指令
外部串口设备指令	了解外部串口设备指令	S7-200 PLC PID指令
触点比较指令	了解触点比较指令	S7-200 PLC比较指令

FX系列PLC除了有基本逻辑指令、步进指令外，还有丰富的功能指令，也称应用指令。功能指令实际上是许多功能不同的子程序，与基本逻辑指令只能完成一个特定动作不同，功能指令能完成实际控制中不同类型的操作。功能指令按功能不同可分为程序流向控制指令、数据传送与比较指令、算术运算与逻辑运算指令、循环移位与移位指令、数据处理指令、高速处理指令、外部设备I/O指令、外部串口设备指令、触点比较指令等。对实际控制中的具体控制对象，选择合适的功能指令可以使编程更快捷方便。

6.1 功能指令的表示与执行方式

FX 系列 PLC 执行一条功能指令相当于执行一个子程序，完成一系列操作。FX_{3U}系列 PLC 共有 246 条功能指令，功能指令编号为 FNC00～FNC□□□，表达形式与基本逻辑指令的不同，功能指令采用梯形图和指令助记符相结合的功能框形式，以表达该指令的功能。

6.1.1 功能指令的格式与执行

1. 指令助记符与操作数

图 6.1 所示为 FX 系列 PLC 功能指令的格式及含义。X010 是功能指令的执行条件，其后的中括号就是功能指令。该指令的功能如下：当 X010 接通时，执行 FNC45 指令，求取平均值。一般来说，功能指令由助记符（功能含义）和操作数两部分组成，FNC45 是功能指令的第 45 号功能，采用简易手持式编程器编程时，按照功能号输入；采用计算机编程时，输入功能指令助记符，二者的作用是相同的。

功能指令

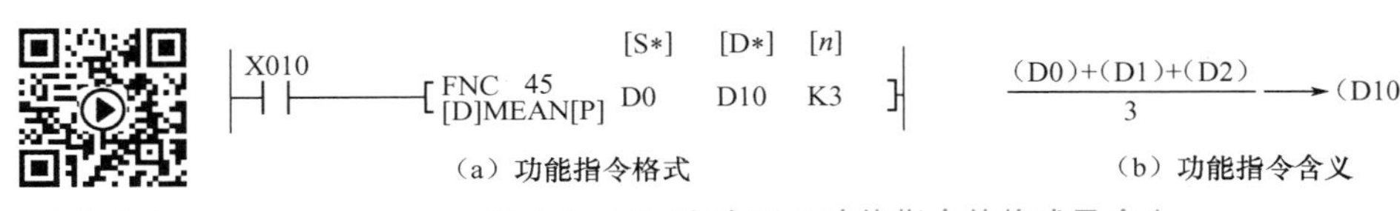

图 6.1 FX 系列 PLC 功能指令的格式及含义

功能指令中，功能号（或者指令助记符）右侧为操作数，分为源操作数和目标操作数，不同的功能指令，其源操作数、目标操作数的数量也不相同。

(1) [S＊]表示源操作数，当有多个源操作数时，分别用[S1＊]、[S2＊]、[S3＊]表示，＊表示可以进行变址寻址。默认方式是无＊，表示不能进行变址寻址。

(2) [D＊]表示目标操作数，当有多个目标操作数时，分别用[D1＊]、[D2＊]、[D3＊]表示，＊表示可以进行变址寻址。默认方式是无＊，表示不能进行变址寻址。

(3) [n]表示其他操作数，对源操作数和目标操作数作出补充说明。K 表示十进制常数，H 表示十六进制常数。

(4) 程序步是指指令执行所需的步数。功能指令的指令段的程序步通常为 1 步，但是根据各指令是 16 位指令还是 32 位指令，会变为 2 步或 4 步。功能指令处理 32 位操作数时，在指令助记符号前加 D，指令前无 D 表示处理 16 位操作数。

图 6.1 中的 D0 是源操作数，D10 是目标操作数，K3 是参与计算的数据数。其功能是对以[S＊]为首地址（低地址）的连续[n]个二进制数取平均值，结果放置[D＊]中。当 X010 为 ON 时，计算数据寄存器 D0、D1、D2 的平均值，存入数据寄存器 D10 中；当 X010 为 OFF 时，不执行此功能指令。

2. 操作数的数据格式

根据处理数据的位数，功能指令分为 16 位指令和 32 位指令，分别处理 16 位数据和

32位数据。按照组成形式，功能指令的操作数分为位元件操作数、字元件操作数、双字元件操作数。

（1）位元件。

PLC的位元件只有两种状态——1和0，对应于开关量的ON和OFF。如X、Y、M、S位元件的状态为1，则对应寄存器的值为1。

（2）字元件。

16位的存储单元构成一个字元件，其最高位（第15位）为符号位，第0～14位为数值位，如D、V、Z。

（3）双字元件。

两个字元件组成一个双字元件，双字元件构成32位数据操作数。双字元件一般由相邻的两个字元件寄存器组成。

字元件和双字元件可以由连续的位元件组合而成。位元件组合成字元件和双字元件的表达方式，用K*n*M*m*表示，是以4个位元件为一组的*n*组位元件组成二进制字元件。M为位元件（X、Y、M、S），*m*为位元件的首地址（低地址），一般用0作为首地址。例如：K1X0表示以X0为最低位的连续4个位元件组成的数据寄存器X3X2X1X0；K2Y10表示以Y10为最低位的连续8个位元件组成的数据寄存器Y17Y16Y15Y14Y13Y12Y11Y10；K4M20表示以M20为最低位的连续16个位元件组成的数据寄存器M35M34M33…M22M21M20。

使用位元件操作数时应注意以下几点。

（1）若向K1M0～K3M0传递16位数据，则数据长度不足的高位部分不被传递，32位数数据相同。

（2）在16位运算中，源操作数为16位，对应元件的位指定是K1～K4，目标操作数为12位，对应元件的位指定是K1～K3，长度不足的高位被视为0，因此将其作为正数处理。

（3）如没有特别的限制被指定的位元件的编号，一般可自由指定，但是建议在X、Y的场合最低位的编号尽可能设定为0（X000，X010，X020，…，Y000，Y010，Y020，…）；在M、S场合理想的设定数为8的倍数，为了避免混乱，建议设定为M0、M10、M20。

3. 指令的执行方式

FX系列PLC的功能指令有连续执行型指令和脉冲执行型指令两种。

（1）连续执行型指令。

当指令的驱动条件满足时，指令在每个扫描周期都执行，如图6.2所示，当X000为1时，每个扫描周期都要执行32位加1运算一次，即（D11、D10）+1结果送到（D11、D10）。

（2）脉冲执行型指令。

脉冲执行型指令总是在功能指令的驱动条件由OFF到ON变化时执行一次，其他时间不执行。图6.3所示是脉冲执行型加1指令，是对目标操作数（D11、D10）进行脉冲加1操作。功能指令单独使用表示处理16位数据，功能指令助记符前加D表示处理32位数据，功能指令助记符后加P表示脉冲输出。

X000 —| |——[DINC D10]

图6.2 连续执行型指令

X000 —| |——[DINCP D10]

图6.3 脉冲执行型加1指令

功能指令的执行方式

6.1.2 功能指令的变址操作

在传送、比较等指令中，改变操作对象的操作数地址是常用的操作。变址的方法是将V和Z两个16位变址寄存器放在各种寄存器的后面，充当操作数地址的偏移量，操作数的实际地址就是寄存器的当前值及V和Z内容相加后的和。当源寄存器或目标寄存器用[S*]或[D*]表示时，就能进行变址操作。对32位数据进行操作时，要将V、Z组合成32位（VZ）来使用，此时Z为低16位，V为高16位。可以用变址寄存器进行变址的软元件有X、Y、M、S、P、T、C、D、K、H、KnX、KnY、KnM、KnS。如图6.4所示，当X000为1时，执行传送指令V=8；当X001为1时，执行传送指令Z=4；当X002为1时，执行传送指令，把D（0+8）的数据传送到D（10+4）中。

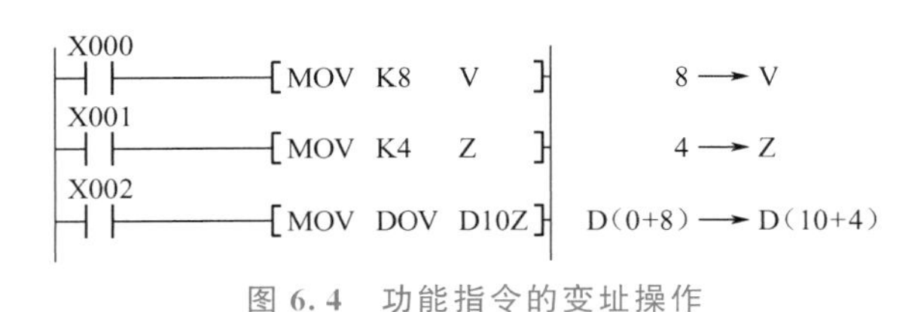

图6.4 功能指令的变址操作

6.2 程序流向控制指令

FX_{3U}系列PLC的程序流向控制指令共有10条，功能号为FNC00～FNC09。PLC的控制程序除常见的按顺序逐条执行情况外，在许多工程场合下还需按照控制要求改变程序的流向，用于这些控制要求的功能指令称为程序流向控制指令，如条件跳转，子程序调用与返回，中断返回、中断允许、中断禁止、主程序结束、看门狗定时器、循环开始和循环结束等。

6.2.1 条件跳转指令CJ

条件跳转指令CJ，功能号为FNC00，目标元件是指针标号，其范围是P0～P127，该指令程序步为3步。如图6.5所示，X000=1时，跳转至标号P8处；X000=0时，不进行跳转，顺序执行下一步指令。

条件跳转指令使用说明如下。

（1）程序执行跳转指令发生跳转，被跳过的程序段中的驱动条件不起作用，该程序段中的各种继电器和状态寄存器、定时器等保持跳转前的状态。

（2）跳转程序中的标号是跳转程序的入口标识地址，同一标号只能出现一次，不能重复使用。但同一标号可以被多次引用，即可以从不同的地方跳转到同一标号处。

（3）PLC只有条件跳转指令，没有无条件跳转指令，需要无条件跳转时，可以用M8000作为跳转条件实现。只要PLC处于RUN状态，M8000就是接通的。

```
X000
-| |-----------------------[CJ    P8   ]
X001
-| |-----------------------( Y001 )
X002
-| |-----------------------( M1 )
X003
-| |-----------------------( S1 )
X004                          K10
-| |-----------------------( T0 )
X005
-| |-----------------------[RST   T246 ]
X006                          K1000
-| |-----------------------( T246 )
X007
-| |-----------------------[RST   C0   ]
X010                          K20
-| |-----------------------( C0 )
X011
-| |-----------------[MOV  K3    D0   ]
   X000
P8-|/|-----------------------[CJ    P9   ]
X012
-| |-----------------------( Y001 )
   X013
P9-| |-----------------------[RST   T246 ]
```

条件跳转指令 CJ

图 6.5 条件跳转指令 CJ

6.2.2 子程序调用指令 CALL 和返回指令 SRET

子程序调用指令 **CALL**，功能号为 **FNC01**，该指令的目标操作元件是指针号 **P0～P127**。子程序返回指令 **SRET**，功能号为 **FNC02**。子程序调用指令 CALL 和 CALLP 用于在一定条件下调用并执行子程序。

CALL 指令必须与 FEND、SRET 指令一起使用。子程序标号要写在主程序结束指令 FEND 之后。图 6.6 所示是 CALL 和 SRET 指令应用。标号 P10 与子程序返回指令 SRET 间的程序构成子程序的内容。当 X001 接通时，CALL 指令调用标号 P10 的子程序，同时将调用指令后的一条指令的地址作为断点保存，并从 P10 开始逐条顺序执行子程序，直到 SRET 时，程序返回主程序断点处，继续执行主程序。

图 6.7 所示为 CALLP 和 SRET 指令应用。在 X001 由 OFF 到 ON 变化时执行一次 P11，在执行 P11 子程序时，若 X003 接通，则执行 CALLP P12 指令，又调用子程序 P12，在子程序 2 的 SRET 指令执行后，程序返回 P11 中的 CALLP P12 指令的下一步，在子程序 1 的 SRET 指令执行后，再返回主程序，形成子程序嵌套。

子程序调用指令和返回指令使用说明如下。

当主程序有多个子程序时，子程序要依次放在主程序结束指令 FEND 之后，并用不同标号区别。子程序标号与条件转移中所用标号相同，在条件转移中已经使用的标号，子程序不能再用。同一标号只能使用一次，而不同 CALL 指令可以多次调用同一标号的子程序。

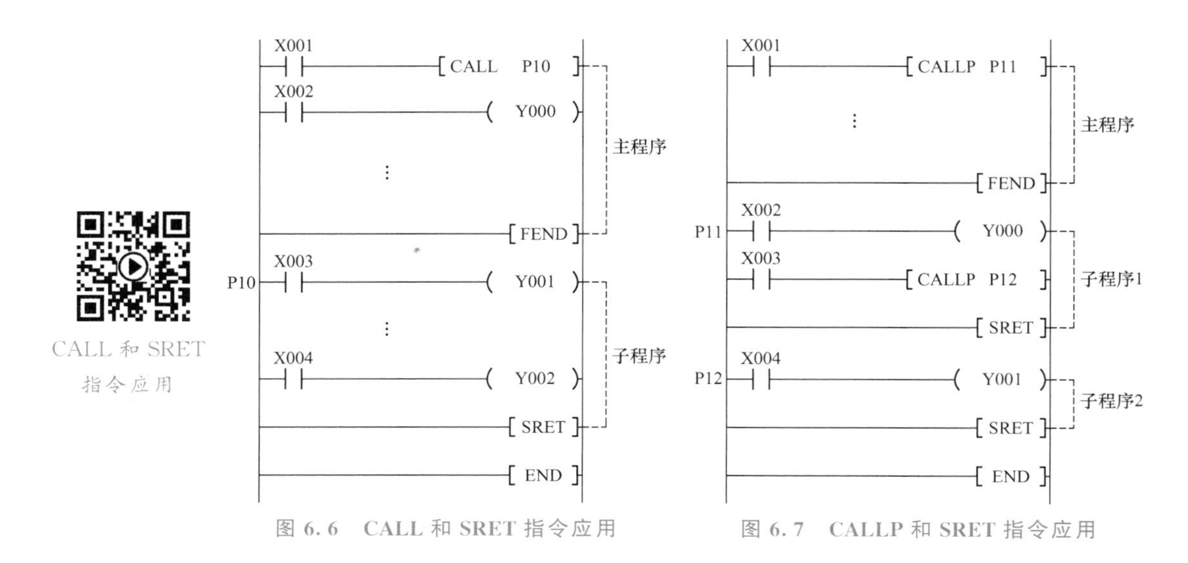

图 6.6 CALL 和 SRET 指令应用　　图 6.7 CALLP 和 SRET 指令应用

6.2.3 中断返回指令 IRET、中断允许指令 EI、中断禁止指令 DI

中断是 CPU 与外围设备之间数据传送的一种方式。数据传送时，外围设备的速度远远跟不上 CPU 的高速节拍，使 CPU 处理数据的工作效率大大降低。为此，可以采用数据传送的中断方式来匹配两者之间的传送速度，以提高 CPU 的工作效率。采用中断方式后，CPU 与外围设备是并行工作的，平时 CPU 执行主程序，当外围设备需要数据传送服务时，就向 CPU 发出中断请求。在允许中断的情况下，CPU 可以响应外围设备的中断请求，从主程序中脱离出来，执行一段中断服务子程序。执行完该子程序后，CPU 就不再管外围设备，而返回主程序。每当外围设备需要数据传送服务时，就向 CPU 发出中断请求，CPU 只有在执行中断服务子程序的短暂时间里才与外围设备“打交道”，使 CPU 的工作效率大大提高。

中断指令包括中断返回指令 IRET（功能号为 FNC03）、中断允许指令 EI（功能号为 FNC04）、中断禁止指令 DI（功能号为 FNC05）。

1. 内部中断与外部中断

根据中断信号来自 PLC 外部还是内部，把中断分为内部中断和外部中断两类。内部中断包括定时器中断和内部计数器中断。外部中断是指 PLC 输入端子输入的外部信号产生的中断，可用于外部突发随机事件引起的中断。内部定时器中断是指对应的定时器当前值达到设定值而引起的中断。内部计数器中断是指对应的计数器当前值达到设定值而引起的中断。FX_{3U}系列 PLC 有 9 个中断源，15 个中断指针。9 个中断源可以同时向 CPU 发出中断请求信号，多个中断依次发生时，以先发生的为优先；同时发生时，中断指针号小的优先。

2. 中断指针

外部中断与内部中断共有 15 个中断指针。为了区别内、外部中断及在程序中标明中断子程序的入口，规定了中断标号。如图 6.8 所示，中断标号以 I 开头，称为 I 指针，I 指针根据用途又分为外部中断用I指针、内部定时器中断用I指针、内部计数器中断用I指针。

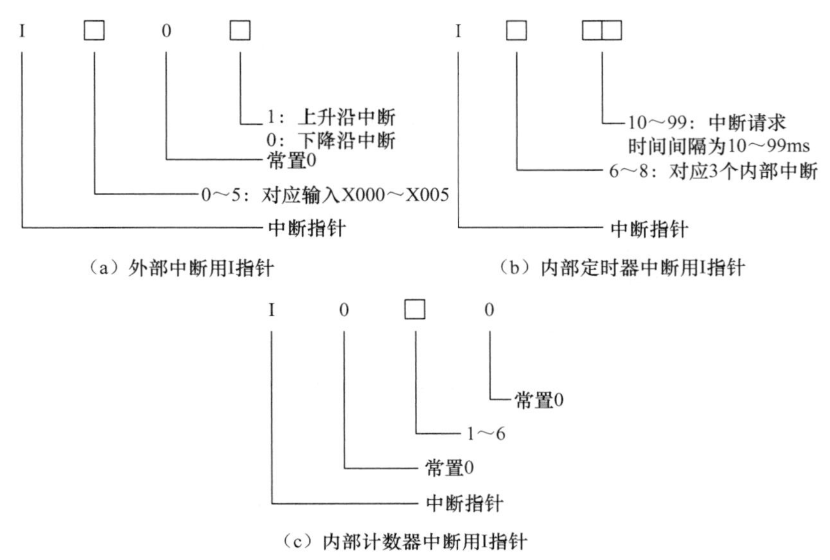

图 6.8 中断用I指针的格式

外部中断用I指针的格式如图6.8（a）所示，有I0～I5共6点，对应的外部信号的输入口为X000～X005。例如，I001的含义是，当输入X000从OFF到ON变化时，执行由该指针作为标号后面的中断服务程序，并在执行IRET指令后返回。

内部定时器中断用I指针的格式如图6.8（b）所示，有I6～I8共3点，达到内部定时器设定值，中断主程序执行中断子程序，定时时间由指定编号为6～8的专用定时器控制，设定时间值在10～99ms间选取，每隔设定时间就会中断一次。例如，I630的含义是每隔30ms执行标号为I6后面的中断服务程序一次，在IRET指令执行后返回。

内部计数器中断用I指针的格式如图6.8（c）所示。

3. 使用说明

在执行主程序过程中，PLC根据中断服务子程序的优先级决定能否响应中断。程序中允许中断响应的区间应该由EI指令开始，到DI指令结束。中断指令应用如图6.9所示，当中断子程序的处理遇到中断返回指令IRET时，中断子程序返回原断点，继续执行主程序。在中断执行区间之外时，即使有中断请求，CPU也不会立即响应。通常情况下，在执行某个中断服务程序时，应禁止其他中断。

4. 应用示例

外部中断的基本程序示例如图6.10所示，当外部输入X000上升沿时，输出Y000，即时刷新Y000～Y007的状态。

定时器中断的基本程序示例如图6.11所示。当外部输入X001闭合时，置位M3使INC指令有效，每隔10ms中断一次，D0加1，当D0＝1000时，M3复位。

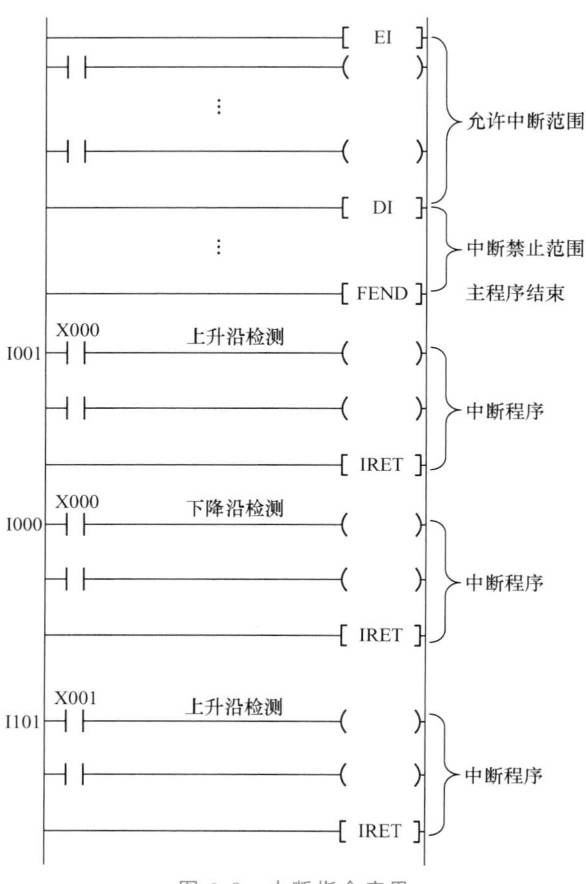

图 6.9 中断指令应用

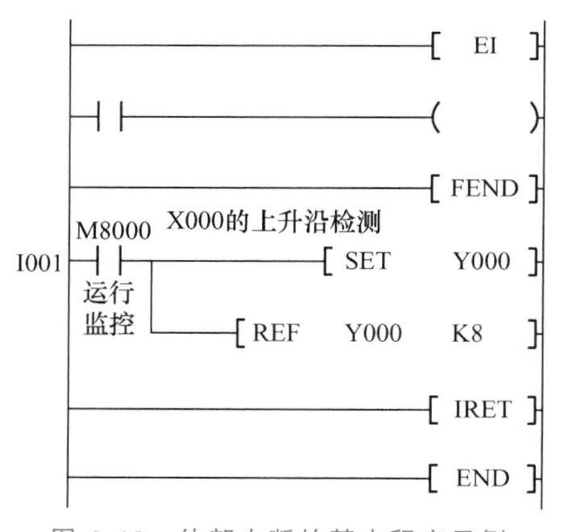

图 6.10 外部中断的基本程序示例

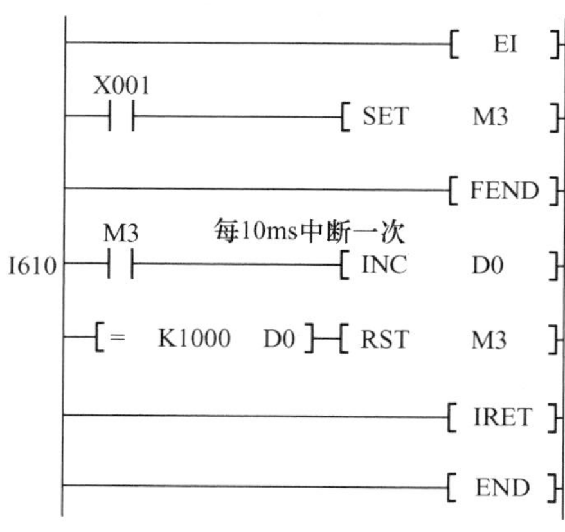

图 6.11 定时器中断的基本程序示例

计数器中断的基本程序示例如图 6.12 所示，在使用功能指令过程中调用中断子程序。

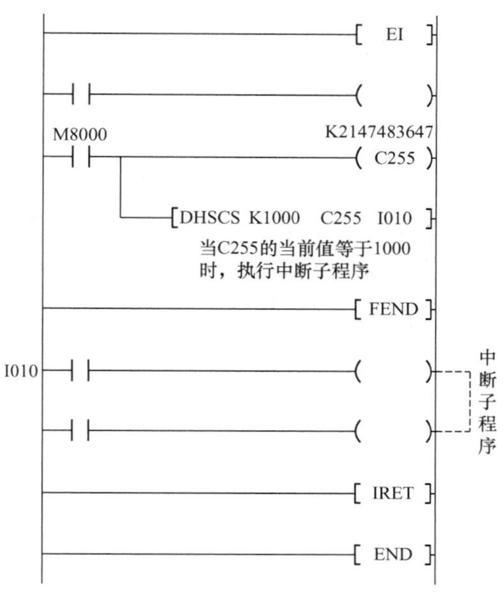

图 6.12 计数器中断的基本程序示例

6.2.4 主程序结束指令 FEND

主程序结束指令 **FEND**，功能号为 **FNC06**，**FEND** 无目标操作数。当程序执行完 FEND 指令后，就进行输入处理、输出处理、监视定时器刷新等，完成以后返回 0 步。子程序应写在 FEND 指令与 END 指令之间。FEND 指令的用法如图 6.13 所示。

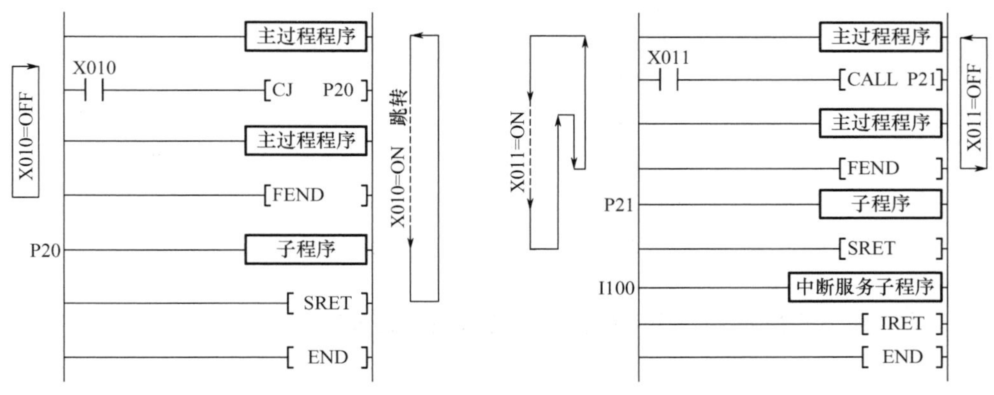

图 6.13 FEND 指令的用法

主程序结束指令使用说明如下。

(1) 子程序调用 CALL 指令必须在 FEND 指令后编程，且必须有子程序返回指令 SRET。中断程序同样也在 FEND 指令后编程，也必须有中断返回 IRET 指令。

(2) 在使用多个 FEND 指令的情况下，应在最后的 FEND 指令与 END 指令之间编写子程序或中断子程序。

(3) 当程序中没有子程序或中断服务程序时，也可以没有 FEND 指令，但是程序的最后必须以 END 指令结尾。所以，子程序及中断服务程序必须写在 FEND 指令与 END 指令之间。

6.2.5 看门狗定时器指令 WDT

看门狗定时器指令 WDT，功能号为 FNC07，用来在程序中刷新监视定时器。当 PLC 的运行扫描周期执行时间超过 200ms（监控定时器的默认值）时，CPU 的出错指示灯亮，同时停止工作。用户可通过改写特殊数据寄存器 D8000 中的数据，改变监视定时器的检出时间。同时当用户的程序较大时，可以在适当的位置处插入 WDT 指令，来刷新监视定时器的计数值，以使顺序程序继续执行到 END。WDT 指令的用法如图 6.14 所示，把 D8000 中的数据改写为 300，必须使用 WDT 指令，监控定时器的当前值 300ms 才生效，否则只有程序执行处理完 END 指令，D8000 中的 300ms 才生效。

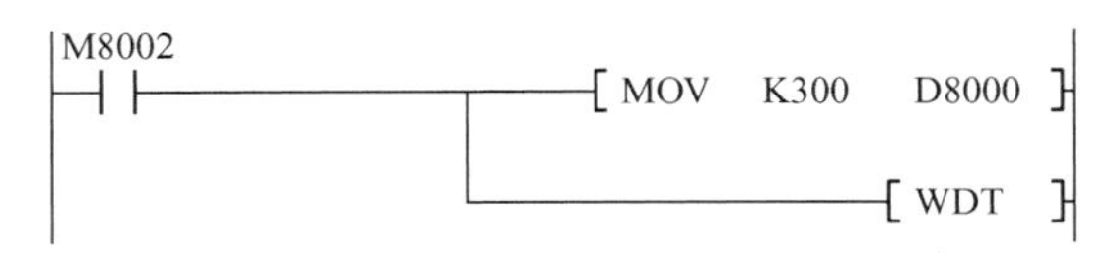

图 6.14 WDT 指令的用法

在 D8000 为默认设定值的情况下，当程序扫描周期大于 200ms 时，系统将会出现错误，可以将一个运行时间大于 200ms 的程序用 WDT 指令分成几部分，使每部分的执行时间都小于 200ms。例如，若要执行一个扫描时间为 240ms 的程序，可以将其分为两个 120ms 的程序，只要在这两个程序之间插入 WDT 指令即可，如图 6.15 所示。

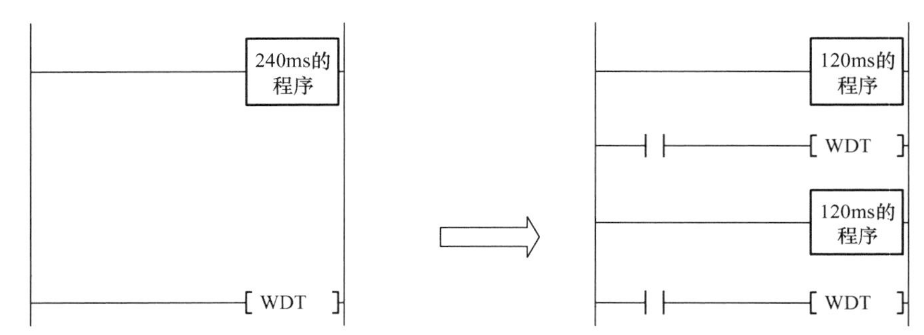

图 6.15 在程序中使用 WDT 指令刷新监视定时器

6.2.6 循环开始指令 FOR 和循环结束指令 NEXT

循环开始指令 FOR，功能号为 FNC08；循环结束指令 NEXT，功能号为 FNC09。循环开始指令可以反复执行某段程序，只要将该段程序放在 FOR 与 NEXT 之间，待执行完指定的循环次数后，就执行下一条指令，使用循环指令可以使程序变得简练。

图 6.16 所示是三重循环嵌套程序，单独一个循环 A 执行的次数，当 X010 为 OFF 时，若 K1X000 的内容为 7，则 A 循环执行 7 次。B 循环执行的次数由 D0Z 指定，若 D0Z 为 6，则因为 B 循环包含了 A 循环，所以 A 循环也要被启动 6 次。C 循环的执行次数由 K4 指定为 4，C 循环程序每执行 1 次，B 循环程序执行 6 次，所以，A 循环总计被执行 4×6×7=168 次。然后向 NEXT 指令（3）以后的程序转移。

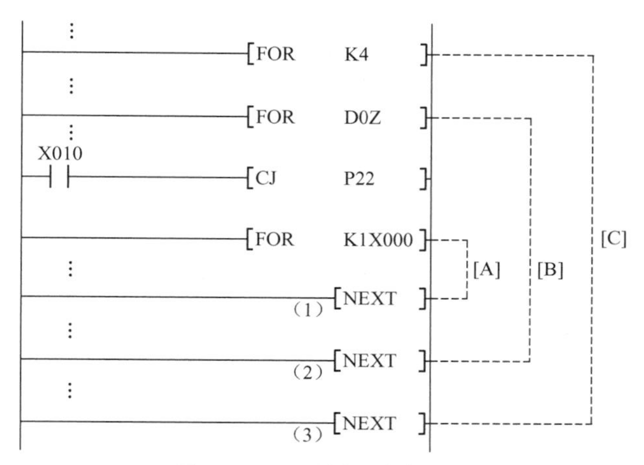

图 6.16　三重循环嵌套程序

循环开始指令和循环结束指令使用说明如下。

（1）FOR 和 NEXT 指令必须成对使用，只有在 FOR 与 NEXT 指令之间的程序执行指定次数后，才处理 NEXT 指令后面的一步。

（2）循环次数由 FOR 后的数值指定。循环次数范围 $n=1\sim32767$ 时有效，小于 1 时，按 1 处理，FOR～NEXT 循环一次。

（3）若不想执行 FOR 与 NEXT 间的程序，则利用 CJ 指令使之跳转。循环次数多时扫描周期会延长，可能出现监视定时器错误。当 NEXT 指令在 FOR 指令之前、无 NEXT 指令、在 FEND 与 END 指令之后有 NEXT 指令或 FOR 与 NEXT 的数量不一致时，循环都会出错。

6.3　数据传送与区间比较指令

6.3.1　比较指令 CMP 与区间比较指令 ZCP

1. 比较指令 CMP

比较指令 CMP，功能号为 FNC10，用于将源操作数[S1 *]和源操作数[S2 *]进行比较，并将结果送到目标操作数[D *]中，比较结果有 3 种：大于、等于和小于。在图 6.17 中，如果 X000 为 ON，则执行比较指令，将 K100 与 C20 的当前值进行比较，再将比较结果写入相邻 3 个软元件 M0～M2 中。指令中，目标操作数[D *]由 3 个软元件 M0、M1、M2 组成，梯形图标出的是首地址 M0，另外两个软元件 M1、M2 自动占用。

比较指令使用说明如下。

（1）源操作数的软元件有 T、C、V、Z、D、K、H、KnXm、KnYm、KnMm、KnSm。目标操作数的软元件有 Y、M、S。

（2）CMP 指令比较两个 16 位二进制数，DCMP 指令比较两个 32 位二进制数。CMP 指令也可以有脉冲操作方式，使用 CMPP 指令。

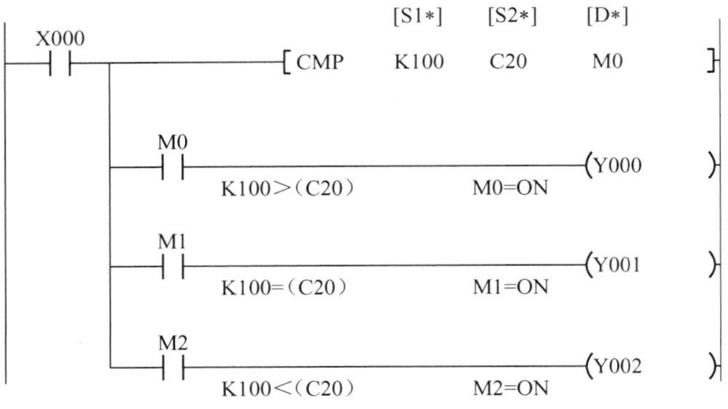

[S1*]
[S2*]
[D*]
X000
CMP
K100
C20
M0
M0
Y000
K100>(C20)
M0=ON
M1
Y001
K100=(C20)
M1=ON
M2
Y002
K100<(C20)
M2=ON

图 6.17 CMP 指令的用法

2. 区间比较指令 ZCP

区间比较指令 **ZCP**，功能号为 **FNC11**，用于将源操作数[**S3** *]与源操作数[**S1** *]和源操作数[**S2** *]进行比较，并将结果送到目标操作数[**D** *]中。ZCP 指令的用法如图 6.18 所示。

[S1*]
[S2*]
[S3*]
[D*]
X000
ZCP
K100
K120
C30
M3
M3
Y000
M4
Y001
M5
Y002

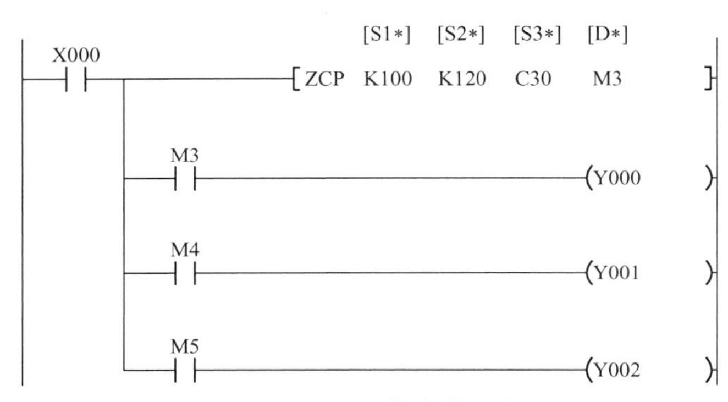

图 6.18 ZCP 指令的用法

当[S1 *]>[S3 *]，即 K100>C30 的当前值时，M3 接通；当[S1 *]≤[S3 *]≤[S2 *]，即 K100≤C30 的当前值≤K120 时，M4 接通；当[S3 *]>[S2 *]，即 C30 当前值>K120 时，M5 接通。当 X000 为 OFF 时，不执行 ZCP 指令，M3～M5 仍保持原状态。

区间比较指令使用说明如下。

(1) 源操作数的软元件有 T、C、V、Z、D、K、H、KnXm、KnYm、KnMm、KnSm。目标操作数的软元件有 Y、M、S。

(2) 使用 ZCP 指令时，[S2 *]>[S1 *]，源数据都按二进制值处理。

6.3.2 数据传送指令 MOV

1. 传送指令 MOV

传送指令 **MOV**，功能号为 **FNC12**，用于将源操作数传送到目标操作数中，即把[**S** *]中的数据传送到[**D** *]中。在图 6.19 中，当动合触点 X000 闭合时，每当扫描到 MOV 指令时，就把源操作数 100 转换成二进制数，并传送到目标操作数 D10 中。X000 为

OFF 时，不执行指令，数据保持不变。

传递指令使用说明如下：源操作数的软元件有 T、C、V、Z、D、K、H、KnXm、KnYm、KnMm、KnSm；目标操作数的软元件有 T、C、V、Z、D、KnYm、KnMm、KnSm。

图 6.19 MOV 指令的用法

2. 移位传送指令 SMOV

移位传送指令 SMOV，功能号为 FNC13，用于将[S＊]第 m_1 位开始的 m_2 个数移位到[D＊]的第 n 位开始的 m_2 个位置去，m_1、m_2 和用于取值均为 1～4，一般用于多位 BCD 拨盘开关的数据输入。

如图 6.20 所示，X000 满足条件，执行 SMOV 指令，源操作数[S＊]内的 16 位二进制数自动转换成 4 位 BCD 码，然后将源操作数（4 位 BCD 码）的右起第 m_1 位开始，向右共 m_2 位的数传送到目标操作数（4 位 BCD 码）的右起第 n 位开始，向右共 m_2 位上去，最后自动将目标操作数[D＊]中的 4 位 BCD 码转换成 16 位二进制数。图中，m_1 为 4，m_2 为 2，n 为 3，当 X000 闭合时，每扫描一次该梯形图，就执行 SMOV 移位传送操作，先将 D1 中的 16 位二进制数自动转换成 4 位 BCD 码，并从 4 位 BCD 码右起第 4 位（m_1 为 4）开始，向右共 2 位（m_2 为 2）（即 10^3，10^2）上的数传送到 D2 内 4 位 BCD 码的右起第 3 位（$n=3$）开始，向右共 2 位（即 10^2，10^1）的位置上，最后自动将 D2 中的 BCD 码转换成二进制数。上述传送过程中，D2 中的另两位（即 10^3、10^0）上的数保持不变。

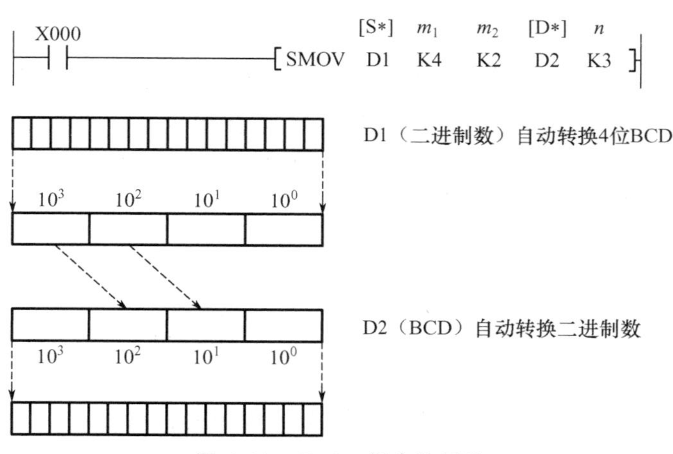

图 6.20 SMOV 指令的用法

使用说明如下：源操作数的软元件有 T、C、V、Z、D、K、H、KnXm、KnYm、KnMm、KnSm；目标操作数的软元件有 T、C、V、Z、D、KnYm、KnMm、KnSm；n、m_1、m_2 的软元件有 K、H。

3. 取反传送指令 CML

取反传送指令 CML，功能号为 FNC14，用于将[S＊]源操作数按二进制的位逐位取反并

图 6.21　CML 指令的用法

传送到指定目标操作数中。如图 6.21 所示，将 D0 的 16 位二进制数按位取反后送到 K1Y0 中，由于 K1Y0 只有 4 位，因此指令将 D0 的低 4 位取反送入 Y3～Y0 中，其他的 Y17～Y4 保持不变。

图 6.22（a）、图 6.22（b）所示的梯形图可以用图 6.22（c）表示，功能相同。

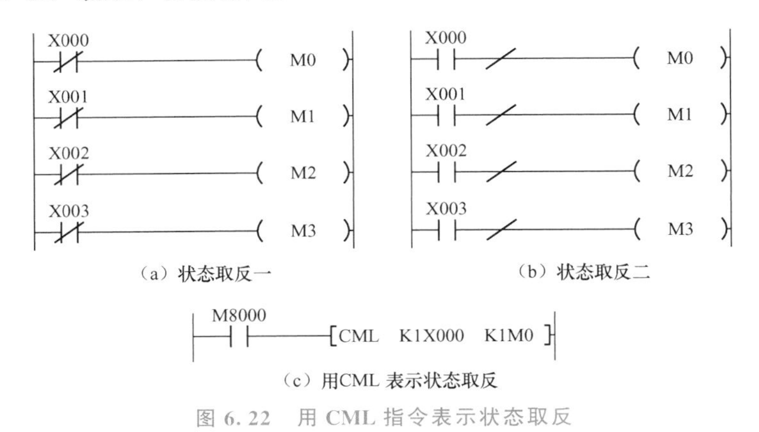

图 6.22　用 CML 指令表示状态取反

4. 块传送指令 BMOV

块传送指令 BMOV，功能号为 FNC15，用于将源操作数元件中 n 个数据组成的数据块传送到指定的目标操作数软元件中。如果元件号超出允许元件号的范围，则数据仅传送到允许范围内。如图 6.23 所示，如果 X000 断开，则指令不执行，源数据和目标数据均不变；如果 X000 接通，则执行块传送指令。K3 指定数据块数量为 3，则将 D5～D7 中的内容传送到 D10～D12 中。传送后 D5～D7 中的内容不变，而 D10～D12 内容相应被 D5～D7 内容取代。当源操作数和目标操作数的类型相同时，传送顺序自动决定。如果源操作数和目标操作数的类型不同，只要位数相同就可以正确传送。如果源操作数和目标操作数超出允许范围，则只传送符合规定的数据。

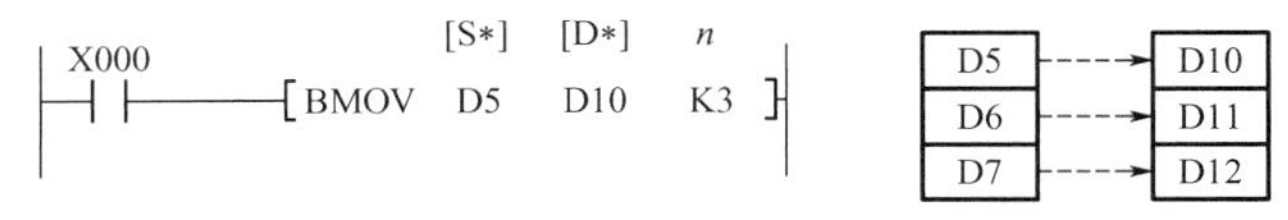

图 6.23　BMOV 指令的用法

当传送范围有重叠时，为了防止传送源数据没传送完就改写，根据编号重叠的方式，按照①～③的顺序自动传送，如图 6.24 所示。

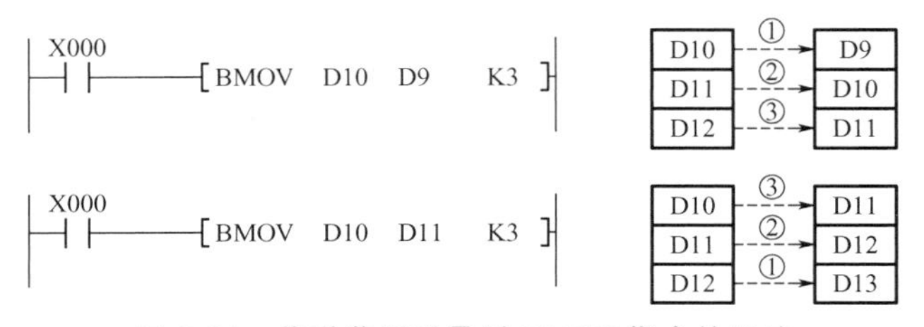

图 6.24　传送范围重叠时 BMOV 指令的用法

块传送指令使用说明如下：源操作数的软元件有 T、C、V、Z、D、K、H、KnXm、KnYm、KnMm、KnSm；目标操作数的软元件有 T、C、V、Z、D、KnYm、KnMm、KnSm。

5. 多点传送指令 FMOV

多点传送指令 FMOV，功能号为 FNC16，用于将源操作数中的数据传送到指定目标开始的 n 个元件中，n 个元件中的数据完全相同。如图 6.25 所示，如 X000 断开，则指令不执行，源操作数、目标操作数均不变；如 X000 接通，则执行多点传送指令。K3 指定数据块数量为 3，则将 K10 立即传送到 D0～D2 中。

X000
[S*]
[D*]
n
FMOV
K10
D0
K3
K10
K10
K10
D0
D1
D2
n

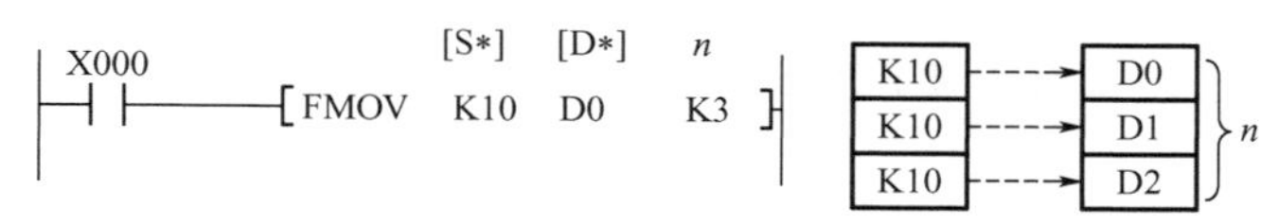

图 6.25 FMOV 指令的用法

多点传送指令使用说明如下：源操作数的软元件有 T、C、D、K、H、KnXm、KnYm、KnMm、KnSm；目标操作数的软元件有 T、C、V、KnYm、KnMm、KnSm。

6.3.3 数据交换指令 XCH

数据交换指令 XCH，功能号为 FNC17，用于在两个指定的目标操作数之间交换数据。如图 6.26 所示，当 X000 为 ON 时，在每个扫描周期中将 D1 和 D17 中的数据进行交换。

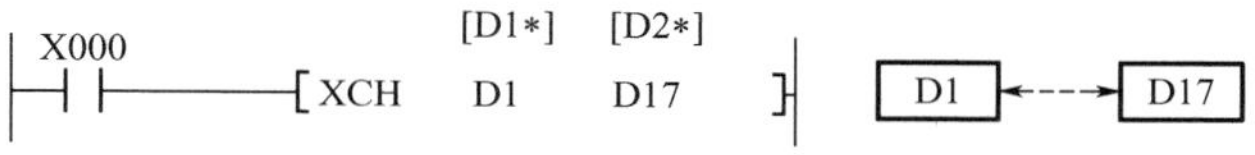

X000
[D1*]
[D2*]
XCH
D1
D17
D1
D17

图 6.26 XCH 指令的用法

数据交换指令使用说明如下：两个目标操作数的软元件有 T、C、D、V、Z、KnYm、KnMm、KnSm。

6.4 算术运算和逻辑运算指令

算术运算和逻辑运算指令有 FNC20～FNC29 共 10 条。算术运算和逻辑运算指令是基本运算指令，通过算术运算和逻辑运算可以实现数据的传送、变换及其他控制功能，主要有加法指令 ADD、减法指令 SUB、乘法指令 MUL、除法指令 DIV、加 1 指令 INC、减 1 指令 DEC、逻辑字与指令 WAND、逻辑字或指令 WOR、逻辑字异或指令 WXOR、求补指令 NEG。

6.4.1 算术运算指令

算术运算指令的源操作数取所有数据类型，目标操作数取 KnYm、KnMm、KnSm、T、C、D、V、Z。

1. 加法指令 ADD

加法指令 **ADD**，功能号为 **FNC20**，用于将两个源操作数［**S1**］、［**S2**］相加，并将结果放到目标操作数［**D**］中。各数据的最高位是符号位，0 为正，1 为负。ADD 指令的用法如图 6.27 所示。

加法指令使用说明如下。

ADD 指令有 4 个标志位，M8020 为 0 标志位，M8021 为借位标志位，M8022 为进位标志位，M8023 为浮点标志位。如果运算结果为 0，则 0 标志位 M8020 置 1；如果运算结果超过 32767（16 位运算）或 2147453647（32 位运算），则进位标志位 M8022 位置 1；如果运算结果小于－32767（16 位运算）或－2147483467（32 位运算），则借位标志位 M8021 置 1。在 32 位运算中，为了防止编号重复，常取偶数编号为软元件的低 16 位。

2. 减法指令 SUB

减法指令 **SUB**，功能号为 **FNC21**，用于将两个源操作数［**S1**］、［**S2**］中的有符号数进行二进制代数减法运算，并把结果存入目标操作数中，各数据的最高位是符号位，0 为正，1 为负。减法指令与加法指令相同，也会影响标志位。SUB 指令的用法如图 6.28 所示。

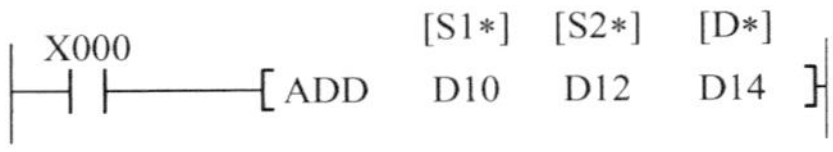

X000 —[ADD D10 D12 D14]（[S1*] [S2*] [D*]）

图 6.27 ADD 指令的用法

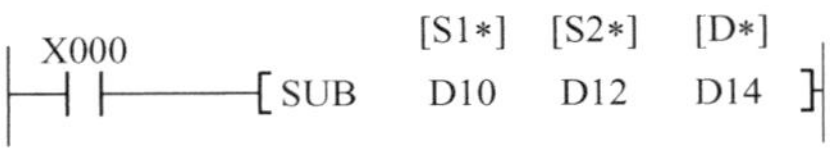

X000 —[SUB D10 D12 D14]（[S1*] [S2*] [D*]）

图 6.28 SUB 指令的用法

3. 乘法指令 MUL

乘法指令 MUL，功能号为 FNC22，用于将指定的[S1＊]、[S2＊]两个源操作数中的数进行二进制代数乘法运算，并把结果存入指定的目标操作数中。16 位 MUL 指令的用法如图 6.29 所示，32 位 MUL 指令的用法如图 6.30 所示。

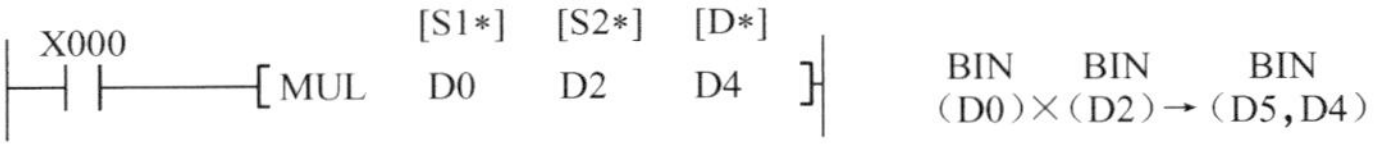

X000 —[MUL D0 D2 D4]（[S1*] [S2*] [D*]）

BIN (D0)×BIN (D2)→BIN (D5,D4)

图 6.29 16 位 MUL 指令的用法

X000 —[DMUL D0 D2 D4]（[S1*] [S2*] [D*]）

BIN (D1,D0)×BIN (D3,D2)→BIN (D7,D6,D5,D4)
32位　32位　64位

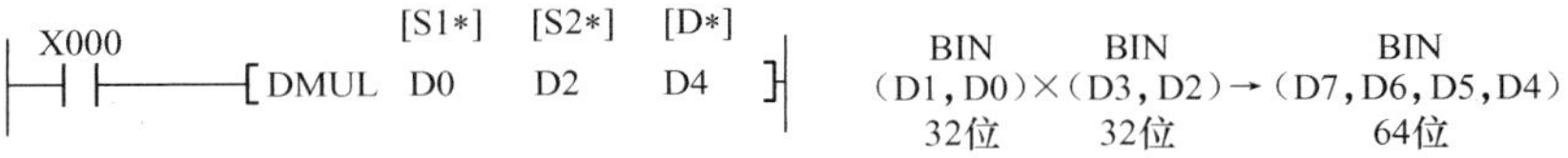

图 6.30 32 位 MUL 指令的用法

在 32 位运算中，若目标操作数使用位元件组合，则只能得到低 32 位的结果，不能得到高 32 位的结果。解决方法是先把目标操作数指定为字元件，再把字元件中的运算结果用传送指令送入位元件组合。

4. 除法指令 DIV

除法指令 **DIV**，功能号为 **FNC23**，用于将指定的两个源操作数中的数进行二进制有符号数除法运算，并把商和余数送入指定的目标操作数中。16 位 DIV 指令的用法如图 6.31 所示，32 位 DIV 指令的用法如图 6.32 所示。

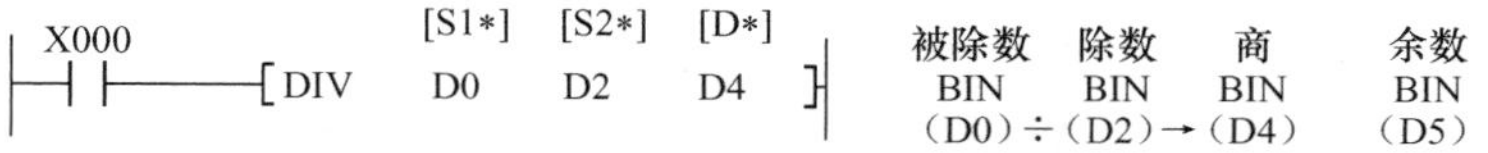

```
X000             [S1*]  [S2*]  [D*]      被除数  除数   商     余数
─┤├───────[DIV    D0     D2     D4  ]    BIN    BIN    BIN    BIN
                                         (D0) ÷ (D2) → (D4)   (D5)
```

图 6.31 16 位 DIV 指令的用法

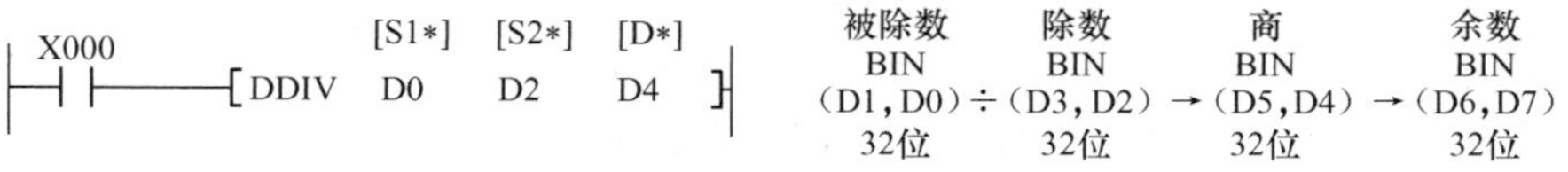

```
X000              [S1*]  [S2*]  [D*]     被除数       除数        商          余数
─┤├───────[DDIV    D0     D2     D4  ]   BIN          BIN         BIN         BIN
                                         (D1,D0) ÷ (D3,D2) → (D5,D4) → (D6,D7)
                                         32位         32位        32位        32位
```

图 6.32 32 位 DIV 指令的用法

5. 加 1 指令 INC、减 1 指令 DEC

加 1 指令 INC，功能号为 FNC24，用于将指定的目标操作数的内容增加 1。减 1 指令 DEC，功能号为 FNC25，用于将指定的目标操作数的内容减 1。INC、DEC 指令的用法如图 6.33 所示。

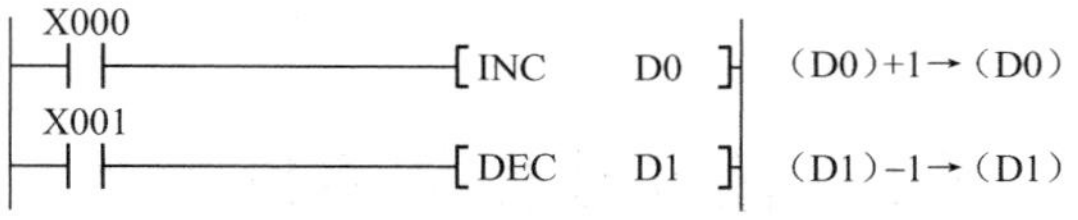

```
X000
─┤├──────────────[INC    D0 ]   (D0)+1→(D0)
X001
─┤├──────────────[DEC    D1 ]   (D1)-1→(D1)
```

图 6.33 INC、DEC 指令的用法

加 1 指令和减 1 指令只有目标操作数，目标操作数取 KnYm、KnMm、KnSm、T、C、D、V、Z。

16 位运算时，如果＋32767 加 1，则变成－32768，标志位不置位；32 位运算时，如果＋2147483647 加 1，则变成－2147483648，标志位不置位。

16 位运算时，如果－32768 再减 1，变为＋32767，标志位不置位；32 位运算时，如果－2147483648 再减 1，则变为＋2147483647，标志位不置位。

6.4.2 逻辑运算指令

1. 逻辑字与指令 WAND、逻辑字或指令 WOR、逻辑字异或指令 WXOR

逻辑字与指令 WAND，功能号为 FNC26；逻辑字或指令 WOR，功能号为 FNC27；逻辑字异或指令 WXOR，功能号为 FNC28。指令功能是分别将指定的两个源操作数 [S1] 和 [S2] 中的数进行二进制按位与、或、异或运算，并把结果送入指定的目标操作数中。如图 6.34 所示，存放在源操作数 [即 (D10) 和 (D12)] 中的两个二进制数据，以位为单位做逻辑与/或/异或运算，并将结果存放到目标操作数 (D14) 中。

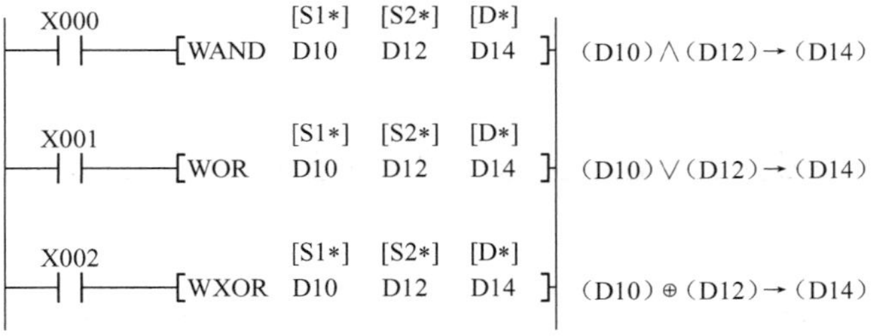

```
X000          [S1*]  [S2*]  [D*]
─┤├────[WAND   D10    D12    D14 ]   (D10)∧(D12)→(D14)
X001          [S1*]  [S2*]  [D*]
─┤├────[WOR    D10    D12    D14 ]   (D10)∨(D12)→(D14)
X002          [S1*]  [S2*]  [D*]
─┤├────[WXOR   D10    D12    D14 ]   (D10)⊕(D12)→(D14)
```

图 6.34 WAND、WOR、WXOR 指令的用法

源操作数有 KnXm、KnYm、KnMm、KnSm、T、C、D、K、H、V、Z；目标操作数有 KnYm、KnMm、KnSm、T、C、D、V、Z。

2. 求补指令 NEG

求补指令 NEG，功能号为 FNC29，用于将指定的目标操作数[D＊]数据的各位先取反（0→1，1→0），然后加 1，并将结果送入原先的目标操作数中。

NEG 指令的用法如图 6.35 所示。如果 X000 断开，则指令不执行，目标操作数保持不变；如果 X000 接通，则执行求补运算，即将 D10 中的二进制数进行连同符号位求反加 1，再将求补的结果送入 D10 中。

X000 [NEG [D*] D10] /(D10)+1→(D10)

图 6.35 NEG 指令的用法

NEG 指令只有目标操作数，有 KnYm、KnMm、KnSm、T、C、D、V、Z。

6.5 循环移位与移位指令

6.5.1 循环右移指令 ROR 与循环左移指令 ROL

循环右移指令 ROR，功能号为 FNC30，用于把指定的目标操作数中的二进制数，按照指令中 n 规定的移动位数由高位向低位移动，最后移出的那一位移入进位标志位 M8022。每执行一次 ROR 指令，n 位的状态向量向右移一次，最右的 n 位状态循环移位到最左端 n 位，特殊辅助继电器 M8022 表示最右端 n 位中向右移出的最后一位的状态。

循环左移指令 ROL，功能号为 FNC31，用于把指定的目标操作数中的二进制数，按照指令中 n 规定的移动位数由低位向高位移动，最后移出的那一位移入进位标志位 M8022。每执行一次 ROL 指令，n 位的状态向量向左移一次，最左端 n 位状态循环移位到最右端 n 位，特殊辅助继电器 M8022 表示最左端的 n 位中向左移出的最后一位的状态。

ROR 指令与 ROL 指令应用如图 6.36 所示。

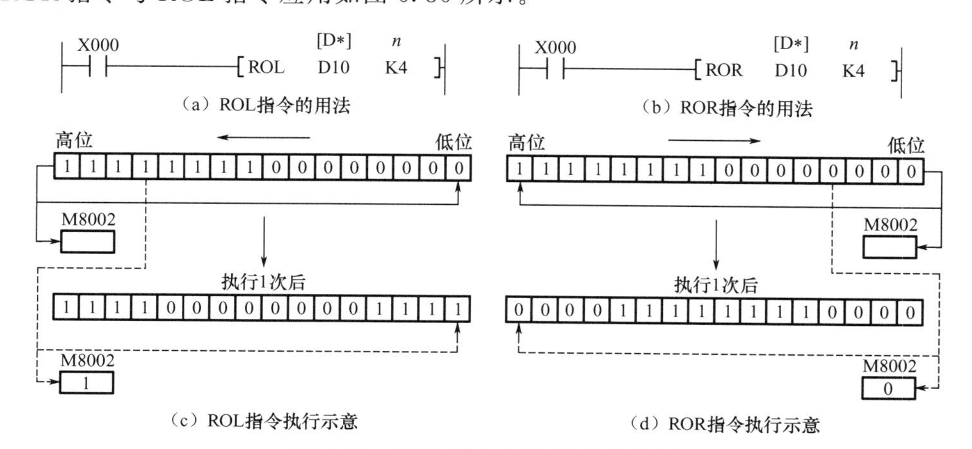

图 6.36 ROR 指令与 ROL 指令应用

目标操作数有 KnYm、KnMm、KnSm、T、C、D、V、Z。n 为指定的移动位数，用常数 K 和 H 表示。

6.5.2 带进位的右移位指令 RCR 与带进位的左移位指令 RCL

带进位的右移位 RCR 指令，功能号为 FNC32，用于用于把指定的目标操作数中的二进制数，按照指令规定的移动次数，每次由高位向低位移动，最低位移到进位标志位 M8022，M8022 中的内容则移动到最高位。

带进位的左移位指令 RCL，功能号为 FNC33，用于把指定的目标操作数中的二进制数，按照指令规定的移动次数，每次由低位向高位移动，最高位移动到进位标志位 M8022，M8022 中的内容则移动到最低位。

RCR、RCL 指令的用法如图 6.37 所示。

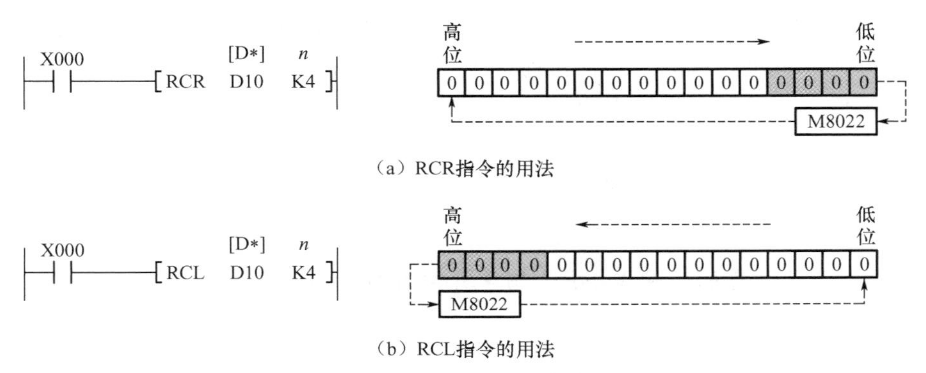

（a）RCR指令的用法

（b）RCL指令的用法

图 6.37 RCR、RCL 指令的用法

与 ROL 和 ROR 指令相比，在执行 RCL、RCR 指令时，标志位 M8022 不再表示向左或向右移出的最后一位的状态，而是作为循环移位单元中的一位处理。

目标操作数有 KnYm、KnMm、KnSm、T、C、D、V、Z。n 为指定的移动位数，用常数 K 和 H 表示。

6.5.3 位元件右移指令 SFTR 与位元件左移指令 SFTL

位元件右移指令 SFTR，功能号为 FNC34，以源操作数的移位数量为一组，把该组源操作数从目标操作数高位移入，目标操作数向右移 n_2 位，源操作数中的数据保持不变。位元件右移指令执行后，n_2 个源操作数中的数被传送到了目标操作数高 n_2 位中，目标操作数中的低 n_2 位数从其低端溢出。

位元件左移指令 SFTL，功能号为 FNC35，以源操作数的移位数量为一组，把该组源操作数从目标操作数低位移入，目标操作数向左移 n_2 位，源操作数中的数据保持不变。位元件左移指令执行后，n_2 个源操作数中的数被传送到了目标操作数低 n_2 位中，目标操作数中的高 n_2 位数从其高端溢出。

SFTR、SFTL 指令的用法如图 6.38 所示，移位过程按照（1）～（5）顺序进行。

[S＊]为移位的源操作数首地址，[D＊]为移位的目标操作数首地址，n_1 为目标操作数数量，n_2 为源操作数移位数量。

源操作数有 Y、X、M、S；目标操作数有 Y、M、S；n_1 和 n_2 为常数 K 和 H。

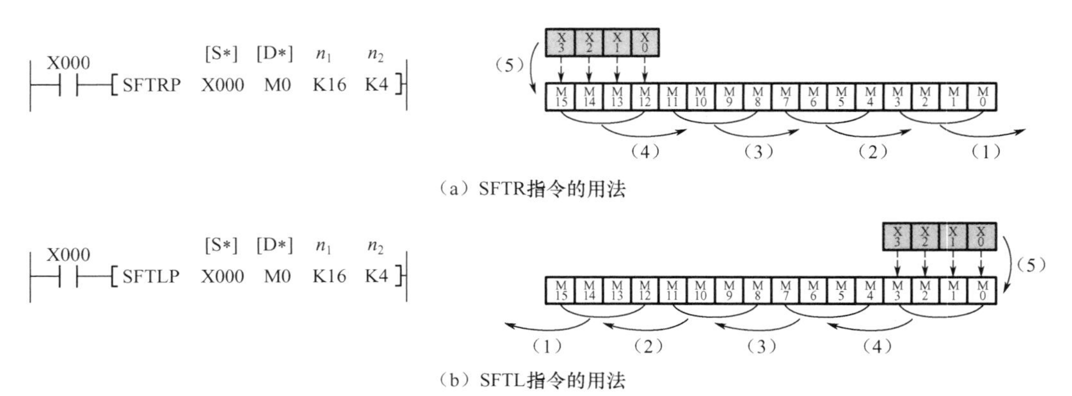

(a) SFTR指令的用法

(b) SFTL指令的用法

图 6.38 SFTR、SFTL 指令的用法

对于位右移指令，如果 X000 断开，则不执行这条 SFTR 指令，源操作数、目标操作数中的数据均保持不变。如果 X000 接通，则执行位元件的右移操作，即源中的 4 位数据 X3～X0 将被传送到目标操作数中的 M15～M12。目标软元件中的 16 位数据 M15～M0 将右移 4 位，M3～M0 这 4 位数据从目标操作数低位端移出，所以 M3～M0 中原来的数据将丢失，但源操作数 X3～X0 的数据保持不变。同理，SFTL 指令可以进行类似的数据处理过程的分析。

6.5.4 字元件右移指令 WSFR 与字元件左移指令 WSFL

字元件右移指令 **WSFR**，功能号为 **FNC36**；字元件左移指令，功能号为 **FNC37**。字元件右移指令和字元件左移指令以字为单位，将 n_1 个字右移或左移 n_2 个字。

WSFR、WSFL 指令的用法如图 6.39 所示，字元件移动过程按照（1)～(5）顺序进行。

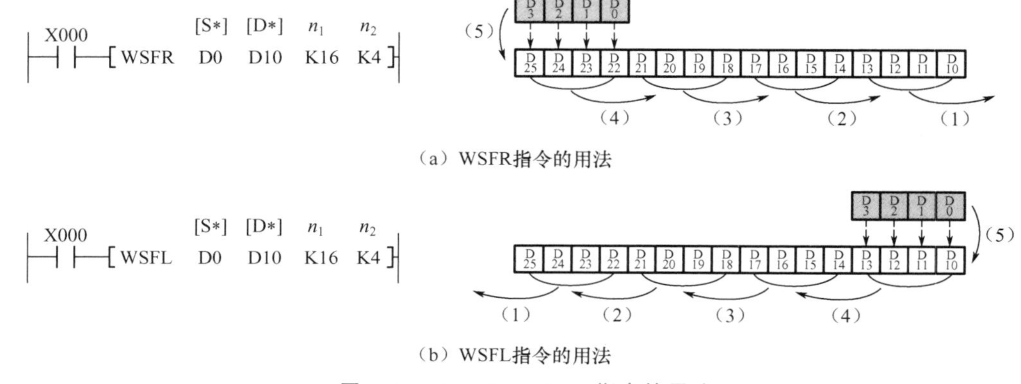

(a) WSFR指令的用法

(b) WSFL指令的用法

图 6.39 WSFR、WSFL 指令的用法

[S＊]为移位的源操作数首地址，[D＊]为移位的目标操作数首地址，$n1$ 为目标操作数数量，$n2$ 为源操作数移位数量。

源操作数有 KnXm、KnYm、KnMm、KnSm、T、C、D；目标操作数有 KnYm、KnMm、KnSm、T、C、D；n_1 和 n_2 为常数 K 和 H。

WSFR、WSFL 指令使用说明如下：字移位指令只有 16 位操作，占用 9 个程序步，n_1 和 n_2 应满足 $n_2 \leqslant n_1 \leqslant 512$。

6.6 数据处理指令

6.6.1 区间复位指令 ZRST

区间复位指令 **ZRST**，功能号为 **FNC40**，用于将指定范围内的同类元件成批复位。复位是将目标操作数清零。如图 6.40 所示，当 M8002 由 OFF→ON 时，位元件 M500～M599 成为批复位，字元件 C235～C255 和状态寄存器 S0～S127 也成为批复位。

图 6.40 ZRST 指令的用法

区间复位指令 ZRST

[D1＊]是复位的目标操作数的首地址元件，[D2＊]是复位的目标操作数的末地址元件，[D1＊]与[D2＊]必须是同类元件，且[D1＊]的元件号应小于[D2＊]的元件号，[D1＊]和[D2＊]可取 Y、M、S、T、C、D。

6.6.2 译码指令 DECO

译码指令 **DECO**，功能号为 **FNC41**，假设源操作数[S＊]最低 n 位的二进制数为 N，译码指令 DECO 将目标操作数[D・]中的第 N 位置 **1**，其余各位置 **0**。

DECO 指令相当于自动电话交换机的译码功能，源操作数的最低 n 位为电话号码，交换机根据它接通对应的电话机，使目标操作数中的对应位为 ON。

（1）目标操作数为位软元件，$n=1～8$。$n=8$ 时，目标操作数为 256（$2^8=256$）点位软元件。

（2）目标操作数为字软元件，$n=1～4$。$n=4$ 时，目标操作数为 16（$2^4=16$）字软元件。

假设 X0～X2 是错误诊断程序给出的一个 3 位二进制数的错误代码，用来表示 8 个不会同时出现的错误，通过 M0～M7（K2M0），用触摸屏上的 8 个指示灯来显示这些错误。图 6.41 中的 X2～X0 组成的 3 位二进制数为 011，相当于十进制数 $N=3$（$2^1+2^0=3$），译码指令将 K2M0 组成的 8 位二进制数中的第 3 位 M3 置 ON，其余各位置 OFF，触摸屏上仅 M3 对应的指示灯被点亮。

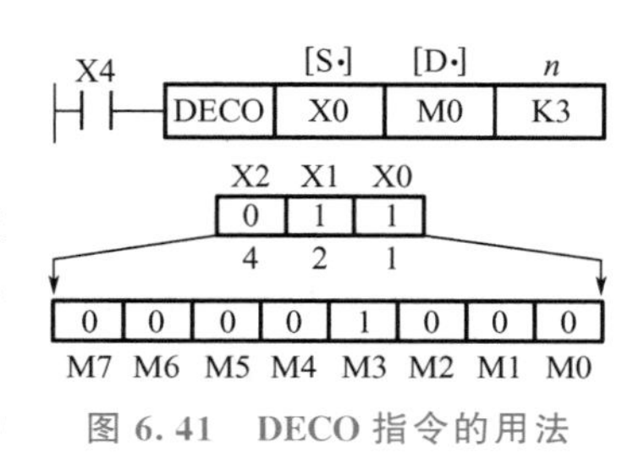

图 6.41 DECO 指令的用法

6.6.3 编码指令 ENCO

编码指令 **ENCO**，功能号为 **FNC42**，将源操作数［**S・**］中为 **ON** 的最高位的二进制位次数存入目标操作数［**D・**］的低 n 位。

（1）源操作数为位软元件，$n=1～8$。$n=8$ 时，目标操作数为 256（$2^8=256$）点位软元件。

（2）源操作数为字软元件，$n=1～4$。$n=4$ 时，目标操作数为 16（$2^4=16$）字软元件。

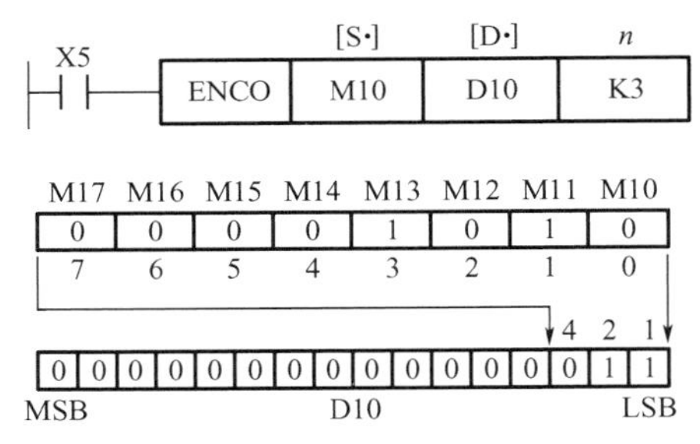

图 6.42　ENCO 指令的用法

设某系统的 8 个错误对应于 M 区中连续的 8 位（M10～M17），地址越高的位的错误，优先级越高。图 6.42 中，编码指令将 M10～M17（K2M10）中地址最高的为 ON 状态的位次数写入 D10。在 K2M10 中仅有 M11 和 M13 为 ON，M13 在 K2M10 中的位次数为 3，指令执行完后写入 D10 中的低 3 位的数为错误代码 3。在触摸屏中，用 8 状态的信息显示单元来显示 8 条事故信息，用 D10 中的数字来控制显示哪条信息。

假设 16 层电梯的每个楼层都有一个指示电梯所在楼层的限位开关（X20～X37），执行编码指令 ENCO X20 D10 K4 后，D10 中是轿厢所在的楼层数。

6.6.4　置 1 位数总和指令 SUM

X000　[SUM　D0　D2]　（[S*]　[D*]）

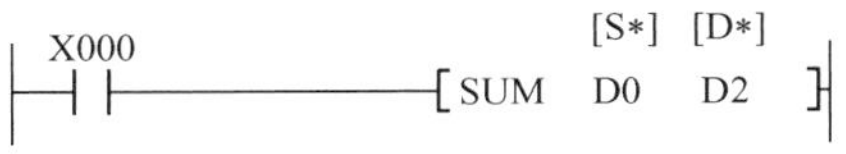

图 6.43　SUM 指令的用法

置 1 位数总和指令 SUM，功能号为 FNC43，用于统计源操作数中为“1”位的总和。如图 6.43 所示，当 X000 有效时执行 SUM 指令，将源操作数 D0 中 1 的数量送入目标操作数 D2 中，若 D0 中没有 1，则 0 标志 M8020 将置 1。

源操作数可取所有数据类型；目标操作数可取 KnYm、KnMm、KnSm、T、C、D。

6.6.5　置 1 位判别指令 BON

图 6.44　BON 指令的用法

置 1 位判别指令 BON，功能号为 FNC44。如图 6.44 所示，当 X000 接通时，执行 BON 指令，指令对由 K4 指定的源操作数 D10 从 0 算起的第 4 位进行判断，当判断结果为 1 时，目标操作数 M10＝1，否则 M10＝0。

[S*]为源操作数，[D*]为目标操作数，n 为源操作数的判别位数。

源操作数可取所有数据类型；目标操作数可取 Y、M、S。

6.6.6　平均值指令 MEAN

平均值指令 MEAN，功能号为 FNC45，用于把 n 个源操作数的平均值送到指定目标（余数省略），若程序中指定的 n 超出范围 1～64 则出错。MEAN 指令的用法如图 6.45 所示，执行结果是取 D0、D1、D2 的平均值，并存入目标操作数 D10 中。

M8002　[MEAN　D0　D10　K3]　（[S*]　[D*]　n）

图 6.45　MEAN 指令的用法

源操作数可取 KnXm、KnYm、KnMm、KnSm、T、C、D、V、Z；目标操作数可取 KnYm、KnMm、KnSm、T、C、D、V、Z。

6.7 高速处理指令

6.7.1 I/O 刷新指令 REF

I/O 刷新指令 REF，功能号为 FNC50。FX 系列 PLC 采用集中 I/O 的方式，如果需要最新的输入信息，以及希望立即输出结果，则必须使用该指令。如图 6.46 所示，当 X001 接通时，X010～X017 共 8 点将被刷新；当 X002 接通时，Y000 ～ Y007、Y010～Y017、Y020 ～ Y027 共 24 个输出点将被刷新。

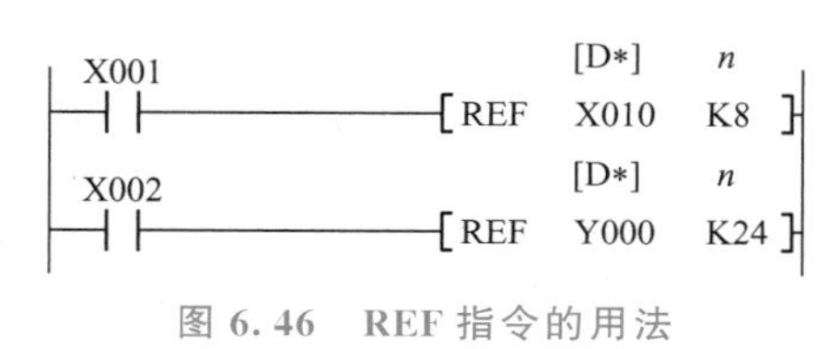

图 6.46 REF 指令的用法

目标操作数为元件编号个位为 0 的 X 和 Y，*n* 应为 8 的整数倍。

6.7.2 高速计数器置位指令 HSCS

高速计数器置位指令 HSCS，功能号为 FNC53。如图 6.47（b）所示，当 M8000 闭合时开始计数，将 C255 的当前值与 K100 常数进行比较，一旦相等，立即采用中断方式将 Y010 置 1，采用 I/O 立即刷新的方式将 Y010 的输出端接通。以后无论 C255 的当前值如何变化，甚至将 C255 复位或将控制电路断开，Y010 都始终为 1，除非对 Y010 复位或使用高速计数器复位指令 HSCR，才能将 Y010 复位置 0。在图 6.47（a）中，Y010 的动作受扫描周期的影响；在图 6.47（b）中，当 C255＝100 时，Y010 立即接通并保持，Y010 的动作不受扫描周期的影响。

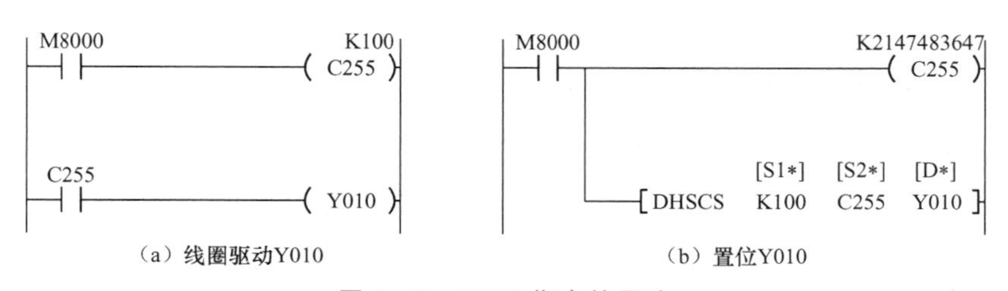

图 6.47 HSCS 指令的用法

源操作数[S1 *]取所有数据类型，[S2 *]为 C235～C255；目标操作数取 Y、M、S。在 FX 系列 PLC 中，因为 C235～C255 高速计数器的设定值和当前值都是 32 位二进制数，所以 HSCS 之前要加 D。

6.7.3 高速计数器复位指令 HSCR

高速计数器复位指令 HSCR，功能号为 FNC54。如图 6.48 所示，只要 C255 开始计数，就将 C255 的当前值与常数 K200 进行比较，C255 当前值等于 200 时，立即采用中断方式将 Y010 置 0，并且采用 I/O 立即刷新的方式将 Y010 输出切断。

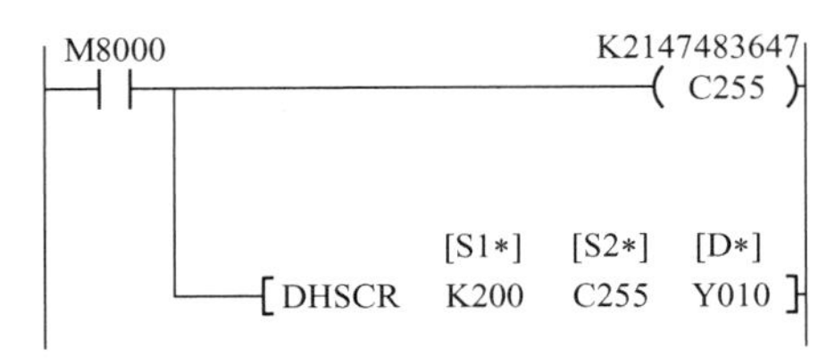

图 6.48 HSCR 指令的用法

源操作数[S1 *]取所有数据类型，[S2 *]为 C235～C255；目标操作数取 Y、M、S。

6.7.4 脉冲输出指令 PLSY

脉冲输出指令 PLSY，功能号为 FNC57。如图 6.49 所示，当 X000 接通，CPU 扫描到该梯形图程序时，立即采用中断方式，通过 Y000 输出频率为 1000Hz、占空比为 50%的脉冲，当输出脉冲达到 D0 规定的数值时，停止脉冲输出。[S1 *]表示输出脉冲的频率，范围为 2～20000Hz；[S2 *]表示输出脉冲数，在执行本指令期间，可以通过改变[S1 *]内的数来改变输出脉冲的频率。PLSY 指令采用中断方式输出脉冲，与扫描周期无关。

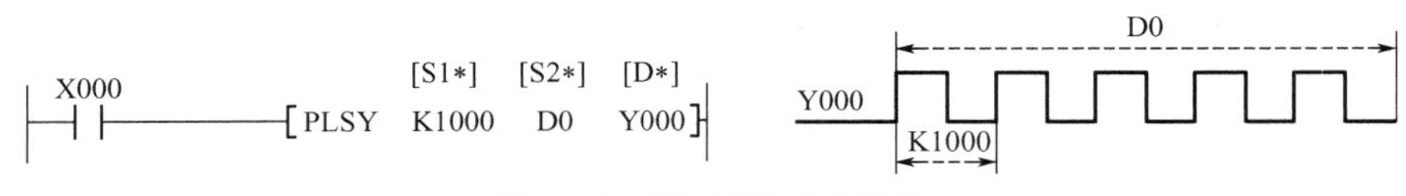

图 6.49 PLSY 指令的用法

源操作数[S1 *]和[S2 *]可取所有数据类型；目标操作数取 Y0、Y1。

6.8 外部设备 I/O 指令

6.8.1 读特殊功能模块指令 FROM

读特殊功能模块指令 FROM，功能号为 FNC78。如图 6.50 所示，当 X000 为 ON 时，执行 FROM 指令，读取特殊功能模块 1 中第 29 号单元的数据，并送到 K4M0 组成的字单元中。

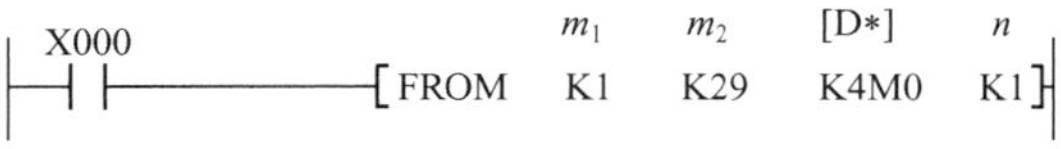

X000 m_1 m_2 [D*] n

[FROM K1 K29 K4M0 K1]

图 6.50 FROM 指令的用法

m_1表示特殊功能模块的模块号，按照距离基本单元的远近从 0～7 编号；m_2表示特殊功能模块缓冲区的单元号，不同特殊模块，其缓冲区的大小也不同；[D *]表示传送目标；n 表示传送点数。

目标操作数取 KnYm、KnMm、KnSm、T、C、D、V、Z。m_1、m_2、n 取常数 K 和 H。

6.8.2 写特殊功能模块指令 TO

写特殊功能模块指令 TO，功能号为 FNC79。如图 6.51 所示，当 X000 为 ON 时，执行TO指令，将K4M0组成的字单元数据写入特殊功能模块1的第29号单元中。

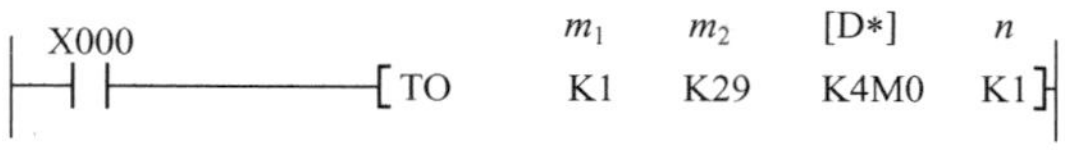

```
 X000                    m1    m2    [D*]   n
-| |-----------[TO       K1    K29   K4M0   K1]
```

图6.51 TO指令的用法

m_1表示特殊功能模块的模块号，按照距离基本单元的远近从0～7编号；m_2表示特殊功能模块缓冲区的单元号，不同特殊模块，其缓冲区的大小也不同；[D*]表示传送目标；n表示传送点数。

目标操作数可取KnYm、KnMm、KnSm、T、C、D、V、Z。m_1、m_2、n取常数K和H。

6.9 外部串口设备指令

外部串口设备指令有10条，编号为FNC80～FNC89，用于控制连接串口的特殊适配器，分别有串口数据传送指令RS、八进制位传送指令PRUN、HEX→ASCI转换指令ASCI、ASCII→HEX转换指令、校验码指令CCD、电位器值读出指令VRRD、电位器刻度指令VRSC、PID运算指令PID。这里仅介绍串口数据传送指令RS和PID运算指令PID。

6.9.1 串口数据传送指令RS

串口数据传送指令RS，功能号为FNC80，用于通过安装在基本单元上的RS-232C或RS-485串行通信口（仅通道1）进行无协议通信，从而进行数据发送和接收。

RS指令的用法如图6.52所示，[S*]表示保存发送数据的寄存器的起始软元件；m表示发送数据的字节数，取值范围为0～4096；[D*]表示保存接收数据的寄存器的起始软元件；n表示接收数据的字节数，取值范围为0～4096。

```
 X000                    [S*]   m    [D*]   n
-| |-----------[RS       D200   D0   D500   D1]
```

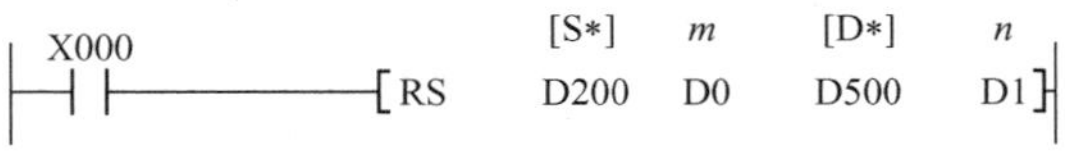

图6.52 RS指令的用法

源操作数、目标操作数只能是D。m、n可取K、H、D。

与RS指令有关的特殊软元件见表6-1。发送和接收缓冲区的大小决定了每传送一次信息所允许的最大数据量，缓冲区的大小，在发送缓冲区发送之前，即M8122置ON之前，或者接收缓冲区接收完信息后，且M8123复位前，可修改。

表6-1 与RS指令有关的特殊软元件

特殊辅助继电器	功能描述	特殊数据寄存器	功能描述
M8121	数据发送延时标志（RS命令）	D8120	通信格式（RS命令、计算机链接）
M8122	数据发送标志（RS命令）	D8121	站号设置（计算机链接）

续表

特殊辅助继电器	功能描述	特殊数据寄存器	功能描述
M8123	完成接收标志（RS命令）	D8122	未发送数据数（RS命令）
M8124	载波检测标志（RS命令）	D8123	接收的数据数（RS命令）
M8126	全局标志（计算机链接）	D8124	起始字符（初始值为STX，RS命令）
M8127	请求式握手标志（计算机链接）	D8125	结束字符（初始值为EXT，RS命令）
M8128	请求式出错标志（计算机链接）	D8127	请求式起始元件号寄存器（计算机链接）
M8129	请求式字/字节转换（计算机链接），超时判断标志（RS命令）	D8128	请求式数据长度寄存器（计算机链接）
M8161	8/16位转换标志（RS命令）	D8129	数据网络的超时定时器设定值（RS命令和计算机链接，单位为10ms，为0时表示100ms）

程序中可以有多条RS指令，但在任一时刻只能有一条被执行。

图6.53所示为RS指令的应用实例，用RS指令实现数据的串口通信，当X000为ON时，执行RS指令，发送数据11、22、33、44、55。

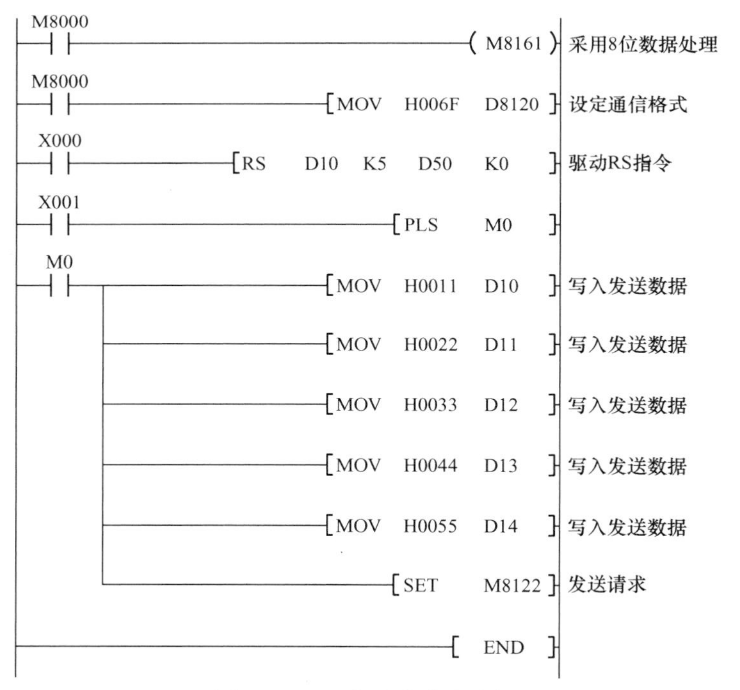

图6.53 RS指令的应用实例

6.9.2 PID运算指令PID

PID运算指令PID，功能号为FNC88，用于对当前值数据寄存器S2和设定值数据寄存器S1进行比较，通过PID回路处理两值之间的偏差来产生一个调节值，此值已考虑计算偏差的前一次迭代和趋势。PID回路计算出的调节值存入目标操作数D中。PID控制回路的设定参数存储在S3＋0～S3＋24的25个地址连续的数据寄存器中，这些软元件中，有些是要输入的数据，有些是内部操作运算要用的数据，有些是PID运算返回的数据。表6－2给出了PID指令中S3参数的S3～（S3＋28）的功能和设定。

表6－2　S3参数的S3～（S3＋28）的功能和设定

设定项目			设定内容	备　注
S3	采样时间（T_S）		1～32767（ms）	比运算周期短的值无法执行
S3＋1	动作设定（ACT）	bit0	0：正动作；1：逆动作	动作方向
		bit1	0：无输入变化量报警； 1：输入变化量报警有效	
		bit2	0：无输出变化量报警； 1：输出变化量报警有效	bit2和bit5不能同时置ON
		bit3	不可以使用	
		bit4	0：自整定不动作； 1：执行自整定	
		bit5	0：无输出值上下限设定； 1：输出值上下限设定有效	bit2和bit5不能同时置ON
		bit6	0：阶跃响应法； 1：极限循环法	选择自整定的模式
		bit7～bit15	不可以使用	
S3＋2	输入滤波常数（α）		0～99％	为0时表示无输入滤波
S3＋3	比例增益（K_p）		1％～32767％	
S3＋4	积分时间（T_i）		1％～32767％（×100ms）	为0时作无穷处理（无积分）
S3＋5	微分增益（K_d）		0～100％	为0时无微分增益
S3＋6	微分时间（T_d）		1％～32767％（×10ms）	为0时无积分
S3＋7～S3＋19	被PID运算的内部处理占用，请不要更改数据			
S3＋20[*1]	输入变化量（增侧）报警设定值		0～32767	动作设定（ACT）S3＋1 bit1＝1时有效
S3＋21[*1]	输入变化量（减侧）报警设定值		0～32767	动作设定（ACT）S3＋1 bit1＝1时有效

续表

<table>
<tr><th colspan="3">设定项目</th><th>设定内容</th><th>备　注</th></tr>
<tr><td rowspan="2">S3+22*1</td><td colspan="2">输出变化量（增侧）报警设定值</td><td>0～32767</td><td>动作设定（ACT）：S3+1 bit2=1 bit5=0 时有效</td></tr>
<tr><td colspan="2">输出上限的设定值</td><td>-32768～32767</td><td>动作设定（ACT）：S3+1 bit2=0 bit5=1 时有效</td></tr>
<tr><td rowspan="2">S3+23*1</td><td colspan="2">输出变化量（减侧）报警设定值</td><td>0～32767</td><td>动作设定（ACT）：S3+1 bit2=1 bit5=0 时有效</td></tr>
<tr><td colspan="2">输出下限的设定值</td><td>-32768～32767</td><td>动作设定（ACT）：S3+1 bit2=1 bit5=0 时有效</td></tr>
<tr><td rowspan="4">S3+24*1</td><td rowspan="4">报警输出</td><td>bit0</td><td>0：无输入变化量（增侧）溢出；
1：输入变化量（增侧）溢出</td><td rowspan="4">动作设定（ACT）：S3+1 bit1=1 或者 bit2=1 时有效</td></tr>
<tr><td>bit1</td><td>0：无输入变化量（减侧）溢出；
1：输入变化量（减侧）溢出</td></tr>
<tr><td>bit2</td><td>0：无输出变化量（增侧）溢出；
1：输出变化量（增侧）溢出</td></tr>
<tr><td>bit3</td><td>0：无输出变化量（减侧）溢出；
1：输出变化量（减侧）溢出</td></tr>
<tr><td colspan="5">使用极限循环法是需要以下的设定［动作设定（ACT）b6：ON 时］</td></tr>
<tr><td>S3+25</td><td colspan="2">PV 值临界值（滞后）宽度（SHPV）</td><td>根据测量值（PV）的波动而设定</td><td rowspan="4">动作设定（ACT）b6：选择极限循环法（ON）时占用</td></tr>
<tr><td>S3+26</td><td colspan="2">输出值上限（ULV）</td><td>设定输出值（MV）的最大输出值（ULV）</td></tr>
<tr><td>S3+27</td><td colspan="2">输出值下限（LLV）</td><td>设定输出值（MV）的最小输出值（LLV）</td></tr>
<tr><td>S3+28</td><td colspan="2">从自整定循环结束到 PID 控制开始为止的等待设定参数（K_w）</td><td>-50%～32717%</td></tr>
</table>

*1：当 S3+1 动作设定（ACT）的 bit1=1、bit2=1 或是 bit5=1 时，S3+20～S3+24 被占用。

PID 指令用于控制生产过程，来自现场的过程信号经 A/D 转换，采用 PID 运算，结果经 D/A 转换控制被控对象。

PID 指令的用法如图 6.54 所示。

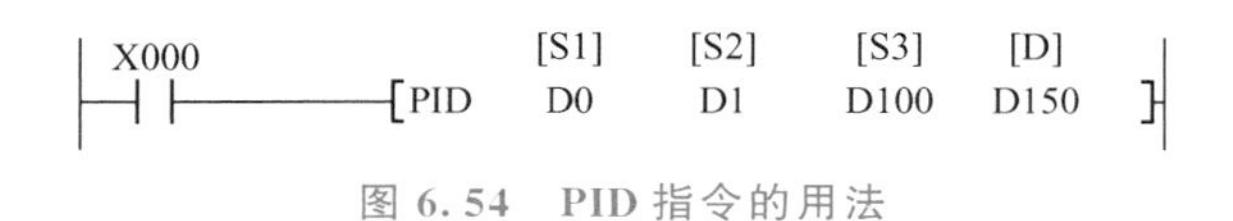

图 6.54　PID 指令的用法

［S1］表示设定目标值（SV）；［S2］表示测量值（PV），即寄存器当前值；［S3］表示控制回路的设定参数；［D］表示输出值（MV），即计算出的调节值。

源操作数、目标操作数只能是 D。

6.10 触点比较指令

6.10.1 触点比较指令 LD＝～LD≥

LD＝，功能号为FNC224；LD＞，功能号为FNC225；LD＜，功能号为FNC226；LD＜＞，功能号为FNC228；LD≤，功能号为FNC229；LD≥，功能号为FNC230。它们都是连续执行型指令，既可进行16位二进制数运算，又可进行32位二进制数运算。每条指令有两个源操作数——［S1］和［S2］。当［S1］分别＝、＞、＜、＜＞、≤、≥［S2］时，触点为ON。

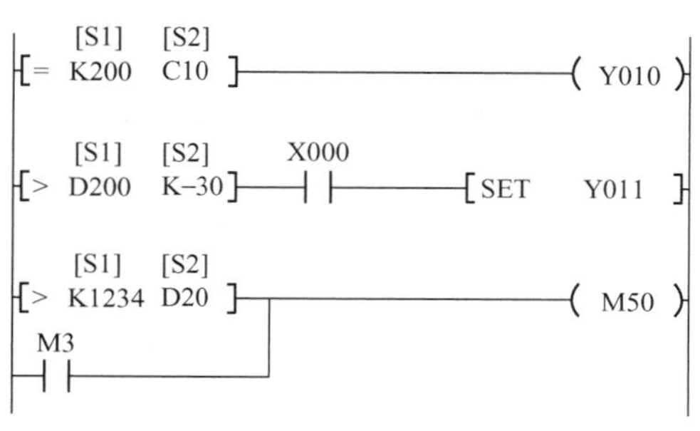

图6.55 LD＝、LD＞、LD＜指令的用法

LD＝、LD＞、LD＜指令的用法如图6.55所示，程序的内容是当C10的当前值为200时，驱动Y010；当D200的内容大于－30且X000处于ON时，Y011置位；当D20的内容大于1234或M3处于ON时，驱动M50。

源操作数［S1］和［S2］可取K、H、KnYm、KnMm、KnSm、T、C、D、V、Z。

6.10.2 触点比较指令 AND＝～AND≥

AND＝，功能号为FNC232；AND＞，功能号为FNC233；AND＜，功能号为FNC234；AND＜＞，功能号为FNC236；AND≤，功能号为FNC237；AND≥，功能号为FNC238。它们都是连续执行型指令，既可进行16位二进制数运算，又可进行32位二进制数运算。每条指令有两个源操作数——［S1］和［S2］。

AND＝、AND＞、AND＜指令的用法如图6.56所示，与其他触点串联使用，程序的内容是当C10的当前值等于200且X001处于ON时，驱动Y010；当D200的内容大于－30且X002处于ON、X000处于ON时，Y011置位；当D20的内容大于1234且X003处于ON或M3处于ON时，驱动M50。

X001 [S1] [S2]
[= K200 C10] Y010
X002 [S1] [S2] X000
[> D200 K-30] SET Y011
X003 [S1] [S2]
[> K1234 D20] M50
M3

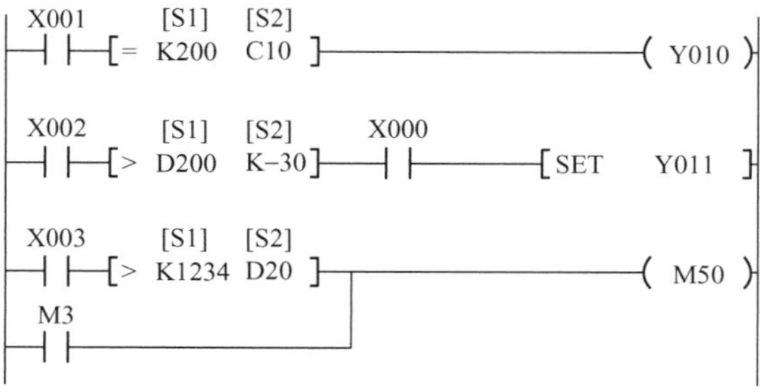

图6.56 AND＝、AND＞、AND＜指令的用法

源操作数［S1］和［S2］可取K、H、KnYm、KnMm、KnS、T、C、D、V、Z。

思考与练习

6-1　什么是功能指令？功能指令有何作用？

6-2　为什么交换指令XCH和高低字节交换指令SWAP必须采用脉冲执行方式？

6-3　编写程序，分别用多点传送指令FMOV和批量复位指令ZRST将D20～D69清零。

6-4　跳转发生后，PLC是否对被跳转指令跨越的程序进行逐行扫描，逐行执行？被跨越的程序中的输出继电器、定时器及计数器的工作状态如何？

6-5　FX_{3U}系列PLC有哪些中断源？这些中断源引起的中断在程序中如何表示？

6-6　PID指令的参数有哪些？它们的作用分别是什么？

6-7　用触点比较指令编写程序，在D2≠300与D3＞100时，令M1为ON。

6-8　用区间比较指令编写程序，在T4＜100和T4＞2000时，令Y5为ON。

6-9　用CMP指令实现：X000为输入脉冲，当脉冲数小于或等于5时，Y001为OFF；当脉冲数大于5时，Y001为ON。

6-10　三台电动机相隔5s启动，运行20s后停止，如此循环往复，使用传送比较指令完成控制要求。

6-11　用X0控制接在Y0～Y13上的12个彩灯移位，每1s右移1位。用MOV指令将彩灯的初始值设置为十六进制数HF0，设计出梯形图。

6-12　在X0为ON时，将计数器C0的当前值转换为BCD码后送到Y0～Y17中，C0的计数脉冲和复位信号分别由X1和X2提供，设计出梯形图。

第7章 西门子S7－200系列PLC

知识要点	掌握程度	相关知识
基本性能及配置	了解基本技术指标；掌握内部元件	FX_{3U} PLC基本配置
基本逻辑指令	掌握基本逻辑指令	FX_{3U} PLC基本逻辑指令
定时器指令	掌握定时器指令	FX_{3U} PLC定时器指令
计数器指令	掌握计数器指令	FX_{3U} PLC计数器指令
比较指令	掌握比较指令	FX_{3U} PLC比较指令
程序控制指令	掌握程序控制指令	FX_{3U} PLC程序控制指令
顺序控制指令及其应用	掌握顺序控制指令	FX_{3U} PLC顺序控制指令

德国西门子公司是世界上著名的、欧洲最大的电气设备制造商，是世界上较早研制、开发PLC的公司之一，欧洲第一台PLC就是西门子公司于1973年研制成功的，1975年推出SIMATIC S3系列PLC，1979年推出SIMATIC S5系列PLC，1994年推出SIMATIC S7系列PLC。西门子公司的PLC在我国应用十分普遍，尤其是大、中型PLC，由于其可靠性高，因此在自动化控制领域久负盛名。西门子公司的小型、微型PLC的功能也相当强。

7.1 基本性能及配置

西门子 S7 系列 PLC 分为 S7－400、S7－300、S7－200 三个系列，分别为 S7 系列的大、中、小型 PLC 系统。S7－200 系列 PLC 主机单元的 CPU 有 CPU21X 和 CPU22X 两个系列，CPU21X 为 S7－200 系列 PLC 的第一代产品，包括 CPU212、CPU214、CPU215、CPU216。广泛应用的是 CPU22X 系列产品，包括 CPU221、CPU222、CPU224、CPU224XP、CPU226、CPU226XM。CPU221 主机单元不能扩展，其他 CPU 主机单元都可以扩展。

7.1.1 技术指标及存储器特性

S7－200 系列 PLC 技术指标见表 7－1，存储器范围及特性见表 7－2。S7－200 系列 PLC 中，CPU221 价格低，能满足多种集成功能的需要。CPU222 是 S7－200 家族中的低成本单元，通过可连接的扩展模块即可处理模拟量。CPU224 具有更多的输入/输出点及更大的存储器。CPU226 和 CPU226XM 是功能最强的单元，可完全满足一些中小型复杂控制系统的要求。

表 7－1 S7－200 系列 PLC 技术指标

特　性	CPU221	CPU222	CPU224	CPU224XP	CPU226
外形尺寸/mm	92×80×62	92×80×62	120.5×80×62	140×80×62	190×80×62
程序存储器： 带运行模式下编辑 无运行模式下编辑	 4096B 4096B	 4096B 4096B	 8192B 12288B	 12288B 16384B	 16384B 24576B
数据存储器	2048B	2048B	8192B	10240B	10240B
掉电保护时间/h	50	50	100	100	100
本机 I/O 数字量 模拟量	 6 输入/4 输出 —	 8 输入/6 输出 —	 14 输入/10 输出 —	 14 输入/10 输出 2 输入/1 输出	 24 输入/16 输出 —
扩展模块数量	0	2	7	7	7
高数计数器 单相 两相	 4 路 30kHz 2 路 20kHz	 4 路 30kHz 2 路 20kHz	 6 路 30kHz 4 路 20kHz	 4 路 30kHz 2 路 200kHz 3 路 20kHz 1 路 100kHz	 6 路 30kHz 4 路 20kHz
脉冲输出（DC）	2 路 20kHz	2 路 20kHz	2 路 20kHz	2 路 100kHz	2 路 20kHz
模拟电位器	1	1	2	2	2
实时时钟	卡	卡	内置	内置	内置
通信口	1RS－485	1RS－485	1RS－485	2 RS－485	2 RS－485

续表

特　　性	CPU221	CPU222	CPU224	CPU224XP	CPU226
浮点数运算	是				
数字 I/O 映像	256（128 输入/128 输出）				
布尔型执行速度	0.22 毫秒/指令				

表 7-2　S7-200 系列 PLC 存储器范围及特性

描　　述			CPU221	CPU222	CPU224	CPU224XP	CPU226
用户程序	在运行模式下编辑		4096B	4096B	8192B	12288B	16384B
	不在运行模式下编辑		4096B	4096B	12288B	16384B	24576B
用户数据			2048B	2048B	8192B	10240B	10240B
输入映像寄存器			I0.0～I15.7	I0.0～I15.7	I0.0～I15.7	I0.0～I15.7	I0.0～I15.7
输出映像寄存器			Q0.0～Q15.7	Q0.0～Q15.7	Q0.0～Q15.7	Q0.0～Q15.7	Q0.0～Q15.7
模拟量输入（只读）			AIW0～AIW30	AIW0～AIW30	AIW0～AIW30	AIW0～AIW62	AIW0～AIW62
模拟量输出（只写）			AQW0～AQW30	AQW0～AQW30	AQW0～AQW62	AQW0～AQW62	AQW0～AQW62
变量存储器（V）			VB0～VB2047	VB0～VB2047	VB0～VB8191	VB0～VB10239	VB0～VB10239
局部存储器（L）			LB0～LB63	LB0～LB63	LB0～LB63	LB0～LB63	LB0～LB63
位存储器（M）			M0.0～M31.7	M0.0～M31.7	M0.0～M31.7	M0.0～M31.7	M0.0～M31.7
特殊存储器（SM） 只读			SM0.0～SM179.7 SM0.0～SM29.7	SM0.0～SM299.7 SM0.0～SM29.7	SM0.0～SM549.7 SM0.0～SM29.7	SM0.0～SM549.7 SM0.0～SM29.7	SM0.0～SM549.7 SM0.0～SM29.7
定时器	保持接通延时	1ms	256（T0～T255） T0，T64	256（T0～T255） T0，T64	256（T0～T255） T0，T64	256（T0～T255） T0，T64	256（T0～T255） T0，T64
		10ms	T1～T4， T65～T68	T1～T4， T65～T68	T1～T4， T65～T68	T1～T4， T65～T68	T1～T4， T65～T68
		100ms	T5～T31， T69～T95	T5～T31， T69～T95	T5～T31， T69～T95	T5～T31， T69～T95	T5～T31， T69～T95
	接通/关断延时	1ms	T32，T95	T32，T95	T32，T95	T32，T95	T32，T95
		10ms	T33～T36， T97～T100	T33～T36， T97～T100	T33～T36， T97～T100	T33～T36， T97～T100	T33～T36， T97～T100
		100ms	T37～T63， T101～T255	T37～T63， T101～T255	T37～T63， T101～T255	T37～T63， T101～T255	T37～T63， T101～T255
计数器			C0～C255	C0～C255	C0～C255	C0～C255	C0～C255
高速计数器			HC0～HC5	HC0～HC5	HC0～HC5	HC0～HC5	HC0～HC5
顺序控制继电器（S）			S0.0～S31.7	S0.0～S31.7	S0.0～S31.7	S0.0～S31.7	S0.0～S31.7

续表

描　述	CPU221	CPU222	CPU224	CPU224XP	CPU226
累加器寄存器	AC0～AC3	AC0～AC3	AC0～AC3	AC0～AC3	AC0～AC3
跳转/标号	0～255	0～255	0～255	0～255	0～255
调用/子程序	0～63	0～63	0～63	0～63	0～63
中断程序	0～127	0～127	0～127	0～127	0～127
正/负跳变	256	256	256	256	256
PID 回路	0～7	0～7	0～7	0～7	0～7
端口	端口 0	端口 0	端口 0	端口 0，端口 1	端口 0，端口 1

S7－200 系列 PLC 具有下列特点。

（1）集成 24V 电源。可直接连接传感器和变送器执行器，CPU221 和 CPU222 具有 180mA 输出。CPU224 输出 280mA，CPU226、CPU226XM 输出 400mA，可用作负载电源。

（2）高速脉冲输出。具有两路高速脉冲输出端，输出脉冲频率可达 20kHz，用于控制步进电动机或伺服电动机实现定位任务。

（3）通信口。CPU221、CPU222 和 CPU224 具有一个 RS－485 端口。CPU224XP、CPU226、CPU226XM 具有两个 RS－485 端口。它们支持 PPI、MPI 通信协议，有自由口通信能力。

（4）模拟电位器。CPU221 和 CPU222 有一个模拟电位器，CPU224、CPU226、CPU226XM 有两个模拟电位器。模拟电位器用来改变特殊寄存器（SMB28、SMB29）中的数值，以改变程序运行时的参数，如定时器、计数器的预置值，过程量的控制参数。

（5）中断输入。中断输入允许以极快的速度对过程信号的上升沿作出响应。

（6）EEPROM 存储器模块（选件）。可作为修改与复制程序的快速工具，无需编程器且可进行辅助软件归档工作。

（7）电池模块。可通过内部的超级电容存储用户数据（如标志位状态、数据块、定时器、计数器）约 5 天。选用电池模块能延长存储时间到 200 天。电池模块插在存储器模块的卡槽中。

（8）不同的设备类型。CPU221～CPU226 各有两种类型 CPU，具有不同的电源电压和控制电压。

（9）数字量输入/输出点。CPU221 具有 6 点输入/4 点输出；CPU222 具有 8 点输入/6 点输出；CPU224 具有 14 点输入/10 点输出；CPU226、CPU226XM 具有 24 点输入/16 点输出；CPU22X 主机的输入点为 24V 直流双向光电耦合输入电路，输出有继电器和直流（MOS 型）两种类型。

（10）高速计数器。CPU221、CPU222 有 4 个 30kHz 高速计数器，CPU224、CPU226、CPU226XM 有 6 个 30kHz 的高速计数器，用于捕捉比 CPU 扫描频率更高的脉冲信号。

7.1.2 CPU224 型 PLC 的结构

1. CPU224 型 PLC 外形及端子介绍

（1）CPU224 型 PLC 外形。

CPU224 型 PLC 外形结构如图 7.1 所示，其输入、输出、CPU、电源模块均装设在一个基本单元的机壳内，是典型的整体式结构。当系统需要扩展时，选用需要的扩展模块与基本单元连接。底部端子盖下是输入量的接线端子和为传感器提供的 24V 直流电源端子。

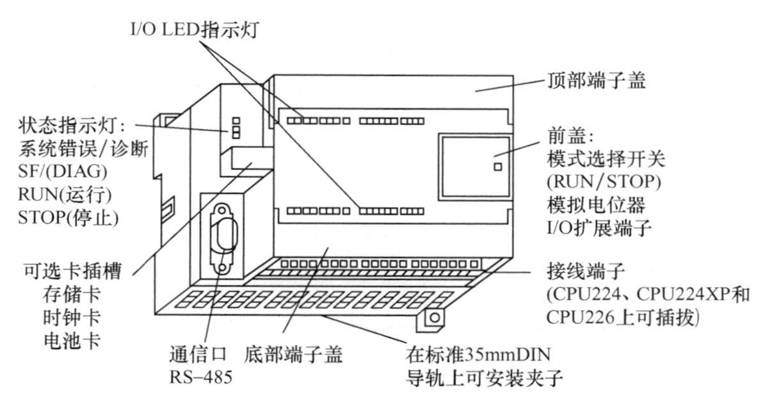

图 7.1　S7-200 系列 PLC 外形结构

基本单元前盖下有工作模式选择开关、电位器和扩展 I/O 连接器，可以通过扁平电缆连接扩展 I/O 模块。西门子整体式 PLC 配有许多扩展模块，如数字量 I/O 扩展模块、模拟量 I/O 扩展模块、热电偶模块、通信模块等，用户可以根据需要选用，使 PLC 的功能更强大。

(2) CPU224 型 PLC 端子。

CPU224 的主机共有 14 个输入点（I0.0～I0.7、I1.0～I1.5）和 10 个输出点（Q0.0～Q0.7、Q1.0～Q1.1），端子编码采用八进制。直流电源/直流输入/直流输出型 CPU224 DC/DC/DC，电源与输入/输出端子外部接线如图 7.2 所示；交流电源/直流输入/继电器输出型 CPU224 AC/DC/继电器，电源与输入/输出端子外部接线如图 7.3 所示。

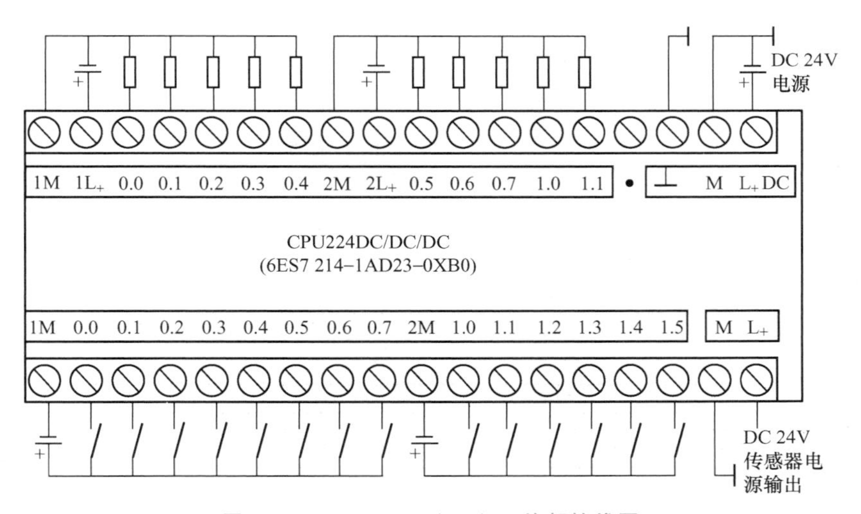

图 7.2　CPU224 DC/DC/DC 外部接线图

① 输入端子。输入端子采用双向光电耦合器，24V 直流极性可任意选择，系统设置输入端子 I0.0～I0.7 的公共端为 1M，I1.0～I1.5 的公共端为 2M。

② 输出端子。CPU224 的输出电路有晶体管输出和继电器输出两种，供用户选用。晶

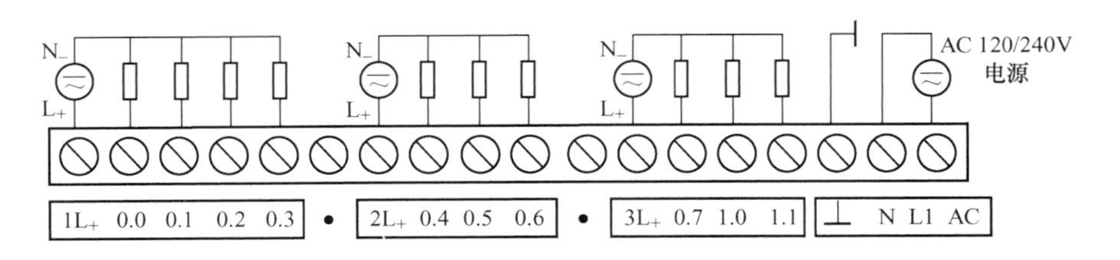

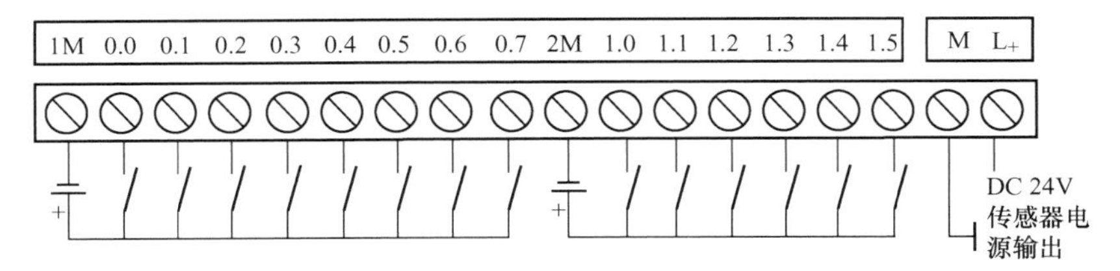

图 7.3　CPU224 AC/DC/继电器外部接线图

体管输出电路（型号为 6ES7 214－1AD23－0XB0）中，PLC 由 24V 直流电源供电，负载采用 MOSFET 功率驱动器件，所以只能用直流电源为负载供电。输出端将数字量输出分为两组，每组有一个公共端，共有 1L 和 2L 两个公共端，可接入不同电压等级的负载电源，具有 DC 24V 传感器电源输出，如图 7.2 所示。继电器输出电路（型号为 6ES7 214－1BD23－0XB0）中，PLC 由 220V 交流电源供电，负载采用继电器驱动，所以既可以采用直流电源为负载供电，也可以采用交流电源为负载供电。继电器输出电路中，数字量输出分为三组，每组公共端为本组的电源供给端，Q0.0～Q0.3 共用 1L，Q0.4～Q0.6 共用 2L，Q0.7～Q1.1 共用 3L，各组之间可接入不同电压等级、不同电压性质的负载电源，具有 DC 24V 传感器电源输出，如图 7.3 所示。

（3）CPU224XP 型 PLC 外部接线图。

CPU224XP 与 CPU224 外部接线图相比，可以有模拟量 I/O，如图 7.4 所示。

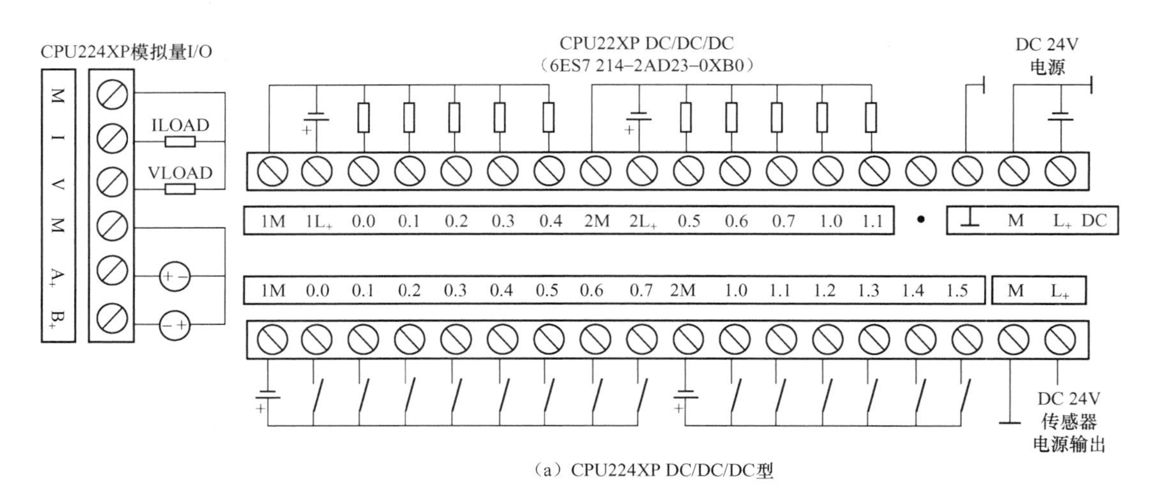

（a）CPU224XP DC/DC/DC型

图 7.4　CPU224XP 外部接线图

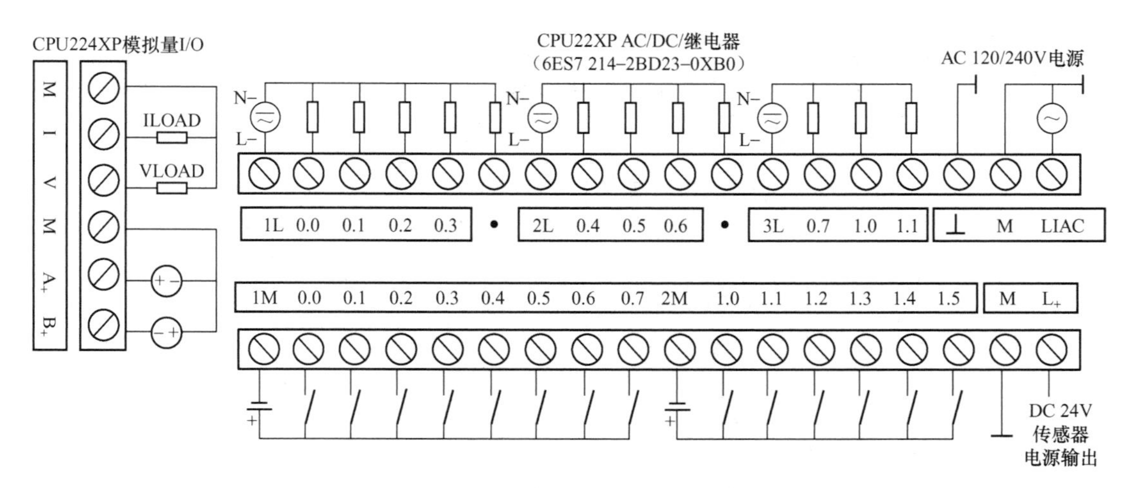

（b）CPU224XP AC/DC/继电器型

图 7.4 CPU224XP 外部接线图（续）

输入/输出单元都带光电隔离电路，主要有两方面作用：一是实现现场与 PLC 主机的电气隔离，以提高抗干扰性，避免外部强电侵入主机而损坏主机；二是电平转换，光电耦合器将现场各种开关信号转换成 PLC 主机要求的标准逻辑电平。

2. S7－200 系列 PLC 的结构及性能指标

S7－200 系列 PLC 主要由 CPU、存储器、基本 I/O 接口电路、外设接口、编程装置、电源等组成，如图 7.5 所示。CP243－2 用于扩展符合 MI 主站规定的数值从站，EM277 用于将 S7－200 系列 PLC CPU 连接到 PROFIBS－DP 网络，EM241 用于将 S7－200 系列 PLC CPU 连接到模拟电话线上进行远程控制。

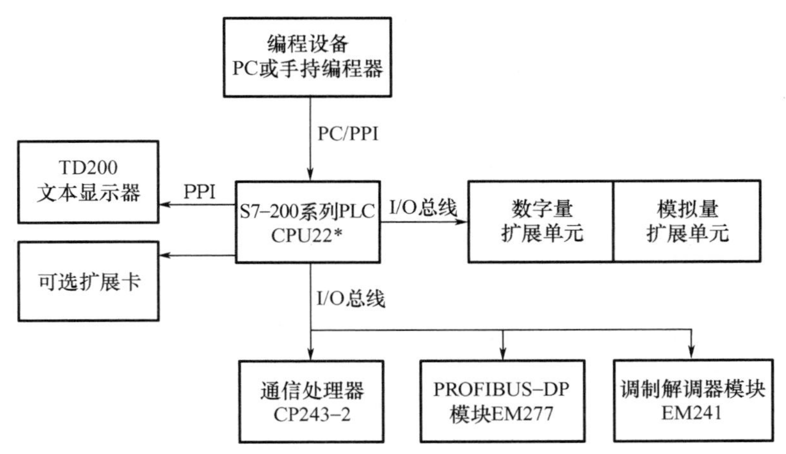

图 7.5 S7－200 系列 PLC 的组成

S7－200 系列 PLC 的 CPU 模块主要技术参数见表 7－3 至表 7－6。

表 7-3　CPU 模块特性功能

型号	数字I/O	模拟I/O	可扩展模块数	PID控制器	RS-485端口	PPI/MPI协议	独立的高速计数器 独立高速脉冲输出
CPU221	6/4	无	无	无	1个	有	无
CPU222	8/6	无	2个模块，78路数字I/O，10路模拟I/O	有	1个	有	4～30kHz高速计数 2～20kHz高速脉冲输出
CPU224	14/10	无	7个模块，168路数字I/O，35路模拟I/O	有	1个	有	6～30kHz高速计数 2～20kHz高速脉冲输出
CPU224XP	14/10	2输入 1输出	7个模块，168路数字I/O，38路模拟I/O	自整定PID功能	2个	有	6～100kHz高速计数 2～100kHz高速脉冲输出
CPU226 (CPU226XM)	26/16	无	7个模块，248路数字I/O，35路模拟I/O	有	2个	有	6～30kHz高速计数 2～20kHz高速脉冲输出

表 7-4　CPU 模块可提供的最大电流

<table>
<tr><th>CPU 型号</th><th>CPU221</th><th>CPU222</th><th>CPU224</th><th>CPU224XP</th><th>CPU226</th><th>CPU226XM</th></tr>
<tr><td>DC 24V 供电电流/mA</td><td colspan="2">180</td><td colspan="2">280</td><td colspan="2">400</td></tr>
<tr><td>DC 5V 供电电流/mA</td><td>0</td><td>340</td><td colspan="2">600</td><td colspan="2">1000</td></tr>
</table>

表 7-5　各 CPU 模块内部存储器容量

<table>
<tr><th>CPU 型号</th><th>CPU221</th><th>CPU222</th><th>CPU224</th><th>CPU224XP</th><th>CPU226</th><th>CPU226XM</th></tr>
<tr><td>用户程序区/B</td><td>4096</td><td>4096</td><td>8192</td><td>12288</td><td>16384</td><td>32768</td></tr>
<tr><td>非在线程序/B</td><td>4096</td><td>4096</td><td>12288</td><td>16384</td><td>24576</td><td>49152</td></tr>
<tr><td>用户数据区/B</td><td>2048</td><td>2048</td><td>8192</td><td>10240</td><td>10240</td><td>20480</td></tr>
<tr><td>用户存储类型</td><td colspan="6">EEPROM</td></tr>
</table>

表 7-6　各 CPU 模块的输出类型

<table>
<tr><th>CPU 型号</th><th>输入/输出类型</th><th>电源电压</th><th>输入电压</th><th>输出电压</th><th>输出电流器件</th></tr>
<tr><td rowspan="2">CPU221</td><td>DC 输出，DC 输入</td><td>DC 24V</td><td rowspan="4">DC 24V</td><td>DC 24V</td><td>晶体管（0.75A）</td></tr>
<tr><td>继电器输出，DC 输入</td><td>AC 85～264V</td><td>DC 24V
AC 24～230V</td><td>继电器（2A）</td></tr>
<tr><td rowspan="2">CPU222
CPU224
CPU224XP
CPU226
CPU226XM</td><td>DC 输出</td><td>DC 24V</td><td>DC 24V</td><td>晶体管（0.75A）</td></tr>
<tr><td>继电器输出</td><td>AC 85～264V</td><td>DC 24V
AC 24～230V</td><td>继电器（2A）</td></tr>
</table>

3. CPU的工作方式及改变工作方式的方法

(1) CPU的工作方式。

CPU前面板上用两个发光二极管显示当前工作方式，绿色指示灯亮，表示为运行状态；红色指示灯亮，表示为停止状态；标有SF的指示灯亮时，表示系统故障，PLC停止工作。

① STOP。CPU在STOP工作方式下，不执行程序，此时可以通过编程装置向PLC装载程序或进行系统设置，在程序编辑、上传、下载等处理过程中，必须把CPU置于STOP方式。

② RUN。CPU在RUN工作方式下，PLC按照自己的工作方式运行用户程序。

(2) 改变工作方式的方法。

① 用工作方式开关改变工作方式。工作方式开关有3个挡位：STOP、RUN、TERM。把工作方式开关切换到STOP位，可以停止程序的执行；切换到RUN位，可以启动程序；切换到TERM（暂态）或RUN位，允许STEP 7 - Micro/WIN32软件设置CPU工作状态。如果工作方式开关设为STOP或TERM，则当电源上电时，CPU自动进入STOP工作状态；如果设置为RUN，则当电源上电时，CPU自动进入RUN工作方式。

② 用编程软件改变工作方式。把工作方式开关切换到TERM（暂态），可以使用STEP 7 - Micro/WIN32编程软件设置工作方式。

③ 在程序中用指令改变工作方式。在程序中插入一个STOP指令，CPU可由RUN工作方式切换到STOP工作方式。

4. 扩展功能模块

当CPU的I/O点数不够或者需要特殊功能的控制时，用户可以选用具有不同功能的扩展模块，满足不同的控制需要，节约投资费用。连接时，CPU模块放在最左侧，扩展模块用扁平电缆与左侧的模块相连。S7 - 200的扩展模块包括数字量扩展模块、模拟量扩展模块、特殊功能模块和通信模块等。

(1) 电源模块。

外部提供给PLC的电源有24V DC和220V AC两种，根据型号进行选择。S7 - 200系列PLC的CPU单元有一个内部电源模块，S7 - 200系列小型PLC的电源模块与CPU封装在一起，通过连接总线为CPU模块、扩展模块提供5V的直流电源，如果容量允许，还可为外部提供24V的直流电源，供本机输入点和扩展模块继电器线圈使用。

应根据如下原则确定I/O电源的配置：有扩展模块连接时，如果扩展模块对5V DC电源的需求超过CPU的5V电源模块的容量，则必须减少扩展模块。当24V直流电源的容量不满足要求时，可以增加一个外部24V DC电源给扩展模块供电。此时，外部电源不能与S7 - 200系列PLC的传感器电源并联使用，但两个电源的公共端应连接在一起。

(2) 扩展模块。

① 数字量扩展模块。数字量输入模块将现场传来的外部数字信号的电平转换为PLC内部的信号电平，以连接外部的机械触点和电子数字式传感器。数字量输出模块将PLC内部的信号电平转换为控制过程所需的外部信号电平，并有隔离放大作用。

通常数字量（开关量）扩展模块分为以下3种类型。

a. 输入扩展模块 EM221，包括 3 种类型。

b. 输出扩展模块 EM222，包括 5 种类型。

c. 输入/输出扩展模块 EM223，包括 6 种类型。

在数字量扩展模块应用中要注意输入类型和接线方式，输出类型和负载电流范围，输入/输出端点数的预留数（推荐 20%），每种模块所需供电电压及电流，相连的 CPU 可提供电压及电流值范围等。

扩展模块的基本性能指标见表 7-7。

表 7-7　扩展模块的基本性能指标

<table>
<tr><th>名　称</th><th>输入</th><th>输入类型</th><th>输出</th><th>输出类型</th><th>输出工作电流</th><th>输出电流容量</th><th>电源要求 DC 5V</th></tr>
<tr><td rowspan="3">EM221</td><td rowspan="2">8</td><td>漏型/源型 DC 24V</td><td rowspan="3" colspan="3"></td><td>4mA</td><td rowspan="2">30mA</td></tr>
<tr><td>ICE Typel AC 120/230V</td><td>2.5mA</td></tr>
<tr><td>16</td><td>漏型/源型 DC 24V</td><td>4mA</td><td>70mA</td></tr>
<tr><td rowspan="5">EM222</td><td rowspan="5" colspan="2"></td><td rowspan="3">8</td><td>晶体管 DC 24V</td><td></td><td>0.75A</td><td>40mA</td></tr>
<tr><td>继电器 DC 24V，AC 24～230V</td><td rowspan="2">24V，9mA</td><td>2A</td><td>50mA</td></tr>
<tr><td>晶闸管过零触发 AC 120～230V</td><td>0.5A</td><td>30mA</td></tr>
<tr><td rowspan="2">4</td><td>固态 MOSFET DC 24V</td><td rowspan="2"></td><td>5A</td><td>40mA</td></tr>
<tr><td>干簧管触点 DC 24V，AC 250V</td><td>2～10A</td><td>110mA</td></tr>
<tr><td rowspan="6">EM223</td><td rowspan="2">4</td><td rowspan="6">漏型/源型 DC 24V
输入电流值 2.5mA</td><td rowspan="2">4</td><td>固态 MOSFET DC 24V</td><td></td><td>0.75A</td><td rowspan="2">40mA</td></tr>
<tr><td>继电器 DC 5～30V，AC 5～250V</td><td>24V，9mA</td><td>2A</td></tr>
<tr><td rowspan="2">8</td><td rowspan="2">8</td><td>晶体管 DC 24V</td><td></td><td>0.75A</td><td rowspan="2">80mA</td></tr>
<tr><td>继电器 DC 24V，AC 24～230V</td><td>24V，9mA</td><td>2A</td></tr>
<tr><td rowspan="2">16</td><td rowspan="2">16</td><td>固态 MOSFET DC 24V</td><td></td><td>0.75A</td><td>160mA</td></tr>
<tr><td>继电器 DC 5～30V，AC 5～250V</td><td>24V，9mA</td><td>2A</td><td>150mA</td></tr>
</table>

② 模拟量扩展模块。**S7-200 系列 PLC 有 3 种模拟量扩展模块，即模拟量 I/O 模块 EM231、EM232 和 EM235**，主要完成 A/D 转换和 D/A 转换。在工业控制中，被控对象常是模拟量，如温度、压力、流量等。PLC 内部执行的是数字量，模拟量扩展模块可以将 PLC 外部的模拟量转换为数字量送入 PLC 内，经 PLC 处理后，由模拟量扩展模块将 PLC

输出的数字量转换为模拟量送给控制对象。模拟量扩展模块见表7-8。

表7-8 模拟量扩展模块

模块	EM231	EM232	EM235
点数	4路模拟量输入	2路模拟量输出	4路输入，1路输出

热电偶模块有两种型号，分别为4路热电偶模块和8路热电偶模块（EM231），可以连接J、K、L、N、S、T、R共7种热电偶。热电阻（RTD）模块也有两种型号，分别为2路RTD模块和4路RTD模块。

③ 特殊功能模块。S7-200系列PLC还提供了一些特殊功能模块，用于完成特定任务。例如：定位模块EM253，它能产生200kHz脉冲串，通过驱动装置带动步进电动机或伺服电动机进行速度和位置的开环控制，或控制单坐标部件的位置、速度和方向。集成位置开关输入能够脱离CPU独立完成位控功能。输出采用5V直流脉冲或RS-422接口。

④ 通信模块。为了适应不同的通信方式，S7-200系列PLC还提供以下通信模块。

EM277：PROFIBUS-DP从站通信模块，同时支持MPI从站通信。

EM241：调制解调器（Modem）通信模块。

CP243-1：工业以太网通信模块。

CP231-1IT：工业以太网通信模块，同时提供Web/E-mail等IT应用。

CP243-2：AS-i主站模块最多可连接62个AS-i从站。

7.1.3 内部元件

从编程的角度出发，PLC系统内部元件对应的是存储器单元，存储器单元按字节进行编址，编程时无论寻址的是何种数据类型，都应指出它所在的存储区和在存储区域内的字节地址。每个单元都有唯一的地址，地址由名称和编号两部分组成。S7-200系列PLC CPU存储器名称及所在数据区域见表7-9。

表7-9 S7-200系列PLC CPU存储器名称及所在数据区域

元器件符号（名称）	所在数据区域	区域功能
I（输入映像继电器）	数字量输入过程映像存储区	在每次执行扫描循环程序前，CPU将输入模块的输入数值存入本区中
Q（输出映像继电器）	数字量输出过程映像存储区	在循环扫描期间，程序运算得到的输出值存入本区中。循环扫描的末尾，操作系统从中读出值并送至输出模块
M（通用辅助继电器）	位存储器	用于存储用户程序的中间运算结果和标志位
SM（特殊标志继电器）	特殊存储器标志位区	用于存储系统状态变量和有关控制信息
S（顺序控制继电器）	顺序控制继电器存储标志位区	用于组织设备的顺序操作
V（变量存储器）	变量存储器标志位区	存放在程序执行过程中的中间结果或有关的其他数据

续表

元器件符号（名称）	所在数据区域	区域功能
L（局部变量存储器）	局部存储器标志位区	可作为暂时存储器，或给子程序传递参数
T（定时器）	定时器存储器区	定时器指令访问本区域可得到定时剩余时间
C（计数器）	计数器存储器区	计数器指令访问本区域可得到当前计数值
AI（模拟量输入映像寄存器）	模拟量输入存储器标志位区	用于存放 A/D 转换后的数字量
AQ（模拟量输出映像寄存器）	模拟量输出存储器标志位区	用于存放 D/A 转换后的数字量
AC（累加器）	累加器区	用于执行、传送、移位、算数运算等操作
HC（高速计数器）	高速计数器区	累计比 CPU 的扫描速率更快的事件

1. 数据存储类型

计算机中使用的都是二进制数，其最基本的存储单位是位（bit），8 位二进制数组成 1 个字节（Byte），其中第 0 位为最低位（LSB），第 7 位为最高位（MSB）。两个字节（16 位）组成 1 个字（Word），两个字（32 位）组成 1 个双字（Double Word）。位、字节、字和双字占用的连续位数称为长度。

二进制数的“位”只有 0 和 1 两种取值；开关量（或数字量）也只有两种状态，如触点的断开和接通、线圈的失电和得电等。在 S7－200 系列 PLC 梯形图中，可用“位”描述，如果该位为 1，则表示对应的线圈为得电状态，触点为转换状态（动合触点闭合、动断触点断开）；如果该位为 0，则表示对应线圈、触点的状态与前者相反。

（1）数据类型、数据长度及取值范围。

PLC 数据类型可以是字符串、布尔型、整数型、实数型（浮点数）。PLC 数据格式和取值范围见表 7－10。

表 7－10　PLC 数据格式和取值范围

数据格式	数据长度/bit	数据类型	取值范围
BOOL（位）	1	布尔数	真（1）；假（0）
BYTE（字节）	8	无符号整数	0～255；0～FF（H）
INT（整数）	16	有符号整数	－32768～32767；8000～7FFF（H）
WORD（字）		无符号整数	0～65535；0～FFFF（H）
DINT（双整数）	32	有符号整数	－2147483648～2147483647；80000000～7FFFFFFF（H）
DWORD（双字）		无符号整数	0～4294967295；0～FFFFFFFF（H）
REAL（实数）		IEEE32 位单精度浮点数	－3.402823E＋38～－1.175495E－38（负数） ＋1.175495E－38～＋3.402823E＋38（正数） 不能绝对精确地表示零

续表

数据格式	数据长度/bit	数据类型	取值范围
ASCII	8/个	字符列表	ASCII 字符、汉字内码（每个汉字 2 个字节）
STRING（字符串）		字符串	1～254 个 ASCII 字符、汉字内码（每个汉字 2 个字节）

（2）常数。

S7－200 系列 PLC 的许多指令中会使用常数。常数可以是字节、字或双字。CPU 以二进制的形式存储常数，常数可以用二进制、十进制、十六进制、ASCII 码、实数等多种形式书写，书写格式见表 7－11。

表 7－11　常数书写格式

进　　制	书写形式	举　　例
十进制	十进制数值	1234
十六进制	16＃十六进制值	16＃12AB6
二进制	2＃二进制值	2＃1001 0011 1100
ASCII 码	‘ASCII 码文本’	‘Show S－7 200’
浮点数（实数）	ANSI/IEEE 754－1985 标准	＋1.234561E－36（正数）
		－1.234561E－36（负数）
字符串	“字符串文本”	“It is nice”

2. 编址方式

PLC 的编址就是对 PLC 的内部元件进行编码，以便程序执行时可以唯一地识别每个元件。PLC 内部在数据存储区为每种元件分配一个存储区域，并用字母作为区域标志符，同时表示元件的类型。

因为存储器的单位可以是位（bit）、字节（Byte）、字（Word）、双字（Double Word），所以编址方式也可以分为位编址、字节编址、字编址、双字编址。

（1）位编址。位编址的指定方式为“（区域标志符）字节号·位号”，如 I0.0、Q0.0、I3.4。

（2）字节编址。字节编址的指定方式为“（区域标志符）B（字节号）”，如 VB100 表示由 V100.0～V100.7 共 8 位组成的字节，V 表示存储区域标志符，B 表示访问一个字节，100 表示字节地址。

（3）字编址。字编址的指定方式为“（区域标志符）W（起始字节号）”，如 VW100 表示由 VB100 和 VB101 两个字节组成的字，W 表示访问一个字，100 表示起始字节地址（字数据的高位字节）。

（4）双字编址。双字编址的指定方式为“（区域标志符）D（起始字节号）”，如 VD100 表示由 VB100～VB103 共 4 个字节组成的双字，D 表示访问一个双字，100 表示起始字节地址（双字数据的高位字节）。

3. 寻址方式

(1) 直接寻址。

直接寻址是在指令中直接使用存储器或寄存器的元件名称（区域标志）和地址编号，直接到指定的区域读取或写入数据。按位直接寻址格式如图 7.6 所示，按字节、字、双字直接寻址格式如图 7.7 所示。

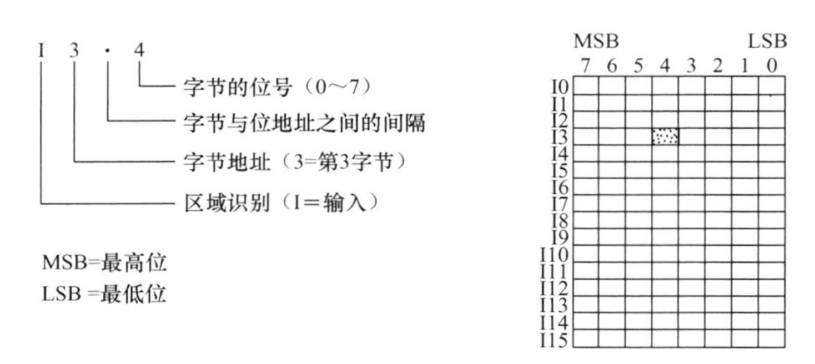

图 7.6 按位直接寻址格式

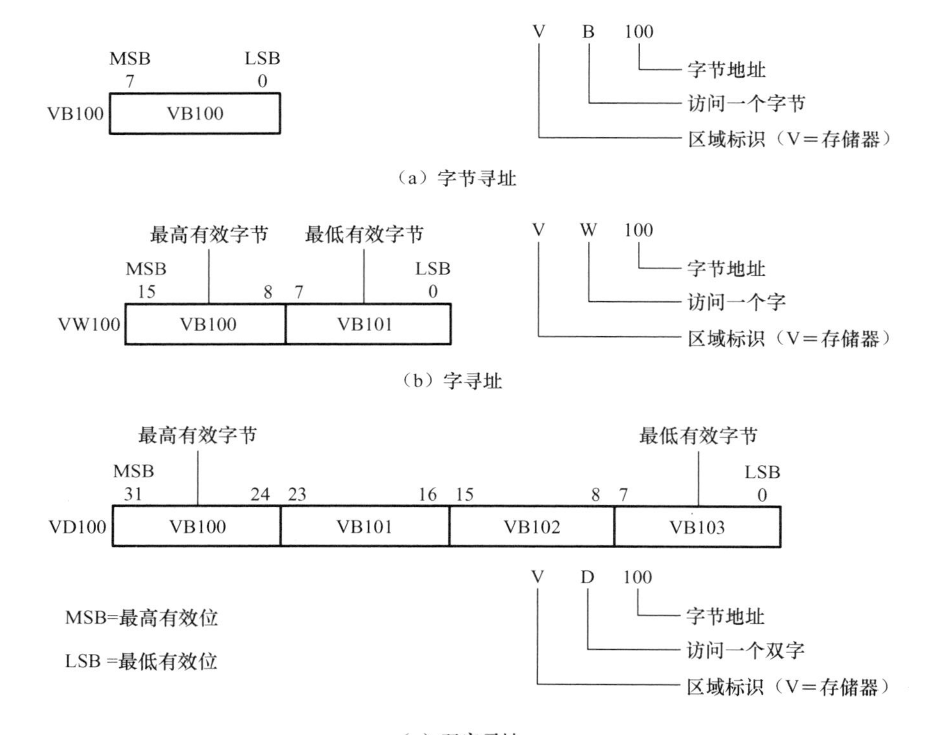

图 7.7 按字节、字、双字直接寻址格式

(2) 间接寻址。

间接寻址时，操作数并不提供直接数据位置，而是通过使用地址指针来存取存储器中的数据。在 S7－200 系列 PLC 中，允许使用指针对 I、Q、M、V、S、T、C（仅当前值）

存储区进行间接寻址。

使用间接寻址前，要先创建一个指向该位置的指针，指针为双字（32 位），存放的是另一个存储器的地址，只能用 V、L 或累加寄存器 AC 做指针。生成指针时，要使用双字传送指令 MOVD，将数据所在单元的内存地址送入指针。双字传送指令的输入操作数开始处加符号 &，表示存储器的地址，而不是存储器内部的值；输出操作数是指针地址。

建立好指针后，即可利用指针存取数据。在使用地址指针存取数据的指令中，操作数前加符号 *，表示该操作数为地址指针。图 7.8 所示为存储器间接寻址应用示例。

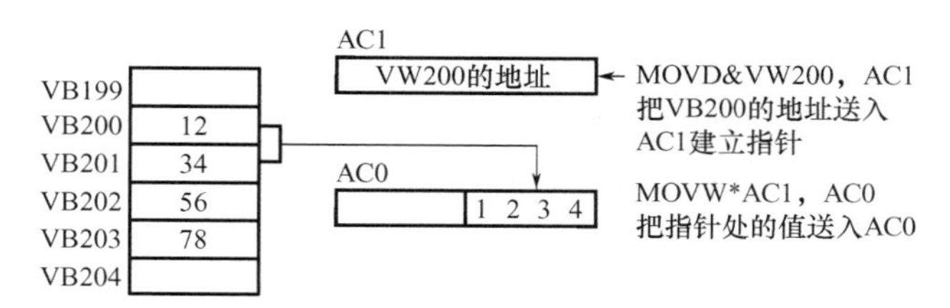

图 7.8　存储器间接寻址应用示例

```
MOVD&VB200 AC1            //将 VB200 的地址送入累加寄存器 AC1
MOVW* AC1 AC0             //将 AC1 中的内容为起始地址的一个字送入 AC0
```

图 7.9 所示为存储器间接寻址应用示例。

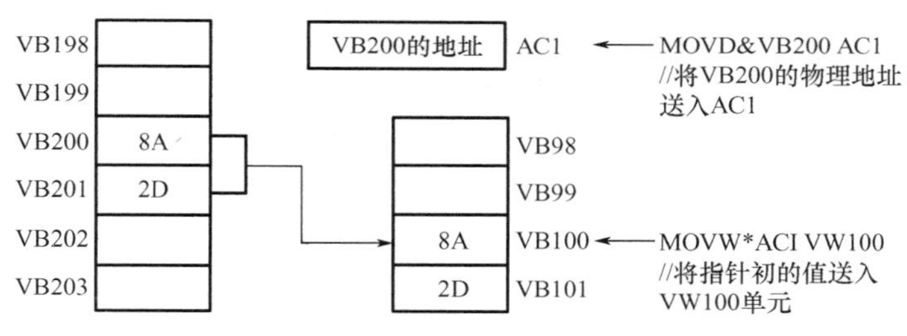

图 7.9　存储器间接寻址应用示例

```
MOVD&. VB200 AC1           //将 VB200 的地址送入累加寄存器 AC1
MOVW* AC1VW100             //将 AC1 中的内容为起始地址的一个字送入 VW100
```

4. 内部元件功能及地址分配

（1）输入映像寄存器（输入继电器）I。

输入映像寄存器通常也称输入继电器，是 PLC 用来接收用户设备输入信号的接口。PLC 中的“继电器”与继电器控制系统中的继电器有本质上的区别，它是“软继电器”，实际上是存储单元。每个输入继电器“线圈”都与相应的 PLC 输入端相连。当外部开关信号闭合时，输入继电器的“线圈”得电，在程序中其动合触点闭合，动断触点断开。由于存储单元可以无限次地读取，因此有无数对动合、动断触点供编程使用。编程时应注意，输入继电器的“线圈”只能由外部信号驱动，不能在程序内部用指令驱动，因此，在用户编制的梯形图中只应出现输入继电器的触点，而不应出现输入继电器的“线圈”。

系统以字节（8 位）为单位对输入映像寄存器进行地址分配。输入映像寄存器可以按位操作，每一位对应一个数字量的输入点。如 CPU224 的基本单元输入为 14 点，需占用 2

×8=16位，即占用IB0和IB1两个字节。而I1.6、I1.7因没有实际输入而未使用，用户程序中不可使用。但如果整个字节未使用，如IB3～IB15，则其可作为内部标志位（M）使用。

输入继电器可采用位、字节、字或双字来存取。S7-200系列PLC的输入继电器的地址编号范围为I0.0～I15.7，共16个字节。

（2）输出映像寄存器（输出继电器）Q。

输出映像寄存器通常也称输出继电器，是用来将输出信号传送到负载的接口。每个输出映像寄存器线圈都与相应的PLC输出端相连，用于驱动负载，并有无数对动合和动断触点供编程时使用。输出映像寄存器线圈的通断状态只能在程序内部用指令驱动。

系统对输出映像寄存器也是以字节（8位）为单位进行地址分配的。输出映像寄存器可以按位进行操作，每一位对应一个数字量的输出点。如CPU224的基本单元输出为10点，需占用2×8=16位，即占用QB0和QB1两个字节。但未使用的位和字节均可在用户程序中作为内部标志位使用。

输出映像寄存器可采用位、字节、字或双字来存取。S7-200系列PLC的输出映像寄存器的地址编号范围为Q0.0～Q15.7，共16个字节。

（3）模拟量输入AI。

S7-200系列PLC的模拟量输入电路是将外部输入的模拟量信号转换为1个字长的数字量，先存入模拟量，再输入映像寄存器区域，区域标志符为AI，用表示数据长度的字（W）和起始字节的地址来表示模拟量输入的地址，如AIW4。因为模拟量输入的长度为1个字，所以起始字节地址应从偶数开始，模拟量输入值为只读数据。

模拟量输入以2个字（W）为单位分配地址，每路模拟量输入占用1个字（2个字节）。如有3路模拟量输入，则须分配4个字AIW0、AIW2、AIW4、AIW6，其中没有被使用的字AIW6不可被占用或分配给后续模块。模拟量输入的地址编号范围根据CPU型号的不同而不同，CPU221、CPU222为AIW0～AIW30，CPU224、CPU224XP、CPU226、CPU226XM为AIW0～AIW62。

（4）模拟量输出AQ。

S7-200系列PLC的模拟量输出电路是将模拟量输出映像寄存器区域的1个字长的数值转换为模拟电流或电压输出，区域标志符为AQ，用表示数据长度的字（W）和起始字节的地址来表示模拟量输出的地址，如AIW2。因为模拟量输入的长度为1个字，所以起始字节地址应从偶数开始，用户不能读取模拟量输入值。

模拟量输出是以2个字（W）为单位分配地址，每路模拟量输出占用1个字（2个字节）。如有2路模拟量输出，则须分配3个字AQW0、AQW2、AQW4，其中没有被使用的字AQW4不可被占用或分配给后续模块。模拟量输出的地址编号范围根据CPU型号的不同而不同，CPU221、CPU222为AQW0～AQW30，CPU224、CPU224XP、CPU226、CPU226XM为AQW0～AQW62。

（5）变量存储器V。

变量存储器主要用于存储变量，可以存放数据运算的中间运算结果或设置参数，变量存储器可以按位寻址，也可以按字节、字、双字寻址，其地址编号范围根据CPU型号的不同而不同，CPU221、CPU222为VB0～VB2047，CPU224为VB0～VB8191，CPU224XP、CPU226为VB0～VB10239。

（6）局部存储器L。

局部存储器用来存放局部变量，其与变量存储器V的主要区别在于，变量存储器是全局有效，而局部存储器是局部有效。全局是指同一个存储器可以被任一个程序（主程序、子程序、中断程序）读取访问；而局部变量只是局部有效，即变量只与特定的程序相关联。

S7－200系列PLC有64B的局部存储器，其中60B可以作为暂时存储器，或给子程序传递参数；后4B作为系统的保留字节。PLC运行时，根据需要动态分配局部存储器，在执行主程序时，64B的局部存储器分配给主程序，当调用子程序或出现中断时，局部存储器分配给子程序或中断程序。

局部存储器可以按位、字节、字、双字直接寻址，S7－200系列PLC的地址编号范围为LB0～LB63，L可以作为地址指针。

（7）位存储器M。

位存储器用来保存控制继电器的中间操作状态，相当于继电器控制中的中间继电器。位存储器在PLC中没有输入/输出端与之对应，其线圈的通断状态只能在程序内部用指令驱动，触点不能直接驱动外部负载，只能在程序内部驱动输出继电器的线圈，再用输出继电器的触点驱动外部负载。

位存储器可采用位、字节、字或双字来存取。S7－200系列PLC位存储器的地址编号范围为M0.0～M31.7，共32B。

（8）特殊存储器SM。

PLC中还有若干存储器提供大量的状态和控制功能，用来在CPU与用户程序之间交换信息。特殊存储器能以位、字节、字或双字来存取，其地址编号范围根据CPU型号的不同而不同，CPU221为SM0.0～SM179.7，CPU222为SM0.0～SM299.7，CPU224、CPU224XP、CPU226为SM0.0～SM549.7。其中SM0.0～SM29.7的30B为只读型区域。

常用特殊存储器的用途如下。

SM0.0：运行监视。PLC运行时，SM0.0始终为1。

SM0.1：初始化脉冲。每当PLC由STOP到RUN时，SM0.1为1，一个扫描周期。

SM0.2：当RAM中保存的数据丢失时，SM0.2为1，一个扫描周期。

SM0.3：PLC开机进入RUN时，SM0.3为1，一个扫描周期。

SM0.4：1min的时钟脉冲，占空比为50%，周期为1min的脉冲串。

SM0.5：1s的时钟脉冲，占空比为50%，周期为1s的脉冲串。

SM0.6：扫描时钟，一个扫描周期为1，另一个扫描周期为0，循环交替。

SM0.7：工作方式开关位置指示，RUN位置时为1，TERM位置时为0。

SM1.0：零标志位，运算结果为0时，SM1.0为1。

SM1.1：溢出标志位，运算结果溢出或为非法值时，SM1.1为1。

SM1.2：负数标志位，运算结果为负数时，SM1.2为1。

（9）定时器T。

PLC提供的定时器相当于继电器控制系统中的时间继电器。每个定时器可提供无数对动合触点和动断触点供编程使用，其设定时间由程序设置。

每个定时器有一个16位的当前值寄存器，用于存储定时器累计的时基增量值（1～32767），另有一个状态位表示定时器的状态。若当前值寄存器累计的时基增量值大于或等于设定值，则定时器的状态位被置1，该定时器的动合触点闭合。

定时器的定时精度（时基）有1ms、10ms和100ms三种，S7-200系列PLC定时器地址编号范围为T0～T225，它们的分辨率、定时范围不同，用户应根据所用CPU型号及时基，正确选用定时器的编号。

（10）计数器C。

计数器用于累计计数输入端的脉冲数。计数器可提供无数对动合触点和动断触点供编程使用，其设定值由程序赋予。

计数器与定时器的结构基本相同，每个计数器有一个16位的当前值寄存器用于存储计数器累计的脉冲数，另有一个状态位表示计数器的状态。若当前值寄存器累计的脉冲数大于或等于设定值，则计数器的状态位被置1，动合触点闭合。S7-200系列PLC计数器的地址编号范围为C0～C255。

（11）高速计数器HC。

一般计数器的计数频率受扫描周期的影响而不能太高，而高速计数器可用来累计比CPU的扫描速度更快的事件。高速计数器的当前值是一个双字长（32位）的整数，且是只读值。S7-200系列PLC高速计数器的地址编号范围为HC0～HC5，CPU的型号不同，对应的高速计数器数不同。

（12）累加寄存器AC。

累加寄存器是用来暂存数据的寄存器，它可以存放运算数据、中间数据和结果。CPU提供了4个32位的累加寄存器，其地址编号范围为AC0～AC3。累加寄存器的可用长度为32位，可采用字节、字、双字的存取方式，按字节、字只能存取累加寄存器的低8位或低16位，双字可以存取累加寄存器全部的32位。

（13）顺序控制继电器S。

顺序控制继电器是使用步进顺序控制指令编程时的重要状态元件，通常与步进指令一起使用，以实现顺序功能流程图的编程。S7-200系列PLC顺序控制继电器的地址编号范围为S0.0～S31.7。

5. CPU模块与扩展I/O模块地址编排方法

S7-200系列PLC按照I/O的类型排列地址共有以下4类。

- I（DI）：数字量输入。
- Q（DO）：数字量输出。
- AI：模拟量输入。
- AQ：模拟量输出。

每类I/O分别排列地址，从CPU模块开始算起，I/O点地址从左到右按由小到大的规律排列，扩展模块的类型和位置一旦确定，它的I/O点地址就随之确定。

某扩展系统采用CPU224模块，系统所需的I/O点数如下：数字量输入24点，数字量输出20点，模拟量输入6点，模拟量输出2点。系统组合可以有多种方式，表7-12所示为一种组合方式的模块编址。

表 7-12 一种组合方式的模块编址

CPU224 主机 I/O		模块 1 I/O	模块 2 I/O	模块 3 I/O		模块 4 I/O		模块 5 I/O	
I0.0	Q0.0	I2.0	Q2.0	AIW0	AQW0	I3.0	Q3.0	AIW8	AQW2
I0.1	Q0.1	I2.1	Q2.1	AIW2		I3.1	Q3.1	AIW10	
I0.2	Q0.2	I2.2	Q2.2	AIW4		I3.2	Q3.2	AIW12	
I0.3	Q0.3	I2.3	Q2.3	AIW6		I3.3	Q3.3	AIW14	
I0.4	Q0.4	I2.4	Q2.4						
I0.5	Q0.5	I2.5	Q2.5						
I0.6	Q0.6	I2.6	Q2.6						
I0.7	Q0.7	I2.7	Q2.7						
I1.0	Q1.0								
I1.1	Q1.1								
I1.2									
I1.3									

7.2 基本逻辑指令

7.2.1 位逻辑指令

1. 触点指令

触点指令包括立即触点指令，取反指令，正、负转换指令，见表 7-13。

表 7-13 触点指令

语句		功能	语句		功能
LD	bit	装载，电路开始动合触点	LDI	bit	立即装载，电路开始动合触点
LDN	bit	装载非，电路开始动断触点	LDNI	bit	立即装载非，电路开始动断触点
A	bit	与，串联动合触点	AI	bit	立即与，串联动合触点
AN	bit	与非，串联动断触点	ANI	bit	立即与非，串联动断触点
O	bit	或，并联动合触点	OI	bit	立即或，并联动合触点
ON	bit	或非，并联动断触点	ONI	bit	立即或非，并联动断触点
EU		每次正转换接通一个扫描周期	ED		每次负转换接通一个扫描周期
NOT		取反			

标准触点指令，动合触点指令（LD、A 和 O），动断触点指令（LDN、AN 和 ON）从存储器或者过程映像寄存器中得到参考值。当位等于 1 时，动合触点闭合，动断触点断

开；当位等于0时，动合触点断开，动断触点闭合。

立即触点指令，不依靠S7-200系列PLC扫描周期进行更新，它会立即更新。动合立即触点指令（LDI、AI和OI）与动断立即触点指令（LDNI、ANI和ONI）执行时得到物理输入值，但过程映像寄存器并不刷新。当物理输入点（位）为1时，动合立即触点闭合，动断立即触点断开；当物理输入点（位）为0时，动合立即触点断开，动断立即触点闭合。

取反指令（NOT），改变功率流输入的状态，将逻辑运算结果值由0变为1，由1变为0。

正、负转换指令，正转换触点指令（EU）检测到每次正转换（由0到1），使功率流接通一个扫描周期；负转换触点指令（ED）检测到每次负转换（由1到0），使功率流接通一个扫描周期。

（1）逻辑取指令LD/LDN。

LD（Load）：动合触点逻辑运算的开始。对应梯形图为在左侧母线或电路分支点处初始装载一个动合触点。

LDN（Load Not）：动断触点逻辑运算的开始。对应梯形图为在左侧母线或电路分支点处初始装载一个动断触点。

LD、LDN指令用于与输入公共母线（输入母线）相连，也可与OLD、ALD指令配合，用于分支回路的开头。

LD、LDN的操作数为I、Q、M、SM、T、C、V、S。

（2）触点串联指令A/AN。

A：与操作，在梯形图中表示串联连接单个动合触点。

AN：与非操作，在梯形图中表示串联连接单个动断触点。

A、AN是单个触点串联连接指令，可连续使用，当要串联两个以上触点的并联回路时，须采用ALD指令。

A、AN的操作数为I、Q、M、SM、T、C、V、S。

（3）触点并联指令O/ON。

O：或操作，在梯形图中表示并联一个动合触点。

ON：或非操作，在梯形图中表示并联一个动断触点。

O、ON指令可作为并联一个触点的指令，紧跟在LD、LDN指令之后用，即对其前面的LD、LDN指令所规定的触点并联一个触点，可以连续使用。当要并联两个以上触点的串联回路时，须采用OLD指令。

O、ON的操作数为I、Q、M、SM、V、S、T、C。

（4）正负转换指令EU/ED/NOT。

EU：正转换触点指令检测到每次正转换（由0到1），使功率流接通一个扫描周期。

ED：负转换触点指令检测到每次负转换（由1到0），使功率流接通一个扫描周期。

NOT：取反指令改变功率流输入的状态，将逻辑运算结果值由0变为1，由1变为0。

触点指令应用如图7.10所示。

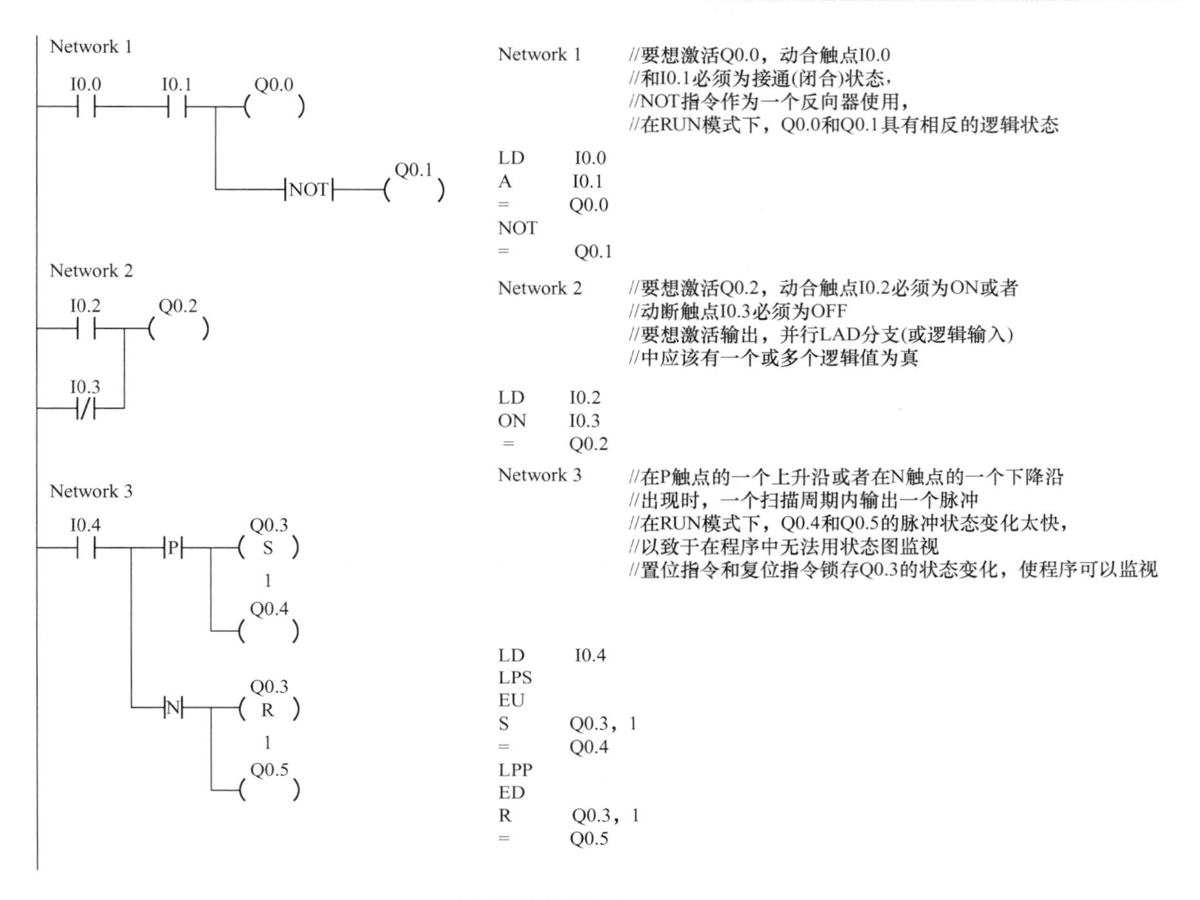

(a）梯形图与语句表

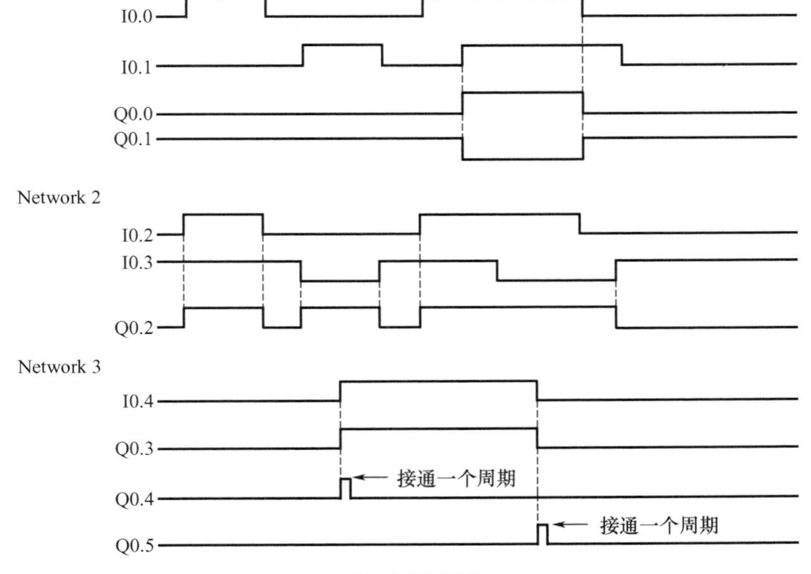

(b）动作时序图

图 7.10 触点指令应用

2. 线圈指令

线圈指令包括输出指令、立即输出指令、置位指令和复位指令，见表7－14。

表7－14 线圈指令

语　　句	功　　能	语　　句	功　　能
＝ bit	赋值，也称线圈驱动	＝I bit	立即赋值
S bit N	置位一个区域	SI bit N	立即置位一个区域
R bit N	复位一个区域	RI bit N	立即复位一个区域

输出指令＝：将新值写入输出点的过程映像寄存器，当执行输出指令时，S7－200系列PLC将输出过程映像寄存器中的位接通或者断开。

立即输出指令＝I：将新值同时写入物理输出点和相应的过程映像寄存器中。当执行立即输出指令时，物理输出点立即被置为功率流值。I表示立即引用，当执行指令时，将新数值写入物理输出和相应的过程映像寄存器。这一点不同于非立即指令，它只把新值写入过程映像寄存器。

置位指令S和复位指令R：将从指定地址开始的N个点置位或者复位。可以一次置位或者复位1～255个点。

（1）输出与立即输出指令＝/＝I。

＝：输出指令。对应梯形图为线圈驱动。对同一元件只能使用一次输出（＝），只能用于输出量（Q），执行该指令时，将栈顶值复制到对应的映像寄存器中。

＝I：立即输出指令。只能用于输出量（Q），执行该指令时，将栈顶值立即写入指定的物理输出位和对应的输出映像寄存器。

输出指令可以并联使用任意次，但不能串联，并联线圈前可以串接触点，而且最好将前面带有串接触点的线圈放在下面，以减少编程步数，缩短程序扫描时间，否则要用堆栈指令来解决。

线圈代表CPU对存储器的写操作，若线圈左侧的逻辑运算结果为1，则表示能流能够到达线圈，CPU将该线圈对应的存储器的位写入1；若线圈左侧的逻辑运算结果为0，则表示能流不能够到达线圈，CPU将该线圈对应的存储器的位写入0，同一线圈只能使用一次。

输出指令的操作数为Q、M、SM、T、C、V、S。

立即指令应用如图7.11所示。

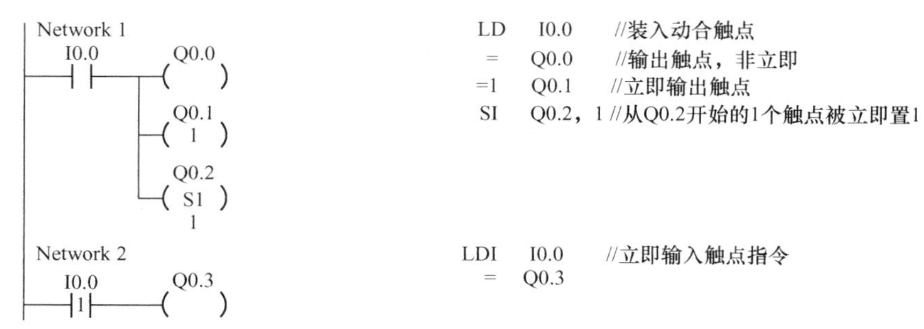

（a）梯形图与语句表

图7.11 立即指令应用

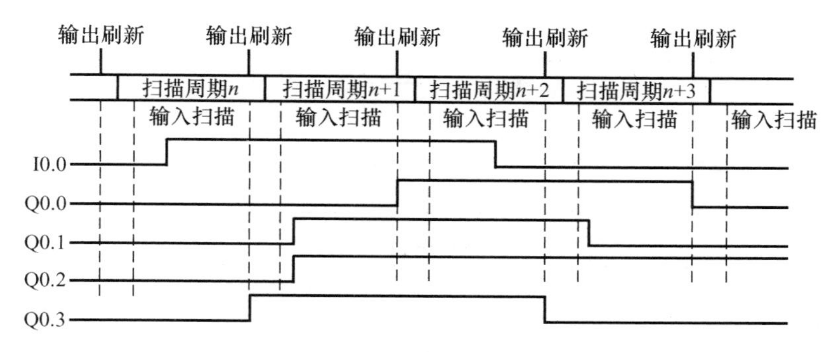

（b）动作时序图

图 7.11 立即指令应用（续）

（2）置位指令与复位指令 S/R。

置位指令与复位指令应用如图 7.12 所示。

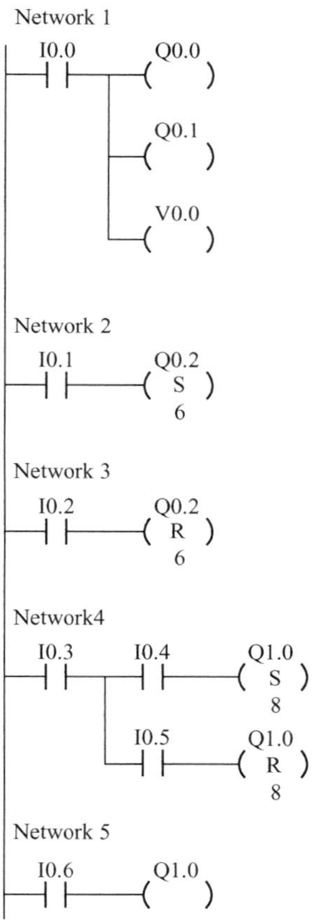

```
Network 1  //输出指令为外部I/O（I、Q）和内部存储器
           //（M、SM、T、C、V、S、L）指定位值
LD    I0.0
=     Q0.0
=     Q0.1
=     V0.0
Network 2  //连续将一组6位置为1
           //指定起始地址和置位数，当第一位
           //（Q0.2）的值为1时，置位指令
           //的程序状态指示器为ON
LD    I0.1
S     Q0.2, 6
Network 3  //连续将一组6位置为0
           //指定起始地址和复位数
           //当第一位（Q0.2）的值为0时，复位指令
           //的程序状态指示器为ON
LD    I0.2
R     Q0.2, 6
Network 4  //置位和复位一组8个输出位（Q1.0～Q1.7）
LD    I0.3
LPS
A     I0.4
S     Q1.0, 8
LPP
A     I0.5
R     Q1.0, 8
Network 5  //置位指令和复位指令实现锁存器功能
           //完成置位/复位功能，必须确保这些位
           //没有在其他指令中被改写，在本例中
           //Network 4置位和复位一组
           //8个输出位（Q1.0～Q1.7），在RUN模式下，
           //Network 5会覆盖Q1.0的值，从而
           //控制Network 4中的程序状态显示器
LD    I0.6
=     Q1.0
```

（a）梯形图与语句表

图 7.12 置位指令与复位指令应用

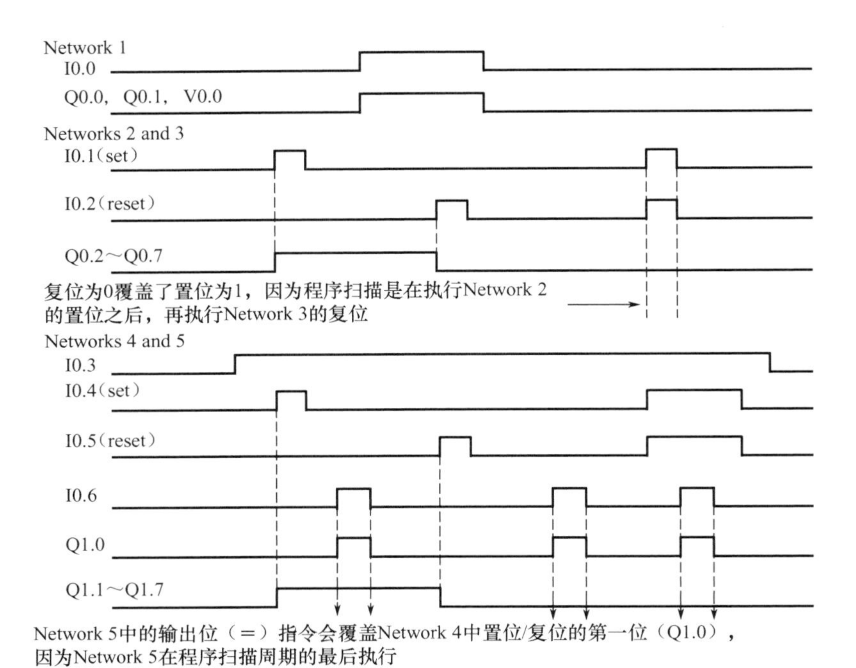

（b）动作时序图

图 7.12 置位指令与复位指令应用（续）

S：置位指令。使能输入有效后，从起始位开始的 *N* 个位置 1 并保持。

R：复位指令。使能输入有效后，从起始位开始的 *N* 个位置 0 并保持。

对同一元件（同一寄存器的位）可以多次使用 S/R 指令（“=”指令只能使用一次）。由于是扫描工作方式，因此当置位指令和复位指令同时有效时，写在后面的指令具有优先权。

操作数 N 为 VB、IB、QB、MB、SMB、SB、LB、AC 及常量，取值范围为 0～255。操作数 Sbit 为 I、Q、M、SM、T、C、V、S、L，数据类型为布尔型。

7.2.2 逻辑堆栈指令

逻辑堆栈指令见表 7-15。

表 7-15 逻辑堆栈指令

语句	功能	语句	功能
ALD	栈装载与，电路块串联	LPS	逻辑推入栈
OLD	栈装载或，电路块并联	LRD	逻辑读栈
LDS	装入堆栈	LPP	逻辑弹出栈

1. 栈装载与指令 ALD

栈装载与指令对堆栈中第一层和第二层的值进行逻辑与操作，并将结果放入栈顶，执行完栈装载与指令之后，栈深度减 1。

2. 栈装载或指令 OLD

栈装载或指令对堆栈中第一层和第二层的值进行逻辑或操作，并将结果放入栈顶，执行完栈装载或指令之后，栈深度减 1。

3. 装入堆栈指令 LDS

装入堆栈指令复制堆栈中的第 N 个值到栈顶，栈底的值被推出并消失。

4. 逻辑推入栈指令 LPS

逻辑推入栈指令复制栈顶的值，并将这个值推入栈，栈底的值被推出并消失。

5. 逻辑读栈指令 LRD

逻辑读栈指令复制堆栈中的第二个值到栈顶。堆栈没有推入栈或者弹出栈操作，但旧的栈顶值被新的复制值取代。

6. 逻辑弹出栈指令 LPP

逻辑弹出栈指令弹出栈顶的值，堆栈的第二个栈值成为新的栈顶值。

逻辑堆栈指令操作如图 7.13 所示，iv0～iv7 表示逻辑堆栈的初始值，S0 表示逻辑堆栈中存储的计算值。装入堆栈指令（LDS N）复制堆栈中的第 N 个值到栈顶，N=0～8，栈底的值被推出丢失。堆栈中的 X 是不确定的（可以是 0，也可以是 1），在执行逻辑入栈或者装入堆栈指令后，iv8 的值丢失。S7－200 系列 PLC 用逻辑堆栈来决定控制逻辑。

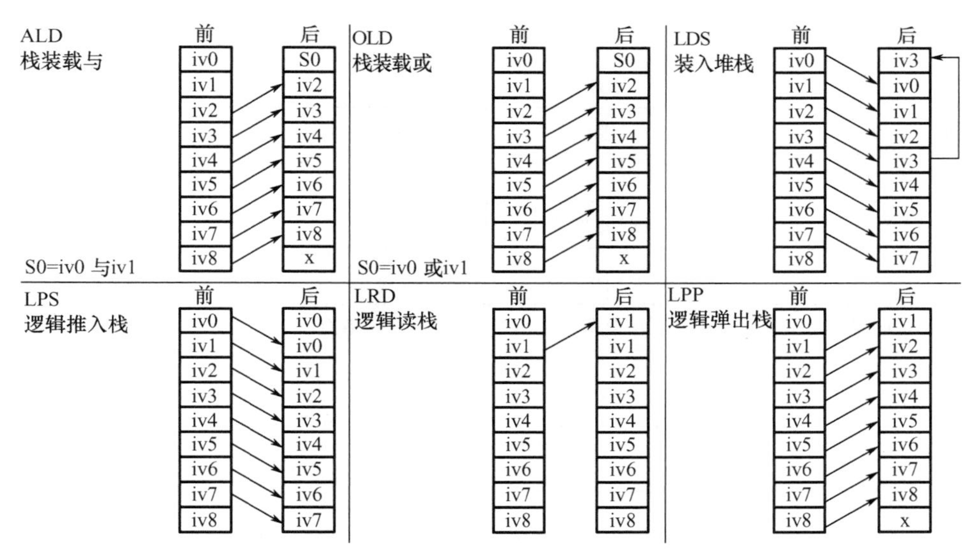

图 7.13 逻辑堆栈指令操作

逻辑堆栈指令应用如图 7.14 所示。

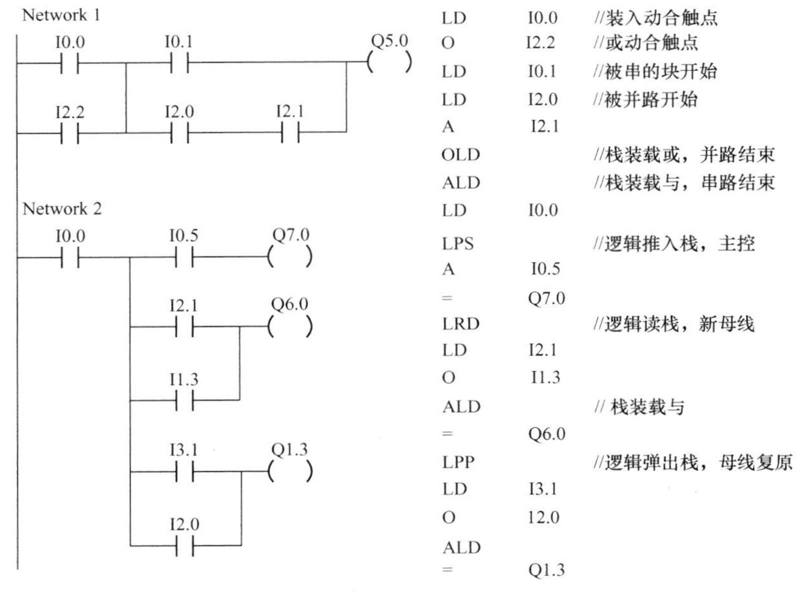

图 7.14　逻辑堆栈指令应用

7.3　定时器指令

定时器指令见表 7－16。SIMATIC 定时器提供三种分辨率：1ms、10ms 和 100ms。定时器类型、精度与编号见表 7－17，定时器编号决定了定时器的分辨率。

表 7－16　定时器指令

语　句	功　能	语　句	功　能
TON　TXX　PT	接通延时定时器	TOF　TXX　PT	关断延时定时器
TONR　TXX　PT	有记忆接通延时定时器		

表 7－17　定时器类型、精度与编号

定时器类型	精度等级/ms	最大值/s	定时器编号
TON（接通延时） TOF（关断延时）	1	32.767（0.546min）	T32，T96
	10	327.67（5.46min）	T33～T36，T97～T100
	100	3276.7（54.6min）	T37～T63，T101～T225
TONR（有记忆接通延时）	1	32.767（0.546min）	T0，T64
	10	327.67（5.46min）	T1～T4，T65～T68
	100	3276.7（54.6min）	T5～T31，T69～T95

1. 接通延时定时器

接通延时定时器（TON）和有记忆的接通延时定时器（TONR）在使能输入接通时记

时，定时器编号（T××）决定了定时器的分辨率，并且分辨率会在指令盒上自动标出。

2. 关断延时定时器

关断延时定时器（TOF）用于在输入断开后延时一段时间断开，定时器编号（T××）决定了定时器的分辨率，并且分辨率会在指令盒上自动标出。

接通延时定时器应用如图 7.15 所示，自复位接通延时定时器应用如图 7.16 所示，断开延时定时器应用如图 7.17 所示，有记忆的接通延时定时器应用如图 7.18 所示。

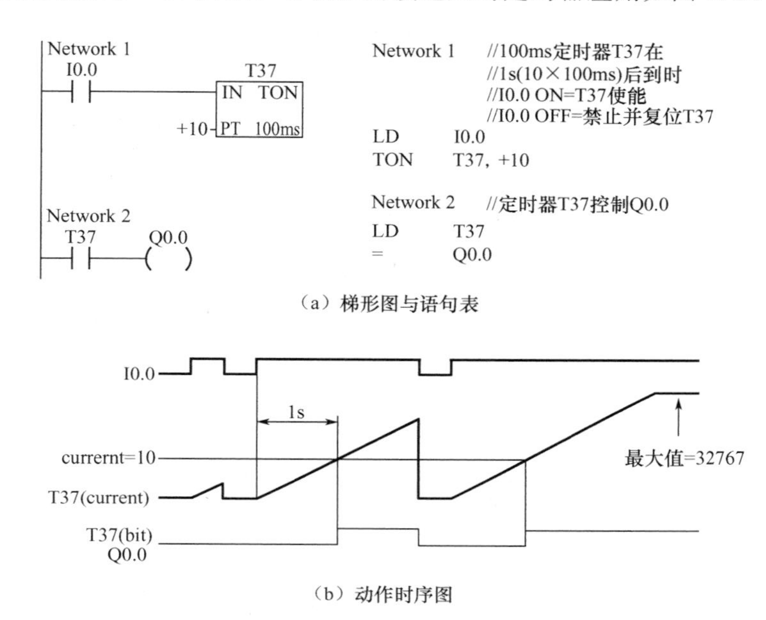

图 7.15 接通延时定时器应用

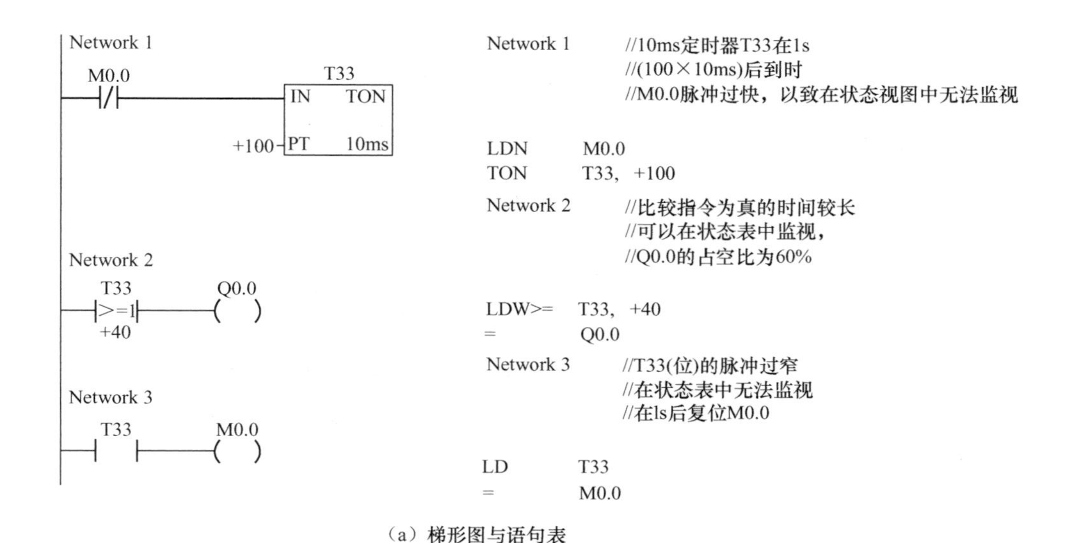

图 7.16 自复位接通延时定时器应用

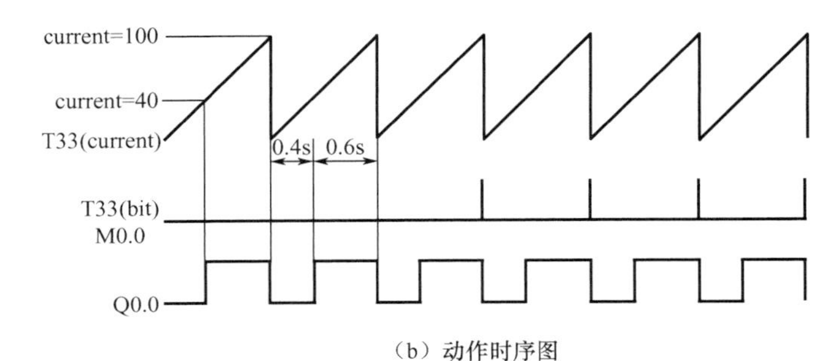

（b）动作时序图

图 7.16　自复位接通延时定时器应用（续）

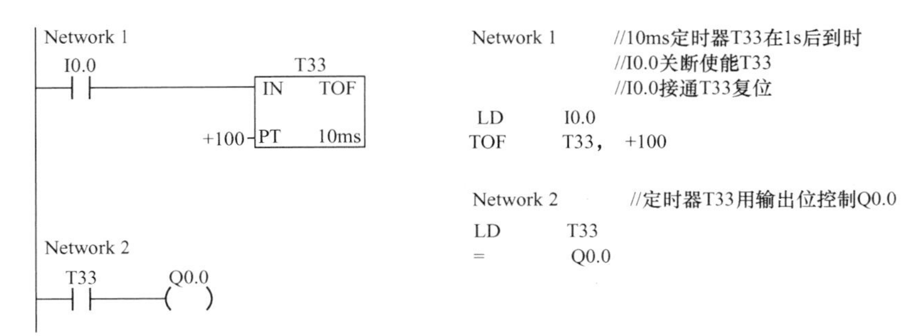

（a）梯形图与语句表

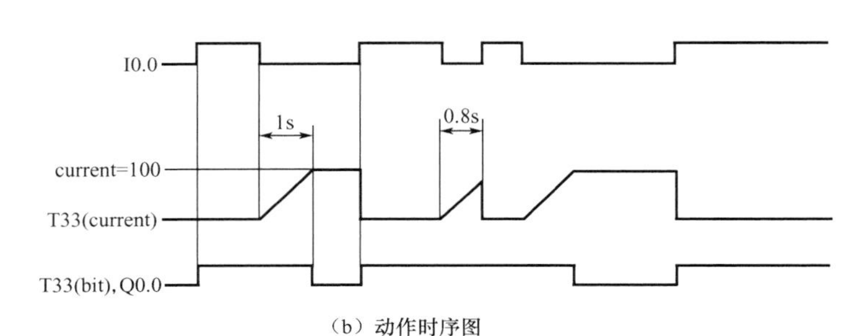

（b）动作时序图

图 7.17　断开延时定时器应用

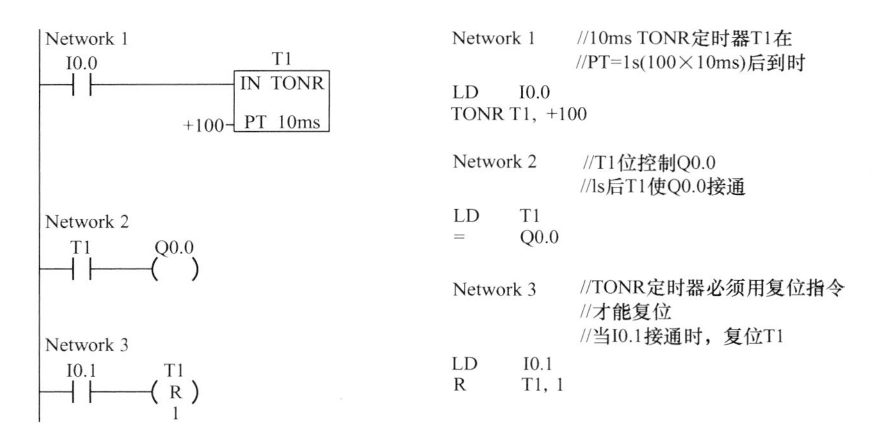

（a）梯形图与语句表

图 7.18　有记忆的接通延时定时器应用

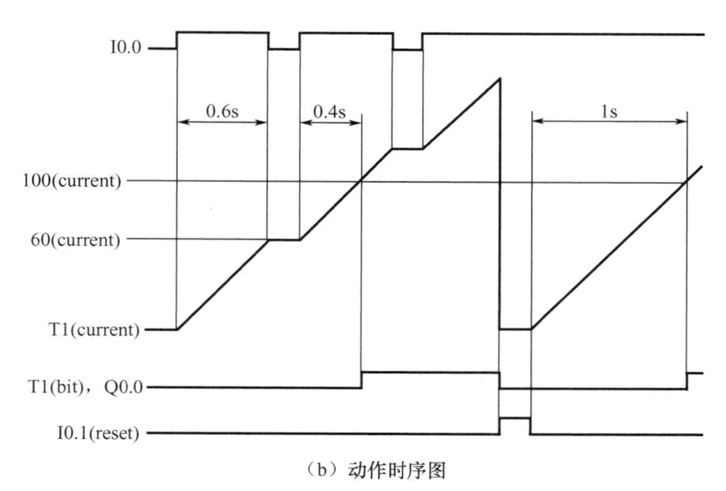

（b）动作时序图

图 7.18　有记忆的接通延时定时器应用（续）

7.4　计数器指令

1. 增计数器指令 CTU

增计数器指令从当前计数值开始，在每个增计数输入（CU）从低到高时递增计数。当 C×× 的当前值大于或等于预设值 PV 时，计数器位 C×× 置位。当复位端（R）接通或者执行复位指令时，计数器复位。当它达到最大值（32767）时，计数器停止计数。

2. 减计数器指令 CTD

减计数器指令从当前计数值开始，在每个减计数输入（CD）从低到高时递减计数。当 C×× 的当前值等于 0 时，计数器位 C×× 置位。当装载输入端（LD）接通时，计数器复位，并将计数器的当前值设为预设值 PV。当计数值到 0 时，计数器停止计数，计数器位 C×× 接通。

3. 增/减计数器指令 CTUD

增/减计数器指令在每个增计数输入（CU）从低到高时增计数，在每个减计数输入（CD）从低到高时减计数。计数器的当前值 C×× 保存当前计数值。在每次计数器执行时，预设值 PV 与当前值作比较。当达到最大值（32767）时，在增计数输入处的下一个上升沿使当前计数值变为最小值（−32768）；当达到最小值（−32768）时，在减计数输入端的下一个上升沿使当前计数值变为最大值（32767）。当 C×× 的当前值大于或等于预设值 PV 时，计数器位 C×× 置位；否则，计数器位关断。当复位端（R）接通或者执行复位指令后，计数器复位。

计数器指令见表 7-18。

表 7－18　计数器指令

语　句	功　能	语　句	功　能
CTU　C××　PV	增计数	CTD　C××　PV	减计数
CTUD　C××　PV	增/减计数		

增计数器指令应用如图 7.19 所示，减计数器指令应用如图 7.20 所示，增/减计数器指令应用如图 7.20 所示。

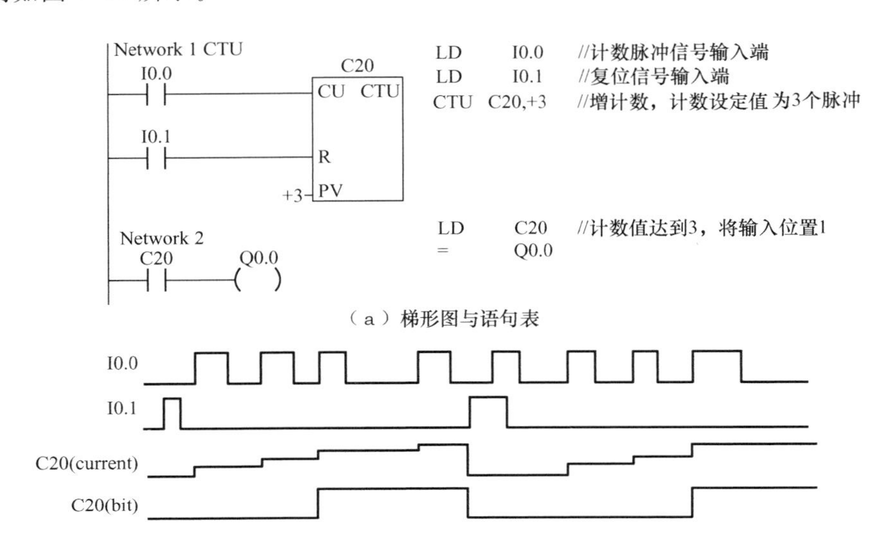

（a）梯形图与语句表

（b）动作时序图

图 7.19　增计数器指令应用

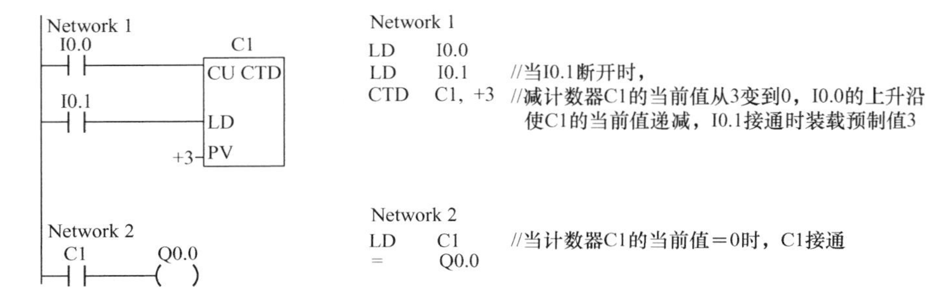

（a）梯形图与语句表

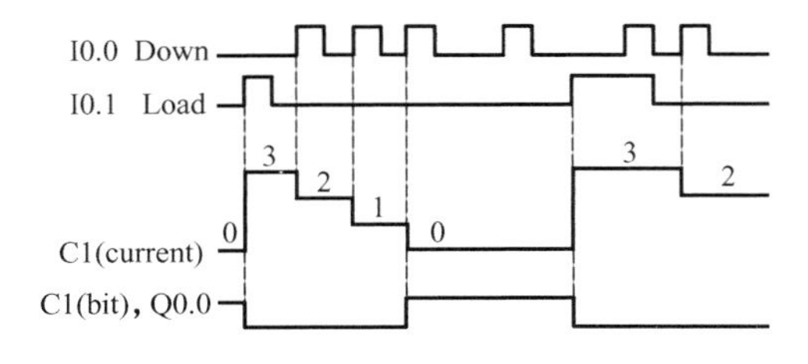

（b）动作时序图

图 7.20　减计数器指令应用

```
Network 1
LD      I0.0      //I0.0增计数
LD      I0.1      //I0.1减计数
LD      I0.2      //I0.2将当前值复位为0
CTUD    C48, +4

Network 2
LD      C48       //当当前值≥4时，接通增/减计数器C48
=       Q0.0
```

（a）梯形图与语句表

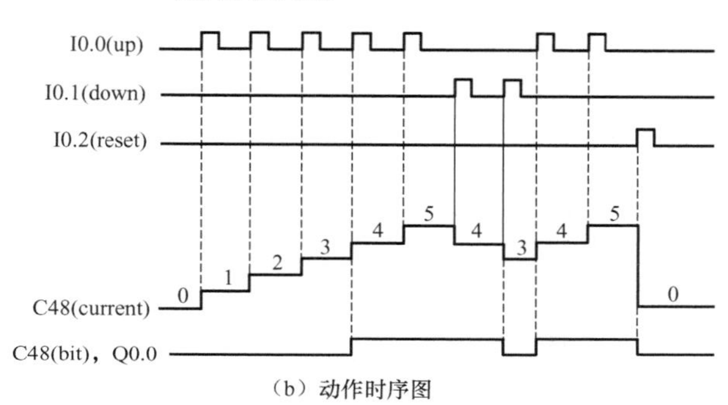

（b）动作时序图

图 7.21　增/减计数器指令应用

7.5 比较指令

7.5.1 比较指令运算符

比较指令用来比较 IN1 和 IN2。在梯形图中，满足比较关系式给出的条件时，触点接通。

比较运算符有以下 6 种。

- =：比较 IN1 是否等于 IN2。
- >：比较 IN1 是否大于 IN2。
- <：比较 IN1 是否小于 IN2。
- <>：比较 IN1 是否不等于 IN2。
- >=：比较 IN1 是否大于或等于 IN2。
- <=：比较 IN1 是否小于或等于 IN2。

7.5.2 比较数据类型

应用比较指令时，进行比较的两个数的数据类型要相同，可以是字节、整数、双整数或浮点数（即实数）。

比较指令包括无符号字节比较、有符号整数比较、有符号双字整数比较、有符号实数比较。无符号字节比较，指令助记符中用 B 表示字节；有符号整数比较，指令助记符中用

I 表示整数，STL 指令助记符中用 W 表示整数；有符号双字整数比较，指令助记符中用 D 表示双字整数；有符号实数比较，指令助记符中用 R 表示实数。

7.5.3 比较指令格式

比较指令是通过取指令 LD、逻辑与指令 A、逻辑或指令 O，分别加上数据类型符号 B、I（W）、D、R 实现编程的。比较指令见表 7-19。

表 7-19 比较指令

语　　句	功　　能
LDBx　IN1，IN2	装载字节比较结果，IN1（x：<，<=，=，>，>=，<>）IN2
ABx　IN1，IN2	与字节比较结果，IN1（x：<，<=，=，>，>=，<>）IN2
OBx　IN1，IN2	或字节比较结果，IN1（x：<，<=，=，>，>=，<>）IN2
LDWx　IN1，IN2	装载字比较结果，IN1（x：<，<=，=，>，>=，<>）IN2
AWx　IN1，IN2	与字比较结果，IN1（x：<，<=，=，>，>=，<>）IN2
OWx　IN1，IN2	或字比较结果，IN1（x：<，<=，=，>，>=，<>）IN2
LDDx　IN1，IN2	装载双字比较结果，IN1（x：<，<=，=，>，>=，<>）IN2
ADx　IN1，IN2	与双字比较结果，IN1（x：<，<=，=，>，>=，<>）IN2
ODx　IN1，IN2	或双字比较结果，IN1（x：<，<=，=，>，>=，<>）IN2
LDRx　IN1，IN2	装载实数比较结果，IN1（x：<，<=，=，>，>=，<>）IN2
ARx　IN1，IN2	与实数比较结果，IN1（x：<，<=，=，>，>=，<>）IN2
ORx　IN1，IN2	或实数比较结果，IN1（x：<，<=，=，>，>=，<>）IN2

图 7.22 所示为比较指令梯形图与语句表。其工作过程如下：网络 1，整数比较取指令，IN1 为计数器 C5 的当前值，IN2 为常数 20，当 C5 的当前值大于或等于 20 时，比较指令触点闭合，M0.0=1。网络 2，实数比较逻辑与指令，IN1 为双字存储单元 VD1 的数据，IN2 为常数 100.7，当 VD1 小于 100.7 时，比较指令触点闭合，该触点与 I0.1 逻辑与，置 M0.1=1。网络 3，字节比较逻辑或指令，IN1 为字节存储单元 VB10 的数据，IN2 为字节存储单元 VB11 的数据，当 VB10 的数据大于 VB11 的数据时，比较指令触点闭合，该触点与 I0.2 逻辑或，置 M0.2=1。

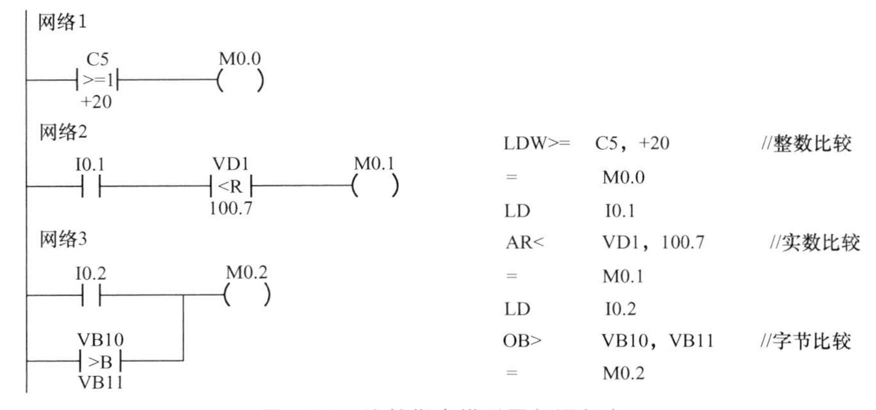

图 7.22 比较指令梯形图与语句表

7.6 程序控制指令

基本逻辑指令可以实现简单的顺序控制逻辑功能的编程，但一些较复杂的程序设计，如程序转移、循环执行等，则需要使用程序控制指令。程序控制指令不仅可以控制程序的流程，而且可以用来优化程序结构，提高编程效率。程序控制指令包括跳转、循环、停止、结束、看门狗复位、子程序调用、AENO 等指令。

7.6.1 跳转指令

跳转指令又称转移指令，在程序中使用跳转指令，系统可以根据不同条件，选择执行不同程序段。跳转指令由跳转指令 JMP 和标号指令 LBL 组成，JMP 指令在梯形图中以线圈形式编程。跳转指令格式如图 7.23 所示，当控制条件满足时，执行跳转指令 JMP n，程序转移到标号 n 指定的目标位置继续执行，该位置由标号指令 LBL n 确定，n 的取值范围为 0～255。

跳转指令使用说明如下。

（1）JMP 和 LBL 指令必须在同一程序中，如同一主程序、子程序或中断程序等，不能从一个程序跳到另一个程序。

（2）执行跳转指令后，处于 JMP～LBL 之间的计数器停止计数，计数值及计数器位状态不变。

（3）执行跳转指令后，处于 JMP～LBL 之间的输出继电器 Q、位存储器 M 及顺序控制继电器 S 的状态不变。

（4）执行跳转指令后，处于 JMP～LBL 之间，分辨率为 1ms、10ms 的定时器保持原来的工作状态及功能；分辨率为 100ms 的定时器则停止工作，当前值保持为跳转时的值不变。

图 7.24 所示为跳转指令应用。其工作过程如下：当输入端 I0.1 接通时，执行 JMP 指令，程序跳过网络 2，转移到标号 6 的位置继续执行。被跳过的网络 2 的输出继电器 Q0.0 保持跳转前的状态不变。

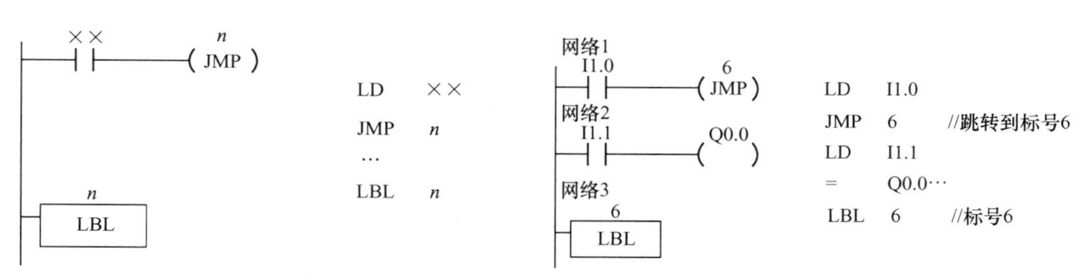

图 7.23 跳转指令格式　　图 7.24 跳转指令应用

7.6.2 循环指令

在需要反复执行若干次相同功能程序时，可以使用循环指令，以提高编程效率。循环指令由循环开始指令 **FOR**、循环体和循环结束指令 **NEXT** 组成。

循环指令格式如图 7.25 所示，FOR 表示循环开始，NEXT 表示循环结束，中间为循环体；EN 为循环控制输入端，INDX 为当前值计数器，INIT 为计数初始值，FINAL 为循环计数终值。

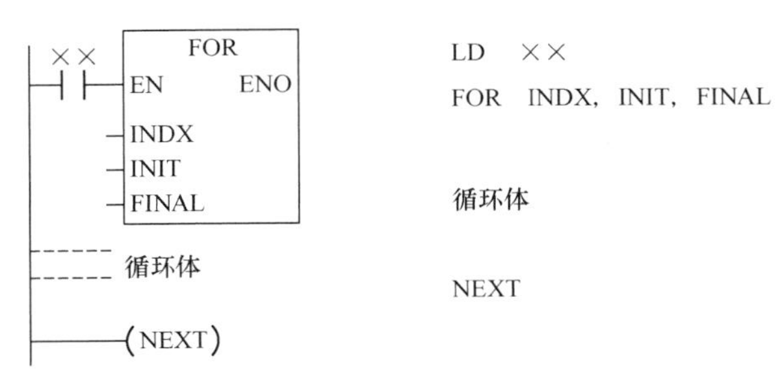

图 7.25 循环指令格式

循环指令功能：在循环控制输入端有效且逻辑条件 INDX<FINAL 满足时，系统反复执行 FOR 和 NEXT 之间的循环体程序，每执行一次循环体，INDX 自动增加 1，直至当前值计数器的值大于终值时，退出循环。

INDX 操作数为 VW、IW、QW、MW、SW、SMW、LW、T、C、AC。

INIT 操作数为 VW、IW、QW、MW、SW、SMW、LW、T、C、AC、AIW 及常数。

FINAL 操作数为 VW、IW、QW、MW、SW、SMW、LW、T、C、AC、AIW 及常数。

循环指令使用说明如下。

(1) **FOR** 和 **NEXT** 必须成对出现。

(2) **FOR** 和 **NEXT** 可以嵌套循环，嵌套最多为 **8** 层。

(3) 当输入控制端 **EN** 重新有效时，各参数自动复位。

图 7.26 所示为循环指令应用。其工作过程如下：网络 1 和网络 4 构成外循环，对应 B；网络 2 和网络 3 为内循环，对应 A，故为 2 级循环嵌套。

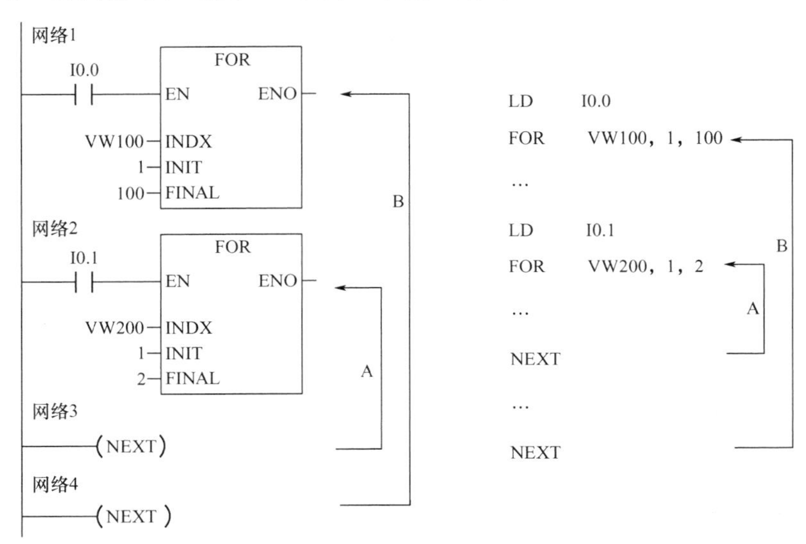

图 7.26 循环指令应用

外循环计数初始值为1，终值为100，循环计数器为字变量存储器VW100，当I0.0接通时，其循环体执行100次。当I0.0和I0.1同时接通时，外循环每执行一次，内循环执行2次，程序共执行2×100次内循环。

7.6.3 停止指令、结束指令及看门狗复位指令

1. 停止指令STOP

停止指令STOP在执行条件成立时，可使PLC从RUN模式进入STOP模式，立即停止程序。STOP为无数据类型指令，可在主程序、子程序和中断服务程序中使用。STOP指令在程序中常用于突发紧急事件，其执行条件必须严格选择。

如果在中断程序中执行停止指令STOP，则中断程序立即终止，并忽略全部等待执行的中断，继续执行主程序的剩余部分，并在主程序的结束处完成从RUN模式到STOP模式的转换。

图7.27所示为停止指令STOP的应用，当SM5.0＝1时，强制PLC进入STOP模式。

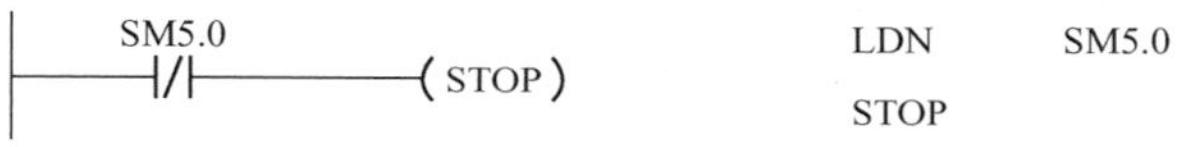

SM5.0 —|/|—(STOP)

LDN SM5.0
STOP

图7.27 停止指令STOP的应用

2. 结束指令

结束指令包括条件结束指令END和无条件结束指令MEND。

(1) 条件结束指令END。

条件结束指令END的格式如图7.28所示。该指令的功能是当输入条件××有效时，系统结束主程序，并返回主程序的第一条指令开始执行。END指令不能直接连接左母线，必须通过执行条件与左母线相连。

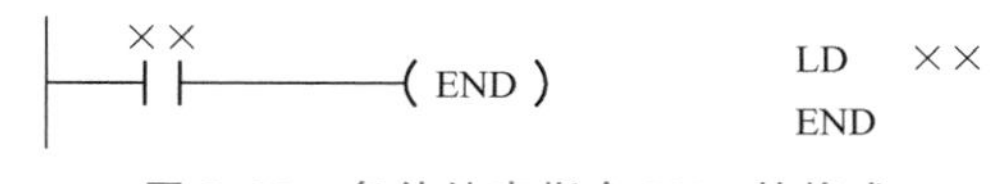

图7.28 条件结束指令END的格式

(2) 无条件结束指令MEND。

无条件结束指令MEND的格式如图7.29所示。该指令的功能是程序执行到此指令时，立即无条件结束主程序，并返回主程序的第一条指令执行。MEND指令可以直接连接左母线，不需要执行条件。

图7.29 无条件结束指令MEND的格式

结束指令使用说明如下。

① 这两条指令在梯形图中以线圈形式编程，并且只能在主程序中使用。

② 编程时，一般不需要输入MEND，编程软件自动将该指令追加到程序的结尾。

3. 看门狗复位指令 WDR

看门狗复位指令 WDR（Watch Dog Reset）实际上是一个监控定时器，在梯形图中以线圈形式编程。其格式如图 7.30 所示，该指令的定时时间为 300ms，由系统设置。每次扫描到该指令，延时 300ms 后 PLC 被自动复位一次。

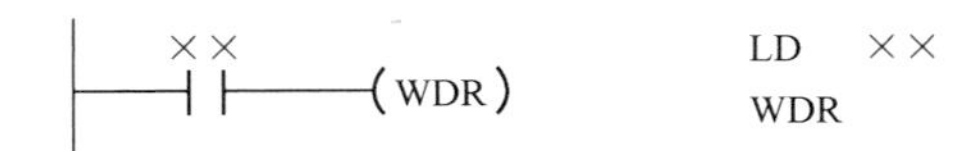

图 7.30 看门狗复位指令 WDR 指令的格式

WDR 指令的执行过程如下。

(1) 如果 PLC 正常工作时的扫描周期小于 300ms，则 WDR 定时器未到定时时间，系统开始下一个扫描周期，WDR 定时器不起作用。

(2) 如果外界干扰导致停机或运行时间超过 300ms，则监控定时器不再复位，定时时间到后，PLC 将停止运行，重新启动，返回第一条指令重新执行。

因此，如果希望延长程序的扫描周期，或者在中断事件发生时使程序超过扫描周期，为了使程序正常执行，则应该使用 WDR 指令来重新触发看门狗定时器。

WDR 指令无操作数，使用 WDR 指令时，在终止本次扫描前，以下操作将被禁止：通信（自由接口方式除外）、I/O 更新（立即指令除外）、强制更新、特殊标志位（SM）更新、运行时间诊断及中断程序中的 STOP 指令。

图 7.31 所示为 STOP、END、WDR 指令的应用，执行过程如下。

(1) 网络 1 中，或逻辑条件满足时，执行 STOP 指令。

(2) 网络 2 中的 I0.4 接通时，执行 END 指令，返回主程序的第一条指令重新执行。

(3) 网络 3 中的 M0.1 为 ON 时，执行 WDR 指令触发看门狗定时器，延长本次扫描周期。

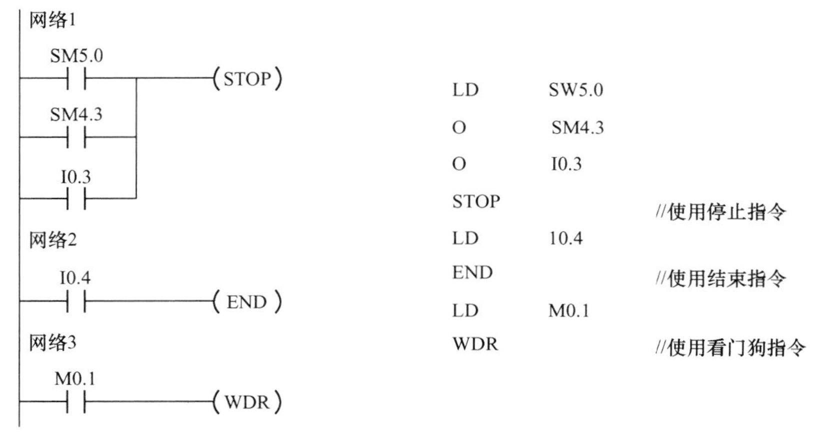

图 7.31 STOP、END、WDR 指令的应用

7.6.4 子程序调用

在结构化程序设计中，将实现某控制功能的一组指令设计在一个模块中，该模块可以

被多次随机调用执行，每次执行结束后，又返回调用处继续执行原来的程序，这一模块称为子程序。

S7-200 系列 PLC 的指令系统可以方便、灵活地实现子程序的建立、调用和返回操作。

1. 建立子程序

可以通过 S7-200 系列 PLC 编程软件 STEP 7-Micro/WIN V4.0，采用下列方法之一建立子程序。

(1) 在“编辑”菜单选择“插入”→“子程序”命令。

(2) 在“指令树”右击“程序块”图标，从弹出的快捷菜单中选择“插入”→“子程序”命令。

(3) 在“程序编辑器”窗口右击，从弹出的快捷菜单中选择“插入”→“子程序”命令。

程序编辑器从先前的 POU 显示更改为新的子程序。程序编辑器底部会出现一个新标签，代表新的子程序。此时，可以对新的子程序编程，右键双击“指令树”中的“子程序”图标，在弹出的快捷菜单中选择“重新命名”命令，可修改子程序的名称。

2. 子程序调用及返回指令格式

子程序有子程序调用和子程序返回两类指令，指令格式如图 7.32 所示。子程序返回又分为条件返回和无条件返回。

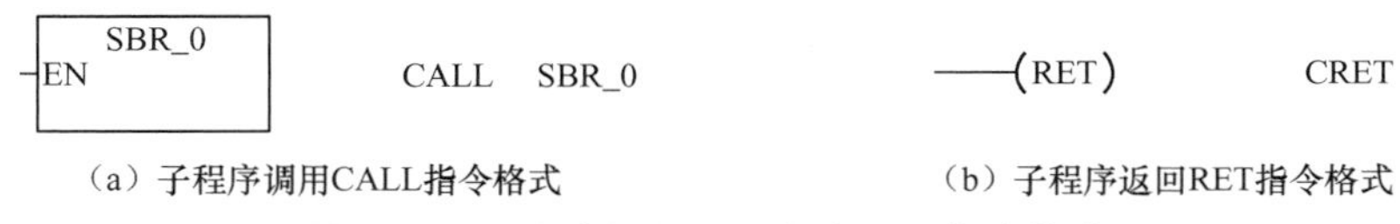

(a) 子程序调用CALL指令格式　　(b) 子程序返回RET指令格式

图 7.32 子程序调用和子程序返回指令格式

(1) CALL SBR_n：子程序调用指令。在梯形图中为指令盒的形式，子程序的编号 n 从 0 开始，随着子程序的增加自动生成，操作数 n=0～63。

(2) CRET：子程序条件返回指令。条件成立时结束该子程序，返回原调用处 CALL 指令的下一条指令。

(3) RET：子程序无条件返回指令。子程序必须以该指令结束。

指令使用说明如下。

(1) CRET 指令用于子程序内部。

(2) CRET 指令不能直接接在左母线上，必须在其左边设置条件控制输入信号。

(3) 子程序的自动返回（结束）指令形式为 CRET。

(4) 使用 STEP 7-Micro/WIN V4.0 软件编程时，不需要输入 RET 指令，由编程软件自动生成。

3. 子程序嵌套

如果在子程序的内部又对另一个子程序执行调用指令，则这种调用称为子程序的嵌套。子程序的嵌套深度最多为 8 级。

当一个子程序被调用时，系统自动保存当前堆栈数据，并把栈顶置 1，堆栈中的其他位置置 0，子程序占有控制权。子程序执行结束，通过返回指令自动恢复原来的逻辑堆栈值，调用程序又重新取得控制权。

在中断服务程序调用的子程序中，不能再出现子程序嵌套调用。

图 7.33 所示为子程序调用指令应用，控制要求是建立子程序 SBR_0，其功能为 Q1.0 输出（占空比为 50%，周期为 4s）控制一个闪光灯，该子程序由主程序中的 I0.0 控制直接调用，也可由子程序 SBR_1 嵌套调用。建立子程序 SBR_1，其功能是对 I1.0 进行脉冲计数，计数值为 10 时，嵌套调用子程序 SBR_0，驱动 Q1.0 闪亮，该子程序由主程序中的 I0.1 控制调用。本例用外部控制条件分别调用两个子程序，工作过程如下。

（1）主程序网络 1 中，当输入控制 I0.0 接通时，调用子程序 SBR_0。

（2）主程序网络 2 中，当输入控制 I0.1 接通时，调用子程序 SBR_1，计数器 C1 开始对 I1.0 脉冲计数，当计数值为 10 时，触点 C1 导通，调用子程序 SBR_0。

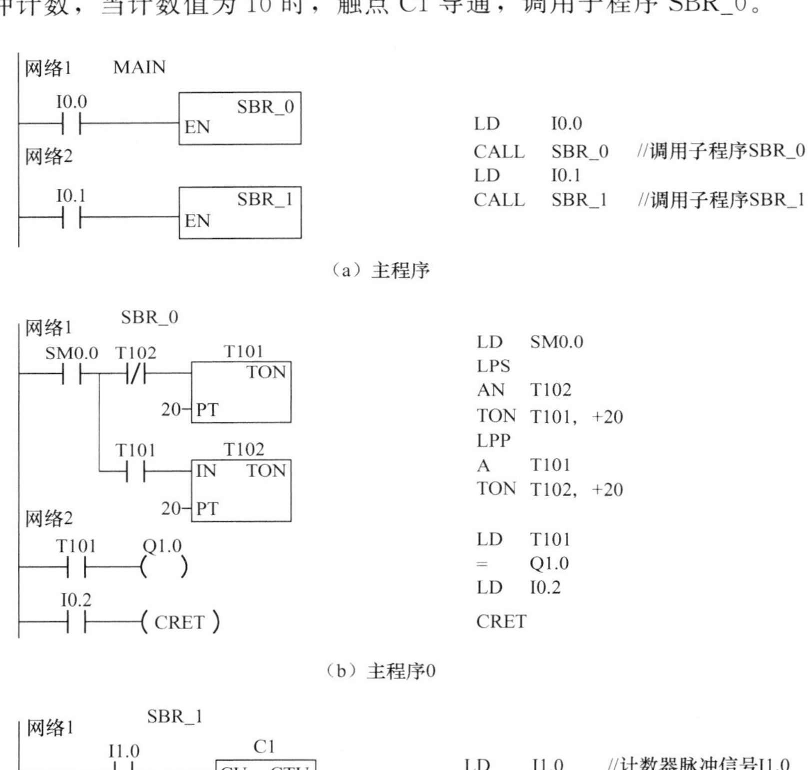

（a）主程序

（b）主程序0

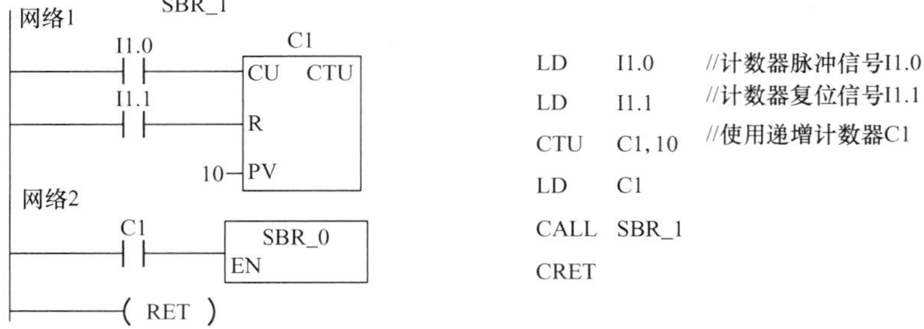

（c）子程序1

图 7.33 子程序调用指令应用

4. 带参数的子程序调用

子程序中可以根据需要设置参变量，该参变量接收调用程序传递的实际参数，并且只能在子程序内部使用，因此，子程序参变量又称局部变量。带参数的子程序调用扩大了子程序的使用范围，增强了调用的灵活性。

(1) 带参数子程序调用指令格式。

带参数子程序调用指令格式如图 7.34 所示，EN 为子程序调用使能控制输入信号，SBR_1 为子程序名，CALL 为 STL 指令调用子程序助记符，IN1、IN2、IN3 为子程序输入参数，IN1_OUT1 为子程序输入/输出参数，OUT1 为子程序输出参数。STL 指令中的各参数按规定的顺序与 LAD 对应。

图 7.34 带参数子程序调用指令格式

子程序调用使能控制输入信号 EN 接通时，主程序转向子程序入口执行子程序，同时将 IN 参数传递给子程序，在子程序返回时，将 OUT 参数返回给指定参数。

(2) 变量表的使用。

图 7.35 所示为使用 STEP 7 - Micro/WIN V4.0 软件设计子程序变量表的示例，子程序名为 SBR_1。

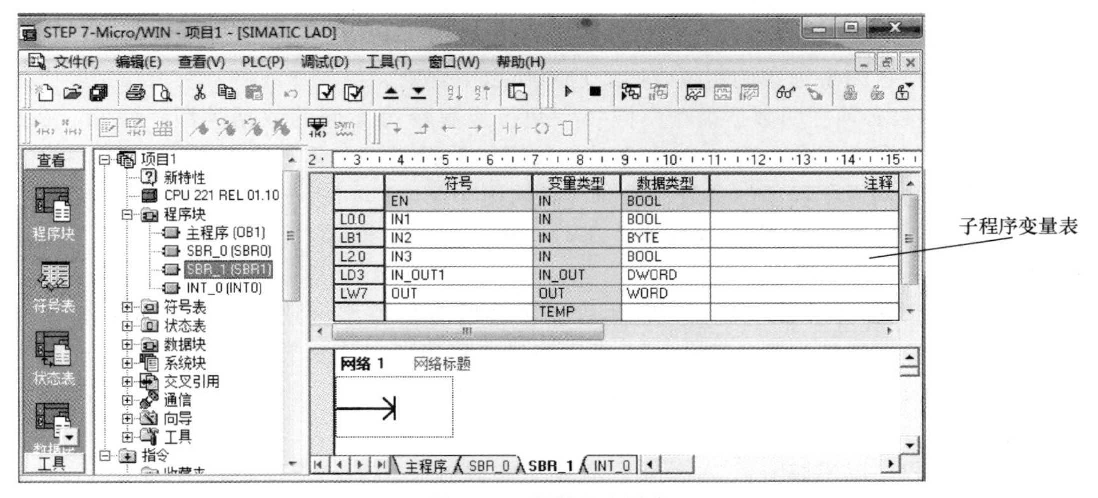

图 7.35 子程序变量表

要在编辑子程序窗口的局部变量表中加入一个参数，右击要加入的变量类型区，弹出快捷菜单，选择 Insert (插入) →Row Below (下一行) 命令即可。要删除一个参数，用鼠标指向最左边地址栏并单击，然后按“删除”(Delete) 键即可。局部变量表的变量使用局部变量存储器，编程软件从起始地址 L0.0 开始自动给各参数分配局部变量存储空间。

(3) 子程序参数定义。

一个子程序最多可以传递16个参数，参数应在编辑子程序窗口的局部变量表中加以定义。必须确定子程序参数的变量名、变量类型和数据类型，具体规则如下。

① 变量名最多用23个字符表示，有效字符为前8个，第一个字符不能是数字。

② 变量类型是按变量对应数据的传递方向来划分的，可以是传入子程序（IN)、传入和传出子程序（IN_OUT)、传出子程序（OUT）和暂时子程序（TEMP）4种变量类型。

③ 要在子程序变量表中对数据类型进行声明。数据类型可以是能流（位输入操作），布尔数，无符号数（字节型、字型、双字型），有符号数（整数型、双整数）和实数。

在图7.35所示的子程序变量表中，各类型参数在变量表中的位置是按以下顺序排列的。

最前面是能流，仅允许对位输入EN操作，是位逻辑运算的结果，在局部变量表中，布尔能流输入处于所有类型的最前面。

其次是输入参数，用于传入子程序参数。由调用程序传入的参数可以是直接寻址数据（如VB10)、间接寻址数据（如*AC1)、立即数（如16#2344）和数据存储单元的地址值（如&VB106)。

再次是输入/输出参数，用于传入/传出子程序参数。在调用子程序时，将指定参数位置的值传到子程序，在子程序返回时，将子程序得到的结果值回传到同一地址。参数可以采用直接寻址数据和间接寻址数据，立即数（如16#1234）和地址值（如&VB10）不能作为参数。

然后是子程序返回（输出）参数，用于传出子程序参数。将子程序返回的结果值送到指定的参数位置。输出参数可以采用直接寻址和间接寻址，但不能是立即数或地址值。

最后是TEMP类型的暂时变量，在子程序内部暂时存储数据，不能用来与主程序传递参数数据。

(4) 参数子程序调用的规则。

在使用带参数的子程序调用指令时，应遵循以下规则。

① 常数参数必须声明数据类型。同一常数可以解释为不同的数据类型。为此，在使用常数作为子程序调用参数时，必须声明常数所属数据类型。例如，常数200000为无符号双字，在作为调用子程序的参数传递时，必须用DW#200000表示。

② 调用参数必须按照输入参数（IN)、输入/输出参数（IN_OUT)、输出参数（OUT）的顺序依次排列。

③ 子程序变量表中的参数应与调用程序传递的参数类型一致，如果传递时不一致，则以调用程序参数类型为准。例如，子程序变量表中声明一个参数为实型，而在调用时，对应使用的参数为双字型，则子程序中的这个参数就是双字型。

(5) 带参数子程序应用示例。

带参数子程序应用如图7.36所示。各类型参数含义如下：子程序名为SBR_1，子程序输入局部变量参数IN1、IN2和IN3，分别对应调用程序传递的实际参数为I0.1、&VB100和L1.2，子程序输入/输出参数为VW50，子程序输出参数为VD200。本例工作过程如下。

① 调用程序中I0.0接通时，EN有效，程序调用执行子程序SBR_1，同时将调用程序参数I0.1的状态、存储器VB100单元的地址、局部存储器位数据L1.2及存储器VW50单元的字数据按顺序分别传递给子程序中的变量IN1、IN2、IN3及IN_OUT1。

② 执行子程序。

③ 子程序 SBR_1 返回时，将子程序中的局部变量 IN_OUT1 和 OUT1 的值分别传递给调用程序的 VW50 和 VD200，然后继续执行原来的调用程序。

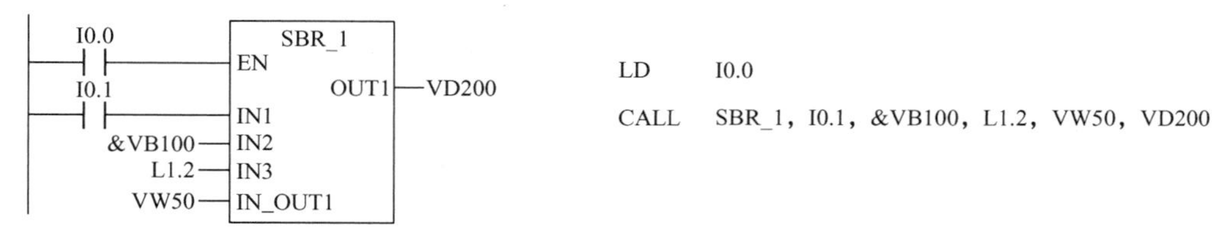

图 7.36　带参数子程序应用

7.6.5 AENO 指令

ENO 是 LAD 中指令盒的布尔能流位输出端。当指令盒的能流输入 EN 有效，且执行指令盒操作没有出现错误时，ENO 置位，表示指令成功执行。由于 STL 指令没有相应的 EN 输入指令，因此可用 AENO 指令来产生与指令盒中的 ENO 位相同的功能。

在应用程序中，将 ENO 作为后续使能控制的位信号，使能流向下传递执行。

AENO 指令的格式如图 7.37 所示。AENO 仅在 STL 中使用，它将栈顶值（必须为 1）和 ENO 位进行逻辑运算，并将运算结果保存到栈顶。

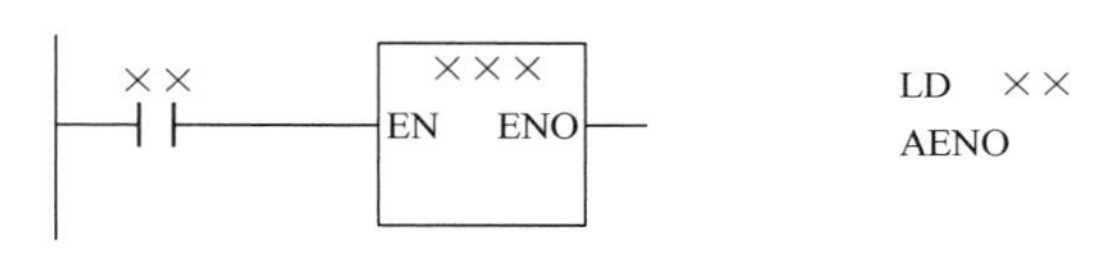

图 7.37　AENO 指令的格式

图 7.38 所示为 AENO 指令应用，其功能是在执行整数加法指令 ADD_I 没有发生错误时，ENO 置 1，作为中断连接指令 ATCH 的使能控制位信号，连接中断子程序 INT_0 为 10 号中断处理程序。

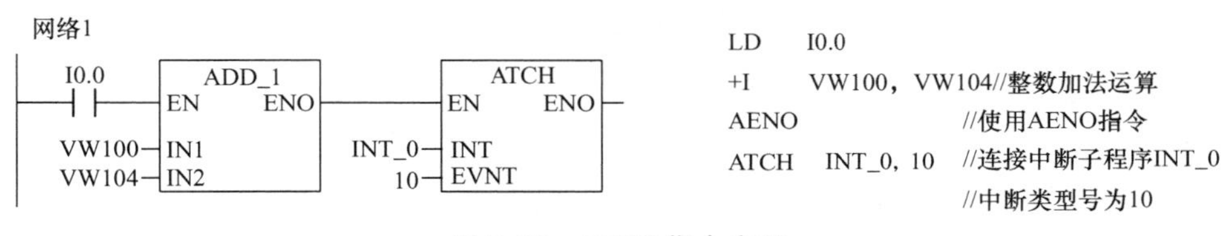

图 7.38　AENO 指令应用

7.7 顺序控制指令及其应用

7.7.1 顺序控制指令

为了便于实现顺序功能图描述的程序设计，S7 - 200 系列 PLC 编程环境提供了三个顺序控制指令，见表 7 - 20。

表 7-20　顺序控制指令

语　　句	功　　能	语　　句	功　　能
LSCR　S-bit	装载顺序控制继电器	SCRT　S-bit	顺序控制继电器转换
SCRE	顺序控制继电器结束		

1. 装载顺序控制继电器指令

装载顺序控制继电器（Load Sequence Control Relay，LSCR）指令表示顺序功能图中一个状态的开始，指令操作对象 S-bit 为顺序控制继电器 S 中的某个位（范围为 S0.0～S31.7），当顺序控制继电器为 ON 时，执行对应的 SCR 段程序。

2. 顺序控制继电器结束指令

顺序控制继电器结束（Sequence Control Relay End，SCRE）指令表示顺序功能图中一个状态的结束，LSCR 在前，SCRE 在后，二者之间为对应某个顺序控制继电器的 SCR 段。

3. 顺序控制继电器转换指令

在输入控制端有效时，顺序控制继电器转换（Sequence Control Relay Transition，SCRT）操作数 S-bit 置位，激活下一个 SCR 段的状态，使下一个 SCR 段开始工作，同时使该指令所在段停止工作，状态器复位。在每个 SCR 段中，需要设计使状态发生转移的条件，这个条件作为执行 SCRT 指令的输入控制逻辑信号。

顺序控制指令格式如图 7.39 所示。

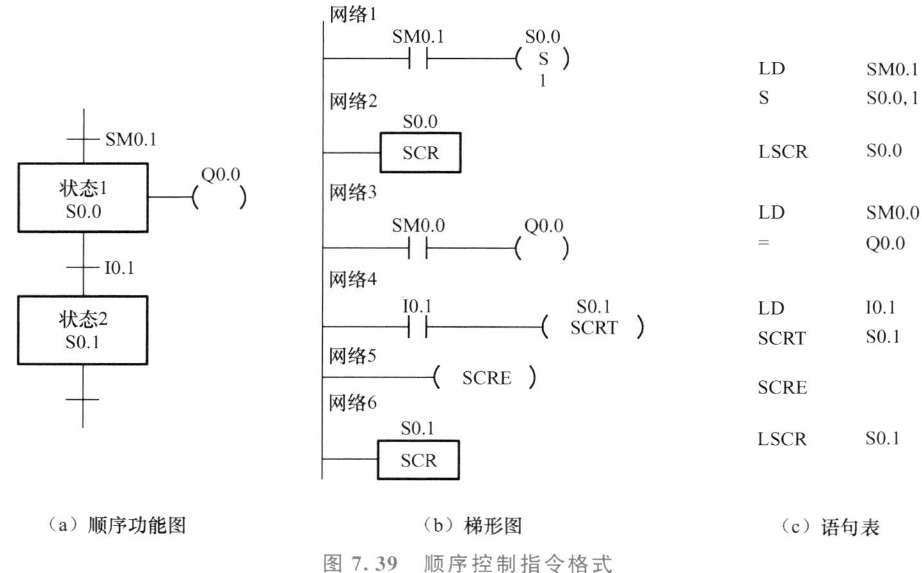

（a）顺序功能图　（b）梯形图　（c）语句表

图 7.39　顺序控制指令格式

该程序中的顺序控制指令结构和功能如下。

（1）LSCR 表示 S0.0 状态的开始，SCRE 表示 S0.0 状态的结束。

（2）状态 S0.0 的激活条件是 SM0.1 有效，驱动置位指令置 S0.0=1。

（3）在状态 S0.0 中实现驱动 Q0.0。

（4）状态 S0.0 转移到 S0.1 的条件是 I0.1 有效，执行 SCRT 指令，同时状态 S0.0 复位。

顺序控制指令使用说明如下。

（1）顺序控制指令仅对顺序控制继电器元件 S 的位有效。由于 S 具有一般继电器的功能，因此也可以使用其他逻辑指令对 S 进行操作。

（2）SCR 段程序能否执行取决于该状态器 S 位是否置位，SCRE 与下一个 LSCR 之间可以安排其他指令，但不影响下一个 SCR 段程序的执行。

（3）同一个 S 位不能用于不同程序中。

（4）不允许跳入或跳出 SCR 段，在 SCR 段中也不能使用 JMP 和 LBL 指令；不允许内部跳转，但可以在 SCR 段附近使用 JMP 和 LBL 指令。

（5）在 SCR 段中不允许使用 FOR、NEXT 和 END 指令。

（6）在状态发生转移后，所有 SCR 段的元器件一般需要复位，如果希望继续输出，则可使用置位/复位指令。

7.7.2 顺序控制指令应用示例

1. 单流程顺序控制

单流程顺序控制功能图的每个状态仅连接一个转移，每个转移仅连接一个状态。图 7.40 所示为单流程顺序控制示例。

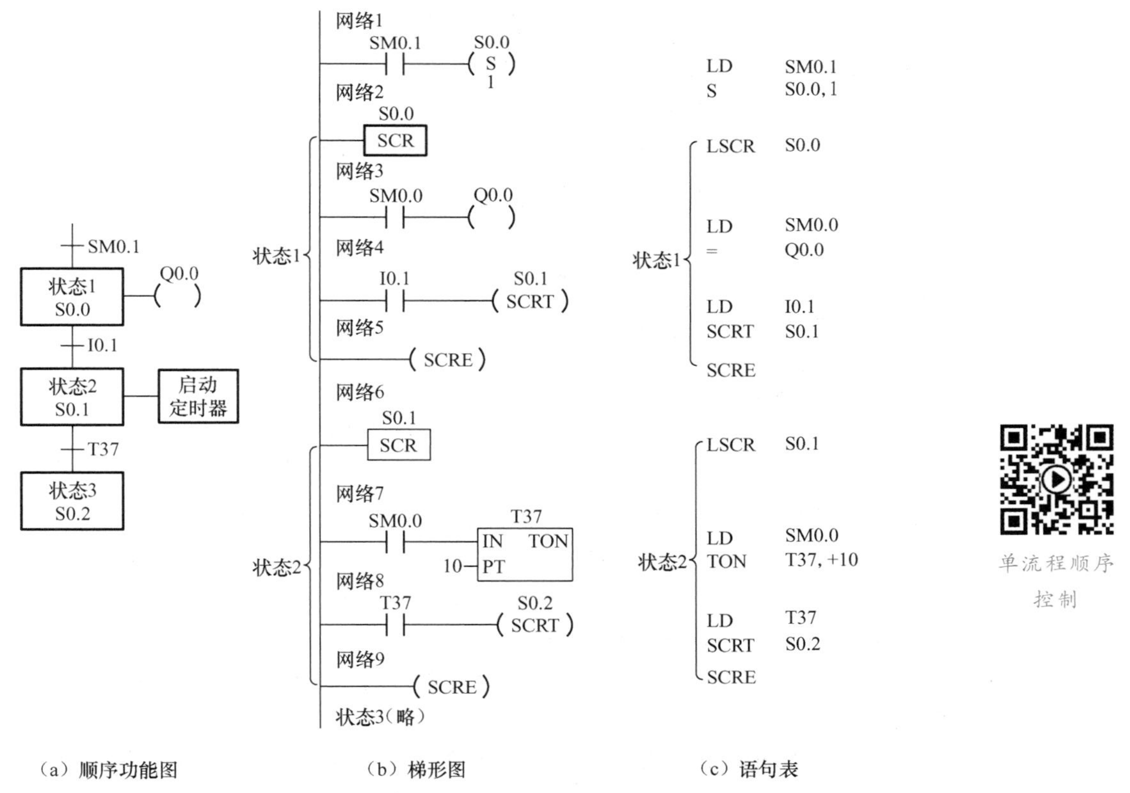

（a）顺序功能图　（b）梯形图　（c）语句表

图 7.40　单流程顺序控制示例

图 7.40 中的工作过程如下。

（1）初始化脉冲 SM0.1 用来置位 S0.0，该功能在梯形图中转换为由 SM0.1 控制置位指令 S，实现 S0.0=1。

（2）状态 S0.0 的 SCR 段置 Q0.0 为 ON，梯形图中使用 SM0.0 控制 Q0.0，因为线圈不能直接与母线相连，所以采用特殊中间继电器 SM0.0 实现控制要求。

（3）状态 S0.0 向状态 S0.1 转移的条件是 I0.1 有效，I0.1 控制状态转移指令 SCRT，置位状态 S0.1，复位状态 S0.0，状态 S0.0 的 SCR 段停止工作。

（4）状态 S0.1 的置位启动定时器，梯形图中使用 SM0.0 控制定时器 T37，定时器分辨率为 100ms，设定值为 10，定时时间为 1s。

（5）状态 S0.1 向状态 S0.2 转移的条件是定时器 T37 的定时时间，通过 T37 的动合触点闭合，控制状态转移指令 SCRT，置位状态 S0.2，复位状态 S0.1，状态 S0.1 的 SCR 段停止工作。

2. 选择流程顺序控制

从多个流程顺序中选择执行某个流程，称为选择流程。图 7.41 所示为大、小球分类选择传送示意。使用传送带将大、小球分类选择传送，左上方为原点，传送机械的动作顺序为下降、吸住、上升、右行、下降、释放、上升、左行。机械臂下降，当电磁铁压到大球时，下限位开关 LS2 断开，压到小球时，LS2 导通。

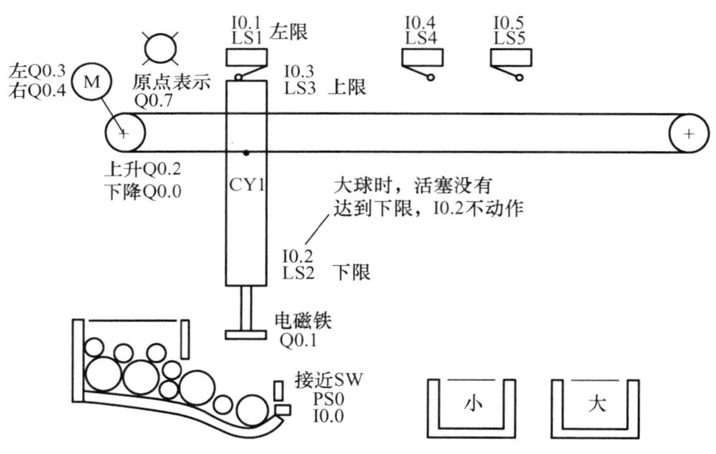

图 7.41　大、小球分类选择传送示意

根据工艺要求，设计的顺序功能图如图 7.42 所示。该控制流程根据 LS2 的状态（对应大、小球）有两个分支，此处为选择流程分支点。分支在机械臂下降之后，根据 LS2 的通断，分别将球吸住、上升、右行到 LS4（对应小球位置 I0.4 动作）或 LS5（对应大球位置 I0.5 动作）处下降，此处为汇合点；然后释放、上升、左行到原点。图 7.42 中有两个分支，若吸住的是小球，则 I0.2 为 ON，执行左侧流程；若吸住的是大球，则 I0.2 为 OFF，执行右侧流程。

图 7.43 是与图 7.42 中的顺序功能图对应的梯形图。初始状态由 SM0.1 初始脉冲驱动，在顺序功能图初始状态之前，编制机械臂处于原点时的状态指示梯形图程序，用输出继电器 Q0.7 指示，即机械臂位于左限、上限，LS1、LS3 被压下，I0.1、I0.3 为 ON，

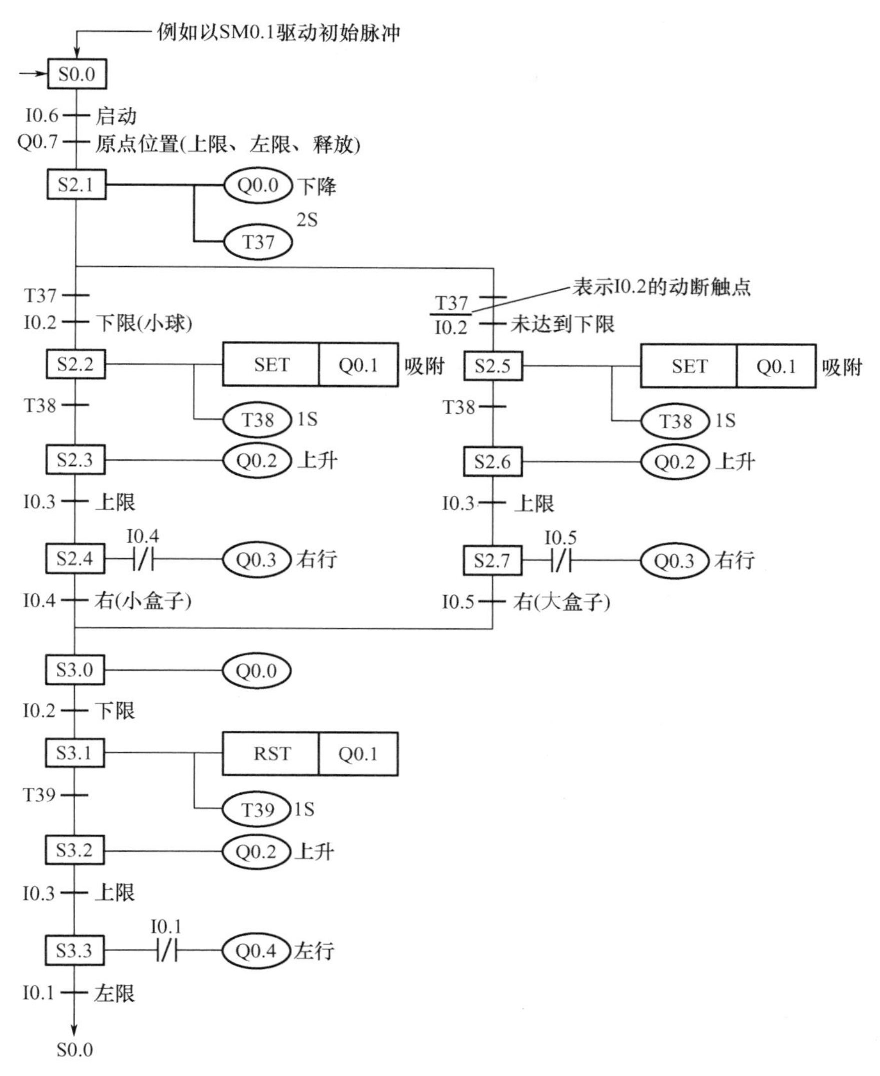

图 7.42 大、小球分类选择传送顺序功能图

Q0.1 处于未接通的状态。另外，梯形图程序中增加了机械臂上电磁铁下降至接近开关 PS0 位置时的控制功能，与限位开关 LS2 共同作用（顺序功能图中未标出）。

3. 并行流程顺序控制

在控制系统中，常需要一个顺序控制状态流，并发产生两个或两个以上同时执行的分支控制状态流。各分支控制流完成动作任务后，再把分支控制流合并成一个控制流，实现并发性分支的汇集，在转移条件满足时转移到下一个状态。

图 7.44 所示为并行流程顺序功能图，梯形图如图 7.45 所示。

程序中，并发性分支的公共转移条件是 I0.0 有效，程序由状态 S0.0 并发进入状态 S0.1 和状态 S0.3。并发性分支汇集时，要同时使各分支状态转移到新的状态，完成新状态的启动。另外，在状态 S0.2 和 S0.4 的 SCR 程序段中，由于没有使用 SCRT 指令，因此 S0.2 和 S0.4 的复位不能自动进行，要用复位指令进行复位。这种处理方法在汇集合并并发性分支时经常用到，而且并发性分支汇集合并前的最后一个状态往往是“等待”过渡状态，等所有并发性分支都为“真”后一起转移到新的状态。此时的转移条件永远为“真”，而这些“等待”状态不能自动复位，需要使用复位指令复位。

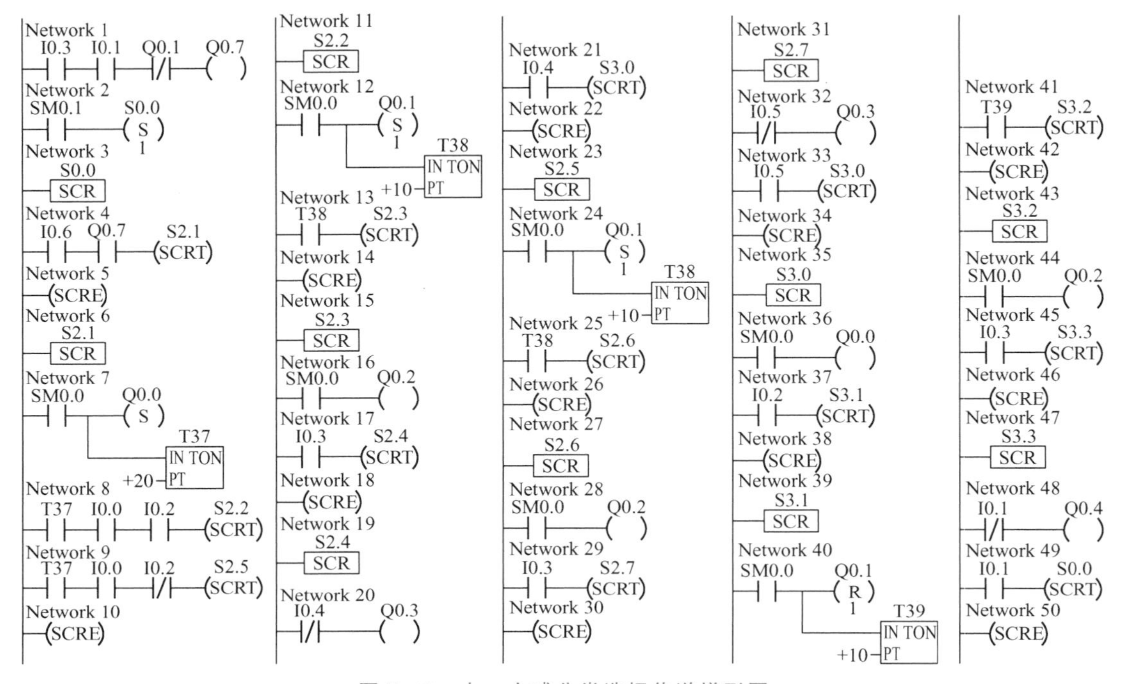

图 7.43 大、小球分类选择传送梯形图

并行流程
顺序功能图

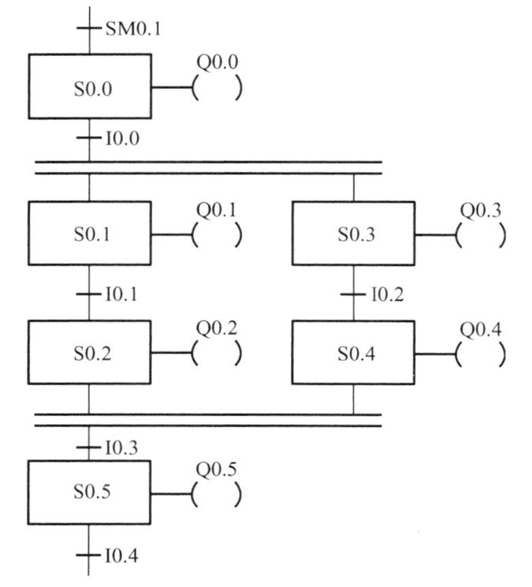

图 7.44 并行流程顺序功能图

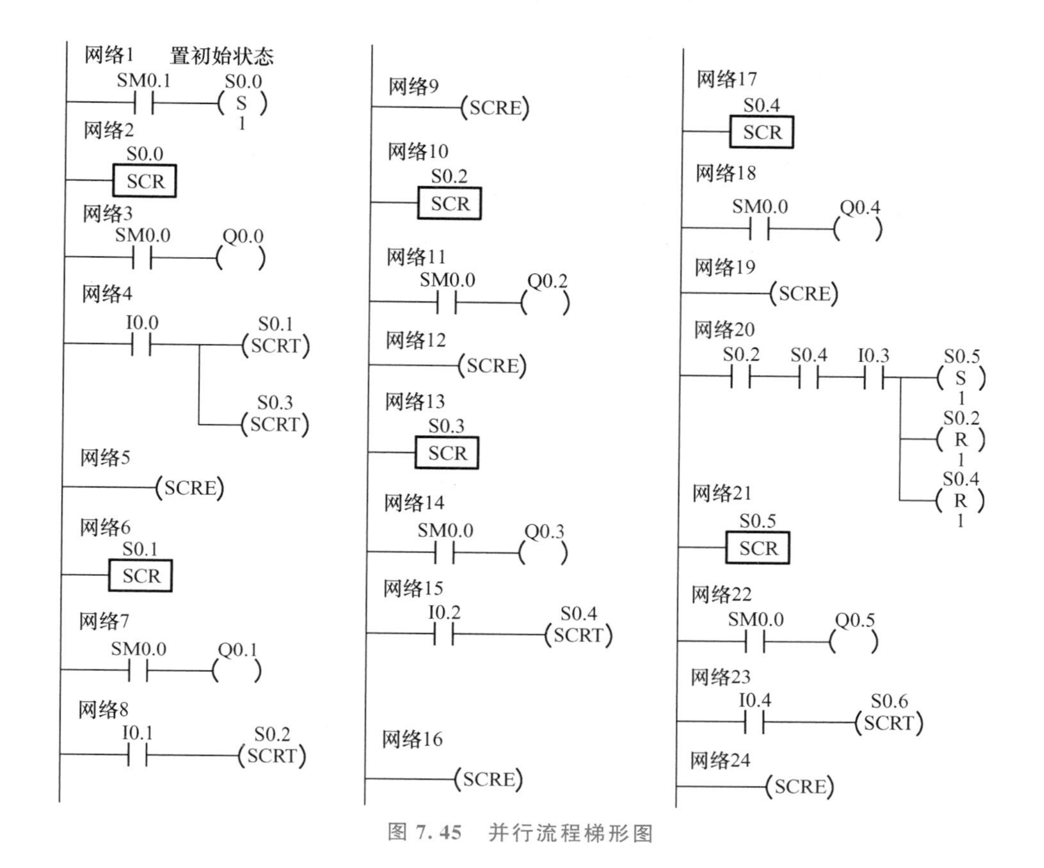

图 7.45 并行流程梯形图

思考与练习

7-1 简述 S7-200 系列 PLC 的基本组成及特点。

7-2 什么是顺序功能图？它由哪些元素组成？

7-3 指出顺序控制指令的作用和应用特点及在使用时应注意的问题。

7-4 常用逻辑指令有哪几类？都包含哪些指令？

7-5 解释定时器的位状态、当前值及分辨率。

7-6 利用定时器编写实现通电延时 30s 的梯形图程序，I0.1 为输入控制，Q0.1 为延时输出。

7-7 编写一段梯形图程序，实现将 VB10 开始的 20 个字形数据移到 VB100 开始的存储区，这 20 个数据的相对位置在移动前后保持一致。

7-8 利用递增计数器编写对 I0.2 计数脉冲计数，当计数器当前值等于 20 时，驱动定时器延时 1s 后置 Q0.2 为 ON。

7-9 用定时器串联法实现长延时，画出梯形图。如何用定时器与计数器配合达到该延时目的？画出梯形图。

7-10　采用S7-200系列PLC设计一个控制系统，需要32点数字量输入、16点数字量输出、5点模拟量输入和1点模拟量输出。

（1）选择哪种型号的主机？

（2）如何选择扩展模块？

（3）设计模块与主机的连接方式并画出接线图。

（4）根据画出的接线图，如何分配主机和模块的地址？

第8章 S7－200系列PLC的功能指令

知识要点	掌握程度	相关知识
数据传送指令	掌握数据传送指令	FX_{3U} PLC 数据传送指令
算术运算和逻辑运算指令	掌握算术与逻辑运算指令	FX_{3U} PLC 算术与逻辑运算指令
移位指令	掌握移位指令	FX_{3U} PLC 移位指令
转换指令	掌握转换指令	FX_{3U} PLC 转换指令
中断指令	掌握中断指令	FX_{3U} PLC 中断指令
高速处理指令	掌握高速处理指令	FX_{3U} PLC 高速处理指令
PID 算法与 PID 回路指令	掌握 PID 回路指令	FX_{3U} PLC PID 指令

S7－200系列PLC除了有基本逻辑指令、步进指令外，还有功能丰富的应用指令。应用指令也称功能指令，实际上是许多功能不同的子程序。与基本逻辑指令只能完成一个特定动作不同，应用指令能完成实际控制中的许多不同类型的操作，包括数据传送指令、算术运算和逻辑运算指令、移位指令、数据处理指令、高速处理指令、外部设备I/O指令、外部设备串行通信指令、浮点运算指令、定位运算指令、时钟运算指令、触点比较指令等。对实际控制中的具体控制对象，选择合适的功能指令可以使编程更便捷。

PLC产生初期，主要用于在工业控制中以逻辑控制来代替继电器控制。随着计算机技术与PLC技术的不断发展与融合，PLC增加了数据处理功能，在工业应用中功能更强，应用范围更广。在当今自动化程度越来越高的加工生产线中，仅具备基本指令的功能是远远不够的，还应该具备数据处理和运算功能。

8.1 数据传送指令

数据传送指令用来完成各存储单元之间一个或者多个数据的传送，可分为单个数据传送指令和块传送指令。

8.1.1 字节、字、双字、实数单个数据传送指令

单个数据传送指令 MOV 用来传送单个字节、字、双字、实数，指令格式及功能见表 8-1。

表 8-1 单个数据传送指令 MOV

LAD	MOV_B EN ENO IN OUT	MOV_W EN ENO IN OUT	MOV_DW EN ENO IN OUT	MOV_R EN ENO IN OUT
STL	MOVB IN，OUT	MOVW IN，OUT	MOVD IN，OUT	MOVR IN，OUT
操作数及数据类型	IN：VB，IB，QB，MB，SB，SMB，LB，AC，常量。 OUT：VB，IB，QB，MB，SB，SMB，LB，AC	IN：VW，IW，QW，MW，SW，SMW，LW，T，C，AIW，AC，常量。 OUT：VW，T，C，IW，QW，SW，MW，SMW，LW，AC，AQW	IN：VD，ID，QD，MD，SD，SMD，LD，HC，AC，常量。 OUT：VD，ID，QD，MD，SD，SMD，LD，AC	IN：VD，ID，QD，MD，SD，SMD，LD，AC，常量。 OUT：VD，ID，QD，MD，SD，SMD，LD，AC
	数据类型：字节	数据类型：字、整数	数据类型：双字、双整数	数据类型：实数
功能	使能输入有效（EN=1）时，将一个输入 IN 的字节、字/整数、双字/双整数或实数传送到 OUT 指定的存储器输出。在传送过程中不改变数据的大小。传送后，输入存储器 IN 中的内容不变			

1. MOV_B 指令应用

将数据 255 传送到 VB1，程序如图 8.1 所示。当 I0.1 接通时，MOV_B 指令将数据 255 传送给 VB1，传送后，VB1=255。此后，即使 I0.1 断开，VB1 的数据仍保持 255 不变。

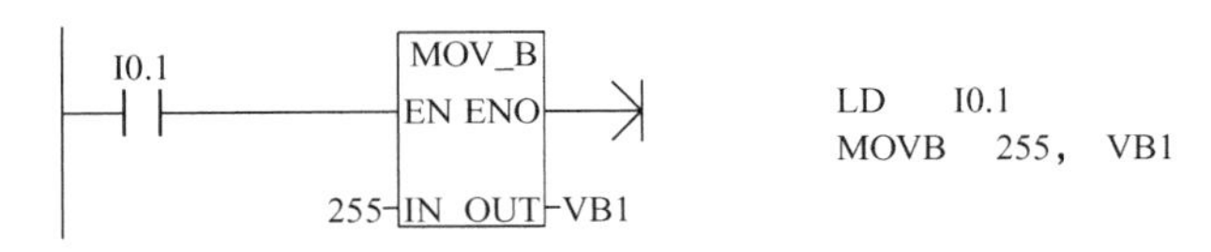

图 8.1 单个字节传送指令 MOV_B 应用

2. MOV_W 指令应用

I0.1 导通时，将变量存储器 VW10 中的内容传送到 VW100，如图 8.2 所示。

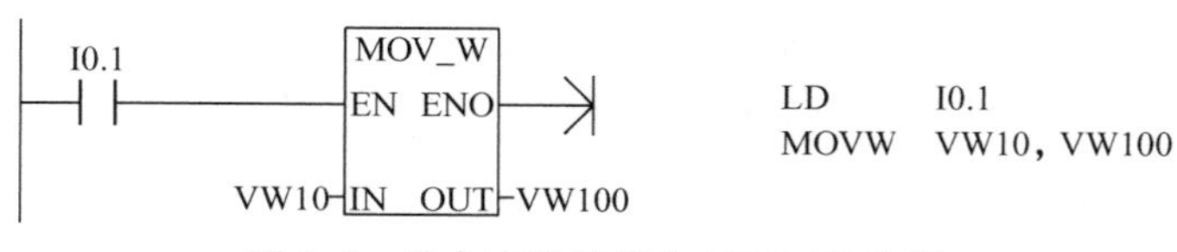

图 8.2 单个字传送指令 MOV_W 应用

3. MOV_D 指令应用

I0.1 导通时，将 VD100 中的双字数据传送到 VD200，如图 8.3 所示。

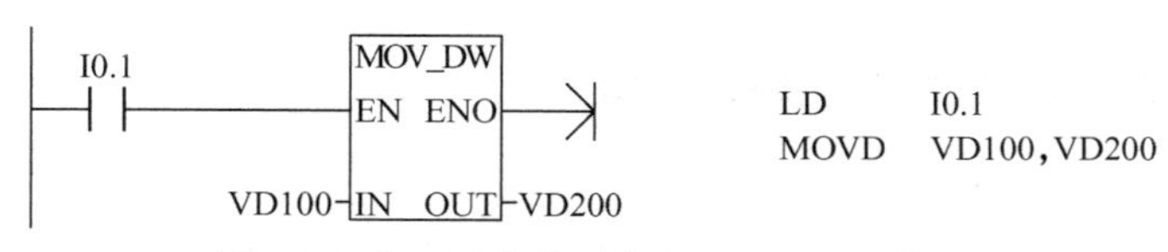

图 8.3 单个双字传送指令 MOV_DW 应用

4. MOV_R 指令应用

I0.1 导通时，将常数 3.14 传送到双字单元 VD200，如图 8.4 所示。

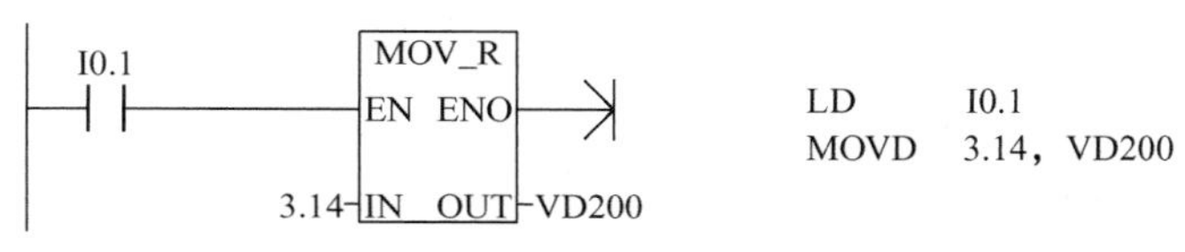

图 8.4 单个实数传送指令 MOV_R 应用

5. 定时器及计数器当前值的读取

I0.1 导通时，将定时器 T38 的当前值传送到 VW6；I0.2 导通时，将计数器 C1 的当前值传送到 VW8，如图 8.5 所示。因为定时器及计数器的数据类型都为整数型，所以一定要使用 MOV_W 指令。

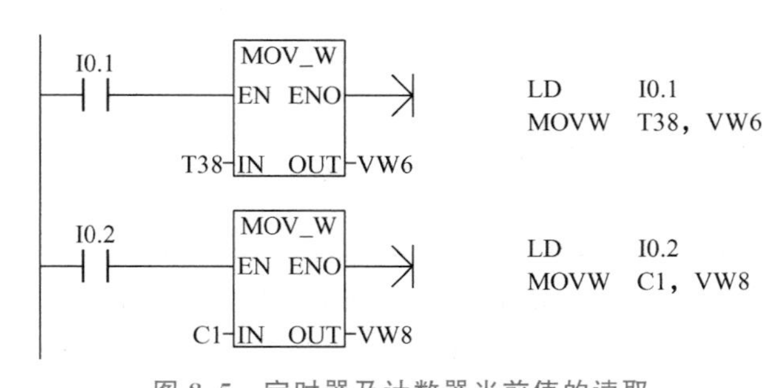

图 8.5 定时器及计数器当前值的读取

6. 定时器设定值的间接设定

I0.1 导通时，将常数 80 传送到 VW10；I0.2 导通时，将 VW10 的当前值作为定时器 T37 的设定值，如图 8.6 所示。

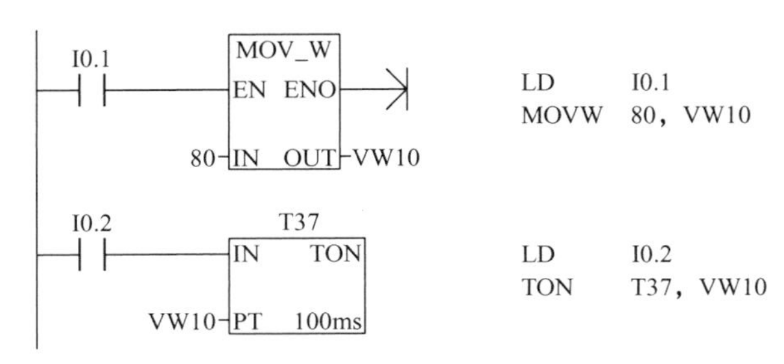

图 8.6 定时器设定值间接设定

8.1.2 字节、字、双字数据块传送指令

数据块传送指令 **BLKMOV** 实现一次多个数据的传送，一次最多传送 **255** 个数据。数据块传送指令将从输入地址 IN 开始的 *N* 个数据，传送到输出地址 OUT 开始的 *N* 个单元中，*N*=1～255，*N* 的数据类型为字节。其格式及功能见表 8-2。

表 8-2 数据块传送指令 BLKMOV 的格式及功能

LAD	BLKMOV_B EN ENO IN OUT N	BLKMOV_W EN ENO IN OUT N	BLKMOV_D EN ENO IN OUT N
STL	BMB IN,OUT,N	BMW IN,OUT,N	BMD IN,OUT,N
功能	EN=1 时，将 IN 开始的 *N* 个字节、字、双字传送到 OUT 开始的 *N* 个字节、字、双字中		
操作数及数据类型	IN：VB，IB，QB，MB，SB，SMB，LB。 OUT：VB，IB，QB，MB，SB，SMBLB。 N：VB，IB，QB，MB，SB，SMB，LB， AC，常数。 数据类型：IN、OUT、*N* 为字节，取 1～255 的整数	IN：VW，IW，QW，MW，SW，SMW，LW，AIW，T，C。 OUT：VW，IW，QW，MW，SW，SMW，LW，AQW，T，C。 N：VB，IB，QB，MB，SB，SMB，LB，AC，常数。 数据类型：IN、OUT 为字。*N* 为字节，取 1～255 的整数	IN：VD，ID，QD，MD，SD，SMD，LD。 OUT：VD，ID，QD，MD，SD，SMD，LD。 N：VB，IB，QB，MB，SB，SMB，LB，AC，常数。 数据类型：IN、OUT 为双字。*N* 为字节，取 1～255 的整数

数据块传送指令 BLKMOV 应用如图 8.7 所示，将变量存储器 VB1 开始的 3 个字节（VB1～VB3）中的数据传送到 VB11 开始的 3 个字节（VB11～VB13）中。

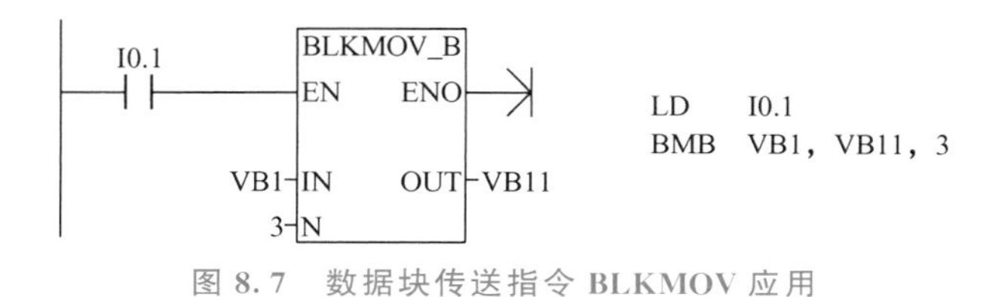

图 8.7 数据块传送指令 BLKMOV 应用

8.1.3 字节交换、存储器填充与字节立即读写指令

字节交换、存储器填充与字节立即读写指令见表8-3。

表8-3 字节交换、存储器填充与字节立即读写指令

LAD	SWAP EN ENO IN	FILL_N EN ENO IN N OUT	MOV_BIR EN ENO IN OUT	MOV_BIW EN ENO IN OUT
STL	SWAP IN	FILL IN，OUT，N	BIR IN，OUT	BIW IN，OUT
功能	IN 高低字节交换	IN 填充到 OUT 开始的 *N* 个字单元	字节立即读	字节立即写
操作数及数据类型	IN：VW，IW，QW，MW，SW，SMW，LW，T，C，AC。 数据类型：字	IN：VW，IW，QW，MW，SW，SMW，LW，AIW，T，C，AC，常数，* VD，* AC，* LD。 OUT：VW，IW，QW，MW，SW，SMW，LW，AIW，T，C，AC，* VD，* AC，* LD。 N：VB，IB，QB，MB，SB，SMB，LB，AC，常数，* VD，* AC，* LD。 数据类型：IN，OUT 为字。*N* 为字节，取 1～255 的整数	IN：IB。 OUT：VB，IB，QB，MB，SB，SMB，LB，AC。 数据类型：字节	IN：VB，IB，QB，MB，SB，SMB，LB，AC，常数。 OUT：QB。 数据类型：字节

1. 字节交换与存储器填充指令

字节交换指令 **SWAP** 用来交换输入字的最高位字节和最低位字节，交换结果仍存储在输入端 **IN** 指定的地址中。

存储器填充指令 FILL 在 EN 端口执行条件满足时，用 IN 指定的输入值填充从 OUT 指定的存储单元开始的 *N* 个字的存储空间，多用于字数据存储区填充及对空间清零。

（1）字节交换指令。

字节交换指令应用如图8.8所示，指令执行前 VW50 中的字为 D6C3，指令执行后 VW50 中的字为 C3D6。

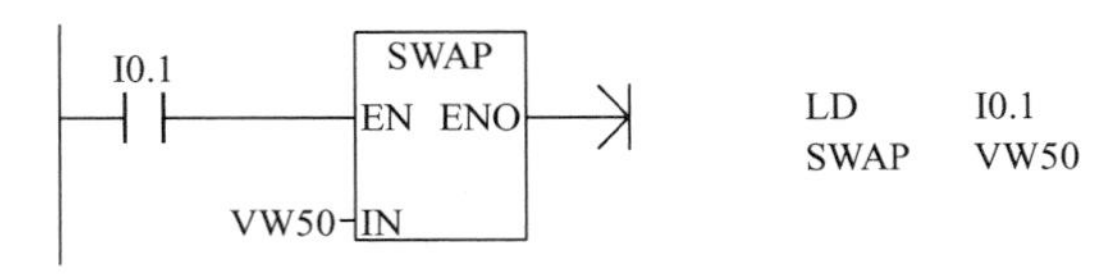

图8.8 字节交换指令应用

（2）存储器填充指令。

用存储器填充指令应用如图 **8.9** 所示，**I0.1** 接通时，将 **VW100** 开始的 **128** 个字全部清零。

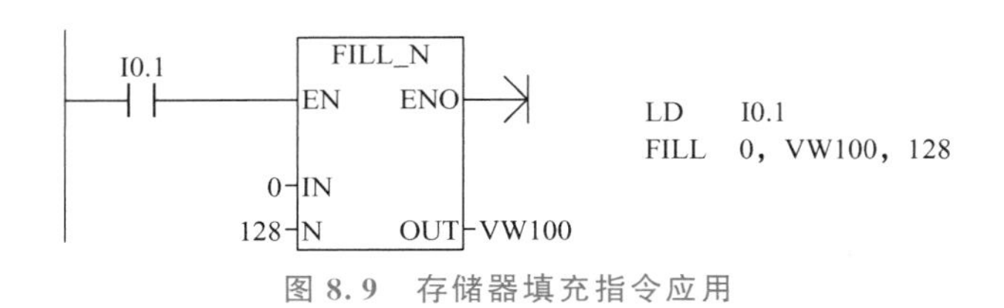

图 8.9 存储器填充指令应用

2. 字节立即读写指令

字节立即读指令 MOV_BIR，在 EN 端口执行条件满足时，读取实际物理输入端 IN 给出的 1 个字节的数值，并将结果写入 OUT 端指定的存储单元，但输入映像寄存器未更新。

字节立即写指令 MOV_BIW，在 EN 端口执行条件满足时，从输入端 IN 指定的存储单元中读取 1 个字节的数值，并写入实际输出端 OUT 的物理输出点，同时刷新对应的输出映像寄存器。

8.2 算术运算和逻辑运算指令

随着控制领域中新型控制算法的出现，复杂控制对控制器计算能力的要求不断提高，新型 PLC 中普遍增加了较强的计算功能。数据运算指令分为算术运算和逻辑运算两大类，算术运算包括加、减、乘、除运算和数学函数变换，逻辑运算包括逻辑与、逻辑或、逻辑异或、取反等。

8.2.1 算术运算指令

1. 整数与双整数加减法指令

整数加法指令 ADD_I 和整数减法指令 SUB_I，当使能输入有效时，将两个 16 位符号整数相加或相减，产生一个 16 位的结果并输出到 OUT。

双整数加法指令 ADD_D 和双整数减法指令 SUB_D，当使能输入有效时，将两个 32 位符号整数相加或相减，产生一个 32 位结果并输出到 OUT。

整数与双整数加减法指令见表 8－4。

表 8－4 整数与双整数加减法指令

LAD	ADD_I EN ENO IN1 OUT IN2	SUB_I EN ENO IN1 OUT IN2	ADD_DI EN ENO IN1 OUT IN2	SUB_DI EN ENO IN1 OUT IN2
STL	MOVW IN1，OUT +I IN2，OUT	MOVW IN1，OUT −I IN2，OUT	MOVD IN1，OUT +D IN2，OUT	MOVD IN1，OUT −D IN2，OUT

续表

功能	IN1＋IN2＝OUT	IN1－IN2＝OUT	IN1＋IN2＝OUT	IN1－IN2＝OUT
操作数及数据类型	IN1/IN2：VW，IW，QW，MW，SW，SMW，T，C，AC，LW，AIW，常量，＊VD，＊LD，＊AC。 OUT：VW，IW，QW，MW，SW，SMW，T，C，LW，AC，＊VD，＊LD，＊AC。 数据类型：整数		IN1/IN2：VD，ID，QD，MD，SMD，SD，LD，AC，HC，常量，＊VD，＊LD，＊AC。 OUT：VD，ID，QD，MD，SMD，SD，LD，AC，＊VD，＊LD，＊AC。 数据类型：双整数	
ENO＝0 的错误条件	0006：间接地址；SM4.3：运行时间；SM1.1：溢出			

注意：1. 当 IN1、IN2 和 OUT 操作数的地址不同时，在 STL 指令中，首先用数据传送指令将 IN1 中的数值传送到 OUT，然后执行加、减运算，即 OUT＋IN2＝OUT，OUT－IN2＝OUT。为了节省内存，在整数加法的梯形图指令中，可以指定 IN1 或 IN2＝OUT，这样可以不用数据传送指令。如指定 IN1＝OUT，则语句表指令为“＋I IN2，OUT”；如指定 IN2＝OUT，则语句表指令为“＋I IN1，OUT”。在整数减法的梯形图指令中，可以指定 IN1＝OUT，则语句表指令为“－I IN2，OUT”。这个原则适用于所有算术运算指令，且乘法和加法对应，减法和除法对应。

2. 整数与双整数加减法指令影响算术标志位 SM1.0（零标志位）、SM1.1（溢出标志位）和 SM1.2（负数标志位）。

3. 梯形图编程时，IN2 和 OUT 指定的存储单元可以相同也可以不同；指令表编程时，IN2 和 OUT 要使用相同的存储单元。

图 8.10 所示为加法指令应用，求 300 加 200 的和，300 在数据存储器 VW100 中，结果放入 AC0。

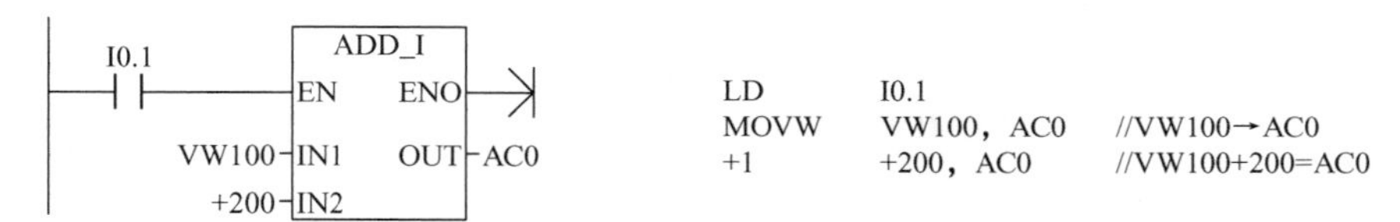

图 8.10　加法指令应用

图 8.11 所示为减法指令应用，在程序初始化时，设 AC1 为 1000，合上 I0.0 开关，AC1 的值每隔 10s 减 100，一直减到 0 为止。

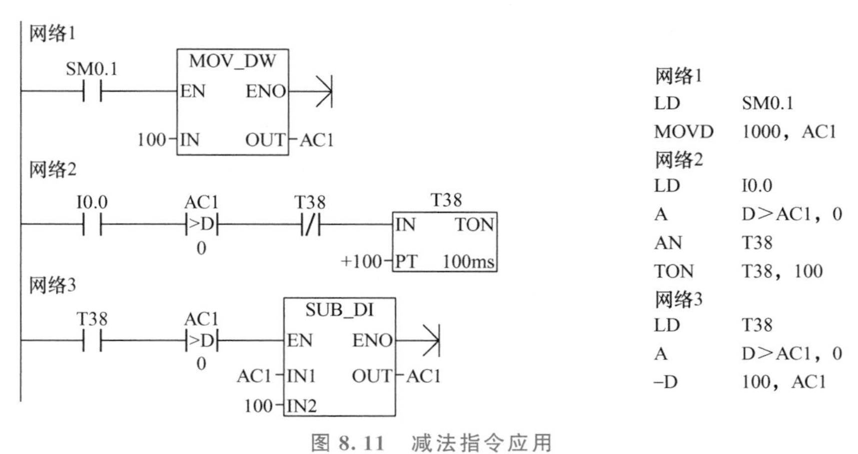

图 8.11　减法指令应用

2. 整数乘除法指令

整数乘除法指令见表 8-5。

表 8-5 整数乘除法指令

LAD	MUL_I EN ENO IN1 OUT IN2	DIV_I EN ENO IN1 OUT IN2	MUL_DI EN ENO IN1 OUT IN2	MUL_DI EN ENO IN1 OUT IN2	MUL EN ENO IN1 OUT IN2	DIV EN ENO IN1 OUT IN2
STL	MOVW IN1, OUT ∗I IN2, OUT	MOVW IN1, OUT /I IN2, OUT	MOVD IN1, OUT ∗D IN2, OUT	MOVD IN1, OUT/D IN2, OUT	MOVW IN1, OUT MUL IN2, OUT	MOVW IN1, OUT DIV IN2, OUT
功能	IN1 ∗ IN2= OUT	IN1 ∗ IN2= OUT	IN1 ∗ IN2= OUT	IN1/IN2 = OUT	IN1 ∗ IN2= OUT	IN1/IN2 = OUT

注意：1. 整数、双整数乘除法指令操作数及数据类型与加减运算的相同。

2. 整数乘法、除法产生双整数指令的操作数，IN1/IN2，VW、IW、QW、MW、SW、SMW、T、C、LW、AC、AIW、常量、∗VD、∗LD、∗AC，数据类型为整数；OUT，VD、ID、QD、MD、SMD、SD、LD、AC、∗VD、∗LD、∗AC，数据类型为双整数。

3. 使 ENO=0 的错误条件有 0006（间接地址）、SM1.1（溢出）、SM1.3（除数为 0）。

4. 对标志位的影响有 SM1.0（零标志位）、SM1.1（溢出）、SM1.2（负数）SM1.3（被 0 除）。

整数乘法指令 MUL_I 是在使能输入有效时，将两个 16 位符号整数相乘，并产生一个 16 位乘积，从 OUT 指定的存储单元输出。

整数除法指令 DIV_I 是在使能输入有效时，将两个 16 位符号整数相除，并产生一个 16 位商，从 OUT 指定的存储单元输出，不保留余数。如果输出结果大于一个字，则溢出位 SM1.1 置 1。

双整数乘法指令 MUL_D 是在使能输入有效时，将两个 32 位符号整数相乘，并产生一个 32 位乘积，从 OUT 指定的存储单元输出。

双整数除法指令 DIV_D 是在使能输入有效时，将两个 32 位整数相除，并产生一个 32 位商，从 OUT 指定的存储单元输出，不保留余数。

整数乘法产生双整数指令 MUL 是在使能输入有效时，将两个 16 位整数相乘，得出一个 32 位乘积，从 OUT 指定的存储单元输出。

整数除法产生双整数指令 DIV 是在使能输入有效时，将两个 16 位整数相除，得出一个 32 位结果，从 OUT 指定的存储单元输出。其中高 16 位放余数，低 16 位放商。

图 8.12 所示为乘除法指令应用。因为 VD100 包含 VW100 和 VW102 两个字，VD200 包含 VW200 和 VW202 两个字，所以在语句表中不需要使用数据传送指令。

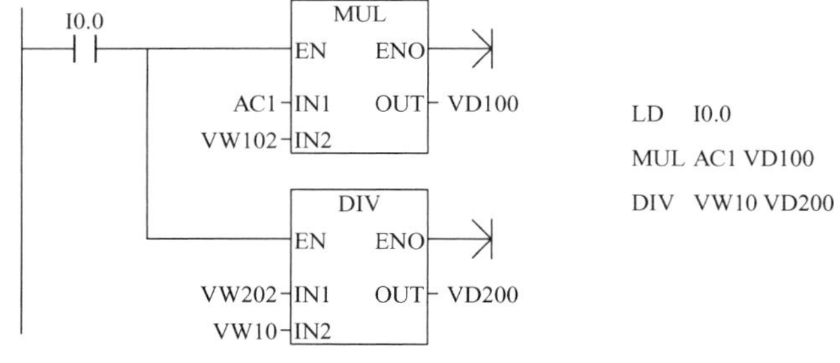

图 8.12 乘除法指令应用

3. 实数加减乘除指令

实数加减乘除指令见表8-6。

表8-6 实数加减乘除指令

LAD	ADD_R EN ENO IN1 OUT IN2	SUB_R EN ENO IN1 OUT IN2	MUL_R EN ENO IN1 OUT IN2	DIV_R EN ENO IN1 OUT IN2
STL	MOVD IN1，OUT +R IN2，OUT	MOVD IN1，OUT −R IN2，OUT	MOVD IN1，OUT * R IN2，OUT	MOVD IN1，OUT/ R IN2，OUT
功能	IN1＋IN2＝OUT	IN1－IN2＝OUT	IN1 * IN2＝OUT	IN1/IN2＝OUT
ENO＝0的错误条件	0006：间接地址；SM4.3：运行时间；SML 1：溢出		0006：间接地址；SM1.1：溢出；SM4.3：运行时间；SM1.3：除数为0	
对标志位的影响	SM1.0：0；SM1.1：溢出；SM1.2：负数；SM1.3：被0除			

实数加法指令ADD_R、减法指令SUB_R是将两个32位实数相加或相减，并产生一个32位实数结果，从OUT指定的存储单元输出。

实数乘法指令MUL_R、除法指令DIV_R是在使能输入有效时，将两个32位实数相乘或相除，并产生一个32位乘积或商，从OUT指定的存储单元输出。

IN1/IN2：VD、ID、QD、MD、SMD、SD、LD、AC、常量、* VD、* LD、* AC。

OUT：VD、ID、QD、MD、SMD、SD、LD、AC、* VD、* LD、* AC。

图8.13所示为实数加减指令应用。

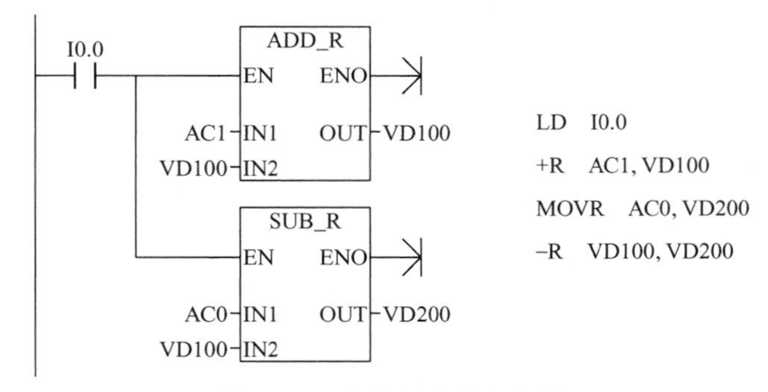

图8.13 实数加减指令应用

图8.14所示为实数乘除指令应用。

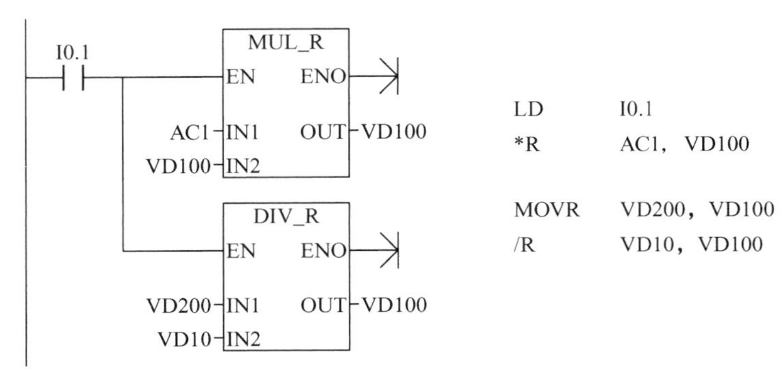

图 8.14 实数乘除指令应用

4. 数学函数变换指令

数学函数变换指令包括平方根、自然对数、自然指数、三角函数等，见表 8-7。

表 8-7 数学函数变换指令

LAD	SQRT EN ENO IN OUT	LN EN ENO IN OUT	EXP EN ENO IN OUT	SIN EN ENO IN OUT	COS EN ENO IN OUT	TAN EN ENO IN OUT
STL	SQRT IN, OUT	LN IN, OUT	EXP IN, OUT	SIN IN, OUT	COS IN, OUT	TAN IN, OUT
功能	SQRT(IN)=OUT	LN (IN)=OUT	EXP (IN)=OUT	SIN (IN)=OUT	COS (IN)=OUT	TAN (IN)=OUT
操作数及数据类型	IN：VD，ID，QD，MD，SMD，SD，LD，AC，常量，*VD，*LD，*AC。 OUT：VD，ID，QD，MD，SMD，SD，LD，AC，*VD，*LD，*AC。 数据类型：实数					

(1) 平方根指令 SQRT，对 32 位实数（IN）取平方根，并产生一个 32 位实数结果，从 OUT 指定的存储单元输出。

(2) 自然对数指令 LN，对 IN 中的数值进行自然对数计算，并将结果置于 OUT 指定的存储单元中。求以 10 为底数的对数时，用自然对数除以 2.302585（约等于 10 的自然对数）。

(3) 自然指数指令 EXP，将 IN 取以 e 为底的指数，并将结果置于 OUT 指定的存储单元中。将“自然指数”指令与“自然对数”指令结合，可以实现以任意数为底、任意数为指数的计算。求 y^x，可输入指令“EXP(x * LN(y))”。例如：求 2^3 为 EXP(3 * LN(2))=8；求 27 的 3 次方根（$27^{1/3}$）为 EXP(1/3 * LN(27))=3。

(4) 三角函数指令，对一个实数的弧度值 IN 分别求 SIN、COS、TAN，得到实数运算结果，从 OUT 指定的存储单元输出。

图 8.15 所示为函数变换指令应用，求 45°正弦值，先将 45°转换成弧度，为(3.14159/180) * 45，再求正弦值。

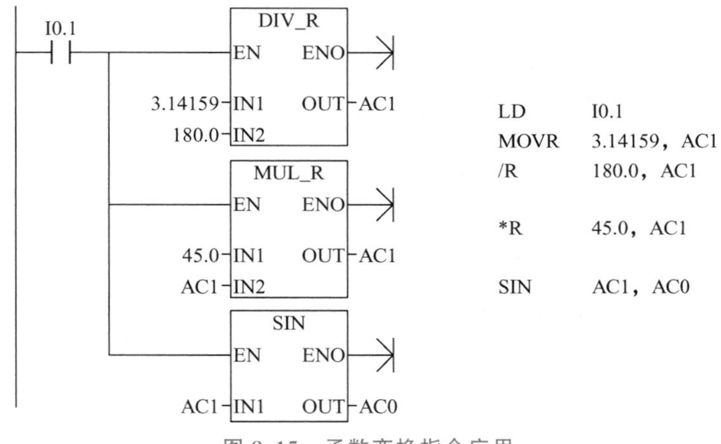

图 8.15 函数变换指令应用

8.2.2 逻辑运算指令

逻辑运算是对无符号数按位进行与、或、异或、取反等操作，指令见表 8-8。操作数的长度有 B、W、DW。

表 8-8 逻辑运算指令

LAD	WAND_B: EN ENO, IN1 OUT, IN2 WAND_W: EN ENO, IN1 OUT, IN2 WAND_DW: EN ENO, IN1 OUT, IN2	WOR_B: EN ENO, IN1 OUT, IN2 WOR_W: EN ENO, IN1 OUT, IN2 WOR_DW: EN ENO, IN1 OUT, IN2	WXOR_B: EN ENO, IN1 OUT, IN2 WXOR_W: EN ENO, IN1 OUT, IN2 WXOR_DW: EN ENO, IN1 OUT, IN2	INV_B: EN ENO, IN OUT INV_W: EN ENO, IN OUT INV_DW: EN ENO, IN OUT
STL	ANDB IN1，OUT ANDW IN1，OUT ANDD IN1，OUT	ORB IN1，OUT ORW IN1，OUT ORD IN1，OUT	XORB IN1，OUT XORW IN1，OUT XORD IN1，OUT	INVB OUT INVW OUT INVD OUT
功能	IN1、IN2 按位相与	IN1、IN2 按位相或	IN1、IN2 按位异或	对 IN 取反

续表

操作数	B	IN1/IN2：VB，IB，QB，MB，SB，SMB，LB，AC，常量，*VD，*AC，*LD。 OUT：VB，IB，QB，MB，SB，SMB，LB，AC，*VD，*AC，*LD
	W	IN1/IN2：VW，IW，QW，MW，SW，SMW，T，C，AC，LW，AIW，常量，*VD，*AC，*LD。 OUT：VW，IW，QW，MW，SW，SMW，T，C，LW，AC，*VD，*AC，*LD
	DW	IN1/IN2：VD，ID，QD，MD，SMD，AC，LD，HC，常量，*VD，*AC，SD，*LD。 OUT：VD，ID，QD，MD，SMD，LD，AC，*VD，*AC，SD，*LD

注意：1. 在逻辑运算指令中，在梯形图指令中设置 IN2 和 OUT 指定的存储单元相同，对应的语句表指令见表 8-8。若在梯形图指令中，IN2（或 IN1）和 OUT 指定的存储单元不同，则须在语句表指令中使用数据传送指令，先将其中一个输入端的数据送入 OUT，再进行逻辑运算，如“MOVB IN1，OUT”“ANDB IN2，OUT”。

2. ENO=0 的错误条件有 0006（间接地址）、SM4.3（运行时间）。

3. 对标志位的影响是 SM1.0（零）。

1. 逻辑与（WAND）指令

将输入 IN1、IN2 按位相与，得到的逻辑运算结果放入 OUT 指定的存储单元。

2. 逻辑或（WOR）指令

将输入 IN1、IN2 按位相或，得到的逻辑运算结果放入 OUT 指定的存储单元。

3. 逻辑异或（WXOR）指令

将输入 IN1、IN2 按位相异或，得到的逻辑运算结果放入 OUT 指定的存储单元。

4. 取反（INV）指令

将输入 IN 按位取反，得到的运算结果放入 OUT 指定的存储单元。

图 8.16 所示是逻辑运算指令应用。

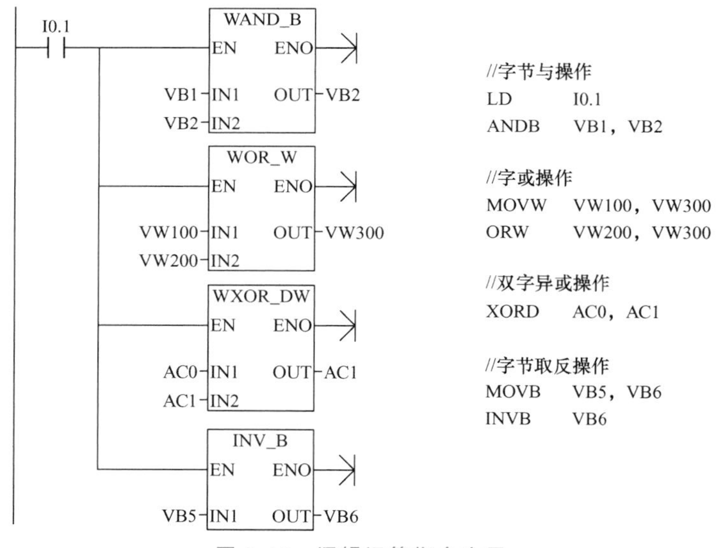

图 8.16 逻辑运算指令应用

图8.16的执行情况如下。

```
VB1                 VB2            VB2
0001 1100   WAND   1100 1101→   0000 1100
VW100               VW200                              VW200
0001 1101 1111 1010   WOR   1110 0000 1101 1100→   1111 1101 1111 1110
VB5                      VB6          VB6
0000 1111   INV                  →   1111 0000
```

8.2.3 递增、递减指令

递增、递减指令用于对输入无符号数字节、符号数字、符号数双字进行加1或减1的操作，见表8-9。

表8-9 递增、递减指令

LAD	INC_B (EN ENO IN OUT) DEC_B (EN ENO IN OUT)		INC_W (EN ENO IN OUT) DEC_W (EN ENO IN OUT)		INC_DW (EN ENO IN OUT) DEC_DW (EN ENO IN OUT)	
STL	INCB OUT	DECB OUT	INCW OUT	DECE OUT	INCD OUT	DECD OUT
功能	字节+1	字节−1	字+1	字−1	双字+1	双字−1
操作数及数据类型	IN：VB，IB，QB，MB，SB，SMB，LB，AC，常量，* VD，* LD，* AC。 OUT：VB，IB，QB，MB，SB，SMB，LB，AC，* VD，* LD，* AC。 数据类型：字节		IN：VW，IW，QW，MW，SW，SMW，AC，AIW，LW，T，C，常量，* VD，* LD，* AC。 OUT：VW，IW，QW，MW，SW，SMW，LW，AC，T，C，* VD，* LD，* AC。 数据类型：整数		IN：VD，ID，QD，MD，SD，SMD，LD，AC，HC，常量，* VD，* LD，* AC。 OUT：VD，ID，QD，MD，SD，SMD，LD，AC，* VD，* LD，* AC。 数据类型：双整数	

1. 递增字节（INC_B）、递减字节（DEC_B）指令

递增字节和递减字节指令在输入字节IN上加1或减1，并将结果置入OUT指定的变量中，递增和递减字节运算不带符号。

2. 递增字（INC_W）、递减字（DEC_W）指令

递增字和递减字指令在输入字IN上加1或减1，并将结果置入OUT。递增字和递减字运算带符号（16# 7FFF>16# 8000）。

3. 递增双字（INC_DW）、递减双字（DEC_DW）指令

递增双字和递减双字指令在输入双字IN上加1或减1，并将结果置入OUT。递增双字和递减双字运算带符号（16#7FFFFFFF>16#80000000）。

图 8.17 所示是递增指令在盒装饮料计数中的应用，控制饮料生产线上的盒装饮料计数，每 24 盒为一箱，并记录生产的箱数。

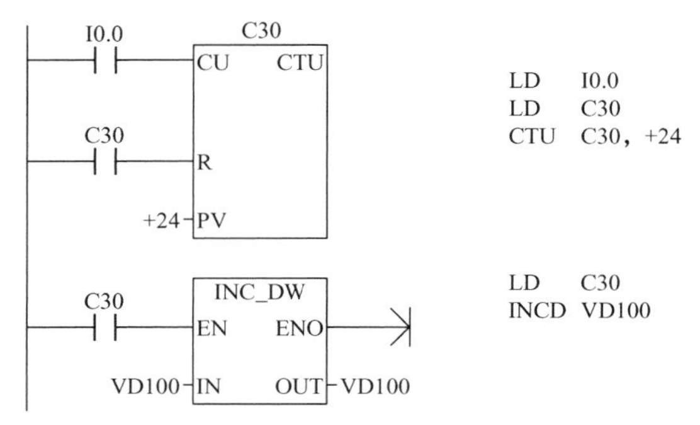

图 8.17 递增指令在盒装饮料计数中的应用

8.3 移位指令

移位指令分为左、右移位指令，循环左、右移位指令，移位寄存器指令三大类。前两类移位指令按移位数据的长度又分字节型、字型、双字型。移位指令常用于控制顺序动作。

8.3.1 左、右移位指令

左、右移位数据存储单元与 SM1.1（溢出）端相连，移出位被放到特殊标志存储器 SM1.1 位，移位数据存储单元的另一端补零。左、右移位指令见表 8-10。

表 8-10 左、右移位指令

LAD	SHL_B: EN ENO, IN OUT, N SHR_B: EN ENO, IN OUT, N	SHL_W: EN ENO, IN OUT, N SHR_W: EN ENO, IN OUT, N	SHL_DW: EN ENO, IN OUT, N SHR_DW: EN ENO, IN OUT, N
STL	SBL OUT, N SRB OUT, N	SLW OUT, N SRW OUT, N	SLD OUT, N SRD OUT, N
操作数及数据类型	IN：VB，IB，QB，MB，SB，SMB，LB，AC，常量。 OUT：VB，IB，QB，MB，SB，SMB，LB，AC。 数据类型：字节	IN：VW，IW，QW，MW，SW，SMW，LW，T，C，AIW，AC，常量。 OUT：VW，IW，QW，MW，SW，SMW，LW，T，C，AC。 数据类型：字	IN：VD，ID，QD，MD，SD，SMD，LD，AC，HC，常量。 OUT：VD，ID，QD，MD，SD，SMD，LD，AC。 数据类型：双字

续表

操作数及数据类型	N：VB，IB，QB，MB，SB，SMB，LB，AC，常量。 数据类型：字节。 数据范围：N≤数据类型（B、W、D）对应的位数
功能	SHL：字节、字、双字左移 N 位；SHR：字节、字、双字右移 N 位

注意：1. 被移位的数据在字节操作时是无符号的，对于有符号的字和双字操作，符号位也将被移动。

2. 在移位时，存放被移位数据的编程元件的移出端与特殊继电器 SM1.1 相连，移出位送 SM1.1，另一端补零。

3. 移位次数 N 为字节型数据，与移位数据的长度有关。如 N 小于实际数据长度，则执行 N 次移位；如 N 大于实际数据长度，则执行移位的次数等于实际数据长度的位数。

4. 在 STL 指令中，若 IN 和 OUT 指定的存储器不同，则需使用 MOV 指令将 IN 中的数据送入 OUT 指定的存储单元，如“MOVB IN，OUT”。

1. *左移位指令*

使能输入有效时，将输入 **IN** 的无符号数字节、字或双字中的各位向左移 N 位（右端补零）后，将结果输出到 OUT 指定的存储单元中。如果移位次数大于 **0**，则移出的最后一位保存在“溢出”存储器位 SM1.1；如果移位结果为 **0**，则零标志位 SM1.0 置 **1**。

2. *右移位指令*

使能输入有效时，将输入 **IN** 的无符号数字节、字或双字中的各位向右移 N 位后，将结果输出到 OUT 指定的存储单元中，移出位补零，移出的最后一位保存在 SM1.1；如果移位结果为 **0**，则零标志位 SM1.0 置 **1**。

图 8.18 所示为移位指令应用，将 AC0 字数据的高 8 位右移到低 8 位，输出给 QB0。

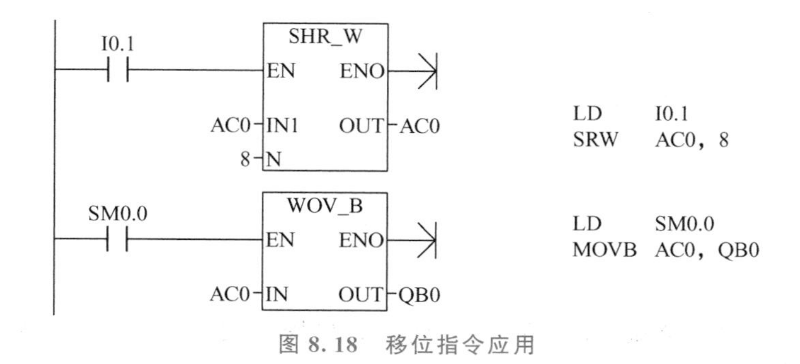

图 8.18 移位指令应用

8.3.2 循环左、右移位指令

循环左、右移位指令将移位数据存储单元的首尾相连，同时与溢出标志 SM1.1 连接，SM1.1 用来存放被移出的位，见表 8-11。

表 8－11　循环左、右移位指令

LAD	ROL_B (EN ENO IN OUT N) ROR_B (EN ENO IN OUT N)	ROL_W (EN ENO IN OUT N) ROR_W (EN ENO IN OUT N)	ROL_DW (EN ENO IN OUT N) ROR_DW (EN ENO IN OUT N)
STL	RLB　OUT，N RRB　OUT，N	RLW　OUT，N RRW　OUT，N	RLD　OUT，N RRD　OUT，N
操作数及数据类型	IN：VB，IB，QB，MB，SB，SMB，LB，AC，常量。 OUT：VB，IB，QB，MB，SB，SMB，LB，AC。 数据类型：字节	IN：VW，IW，QW，MW，SW，SMW，LW，T，C，AIW，AC，常量。 OUT：VW，IW，QW，MW，SW，SMW，LW，T，C，AC。 数据类型：字	IN：VD，ID，QD，MD，SD，SMD，LD，AC，HC，常量。 OUT：VD，ID，QD，MD，SD，SMD，LD，AC。 数据类型：双字
	N：VB，IB，QB，MB，SB，SMB，LB，AC，常量。 数据类型：字节		
功能	ROL：字节、字、双字循环左移 N 位；ROR：字节、字、双字循环右移 N 位		

1. 循环左移位指令 ROL

使能输入有效时，将 IN 输入无符号数（字节、字或双字）循环左移 N 位后，将结果输出到 OUT 指定的存储单元中，移出的最后一位的数值送入溢出标志位 SM1.1；当需要移位的数值是零时，零标志位 SM1.0 置 1。

2. 循环右移位指令 ROR

使能输入有效时，将 IN 输入无符号数（字节、字或双字）循环右移 N 位后，将结果输出到 OUT 指定的存储单元中，移出的最后一位的数值送入溢出标志位 SM1.1；当需要移位的数值是零时，零标志位 SM1.0 置 1。

移位次数 $N\geqslant$数据类型（B、W、D）时，如果操作数是字节，则当移位次数 $N\geqslant 8$ 时，在执行循环移位前，先对 N 进行模 8 操作（N 除以 8 后取余数），其结果 0～7 为实际移动位数。如果操作数是字，则当移位次数 $N\geqslant 16$ 时，在执行循环移位前，先对 N 进行模 16 操作（N 除以 16 后取余数），其结果 0～15 为实际移动位数。如果操作数是双字，则当移位次数 $N\geqslant 32$ 时，在执行循环移位前，先对 N 进行模 32 操作（N 除以 32 后取余数），其结果 0～31 为实际移动位数。

图 8.19 所示为循环移位指令应用，将 AC0 中的字循环右移 2 位，将 VW200 中的字左移 3 位。

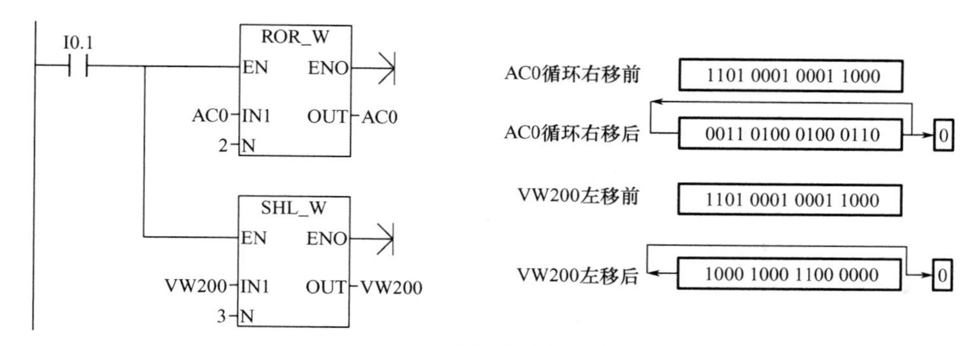

图 8.19　循环移位指令应用

图 8.20 所示为循环移位指令控制 8 个彩灯程序，用 I0.0 控制接在 Q0.0～Q0.7 上的 8 个彩灯循环移位，从左到右以 0.5s 的速度依次点亮，保持任一时刻只有一个指示灯亮，到达最右端后，再从右到左依次点亮。

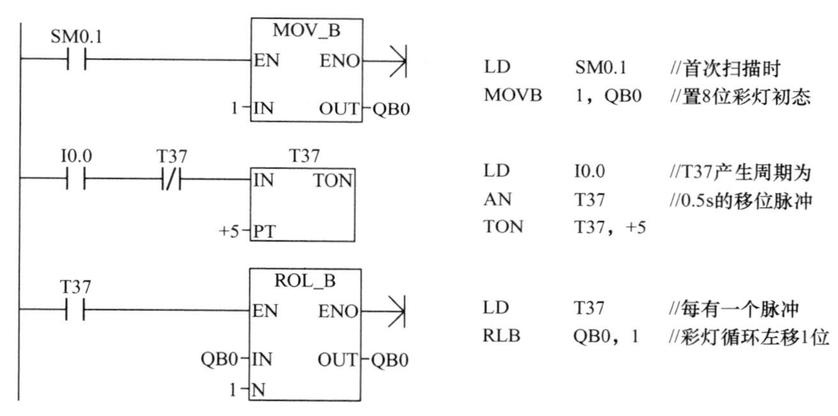

图 8.20　循环移位指令控制 8 个彩灯程序

工作过程分析如下：8 个彩灯循环移位控制，可以用字节的循环移位指令。根据控制要求，先置彩灯的初始状态为 QB0=1，即左边第一个彩灯亮；接着从左到右以 0.5s 的速度依次点亮，即要求字节 QB0 中的 1 用循环左移位指令每 0.5s 移动一位，须在 ROL_B 指令的 EN 端接一个 0.5s 的移位脉冲，用定时器指令实现。

8.3.3 移位寄存器指令

移位寄存器指令指定移位寄存器的长度和移位方向，见表 8-12。

表 8-12　移位寄存器指令

LAD	STL	说　明
SHRB（EN ENO DATA S_BIT N）	SHRB DATA，S_BIT，N	DATA 和 S_BIT：I，Q，M，SM，T，C，V，S，L。 数据类型：布尔变量。 N：VB，IB，QB，MB，SB，SMB，LB，AC，常量。 数据类型：字节

在梯形图中，EN 为使能输入端，连接移位脉冲信号，每次使能有效时，整个移位寄存器移动 1 位。

移位寄存器指令 SHRB 将 DATA 数值移入移位寄存器，并进行移位。DATA 为数据输入端，连接移入移位寄存器的二进制数，执行指令时将该位的值移入寄存器。

移位寄存器是由 S_BIT 和 N 决定的。S_BIT 指定移位寄存器的最低位，N 指定移位寄存器的长度和移位方向。移位寄存器的最大长度为 64 位，N 为正值表示左移位，输入数据 DATA 移入移位寄存器的最低位 S_BIT，并移出移位寄存器的最高位，移出的数据放置在溢出内存位 SM1.1 中；N 为负值表示右移位，输入数据 DATA 移入移位寄存器的最高位，并移出最低位 S_BIT，移出的数据放置在溢出内存位 SM1.1 中。

1. 移位寄存器指令应用

图 8.21 所示为移位寄存器指令应用，在输入触点 I0.1 的上升沿，从 VB100 的低 4 位（自定义移位寄存器）由低向高移位，I0.2 移入最低位。建立移位寄存器的位范围 V100.0～V100.3，长度 $N=+4$。在 I0.1 的上升沿，移位寄存器由低位向高位移位，最高位移至 SM1.1，最低位由 I0.2 移入。移位寄存器指令对特殊继电器的影响，结果为零置位 SM1.0、溢出置位 SM1.1；运行时刻出现不正常状态置位 SM4.3，ENO=0。

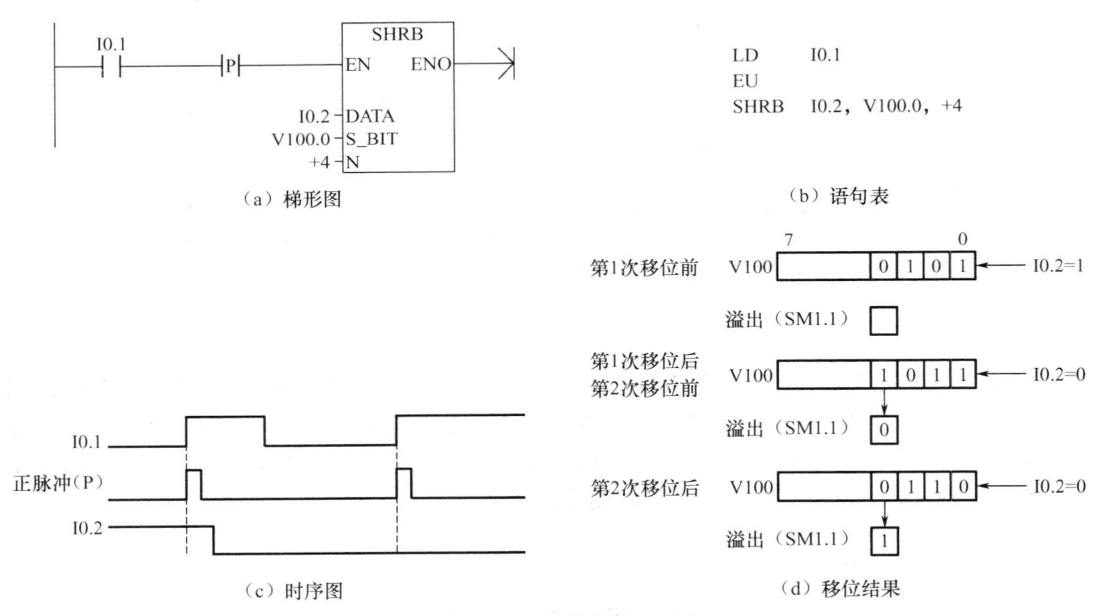

图 8.21　移位寄存器指令应用

2. 移位寄存器指令模拟喷泉控制

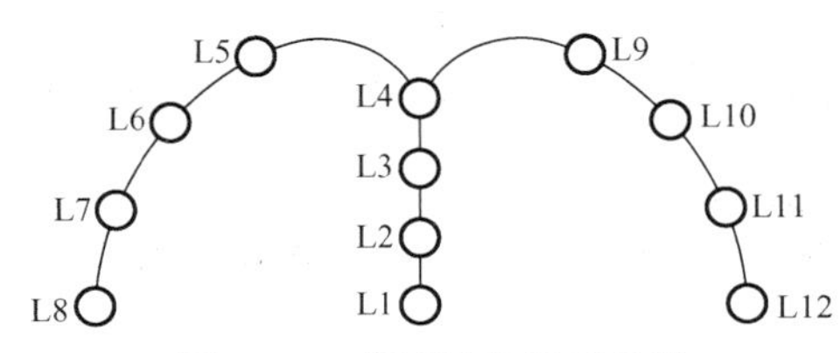

图 8.22　模拟喷泉控制示意

图 8.22 所示是模拟喷泉控制示意，用灯 L1～L12 分别代表喷泉的 12 个喷头，控制要求如下：按下启动按钮后，各灯闪烁，L1 亮 0.5s 后灭，L2 亮 0.5s 后灭，L3 亮 0.5s 后灭，L4 亮 0.5s 后灭，L5、L9 亮 0.5s 后灭，L6、LL0

亮0.5s后灭，L7、L11亮0.5s后灭，L8、L12亮0.5s后灭，L1亮0.5s后灭，如此循环下去，直至按下停止按钮。

（1）输入/输出分配。

输入/输出分配见表8-13。

表8-13 输入/输出分配

输　入		输　出	
启动按钮SB	I0.0	彩灯L1	Q0.0
停止按钮SB1	I0.1	彩灯L2	Q0.1
		彩灯L3	Q0.2
		彩灯L4	Q0.3
		彩灯L5、L9	Q0.4
		彩灯L6、L10	Q0.5
		彩灯L7、L11	Q0.6
		彩灯L8、L12	Q0.7

（2）移位寄存器与输出继电器的对应关系。

利用移位寄存器实现模拟控制，根据喷泉模拟控制的8位输出（Q0.0～Q0.7），需要指定一个8位的移位寄存器（M10.1～M11.0），移位寄存器的S-BIT位为M10.1。图8.23所示是移位寄存器与输出继电器的对应关系，M10.0为数据输入端DATA，根据控制要求，每次只有一个输出，因此只需要在第1个移位脉冲到来时由M10.0送入移位寄存器S_BIT位（M10.1）一个1，第2～8个脉冲到来时，由M10.0送入M10.1的值均为0。这里时间继电器T38作为0.5s产生一个机器扫描周期脉冲的脉冲发生器，在移位寄存器指令中，EN连接移位脉冲，每来一个脉冲的上升沿，移位寄存器移动一位。图8.24所示是模拟喷泉控制移位脉冲时序图。

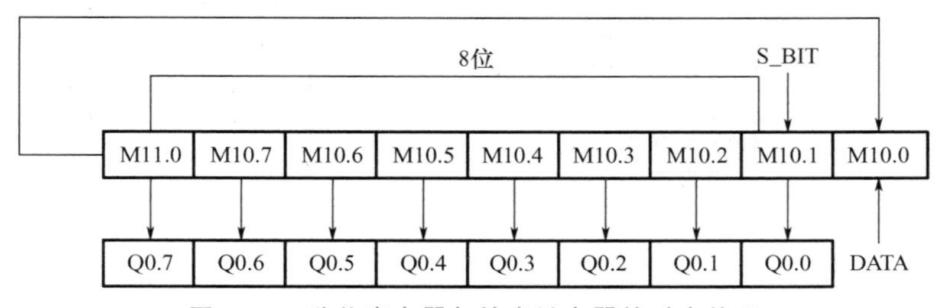

图8.23 移位寄存器与输出继电器的对应关系

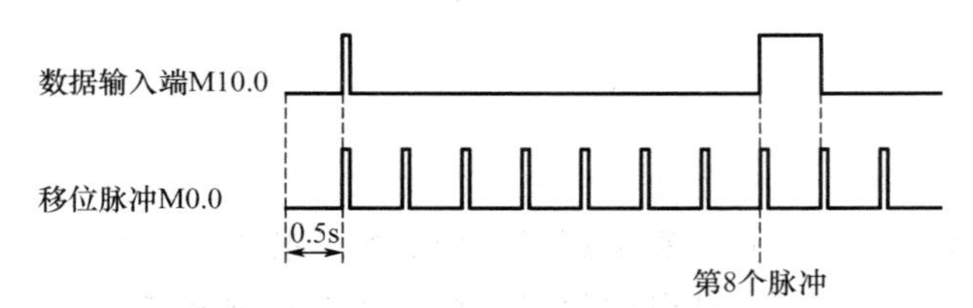

图8.24 模拟喷泉控制移位脉冲时序图

（3）模拟喷泉控制梯形图。

图 8.25 所示是模拟喷泉控制梯形图，程序中定时器 T37 延时 0.5s 导通一个扫描周期，第 8 个脉冲到来时 M11.0 置位为 1，同时通过与 T37 并联的 M11.0 动合触点使 M10.0 置位为 1，在第 9 个脉冲到来时由 M10.0 送入 M10.1 的值又为 1。如此循环下去，直至按下停止按钮 I0.1，触发复位指令，使 M10.1～M11.0 的 8 位全部复位。

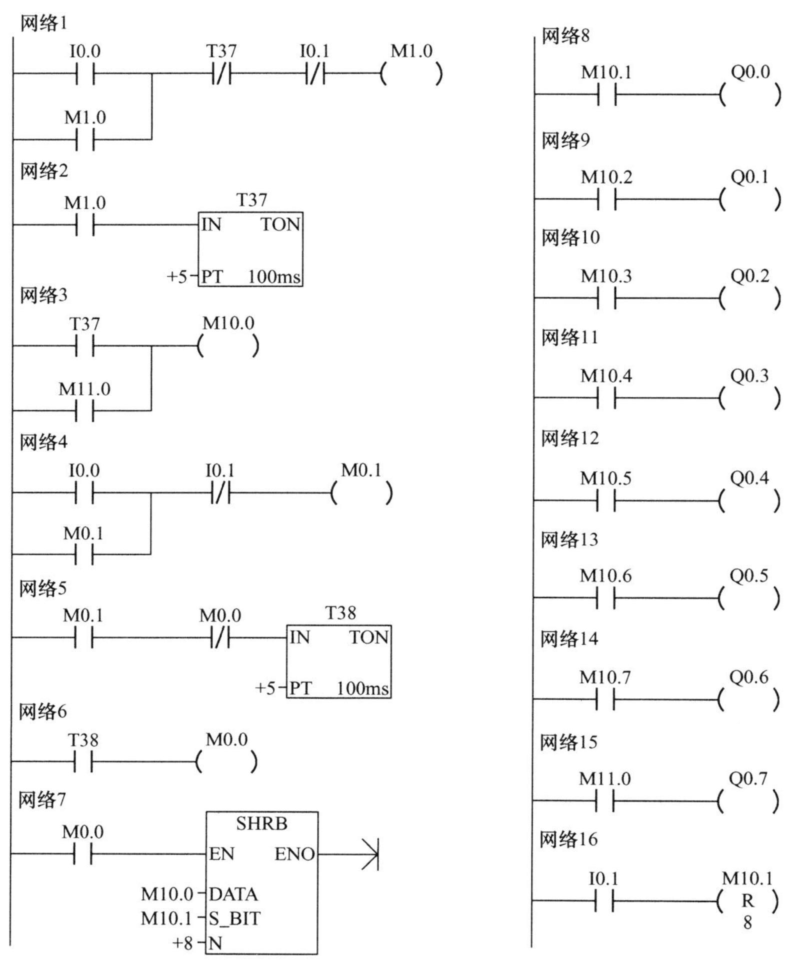

图 8.25　模拟喷泉控制梯形图

8.4　转换指令

转换指令用来转换不同类型的操作数，并输出到指定目标地址中。转换指令包括数据的类型转换指令、数据的编码和译码指令及字符串类型转换指令。

在实际控制过程中，要经常运算不同类型的数据，数据运算指令中要求参与运算的数值为同一类型，为了实现数据处理时的数据匹配，要对数据格式进行转换。不同功能的指令对操作数要求不同，类型转换指令可将固定的一个数据用于不同类型要求的指令中，包括字节与字整数之间的转换、字整数与双字整数之间的转换、双整数与实数之间的转换、BCD码与整数之间的转换等。

8.4.1 字节与字整数之间的转换

字节与字整数转换指令见表8-14。

表8-14 字节与字整数转换指令

LAD	B_I: EN ENO; IN OUT	I_B: EN ENO; IN OUT
STL	BTI IN，OUT	ITB IN，OUT
操作数及数据类型	IN：VB，IB，QB，MB，SB，SMB，LB，AC，常量。 数据类型：字节。 OUT：VW，IW，QW，MW，SW，SMW，LW，T，C，AC。 数据类型：整数	IN：VW，IW，QW，MW，SW，SMW，LW，T，C，AIW，AC，常量。 数据类型：整数。 OUT：VB，IB，QB，MB，SB，SMB，LB，AC。 数据类型：字节
功能及说明	BTI指令将字节数（IN）转换为整数，并将结果置入OUT指定的存储单元。因为字节不带符号，所以无符号扩展	ITB指令将字整数（IN）转换为字节，并将结果置入OUT指定的存储单元。输入的字整数0～255被转换。超出部分产生溢出，SM1.1=1。输出不受影响
ENO=0的错误条件	0006：间接地址； SM4.3：运行时间	0006：间接地址； SM1.1：溢出或非法数值； SM4.3：运行时间

8.4.2 字整数与双字整数之间的转换

字整数与双字整数转换指令见表8-15。

表8-15 字整数与双字整数转换指令

LAD	I_DI: EN ENO; IN OUT	DI_I: EN ENO; IN OUT
STL	ITD IN，OUT	DTI IN，OUT
操作数及数据类型	IN：VW，IW，QW，MW，SW，SMW，LW，T，CAIW，AC，常量。 数据类型：整数。 OUT：VD，ID，QD，MD，SD，SMD，LD，AC。 数据类型：双整数	IN：VD，ID，QD，MD，SD，SMD，LD，AC，HC，常量。 数据类型：双整数。 OUT：VW，IW，QW，MW，SW，SMW，LW，T，C，AC。 数据类型：整数

续表

功能及说明	ITD 指令将整数转换为双整数，将结果存入 OUT 指定的存储单元	DTI 将双整数转换为整数，并将结果存入 OUT 指定的存储单元，如果转换的数值过大，则无法在输出中表示，产生溢出 SM1.1=1

8.4.3 双整数与实数之间的转换

双整数与实数转换指令见表 8-16。

表 8-16 双整数与实数转换指令

LAD	DI_R EN ENO IN OUT	ROUND EN ENO IN OUT	TRUNC EN ENO IN OUT
STL	DTR IN，OUT	ROUND IN，OUT	TRUNC IN，OUT
操作数及数据类型	IN：VD，ID，QD，MD，SD，SMD，LD，HC，AC，常量。 数据类型：双整数。 OUT：VD，ID，QD，MD，SD，SMD，LD，AC。 数据类型：实数	IN：VD，ID，QD，MD，SD，SMD，LD，AC，常量。 数据类型：实数。 OUT：VD，ID，QD，MD，SD，SMD，LD，AC。 数据类型：双整数	IN：VD，ID，QD，MD，SD，SMD，LD，AC，常量。 数据类型：实数。 OUT：VD，ID，QD，MD，SD，SMD，LD，AC。 数据类型：双整数
功能及说明	DTR 指令将 32 位带符号整数（IN）转换为 32 位实数，并将结果置入 OUT 指定的存储单元	ROUND 指令按小数部分四舍五入的原则，将实数（IN）转换为双整数，并将结果置入 OUT 指定的存储单元	TRUNC（截位取整）指令按将小数部分直接舍去的原则，将 32 位实数（IN）转换成 32 位双整数，并将结果置入 OUT 指定的存储单元
ENO=0 的错误条件	0006：间接地址； SM4.3：运行时间	0006：间接地址； SM1.1：溢出或非法数值； SM4.3：运行时间	0006：间接地址； SM1.1：溢出或非法数值； SM4.3：运行时间

注意：无论是四舍五入取整还是截位取整，如果转换的实数过大，则无法在输出中表示，产生溢出，使溢出标志位 SM1.1=1，输出不受影响。

图 8.26 所示是双整数与实数转换指令应用，将 VW10 中的整数和 VD100 中的实数相加。

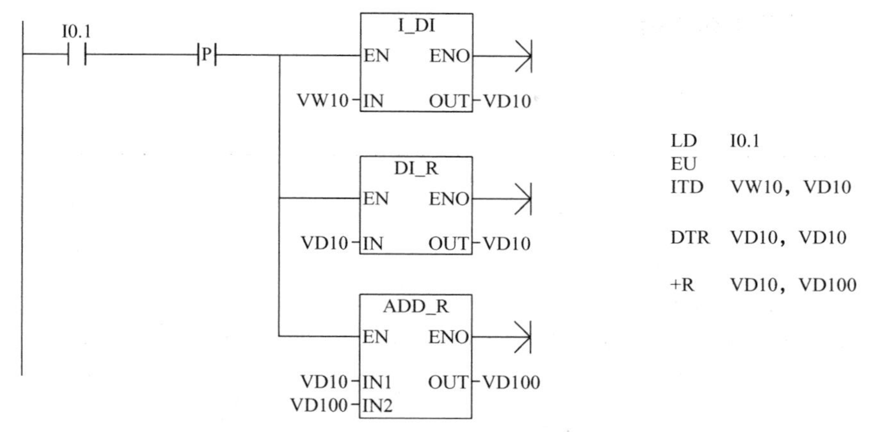

图 8.26 双整数与实数转换指令应用

8.4.4 BCD码与整数之间的转换

BCD码与整数转换指令见表8-17。

表8-17 BCD码与整数转换指令

LAD	BCD_I EN ENO IN OUT	I_BCD EN ENO IN OUT
STL	BCDI OUT	IBCD OUT
操作数及数据类型	IN：VW，IW，QW，MW，SW，SMW，LW，T，C，AIW，AC及常量。 OUT：VW，IW，QW，MW，SW，SMW，LW，T，C，AC。 数据类型：字	
功能及说明	BCD_I指令将二进制编码的十进制数IN转换为整数，并将结果送入OUT指定的存储单元。IN的有效范围是BCD码0～9999	I_BCD指令将输入整数IN转换为二进制编码的十进制数，并将结果送入OUT指定的存储单元。IN的有效范围是0～9999
ENO=0的错误条件	0006：间接地址；SM1.6：无效BCD数值；SM4.3：运行时间	

注意：1. 数据长度为字的BCD格式的有效范围如下，0～9999（十进制），0000～9999（十六进制），0000 0000 0000 0000～1001 1001 1001 1001（BCD码）。

2. 指令影响特殊标志位SM1.6（无效BCD）。

3. 表8-17的LAD和STL指令中，IN和OUT的操作数地址相同，若IN和OUT操作数地址不是同一个存储器，则对应的语句表指令为“MOV IN OUT；BCDI OUT”。

8.4.5 译码和编码指令

译码和编码指令见表 8－18。

表 8－18 译码和编码指令

LAD	DECO EN ENO IN OUT	ENCO EN ENO IN OUT
STL	DECO IN，OUT	ENCO IN，OUT
操作数及数据类型	IN：VB，IB，QB，MB，SMB，LB，SB，AC，常量。 数据类型：字节。 OUT：VW，IW，QW，MW，SMW，LW，SW，AQW，T，C，AC。 数据类型：字。	IN：VW，IW，QW，MW，SMW，LW，SW，AIW，T，C，AC，常量。 数据类型：字。 OUT：VB，IB，QB，MB，SMB，LB，SB，AC。 数据类型：字节
功能及说明	译码指令根据输入字节（IN）的低 4 位表示的输出字的位号，将输出字相应的位置位为 1，输出字的其他位均置位为 0	编码指令将输入字（IN）最低有效位（其值为 1）的位号写入输出字节（OUT）的低 4 位中
ENO＝0 的错误条件	0006：间接地址；SM4.3：运行时间	

译码和编码指令应用如图 8.27 所示。设 VB1＝0000 0100（＝4），执行“DECO VB1，VW40”，结果 VB1 数据不变，VW40＝0000 0000 0001 0000（第 4 位置 1）。

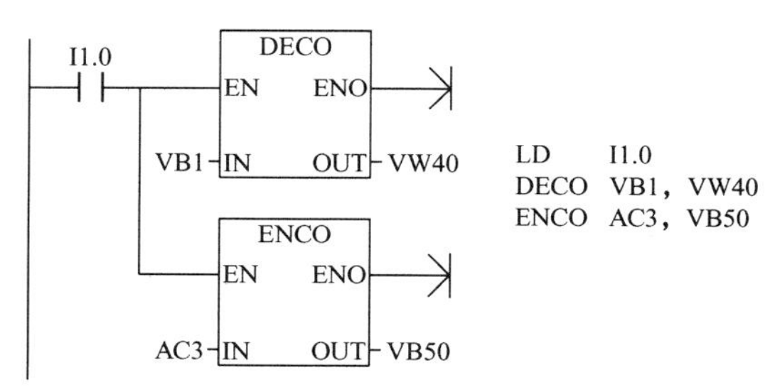

图 8.27 译码和编码指令应用

设 AC3＝0000 0000 0000 0100（最低有效位号位 2），执行“ENCO AC3，VB50”，结果 AC3 数据不变，VB50＝×××× 0010（VB50 的高 4 位不变，低 4 位的值为 2）。

8.4.6 七段显示译码指令

七段显示译码指令（表 8－19）SEG 将输入字节 16＃0～F 转换为七段显示码。

表 8－19 七段显示译码指令

LAD	STL	功能及操作数
SEG EN ENO IN OUT	SEG IN，OUT	功能：将输入字节（IN）的低 4 位确定的十六进制数（16＃0～F）产生相应的七段显示码，送入输出字节 OUT。 IN：VB，IB，QB，MB，SB，SMB，LB，AC，常量。 OUT：VB，IB，QB，MB，SMB，LB，AC。 数据类型：字节

七段显示器的 a、b、c、d、e、f、g 段分别对应于字节的第 0～6 位，字节的某位为 1 时，其对应的段亮；字节的某位为 0 时，其对应的段灭。将字节的第 7 位补零，则构成与七段显示器对应的 8 位编码，称为七段显示码。数字 0～9、字母 A～F 与字节位的对应关系如图 8.28 所示。

IN	段显示	(OUT) - g f e d c b a
0	0	0 0 1 1 1 1 1 1
1	1	0 0 0 0 0 1 1 0
2	2	0 1 0 1 1 0 1 1
3	3	0 1 0 0 1 1 1 1
4	4	0 1 1 0 0 1 1 0
5	5	0 1 1 0 1 1 0 1
6	6	0 1 1 1 1 1 0 1
7	7	0 0 0 0 0 1 1 1

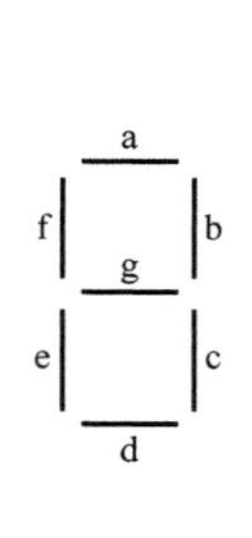

IN	段显示	(OUT) - g f e d c b a
8	8	0 1 1 1 1 1 1 1
9	9	0 1 1 0 0 1 1 1
A	A	0 1 1 1 0 1 1 1
B	b	0 1 1 1 1 1 0 0
C	C	0 0 1 1 1 0 0 1
D	d	0 1 0 1 1 1 1 0
E	E	0 1 1 1 1 0 0 1
F	F	0 1 1 1 0 0 0 1

图 8.28 七段显示器段位代码

图 8.29 所示是七段显示器显示数字 0 的梯形图和语句表，程序运行结果是：AC1 中的值为 16＃3F（2＃0011 1111）。

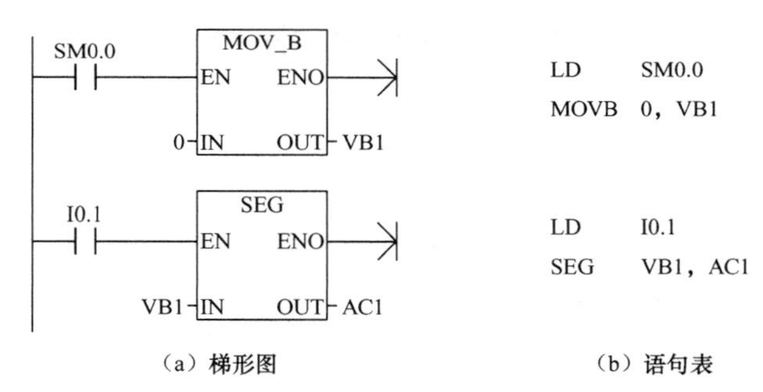

（a）梯形图　　（b）语句表

图 8.29 七段显示码显示数字 0 的梯形图和语句表

8.4.7 ASCII 码与十六进制数之间的转换

ASCII 码与十六进制数转换指令见表 8-20。

表 8-20 ASCII 码与十六进制数转换指令

LAD	ATH EN ENO IN OUT LEN	HTA EN ENO IN OUT LEN
STL	ATH IN，OUT，LEN	HTA IN，OUT，LEN
操作数及数据类型	IN/OUT：VB，IB，QB，MB，SB，SMB，LB。 数据类型：字节。 LEN：VB，IB，QB，MB，SB，SMB，LB，AC，常量。 数据类型：字节，最大值为 255	

续表

功能及说明	ASCII 至 HEX（ATH）指令将从 IN 开始的长度为 LEN 的 ASCII 码转换为十六进制数，并放入从 OUT 开始的存储单元	HEX 至 ASCII（HTA）指令将从输入字节（IN）开始的长度为 LEN 的十六进制数转换为 ASCII 码，并放入从 OUT 开始的存储单元
ENO＝0 的错误条件	0006：间接地址；SM4.3：运行时间；0091：操作数范围超界；SM1.7：非法 ASCII 数值（仅限 ATH）	

图 8.30 所示是 ATH 指令应用，将 VB100～VB103 中存储的 4 个 ASCII 码转换为十六进制数。已知（VB100）＝33，（VB101）＝32，（VB102）＝41，（VB103）＝45。

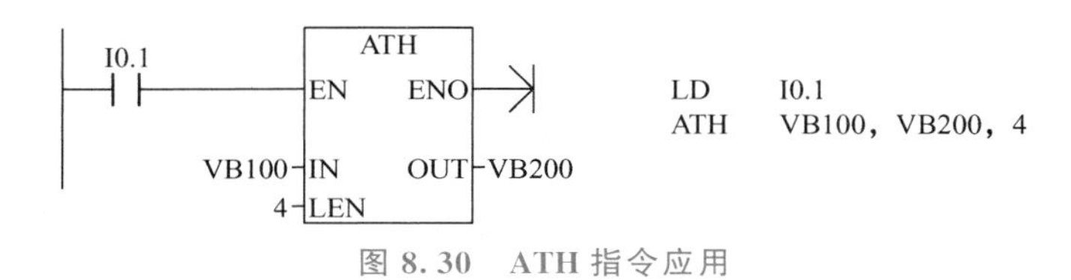

图 8.30 ATH 指令应用

程序运行结果：（VB200）＝32，（VB201）＝AE。将 VB100～VB103 中存放的 4 个 ASCII 码 33、32、41、45 转换为十六进制数 32 和 AE，并放入 VB200 和 VB201 中。

8.5 中断指令

S7－200 系列 PLC 设置了中断功能，用于实时控制、高速处理、通信和网络等复杂和特殊的控制任务。中断就是中止当前正在运行的程序，执行为立即响应的信号编制的中断服务程序，执行完毕返回原先被中止的程序，并继续运行。

8.5.1 中断源

中断源即发出中断请求的事件，又称中断事件。为了便于识别，系统给每个中断源分配一个编号，称为中断事件号。S7－200 系列 PLC 最多有 34 个中断源，分为三大类：通信中断、I/O 中断、时基中断。

1. 通信中断

在自由口通信模式下，用户可通过编程来设置波特率、奇偶校验和通信协议等参数，用户通过编程控制通信端口的事件称为通信中断。

2. I/O 中断

I/O 中断包括外部输入上升沿中断、输入下降沿中断、高速计数器中断和高速脉冲输出中断。S7－200 系列 PLC 用输入 I0.0、I0.1、I0.2、I0.3 的上升沿、下降沿产生中断，这些输入点用于捕获在发生时必须立即处理的事件。高速计数器中断是指对高速计数器运行时产生的事件实时响应，包括当前值等于预设值时产生的中断、计数方向改变时产生的中断、计数器外部复位时产生的中断。脉冲输出中断是指预定数目脉冲输出完成而产生的中断。

3. 时基中断

时基中断包括定时中断和定时器 T32/T96 中断。定时中断用于支持一个周期性的活动，周期时间为 1～255ms，时基是 1ms。使用定时中断 0，必须在 SMB34 中写入周期时间；使用定时中断 1，必须在 SMB35 中写入周期时间。将中断程序连接到定时中断事件上，若定时中断被允许，则计时开始，达到定时设定值，执行中断程序。定时中断可以用来对模拟量输入进行采样或定期执行 PID 回路。定时器 T32/T96 中断用于及时响应指定时间间隔的结束，只能用时基为 1ms 的定时器 T32/T96 构成。一旦中断被启用，当定时器的当前值等于设定值时，就执行被连接的中断程序。定时器 T32/T96 中断的优点是最大定时时间达 3276.7s，远大于定时中断的 255ms。

8.5.2 中断优先级

中断优先级是指多个中断事件同时发出中断请求时，CPU 对中断事件响应的优先次序。S7-200 系列 PLC 的中断优先级由高到低依次是通信中断、I/O 中断、时基中断，见表 8-21。

表 8-21 中断事件及优先级

优先级分组	组内优先级	中断事件号	中断事件说明	中断事件类别
通信中断	0	8	通信口 0：接收字符	通信口 0
	0	9	通信口 0：发送完成	
	0	23	通信口 0：接收信息完成	
	1	24	通信口 1：接收信息完成	通信口 1
	1	25	通信口 1：接收字符	
	1	26	通信口 1：发送完成	
I/O 中断	0	29	PTO 0 脉冲串输出完成中断	脉冲输出
	1	20	PTO 1 脉冲串输出完成中断	
	2	0	I0.0 上升沿中断	外部输入
	3	2	I0.1 上升沿中断	
	4	4	I0.2 上升沿中断	
	5	6	I0.3 上升沿中断	
	6	1	I0.0 下降沿中断	
	7	3	I0.1 下降沿中断	
	8	5	I0.2 下降沿中断	
	9	7	I0.3 下降沿中断	
	10	12	HSC0 当前值=预置值中断	高速计数器
	11	27	HSC0 计数方向改变中断	
	12	28	HSC0 外部复位中断	
	13	13	HSC1 当前值=预置值中断	

续表

优先级分组	组内优先级	中断事件号	中断事件说明	中断事件类别
I/O 中断	14	14	HSC1 计数方向改变中断	高速计数器
	15	15	HSC1 外部复位中断	
	16	16	HSC2 当前值=预置值中断	
	17	17	HSC2 计数方向改变中断	
	18	18	HSC2 外部复位中断	
	19	32	HSC3 当前值=预置值中断	
	20	29	HSC4 当前值=预置值中断	
	21	30	HSC4 计数方向改变	
	22	31	HSC4 外部复位	
	23	33	HSC5 当前值=预置值中断	
时基中断	0	10	定时中断 0	定时
	1	11	定时中断 1	
	2	21	定时器 T32CT=PT 中断	定时器
	3	22	定时器 T96CT=PT 中断	

一个程序中总共可有 128 个中断。S7-200 系列 PLC 在各自优先级组内按照“先来先服务”的原则为中断提供服务。在任何时刻，只能执行一个中断程序。一旦一个中断程序开始执行，就一直执行到完成，不能被另一个中断程序打断，即使是更高优先级的中断程序。中断程序执行过程中，新的中断请求按优先级排队等候。中断队列能保存的中断数有限，若超出，则会产生溢出。中断队列的最多中断数和溢出标志位见表 8-22。

表 8-22　中断队列的最多中断数和溢出标志位

队　　列	CPU221	CPU222	CPU224	CPU226 和 CPU226XM	溢出标志位
通信中断队列	4	4	4	8	SM4.0
I/O 中断队列	16	16	16	16	SM4.1
时基中断队列	8	8	8	8	SM4.2

8.5.3 中断指令

中断指令包括中断允许指令 ENI、中断禁止指令 DISI、中断连接指令 ATCH、中断分离指令 DTCH，见表 8-23。

表 8-23　中断指令

LAD	-(ENI)	-(DIS)	ATCH EN　ENO INT EVNT	DTCH EN　ENO EVNT

续表

STL	ENI	DISI	ATCH INT，EVNT	DTCH EVNT
操作数及数据类型	无	无	INT：常量，0～127。 EVNT：常量，CPU224为0～23，27～33。 数据类型：字节	EVNT：常量，CPU224为0～23，27～33。 数据类型：字节

注意：一个中断事件只能连接一个中断程序，多个中断事件可以调用同一个中断程序。

1. 中断允许指令、中断禁止指令

中断允许指令全局性允许所有中断事件，中断禁止指令全局性禁止所有中断事件，中断事件的每次出现均需排队等候，直至使用中断允许指令ENI启用中断。

PLC由STOP模式转换到RUN模式时，中断被禁用，可以通过执行中断允许指令，允许所有中断事件。执行中断禁止指令会禁止处理中断，现用中断事件将继续排队等候。

2. 中断连接指令、中断分离指令

中断连接指令用来建立中断事件（EVNT）与处理该事件的中断程序（INT）之间的联系，并启用中断事件。

中断分离指令用来取消中断事件（EVNT）与所有中断程序之间的连接，并禁止中断事件。

8.5.4 中断程序

中断程序是为处理中断事件而事先编好的程序。中断程序不由程序调用，而是在中断事件发生时由操作系统调用。在中断程序中不能改写其他程序使用的存储器，最好使用局部变量。中断程序用于实现特定的任务，由中断程序号开始，以无条件返回指令CRETI结束。在中断程序中禁止使用DISI、ENI、HDEF、LSCR和END指令。

图8.31所示为中断指令应用，其功能为完成采样工作，每10ms采样一次。

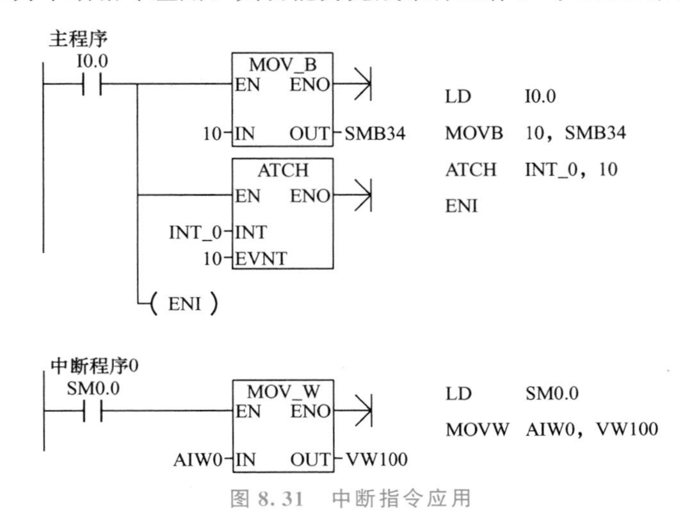

图8.31 中断指令应用

程序分析如下：完成每10ms采样一次，需用定时中断，查表8-21可知，定时中断0的中断事件号为10。因此，在主程序中将采样周期10ms（即定时中断的时间间隔）写入定时中断0的特殊存储器SMB34，并将中断事件10与INT_0连接，全局允许中断，在中断程序中读入模拟量输入信号。

8.6 高速处理指令

8.6.1 高速计数器指令

常规计数器指令的计数速度受扫描周期的影响，对于比CPU扫描频率高的脉冲输入，不能满足控制要求。S7-200系列PLC设计了高速计数功能（HSC），其计数不受扫描周期的影响，最高计数频率取决于CPU的类型，CPU22x系列的最高计数频率为30kHz，用于捕捉比CPU扫描速度更快的事件，并产生中断，执行中断程序，完成预定的操作。高速计数器最多可设置12种操作模式，用高速计数器可实现高速运动的精确控制。

SIMATIC S7-200 CPU22x系列PLC还设有高速脉冲输出，输出频率可达20kHz，用于PTO（输出一个频率可调，占空比为50%的脉冲）和PWM（输出占空比可调的脉冲），高速脉冲输出可用于对电动机进行速度控制、位置控制、控制变频器进行电机调速。

1. 高速计数器输入端子

高速计数器占用的输入端子见表8-24。

表8-24 高速计数器占用的输入端子

高速计数器	HSC0	HSC1	HSC2	HSC3	HSC4	HSC5
占用的输入端子	I0.0、I0.1、I0.2	I0.6、I0.7、I1.0、I1.1	I1.2、I1.3、I1.4、I1.5	I0.1	I0.3、I0.4、I0.5	I0.4

注意：1. 同一个输入端不能用于两种功能。但是高速计数器当前模式未使用的输入端均可用于其他用途，如作为中断输入端或数字量输入端。例如，如果在模式2中使用高速计数器HSC0，模式2使用I0.0和I0.2，则I0.1可用于边缘中断或HSC3。

2. 高速脉冲输出占用的输出端子。S7-200系列PLC有PTO和PWM两台高速脉冲发生器，PTO可输出指定个数、指定周期的方波脉冲（占空比50%）；PWM可输出脉宽变化的脉冲信号，用户可以指定脉冲的周期和脉冲的宽度。若一台发生器指定给数字输出点Q0.0，则另一台发生器指定给数字输出点Q0.1。当PTO、PWM高速脉冲发生器控制输出时，禁止输出点Q0.0、Q0.1的正常使用；当不使用PTO、PWM高速脉冲发生器时，输出点Q0.0、Q0.1恢复正常使用，即由输出映像寄存器决定输出状态。

2. 高速计数器的工作模式

（1）高速计数器的计数方式。

单路脉冲输入的内部方向控制加、减计数，即只有一个脉冲输入端，通过高速计数器控制字节的第3位来控制加计数或者减计数，该位=1，加计数；该位=0，减计数，如图8.32所示。

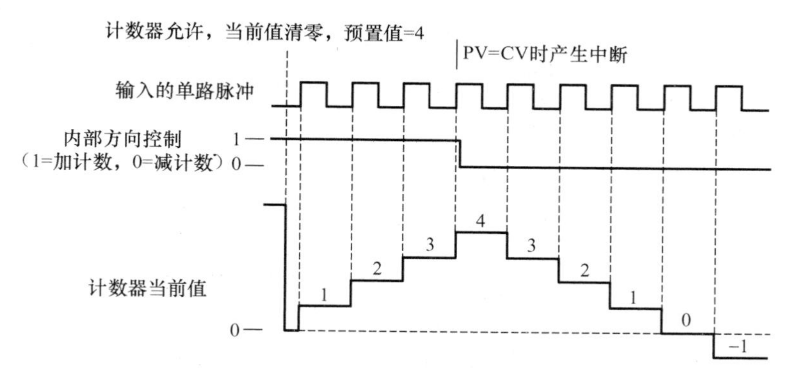

图 8.32　单路脉冲输入的内部方向控制加、减计数

单路脉冲输入的外部方向控制加、减计数如图 **8.33** 所示，有一个脉冲输入端和一个方向控制端，方向输入信号等于 **1** 时，加计数；方向输入信号等于 **0** 时，减计数。

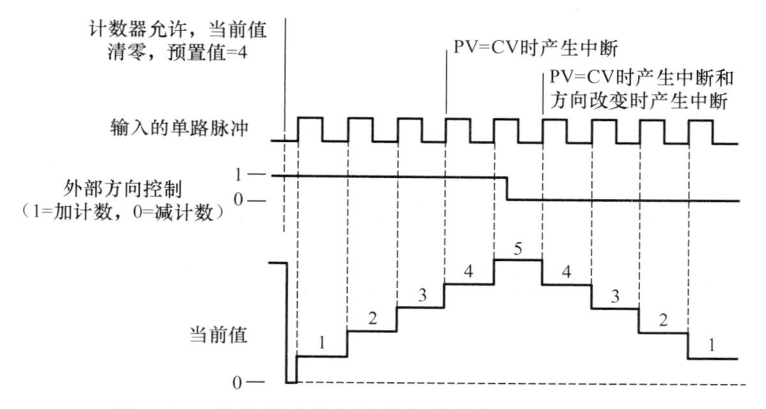

图 8.33　单路脉冲输入的外部方向控制加、减计数

两路脉冲输入的单相加、减计数如图 **8.34** 所示。有两个脉冲输入端，一个是加计数脉冲，另一个是减计数脉冲，计数值为两个输入端脉冲的代数和。

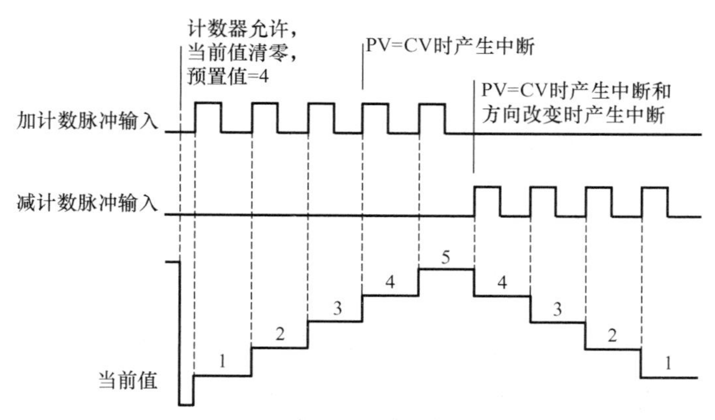

图 8.34　两路脉冲输入的单相加、减计数

两路脉冲输入双相正交计数，即有两个脉冲输入端，输入的两路脉冲 **A** 相、**B** 相相位

互差90°（正交），A相超前B相90°时加计数；A相滞后B相90°时减计数。在这种计数方式下，可选择1×模式（单倍频，一个时钟脉冲计数1次）和4×模式（四倍频，一个时钟脉冲计数4次）。两路脉冲输入的双向正交计数单倍频模式如图8.35所示，两路脉冲输入的双向正交计数四倍频模式如图8.36所示。

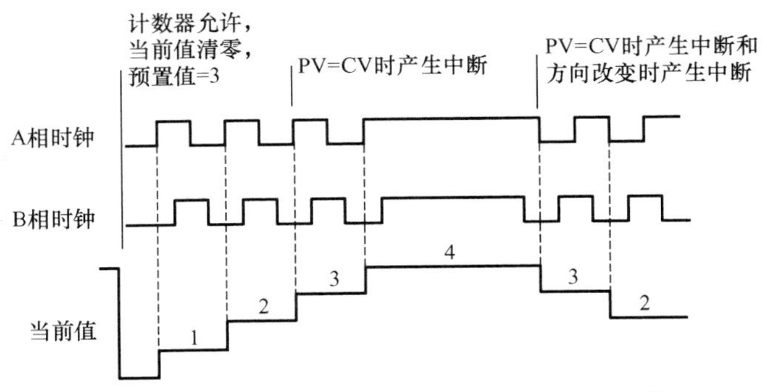

图8.35 两路脉冲输入的双向正交计数单倍频模式

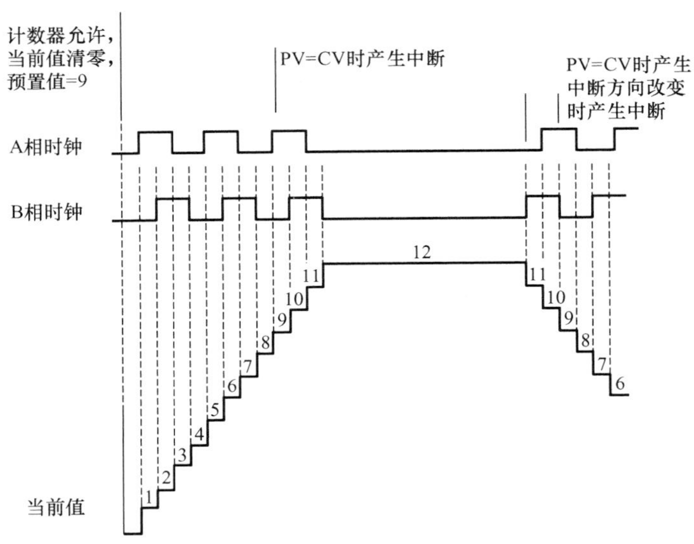

图8.36 两路脉冲输入的双向正交计数四倍频模式

(2) 高速计数器的工作模式。

高速计数器有12种工作模式，模式0至模式2采用单路脉冲输入的内部方向控制加、减计数，模式3至模式5采用单路脉冲输入的外部方向控制加、减计数，模式6至模式8采用两路脉冲输入的加、减计数，模式9至模式11采用两路脉冲输入的双相正交计数。

CPU224有HSC0～HSC5六个高速计数器，每个高速计数器有多种工作模式。HSC0和HSC4有模式0、1、3、4、6、7、8、9、10，HSC1和HSC2有模式0至模式11，HSC3和HSC5只有模式0。高速计数器的工作模式和输入端子的关系及说明见表8-25。

表 8-25　高速计数器的工作模式和输入端子的关系及说明

	功能及说明	占用的输入端子及其功能			
HSC 编号 输入端子 工作模式	HSC0	I0.0	I0.1	I0.2	×
	HSC1	I0.6	I0.7	I1.0	I1.1
	HSC2	I1.2	I1.3	I1.4	I1.5
	HSC3	I1.0	×	×	×
	HSC4	I0.3	I0.4	I0.5	×
	HSC5	I0.4	×	×	×
0	单路脉冲输入的内部方向控制加、减计数。SM37.3＝0，减计数；SM37.3＝1，加计数	脉冲输入端	×	×	×
1			×	复位端	×
2			×	复位端	启动端
3	单路脉冲输入的外部方向控制加、减计数。方向控制端＝0，减计数；方向控制端＝1，加计数	脉冲输入端	方向控制端	×	×
4				复位端	×
5				复位端	启动端
6	两路脉冲输入的单相加、减计数。加计数端脉冲输入，加计数；减计数端脉冲输入，减计数	加计数脉冲输入端	减计数脉冲输入端	×	×
7				复位端	×
8				复位端	启动端
9	两路脉冲输入的双相正交计数。A 相脉冲超前 B 相脉冲，加计数；A 相脉冲滞后 B 相脉冲，减计数	A 相脉冲输入端	B 相脉冲输入	×	×
10				复位端	×
11				复位端	启动端

注：表中“×”表示没有。

选用某高速计数器在某种工作方式下工作后，高速计数器使用的输入不是任意选择的，必须按系统指定的输入点输入信号。如 HSC1 在模式 11 下工作，则必须以 I0.6 为 A 相脉冲输入端，I0.7 为 B 相脉冲输入端，I1.0 为复位端，I1.1 为启动端。

3. 高速计数器的控制字节和状态字节

(1) 控制字节。

定义了计数器和工作模式之后，还要设置高速计数器的控制字节。每个高速计数器均有一个控制字节，它决定了计数器的计数允许或禁用，方向控制（仅限模式 0、1、2），或对所有其他模式的初始化计数方向，装入当前值和预置值。高速计数器的控制字节见表 8-26。

表 8-26　高速计数器的控制字节

HSC0	HSC1	HSC2	HSC3	HSC4	HSC5	说　明
SM37.0	SM47.0	SM57.0		SM147.0		复位电平：0＝高电平有效，1＝低电平有效

续表

HSC0	HSC1	HSC2	HSC3	HSC4	HSC5	说　明
	SM47.1	SM57.1				启动电平：0=高电平有效，1=低电平有效
SM37.2	SM47.2	SM57.2		SM147.2		正交计数倍率：0=4 倍，1=1 倍
SM37.3	SM47.3	SM57.3	SM137.3	SM147.3	SM157.3	计数方向控制：0=减计数，1=加计数
SM37.4	SM47.4	SM57.4	SM137.4	SM147.4	SM157.4	写入 HSC 计数方向：0=不更新，1=更新
SM37.5	SM47.5	SM57.5	SM137.5	SM147.5	SM157.5	写入 HSC 新预置值：0=不更新，1=更新
SM37.6	SM47.6	SM57.6	SM137.6	SM147.6	SM157.6	写入 HSC 新当前值：0=不更新，1=更新
SM37.7	SM47.7	SM57.7	SM137.7	SM147.7	SM157.7	HSC 允许与禁止：0=禁止，1=允许

（2）状态字节。

每个高速计数器都有一个状态字节，状态位表示当前计数方向及当前值是否大于或等于预置值。高速计数器的状态字节见表 8-27。状态字节的 0～4 位不用。监控高速计数器状态的目的是使外部事件产生中断，以完成重要的操作。

表 8-27　高速计数器的状态字节

HSC0	HSC1	HSC2	HSC3	HSC4	HSC5	说　明
SM36.5	SM46.5	SM56.5	SM136.5	SM146.5	SM156.5	当前计数方向状态：0=减计数，1=加计数
SM36.6	SM46.6	SM56.6	SM136.6	SM146.6	SM156.6	当前值=预置值状态：0=不相等，1=相等
SM36.7	SM46.7	SM56.7	SM136.7	SM146.7	SM156.7	当前值>预置值状态：0=不大于，1=大于

4. 高速计数器指令

高速计数器指令有两条：高速计数器定义指令 HDEF 和高速计数器指令 HSC，见表 8-28。

表 8-28　高速计数器指令

LAD	HDEF（EN ENO；HSC；MODE）	HSC（EN ENO；N）
STL	HDEF　HSC，MODE	HSC　N
功能说明	高速计数器定义指令 HDEF	高速计数器指令 HSC
操作数及数据类型	HSC：高速计数器的编号，为常量（0～5）。 数据类型：字节。 MODE：工作模式，为常量（0～11）。 数据类型：字节	N：高速计数器的编号，为常量（0～5）。 数据类型：字节
ENO=0 的出错条件	SM4.3（运行时间），0003（输入点冲突），0004（中断中的非法指令），000A（HSC 重复定义）	SM4.3（运行时间），0001（HSC 在 HDEF 之前），0005（HSC/PLS 同时操作）

（1）高速计数器定义指令 HDEF。

HDEF 指令指定高速计数器（HSCx）的工作模式，选择工作模式即确定高速计数器的输入脉冲、计数方向、复位和启动功能。每个高速计数器只能用一条高速计数器定义指令。

（2）高速计数器指令 HSC。

HSC 指令根据高速计数器控制位的状态，按照 HDEF 指令指定的工作模式，控制高速计数器，参数 N 指定高速计数器的号码。

（3）高速计数器指令的使用。

每个高速计数器都有一个 32 位当前值和一个 32 位预置值，当前值和预设值均为带符号的整数值。要设置高速计数器的新当前值和新预置值，就必须设置控制字节（表 8-26，令其第五位和第六位为 1，允许更新预置值和当前值），新当前值和新预置值写入特殊内部标志位存储区。然后执行 HSC 指令，将新数值传送到高速计数器。HSC0～HSC5 当前值和预置值占用的特殊内部标志位存储区见表 8-29。

表 8-29　HSC0～HSC5 当前值和预置值占用的特殊内部标志位存储区

HSC0	HSC1	HSC2	HSC3	HSC4	HSC5	要更新数值
SMD38	SMD48	SMD58	SMD138	SMD148	SMD158	新的当前值
SMD42	SMD52	SMD62	SMD142	SMD152	SMD162	新的预置值

执行 HDEF 指令之前，必须将高速计数器控制字节的位设置成需要的状态，否则将采用默认设置。默认设置如下：复位和启动输入高电平有效，正交计数速率选择 4× 模式。执行 HDEF 指令后，就不能再改变计数器的设置，除非 CPU 进入停止模式。

执行 HSC 指令时，CPU 检查控制字节及有关的当前值和预置值。

（4）指令的初始化。

首次扫描时接通一个扫描周期的特殊内部存储器 SM0.1，调用一个子程序，完成初始化操作。在随后的扫描中，不必再调用这个子程序，以减少扫描时间，使程序结构更好。

初始化的子程序中，根据控制要求设置控制字 SMB37、SMB47、SMB137、SMB147、SMB157，如设置 SMB47=16#F8，则为允许计数，写入新当前值和新预置值，更新计数方向为加计数，若为正交计数则速率设为 4×，复位和启动设置为高电平有效。

执行 HDEF 指令，设置 HSC 的编号（0～5）和工作模式（0～11）。如 HSC 的编号设置为 1，工作模式设置为 11，则为既有复位又有启动的正交计数工作模式。

用新的当前值写入 32 位当前值寄存器 SMD38、SMD48、SMD58、SMD138、SMD148、SMD158。如写入 0，则清除当前值，用指令“MOVD 0,SMD48”实现。

用新的预置值写入 32 位预置值寄存器 SMD42、SMD52、SMD62、SMD142、SMD152、SMD162，如执行指令“MOVD 1000,SMD52”，则设置预置值为 1000。若写入预置值为 16#F00，则高速计数器处于不工作状态。

为了捕捉当前值等于预置值的事件，将条件 CV=PV 中断事件（事件 13）与一个中断程序相联系。为了捕捉计数方向的改变，将方向改变的中断事件（事件 14）与一个中断程序相联系。为了捕捉外部复位，将外部复位中断事件（事件 15）与一个中断程序相联系。

执行全局中断允许指令ENI，允许HSC中断。

8.6.2 高速脉冲输出指令

1. 脉冲输出指令PLS

脉冲输出指令见表8-30，其功能为使能有效时，检查用于脉冲输出（Q0.0或Q0.1）的特殊存储器位（SM），然后执行特殊存储器位定义的脉冲操作。

表8-30 脉冲输出指令

LAD	STL	操作数及数据类型
PLS EN ENO Q0.X	PLS Q	Q：常量（0或1） 数据类型：字

2. 用于脉冲输出（Q0.0或Q0.1）的特殊存储器

（1）控制字节和参数的特殊存储器。

每个PTO/PWM发生器都有一个控制字节（8位）、一个脉冲计数值（无符号的32位数值）、一个周期时间（无符号的16位数值）、一个脉宽值（无符号的16位数值），这些值都放在特定的特殊存储区（SM），见表8-31。执行PLS指令时，读取这些特殊存储器位（SM），然后执行特殊存储器位定义的脉冲操作，即对相应的PTO/PWM发生器进行编程。

（2）状态字节的特殊存储器。

除了控制信息外，还有用于PTO功能的状态位，见表8-31。程序运行时，根据运行状态，使某些位自动置位。可以通过程序来读取相关位的状态，用此状态作为判断条件，实现相应的操作。

3. 对输出的影响

PTO/PWM发生器和输出映像寄存器共用Q0.0和Q0.1。在Q0.0/Q0.1使用PTO/PWM功能时，PTO/PWM发生器控制输出，并禁止输出点的正常使用，输出波形不受输出映像寄存器状态、输出强制、执行立即输出指令的影响。在Q0.0或Q0.1位置没有使用PTO/PWM功能时，输出映像寄存器控制输出，所以输出映像寄存器决定输出波形的初始状态和结束状态，即决定脉冲输出波形从高电平或低电平开始和结束，使输出波形有短暂的不连续。为了减小这种不连续的影响，可在启用PTO/PWM操作之前，将用于Q0.0和Q0.1的输出映像寄存器设为0。PTO/PWM输出必须至少有10%的额定负载，才能完成从关闭至打开以及从打开至关闭的顺利转换，即提供陡直的上升沿和下降沿。

4. PTO的使用

PTO可以指定占空比为50%的高速脉冲串的脉冲数和周期，状态字节中的最高位（空闲位）用来指示脉冲串输出是否完成，可在脉冲串完成时启动中断程序。若使用多段操作，则在包络表完成时启动中断程序。

（1）周期和脉冲数。

周期范围为10～65535μs或2～65535ms，为16位无符号数，时基有μs和ms两种，通过控制字节的第三位选择。如果设定周期小于周期范围的最小值，则系统默认周期按最小值设定。周期设定奇数微秒或毫秒（如75ms）会引起波形失真。脉冲计数范围为1～4294967295，为32位无符号数，如设定脉冲计数为0，则系统默认脉冲计数值为1。

表8-31 脉冲输出（Q0.0或Q0.1）的特殊存储器

Q0.0和Q0.1对PTO/PWM输出的控制字节			
Q0.0	**Q0.1**	**说　明**	
SM67.0	SM77.0	PTO/PWM刷新周期值	0：不刷新；1：刷新
SM67.1	SM77.1	PWM刷新脉冲宽度值	0：不刷新；1：刷新
SM67.2	SM77.2	PTO刷新脉冲计数值	0：不刷新；1：刷新
SM67.3	SM77.3	PTO/PWM时基选择	0：1μs；1：1ms
SM67.4	SM77.4	PWM更新方法	0：异步更新；1：同步更新
SM67.5	SM77.5	PTO操作	0：单段操作；1：多段操作
SM67.6	SM77.6	PTO/PWM模式选择	0：选择PTO；1：选择PWM
SM67.7	SM77.7	PTO/PWM允许	0：禁止；1：允许
Q0.0和Q0.1对PTO/PWM输出的周期值			
Q0.0	**Q0.1**	**说　明**	
SMW68	SMW78	PTO/PWM周期时间值（范围：2～65535）	
Q0.0和Q0.1对PTO/PWM输出的脉宽值			
Q0.0	**Q0.1**	**说　明**	
SMW70	SMW80	PWM脉冲宽度值（范围：0～65535）	
Q0.0和Q0.1对PTO脉冲输出的计数值			
Q0.0	**Q0.1**	**说　明**	
SMD72	SMD82	PTO脉冲计数值（范围：1～4294967295）	
Q0.0和Q0.1对PTO脉冲输出的多段操作			
Q0.0	**Q0.1**	**说　明**	
SMB166	SMB176	段号（仅用于多段PTO操作），多段流水线PTO运行中的段的编号	
SMW168	SMW178	包络表起始位置，用距离V0的字节偏移量表示（仅用于多段PTO操作）	
Q0.0和Q0.1的状态位			
Q0.0	**Q0.1**	**说　明**	
SM66.4	SM76.4	PTO包络由于增量计数错误异常终止	0：无错；1：异常终止
SM66.5	SM76.5	PTO包络由于用户命令异常终止	0：无错；1：异常终止
SM66.6	SM76.6	PTO流水线溢出	0：无溢出；1：溢出
SM66.7	SM76.7	PTO空闲	0：运行中；1：PTO空闲

(2) PTO的种类及特点。

PTO功能可输出多个脉冲串，现用脉冲串输出完成时，新的脉冲串输出立即开始，这样就保证了输出脉冲串的连续性。PTO功能允许多个脉冲串排队，从而形成流水线，流水线分为两种，即单段流水线和多段流水线。

单段流水线是指流水线中每次只能存储一个脉冲串的控制参数，初始PTO段一旦启动，就必须按照对第二个波形的要求立即刷新SM，并再次执行PLS指令，第一个脉冲串完成，第二个波形输出立即开始，重复该步骤可以实现多个脉冲串的输出。

多段流水线是指在变量存储器V建立一个包络表，存放每个脉冲串的参数，执行PLS指令时，S7-200系列PLC自动按包络表中的顺序及参数进行脉冲串输出。包络表中每段脉冲串的参数占用8个字节，由一个16位周期值(2字节)、一个16位周期增量值Δ(2字节)和一个32位脉冲计数值(4字节)组成。包络表的格式见表8-32。

表8-32 包络表的格式

从包络表起始地址的字节偏移	段	说明
VBn		段数(1～255)；数值0产生非致命错误，无PTO输出
VBn+1	段1	初始周期(2～65535个时基单位)
VBn+3		每个脉冲的周期增量Δ(符号整数：−32768～32767个时基单位)
VBn+5		脉冲数(1～4294967295)
VBn+9	段2	初始周期(2～65535个时基单位)
VBn+11		每个脉冲的周期增量Δ(符号整数：−32768～32767个时基单位)
VBn+13		脉冲数(1～4294967295)
VBn+17	段3	初始周期(2～65535个时基单位)
VBn+19		每个脉冲的周期增量Δ(符号整数：−32768～32767个时基单位)
VBn+21		脉冲数(1～4294967295)

多段流水线的特点是编程简单，能够通过指定脉冲数自动增大或减小周期，周期增量值Δ为正值会增大周期，为负值会减小周期，为零则周期不变。包络表中的所有脉冲串必须采用同一时基，在多段流水线执行时，包络表的各段参数不能改变。多段流水线常用于控制步进电动机。周期增量值Δ为整数微秒或毫秒。

(3) 多段流水线PTO初始化和操作步骤。

用一个子程序实现PTO初始化，首次扫描(SM0.1)时从主程序调用初始化子程序，执行初始化操作。之后的扫描不再调用该子程序，以减少扫描时间，使程序结构更好。

初始化操作步骤如下。

① 首次扫描SM0.1时将输出Q0.0或Q0.1复位，并调用完成初始化操作的子程序。

② 在初始化子程序中，根据控制要求设置控制字并写入SMB67或SMB77特殊存储器。如将16#A0(选择微秒递增)写入SMB67或将16#A8(选择毫秒递增)写入SMB77，表示允许PTO功能、选择PTO操作、选择多段操作、选择时基(微秒或毫秒)。

③ 将包络表的首地址(16位)写入SMW168(或SMW178)。

④ 在变量存储器V中写入包络表的各参数值，一定要在包络表的起始字节中写入段数。在变量存储器V中建立包络表的过程也可以在一个子程序中完成，在此只需调用设置包络表的子程序。

⑤ 设置中断事件并全局开中断。如果想在PTO完成后立即执行相关功能，则须设置中断，将脉冲串完成事件（中断事件号为19）连接一个中断程序。

⑥ 执行PLS指令，使S7-200系列PLC为PTO/PWM发生器编程，高速脉冲串由Q0.0或Q0.1输出。退出子程序。

5. PWM的使用

PWM是脉宽可调的高速脉冲输出，通过控制脉宽和脉冲的周期实现控制任务。

（1）周期和脉宽。

周期和脉宽时基为微秒或毫秒，均为16位无符号数。

周期的范围为50μs～65535μs或2ms～65535ms。若周期＜两个时基，则系统默认为两个时基。

脉宽范围为0μs～65535μs或0ms～65535ms。若脉宽≥周期，则占空比＝100%，输出连续接通；若脉宽＝0，则占空比＝0，输出断开。

（2）更新方式。

改变PWM波形的方法有两种：同步更新和异步更新。

① 同步更新。不需要改变PWM的时基时可以用同步更新。执行同步更新时，波形的变化发生在周期的边缘，形成平滑转换。常见PWM操作是脉冲宽度不同，但周期保持不变，即不要求时基改变，适合使用同步更新。

② 异步更新。需要改变PWM的时基时应使用异步更新。异步更新使高速脉冲输出功能被瞬时禁用，与PWM波形不同步，从而可能造成控制设备振动。

（3）PWM初始化和操作步骤。

① 用首次扫描位（SM0.1）使输出位复位为0，并调用初始化子程序。

② 在初始化子程序中设置控制字节，如将16#D3（时基微秒）或16#DB（时基毫秒）写入SMB67或SMB77，控制功能为允许PTO/PWM功能、选择PWM操作、设置更新脉冲宽度和周期数值，以及选择时基（微秒或毫秒）。

③ 在SMW68或SMW78中写入一个字长的周期值。

④ 在SMW70或SMW80中写入一个字长的脉宽值。

⑤ 执行PLS指令，使S7-200系列PLC为PWM发生器编程，并由Q0.0或Q0.1输出。

⑥ 可为下一个输出脉冲预设控制字。在SMB67或SMB77中写入16#D2（时基微秒）或16#DA（时基毫秒），控制字节中将禁止改变周期值，允许改变脉宽。之后装入新的脉宽值时不用改变控制字节，直接执行PLS指令即可改变脉宽值。

8.7 PID算法与PID指令

8.7.1 PID算法

在工业生产过程控制中，模拟信号PID（比例、积分、微分）调节是一种常见的控制方法。运行 PID 指令，S7－200 系列 PLC 将根据参数表中的输入测量值、控制设定值及 PID 参数进行 PID 运算，求得输出控制值。参数表中有 9 个参数，全部为 32 位实数，共占用 36 个字节。PID 控制回路的参数见表 8－33。

表 8－33　PID 控制回路的参数

地址偏移量	参　　数	数据格式	I/O 类型	说　　明
0	过程变量当前值 PV_n	双字，实数	输入	必须在 0.0～1.0 范围内
4	给定值 SP_n	双字，实数	输入	必须在 0.0～1.0 范围内
8	输出值 M_n	双字，实数	输入/输出	在 0.0～1.0 范围内
12	增益 K_c	双字，实数	输入	比例常量，可为正数或负数
16	采样时间 T_s	双字，实数	输入	以秒为单位，必须为正数
20	积分时间 T_i	双字，实数	输入	以分钟为单位，必须为正数
24	微分时间 T_d	双字，实数	输入	以分钟为单位，必须为正数
28	前一积分值 M_x	双字，实数	输入/输出	0.0～1.0（根据 PID 运算结果更新）
32	前一过程变量 PV_{n-1}	双字，实数	输入/输出	最近一次 PID 运算值

典型 PID 算法包括三项：比例项、积分项和微分项，即输出＝比例项＋积分项＋微分项。计算机在周期性采样并离散化后进行 PID 运算，算法如下。

$$M_n = K_c \times (SP_n - PV_n) + K_c \times (T_s / T_i) \times (SP_n - PV_n) + M_x + K_c \times (T_d / T_s) \times (PV_{n-1} - PV_n)$$

比例项 $K_c \times (SP_n - PV_n)$能及时产生与偏差$(SP_n - PV_n)$成正比的调节作用。比例系数 K_c越大，比例调节作用越强，系统的稳态精度越高，但系数过大会使系统的输出量振荡加剧，稳定性降低。

积分项 $K_c \times (T_s / T_i) \times (SP_n - PV_n) + M_x$与偏差有关，只要偏差不为 0，PID 控制的输出就会因积分作用而不断变化，直到偏差消失，系统处于稳定状态。可见积分的作用是消除稳态误差，提高控制精度，但积分的动作缓慢，给系统的动态稳定带来不良影响，很少单独使用。从上式可以看出，积分时间常数增大，积分作用减弱，消除稳态误差的速度减小。

微分项 $K_c \times (T_d / T_s) \times (PV_{n-1} - PV_n)$根据误差变化的速度（既误差的微分）进行调节，具有超前和预测的特点。微分时间常数 T_d增大时，超调量减小，动态性能得到改善，如 T_d过大，则系统输出量在接近稳态时可能上升缓慢。

8.7.2　PID 控制回路选项

在很多控制系统中，有时只采用一种或两种控制回路，如比例控制回路或比例和积分控制回路。通过设置常量参数值，选择所需的控制回路。

（1）如果不需要积分回路，则应将积分时间 T_i设为无限大。由于积分项 M_x的初始值，虽然没有积分运算，但是积分项的数值也可能不为0。

(2) 如果不需要微分运算，则应将微分时间 T_d 设定为0。

(3) 如果不需要比例运算，但需要I或ID控制，则应将增益值 K_c 指定为0.0。

8.7.3 PID回路输入量的转换和标准化

不同PID控制回路的给定值和过程变量的值、范围、单位可能不同，在PLC进行PID控制之前，需要将其转换为标准化浮点表示法，转换步骤如下。

(1) 将16位整数转换为32位浮点数或实数。

下列指令将整数转换为实数。

```
XORD  AC0,AC0          //将AC0清零
ITD  AIW0,AC0          //将输入数值转换为双字
DTR  AC0,AC0           //将32位整数转换为实数
```

(2) 将实数转换为0.0～1.0的标准化数值。

实际数值的标准化数＝实际数值的非标准化数或原始实数/取值范围＋偏移量

式中，取值范围＝最大可能数值－最小可能数值＝32000（单极数值）或64000（双极数值）；偏移量对单极数值取0.0，对双极数值取0.5，单极为0～32000，双极为－32000～32000。

将上述AC0中的双极数（间距为64000）标准化：

```
/R  64000.0,AC0        //使累加器中的数值标准化
+R  0.5,AC0            //加偏移量0.5
MOVR AC0,VD100         //将标准化数值写入PID回路参数表
```

8.7.4 PID回路输出转换为成比例的整数

程序执行后，PID回路输出0.0～1.0的标准化实数，必须将其转换为16位成比例整数，才能驱动模拟输出。

PID回路输出成比例整数＝（PID回路输出标准化实数－偏移量）×取值范围

程序如下：

```
MOVR  VD108,AC0        //将PID回路输出并送入AC0
-R  0.5,AC0            //双极数减偏移量0.5
*R  64000.0,AC0        //AC0的值乘以取值范围，变为成比例实数
ROUND  AC0,AC0         //将实数四舍五入取整，变为32位整数
DTI  AC0,AC0           //32位整数转换为16位整数
MOVW  AC0,AQW0         //16位整数写入AQW0
```

8.7.5 PID指令

PID指令见表8-34。使能有效时，根据回路参数表中的输入测量值、控制设定值及PID参数进行PID计算。

(1) 程序中可使用8条PID指令，分别编号0～7，不能重复使用。

(2) 使ENO＝0的错误条件0006（间接地址），SM1.1溢出，参数表起始地址或指令中指定的PID回路指令号码操作数超出范围。

（3）PID 指令不对参数表输入值进行范围检查，必须保证过程变量、给定值积分项前值、过程变量前值为 0.0～1.0。

表 8-34 PID 指令

LAD	STL	说　明
PID（EN、ENO、TBL、LOOP）	PID TBL,LOOP	TBL：参数表起始地址 VB。 数据类型：字节。 LOOP：回路号，常量（0～7）。 数据类型：字节

8.7.6 PID 控制功能的应用

（1）PID 控制任务。恒压供水水箱通过变频器驱动的水泵供水，维持水位在满水位的 70%。过程变量 PV_n 为水箱的水位，由水位检测计提供，设定值为 70%，PID 输出控制变频器，即通过调整电动机的转速控制水箱供水。要求开机后先手动控制电动机，水位上升到 70%时，转换到 PID 自动调节。

（2）PID 控制参数。恒压供水 PID 控制参数见表 8-35。

表 8-35 恒压供水 PID 控制参数

地　址	参　数	数　值
VB200	过程变量当前值 PV_n	水位检测计提供的模拟量经 A/D 转换后的标准化数值
VB204	给定值 SP_n	0.7
VB208	输出值 M_n	PID 回路的输出值（标准化数值）
VB212	增益 K_c	0.5
VB216	采样时间 T_s	0.2
VB220	积分时间 T_i	35
VB224	微分时间 T_d	25
VB228	上一次积分值 M_x	根据 PID 运算结果更新
VB232	上一次过程变量 PV_{n-1}	最近一次 PID 变量值

（3）程序结构分析。

I/O 分配如下：手动、自动切换开关 I0.2，模拟量输入 AIW0，模拟量输出 AQW0。

程序由主程序、子程序、中断程序构成。主程序用来调用初始化子程序，子程序用来建立 PID 回路初始参数表和设置中断。由于定时采样，因此采用定时中断，中断事件号为 10，设置采样时间为 0.2s，定时中断周期等于采样时间，200ms 写入 SMB34。中断程序用于执行 PID 运算，I0.2=1 时，执行 PID 运算。

（4）PID控制程序。

恒压供水PID控制主程序和子程序如图8.37所示。恒压供水PID控制中断程序如图8.38所示。

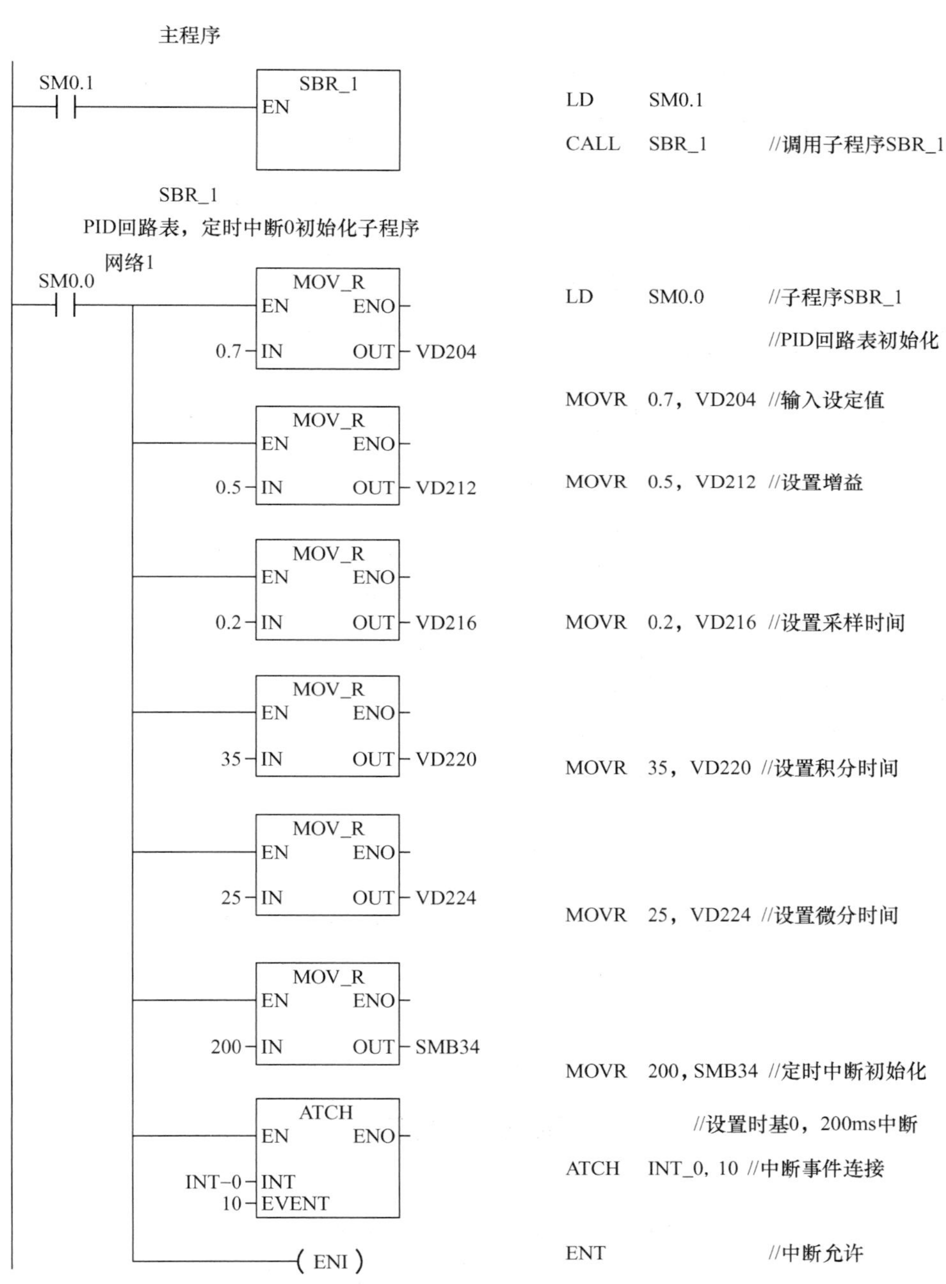

图8.37 恒压供水PID控制主程序和子程序

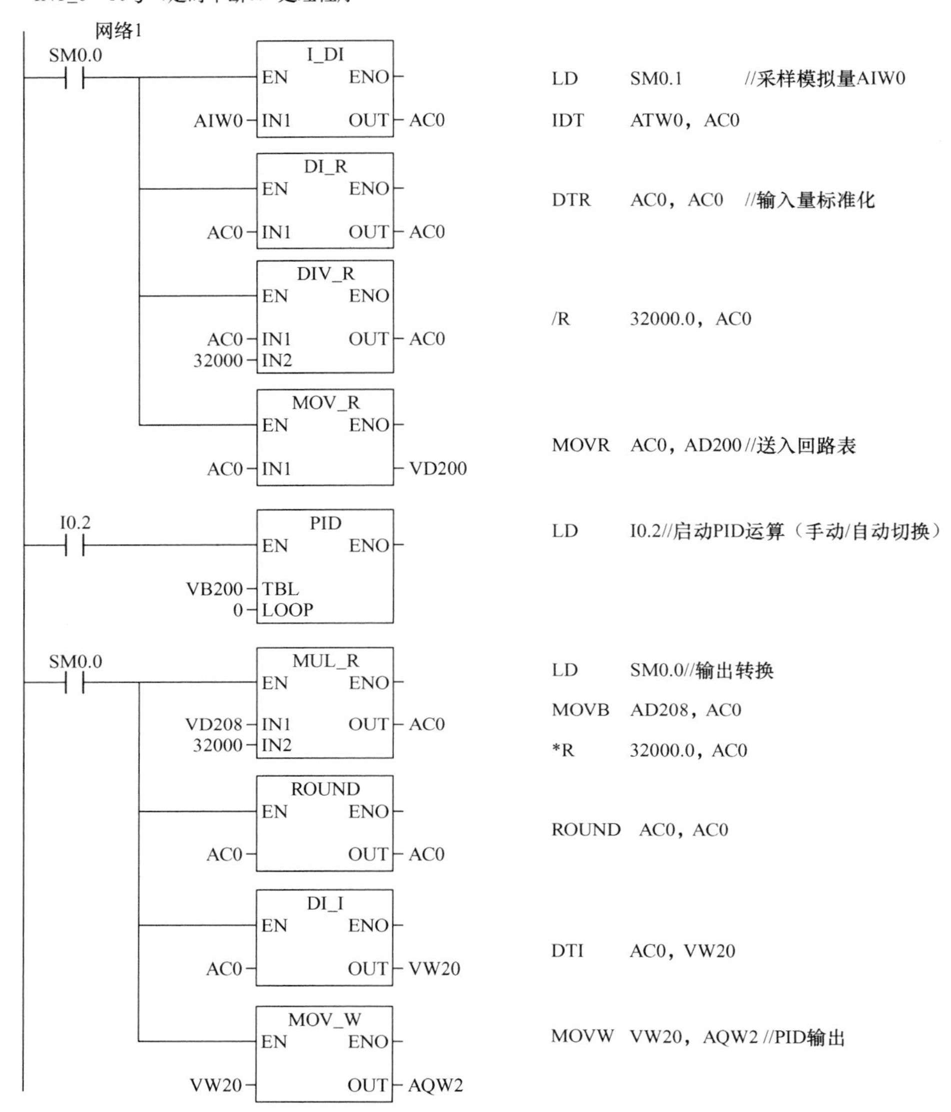

图 8.38　恒压供水 PID 控制中断程序

思考与练习

8-1　简述左、右移位指令和循环左、右移位指令的异同。

8-2　字节传送、字传送、双字传送及实数传送指令的功能和指令格式有什么异同?

8-3　编程实现从 VW200 开始的 256 个字节全部清零。

8-4　什么是中断源、中断事件号、中断优先级和中断处理程序?

8-5　定时中断和定时器中断有什么不同? 分别应用在哪些方面?

8-6　高速脉冲的输出方式有哪几种？其作用分别是什么？

8-7　编写实现脉冲调宽PWM的程序，设定周期为100ms，通过Q0.0输出。

8-8　试用传送指令编写梯形图程序，要求控制Q0.0～Q0.7对应的8个指示灯，在I0.0接通时，输出隔位接通；在I0.1接通时，输出取反后隔位接通。

8-9　编写检测上升沿变化的程序，每当I0.0接通一次，存储单元VW0的值加1，如果计数达到5，则输出Q0.0接通显示，用I0.1使Q0.0复位。

8-10　编程实现将VW100开始的10个字的数据传送到VW200开始的存储区。

第9章 编程软件触摸屏及组态软件

知识要点	掌握程度	相关知识
三菱 GX Developer 编程软件	掌握 GX Developer 编程软件	GX Developer 编程软件
西门子 STEP 7 - Micro/WIN 编程软件	掌握 STEP 7 - Micro/WIN 编程软件	STEP 7 - Micro/WIN 编程软件
触摸屏与组态软件	了解触摸屏与组态软件	三菱 GTO 2000 系列触摸屏
基于 MCGS 的 PLC 组态监控系统设计简介	了解基于 MCGS 的 PLC 组态监控系统设计	组态王组态软件

9.1 三菱 GX Developer 编程软件

9.1.1 安装 GX Developer

双击存储安装软件的文件夹 \ GX Developer V8.86 \ SW8D5C - GPPW - C \ EnvMEL 中的 SETUP.EXE，首先安装 MELSOFT 通用环境软件。

双击文件夹 \ GX Developer V8.86 \ SW8D5C - GPPW - C \ 中的 SETUP.EXE，开始安装 GX Developer，弹出的对话框提示关闭所有应用程序。

单击“确定”按钮，依次出现“欢迎”对话框和“用户信息”对话框，可以采用默认用户信息。单击“下一个”按钮，出现“注册确认”对话框显示注册信息。单击“是”按钮确认。

在“输入产品序列号”对话框中输入产品的序列号。结束每个对话框的操作后，单击“下一个”按钮，打开下一个对话框。有的对话框无需过多操作，只需要单击“下一个”按钮确认。

无须勾选“选择部件”对话框的“结构化文本（ST）语言编程功能”复选框，FX 系列不能使用结构化文本（ST）语言。

如果勾选“监视专用 GX Developer”复选框，则软件只有监视功能，没有编程功能，因此无须勾选。

在最后一个“选择部件”对话框中，一般不选择安装“MEDOC 打印文件的读出”和“从 MELSEC MEDOC 格式导入”。

安装完毕，单击弹出的“信息”对话框中的“确定”按钮，结束安装。

9.1.2 GX Developer 基本知识

1. 启动 GX Developer 与工具条设置

双击计算机桌面上的 GX Developer 图标，或在计算机的开始菜单中选择“所有程序”→“MELSOFT 应用程序”→“GX Developer”命令，打开 GX Developer 编程软件，执行菜单命令“显示”→“工具条”，弹出“工具条”对话框，如图 9.1 所示。单击其中的小圆圈，使之变为空心，单击“确定”按钮，可以关闭对应的工具条。

2. 创建工程项目

单击工具条上的“新建项目”按钮，或执行菜单命令“工程”→“创建新工程”，打开图 9.2 所示的“创建新工程”对话框。用下拉菜单设置 PLC 的系列和类型。勾选“设置工程名”复选框，设置工程名。单击“浏览”按钮，设置保存项目的驱动器/路径，输入工程名，单击“确定”按钮，出现图 9.2 中的小对话框，单击“是”按钮确认，生成一个新项目。新项目的主程序 MAIN 被自动打开，如图 9.3 所示，默认为梯形图显示形式。

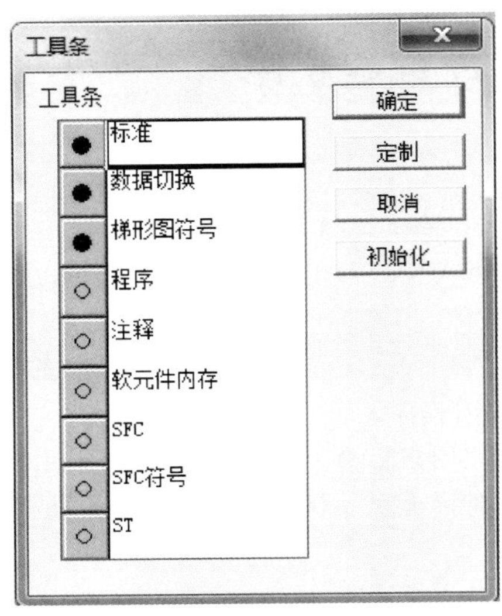

图 9.1 “工具条”对话框

图 9.2 “创建新工程”对话框

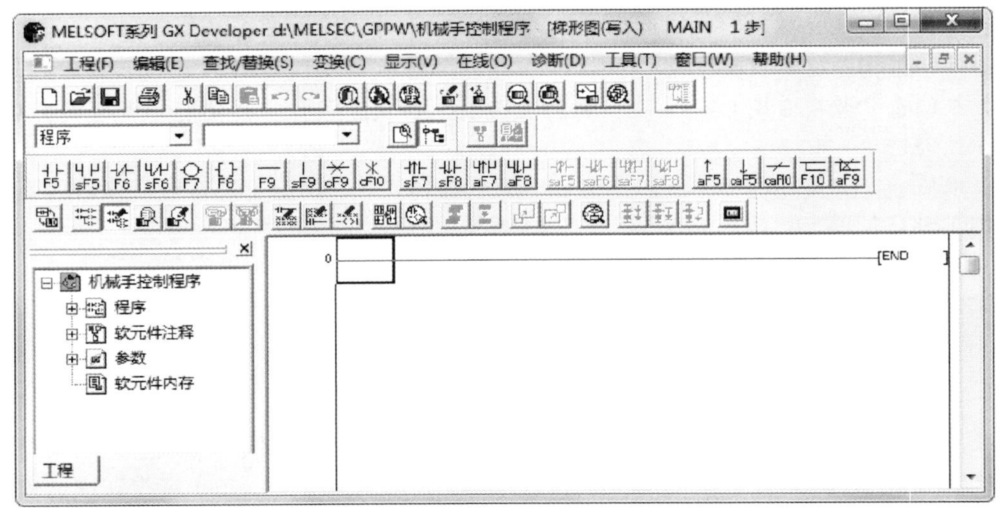

图 9.3 梯形图显示

执行菜单命令“显示”→“工程数据列表”，可以显示或关闭图 9.3 左边的工程数据列表框。

3. 输入用户程序

图 9.3 中，新生成的指令表显示程序中只有一条结束指令 END，光标在最左边，此时为默认的“插入”模式。

在梯形图显示状态下，执行菜单命令“显示”→“列表显示”，变为指令表显示，如图 9.4 所示。在指令表显示状态下，执行菜单命令“显示”→“梯形图显示”，变为梯形图显示。或者单击工具条上的“梯形图/指令表显示”切换按钮，程序将在梯形图与指令表之间切换。

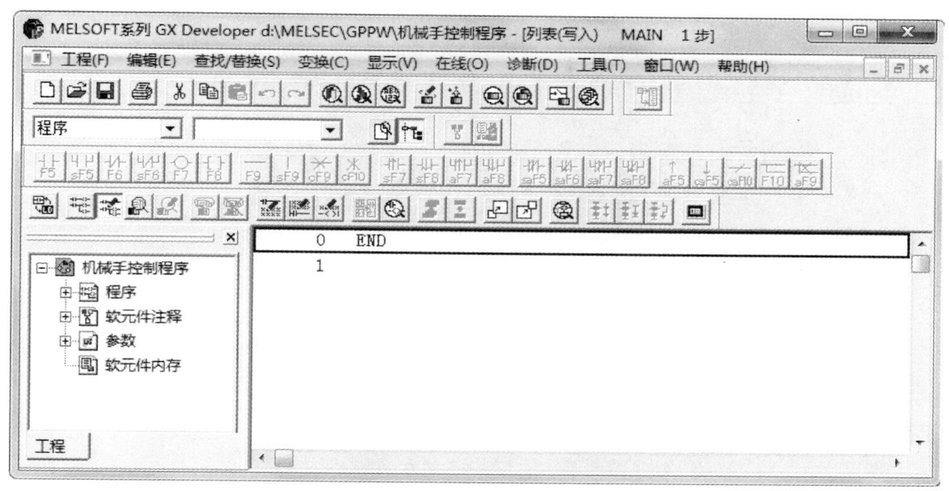

图 9.4 指令表显示

单击工具条上的“动合触点”按钮，出现“梯形图输入”对话框，如图 9.5 所示。

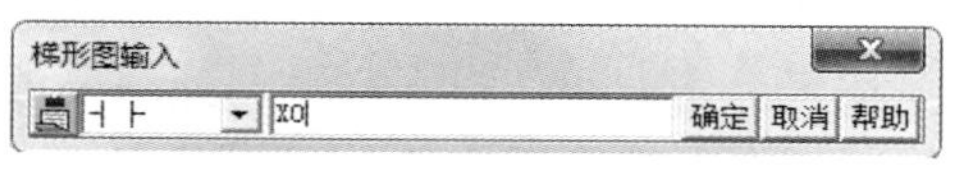

图 9.5 “梯形图输入”对话框

输入软元件号 X0 后，单击“确定”按钮，或按 Enter 键，指令 END 所在行上面增加了一个新的灰色背景的行，在新增行的最左边出现一个动合触点，同时光标自动移到右边下一个软元件的位置。用相同方法，单击工具条上的“动断触点”按钮和“线圈”按钮，生成一个串联的动断触点和一个串联的线圈，如图 9.6 所示。单击动合触点下面的区域，将光标移到该位置，单击工具条上的“并联常开”按钮，输入软元件号 Y001 后单击“确定”按钮，指令 END 所在行上面增加了一个包含并联的 Y001 的动合触点的灰色背景行，如图 9.7 所示。

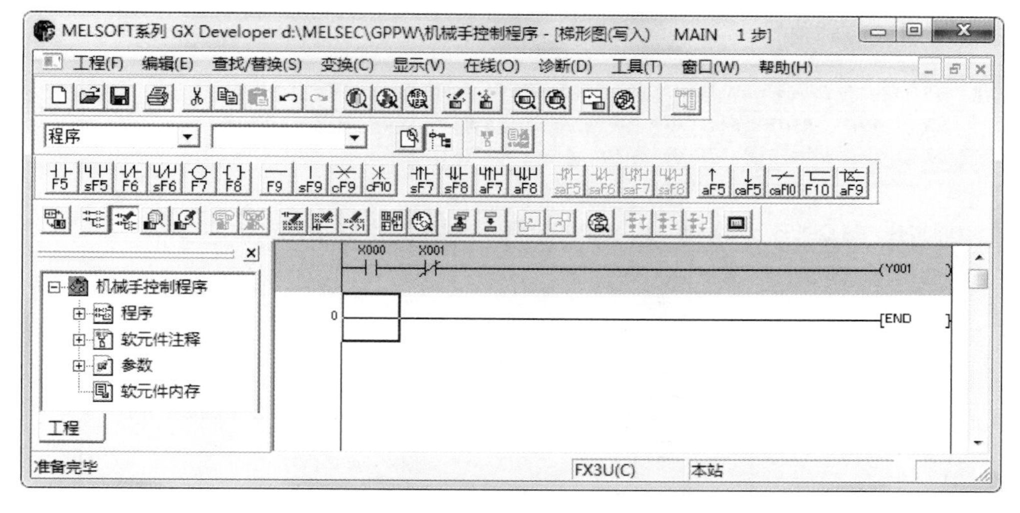

图 9.6 生成串联的动断触点和线圈

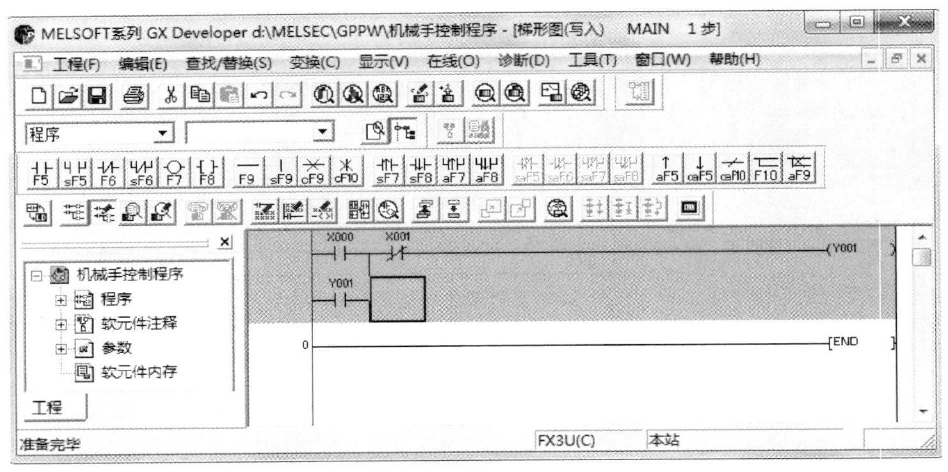

图 9.7 生成并联的动合触点

按 Shift+Insert 组合键，或执行菜单命令“编辑”→“行插入”，可以在光标所在行的上面插入一个新的空白行，添加触点或线圈。

按照上述方法，把光标移动到需要放置触点或线圈的位置，单击工具条上对应的触点或线圈，便可插入相应符号，同时在出现的对话框中输入软元件号和相应信息。

可通过把光标移到相应的位置，单击工具条上的“画竖线”按钮，生成一条垂直线，单击“画横线”按钮，生成一条水平线。也可通过把光标移到垂直线或水平线上，单击工具条上的“删除竖线”或“删除横线”按钮进行修改。

4. 程序的变换

单击工具条上的“程序变换/编译”按钮，或执行菜单命令“变换”→“变换”，编程软件对输入的程序进行变换（即编译）。首先对用户程序进行语法检查，如果没有错误，则将用户程序转换为可以下载的代码格式，变换成功后梯形图中的灰色背景消失，变换后的梯形图如图 9.8 所示。

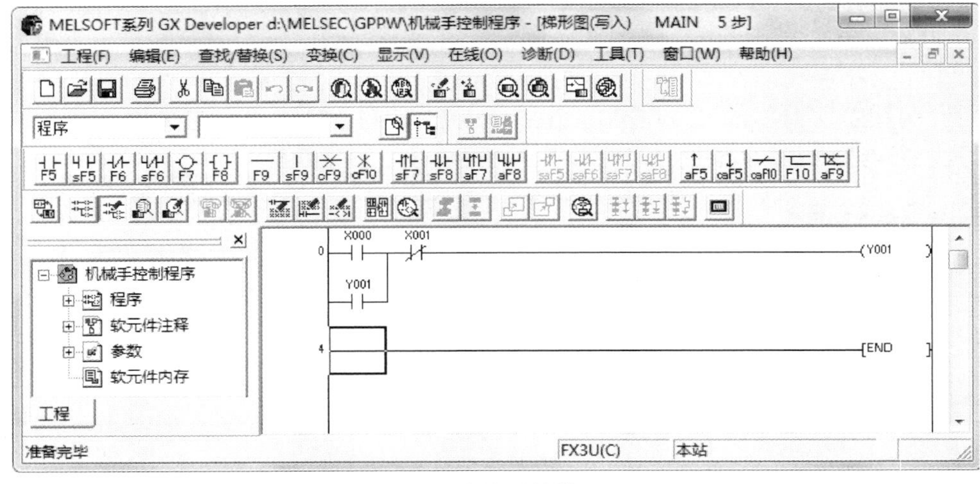

图 9.8 变换后的梯形图

如果程序有语法错误，则会出现显示错误信息的对话框，同时光标将自动移动到出错的位置，修改错误后才能正确变换。

单击工具条上的“程序批量变换/编译”按钮，或执行菜单命令“变换”→“变换（编辑中的全部程序）”，可批量变换程序。

5. 读出模式与写入模式

执行菜单命令“编辑”→“读出模式”，或单击工具条上的“读出模式”按钮，矩形光标变为实心，如图9.9所示。在读出模式下不能修改梯形图。双击梯形图中的空白处，出现“查找”对话框，输入某个软元件号后单击“查找”按钮，光标将自动移动到要查找的软元件号的触点或线圈上。双击程序中的某个触点或线圈，将会出现“查找”对话框，单击“查找”按钮，找到程序中具有相同软元件号的所有触点或线圈。

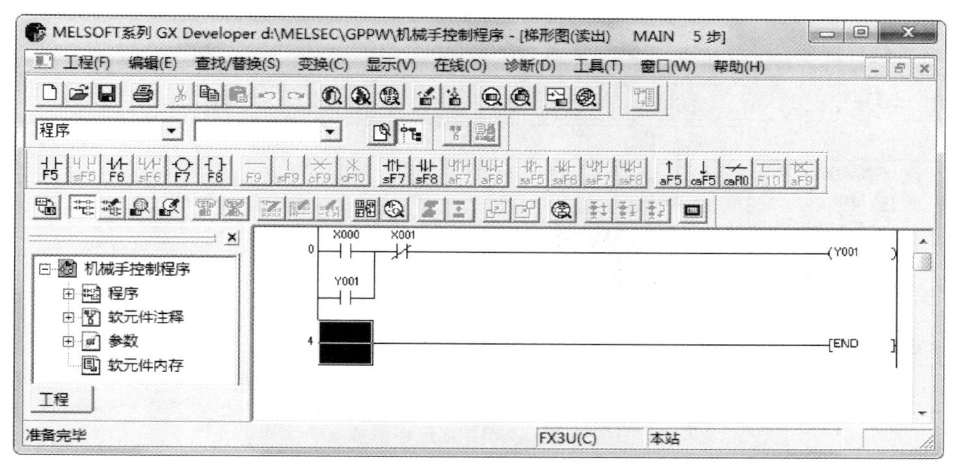

图9.9　矩形光标变为实心

执行菜单命令“编辑”→“写入模式”，或单击工具条上的“写入模式”按钮，矩形光标变为空心，如图9.10所示。在写入模式下可以修改梯形图。

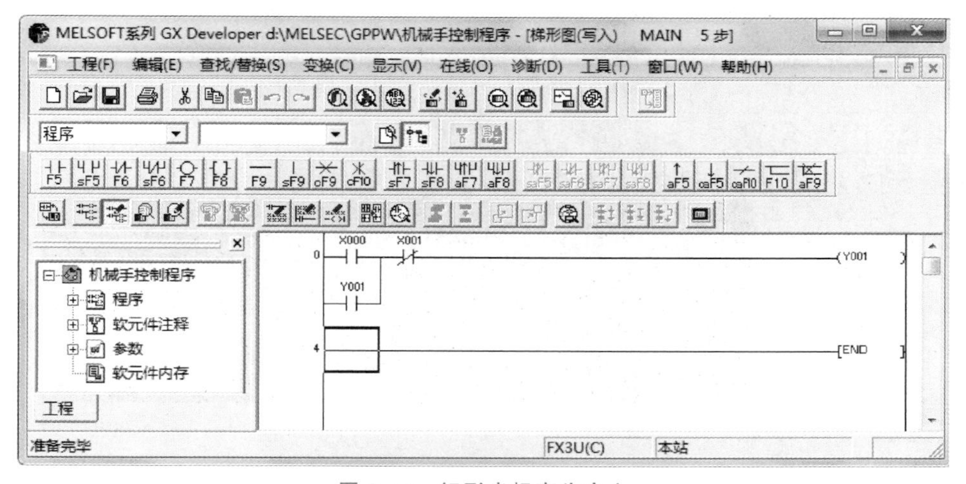

图9.10　矩形光标变为空心

在写入模式下按 Insert 键，最下面的状态栏将交替显示“改写”和“插入”。在改写模式下双击某个触点，可以改写触点的软元件号；在插入模式下双击某个触点，将会插入一个新的触点。

6. 剪贴板的使用

在写入模式下，首先用矩形光标选中梯形图中的某个触点或线圈。按住鼠标左键，并在梯形图中移动光标，可以选中一个长方形区域，被选中的部分变为深蓝色，如图 9.11 所示。

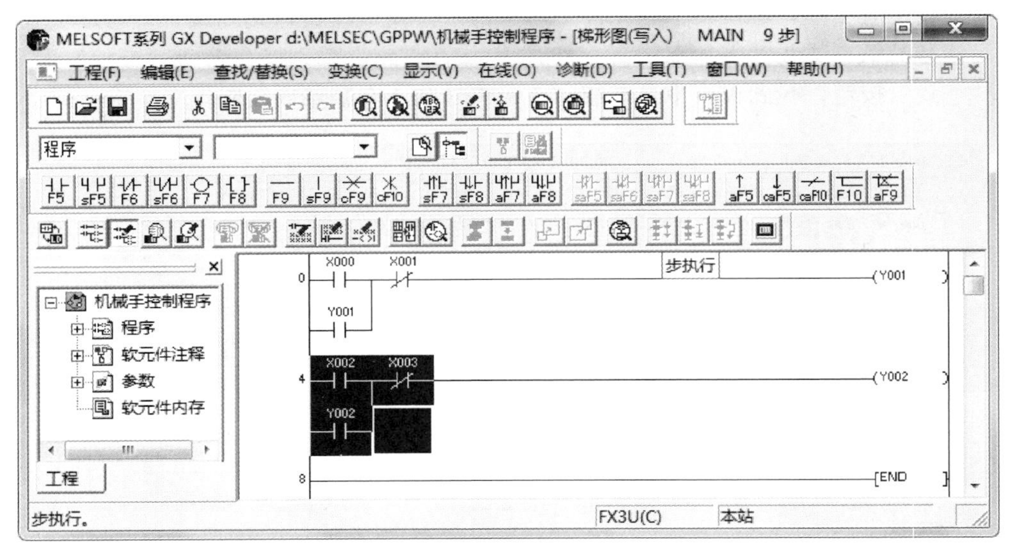

图 9.11　选中部分梯形图

在写入模式下，在最左边的步序号区按住鼠标左键，并移动光标，将会选中一个或多个电路，如图 9.12 所示。

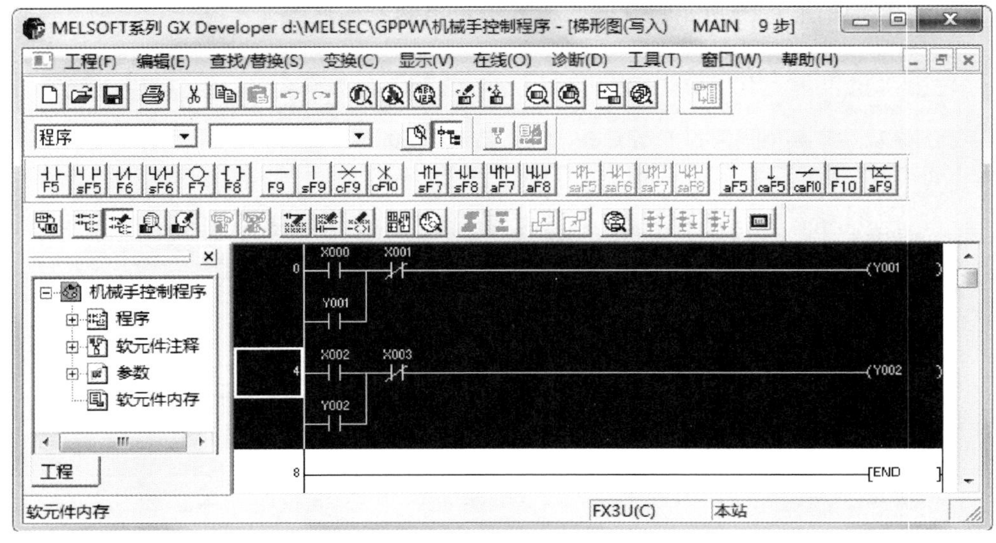

图 9.12　选中梯形图中的电路

可以将选中部分复制/剪切并粘贴到用户程序中的其他地方，甚至可以复制到同时打开的其他项目中；也可以按 Delete 键删除。选中部分包含 END 时，不能复制或剪切。

7. 程序区的放大/缩小

执行菜单命令“显示”→“放大/缩小”，弹出“放大/缩小”对话框，如图 9.13 所示，可设置显示的倍率。如果选中“自动倍率”单选项，则将根据程序区的宽度自动确定倍率。未选中“自动倍率”时，单击工具条上的“倍率放大”按钮和“倍率缩小”按钮，可以增大和缩小显示倍率。

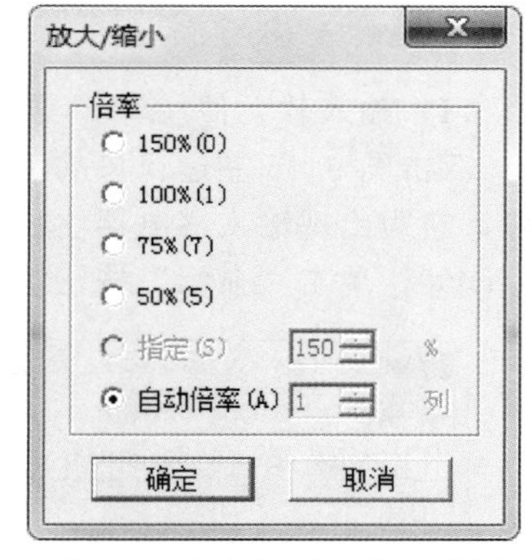

图 9.13 “放大/缩小”对话框

8. 查找/替换功能

在写入模式下，执行菜单命令“查找/替换”，或单击工具条上的“查找/替换”按钮，可实现软元件、指令、步序号、字符串、触点、线圈、注释的查找，或软元件、指令、字符串、触点、线圈的替换。

执行菜单命令“查找/替换”→“触点线圈使用列表”，在打开的对话框中输入软元件号 Y001，单击“执行”按钮，将列出该软元件所有触点、线圈所在的步序号。双击列表中的某行，光标将会选中程序中对应的触点或线圈。

执行菜单命令“查找与替换”→“软元件使用列表”，在打开的对话框中输入输出继电器 Y001 的软元件号，将会显示程序中使用了哪些从 Y001 开始的输出继电器、是否使用了它的触点或线圈、每个软元件的使用次数及软元件的注释。

9. 程序检查

执行菜单命令“工具”→“程序检查”，或单击工具条上的“程序检查”按钮，弹出“程序检查”对话框，如图 9.14 所示，设置检查内容，单击“执行”按钮，在下面的列表框中出现检查结果。

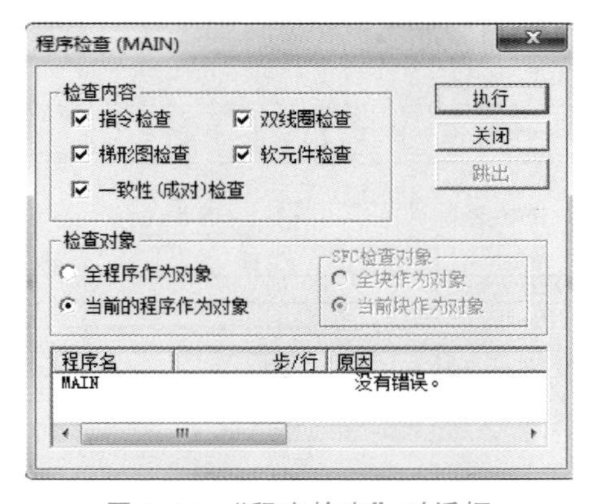

图 9.14 “程序检查”对话框

9.1.3 注释、声明和注解的输入与显示

在程序中，可以输入和显示下列附加信息。

(1) 为每个软元件指定一个注释。

(2) 在梯形图的电路上面添加 64 字符×n 行的声明，为跳转、子程序指针（P 指针）和中断指针（I 指针）添加 64 字符×1 行的声明。

(3) 在线圈的上面添加 32 字符×1 行的注解。

1. 元件注释

(1) 输入软元件注释。

双击图 9.15 左边窗口的工程数据列表的“软元件注释”文件夹中的 COMMENT（注释），右边出现输入继电器注释视图，输入 X0 和 X1 的注释。在“软元件名”文本框中输入 Y000，单击“显示”按钮，切换到输出继电器注释视图，输入注释，如图 9.16 所示。

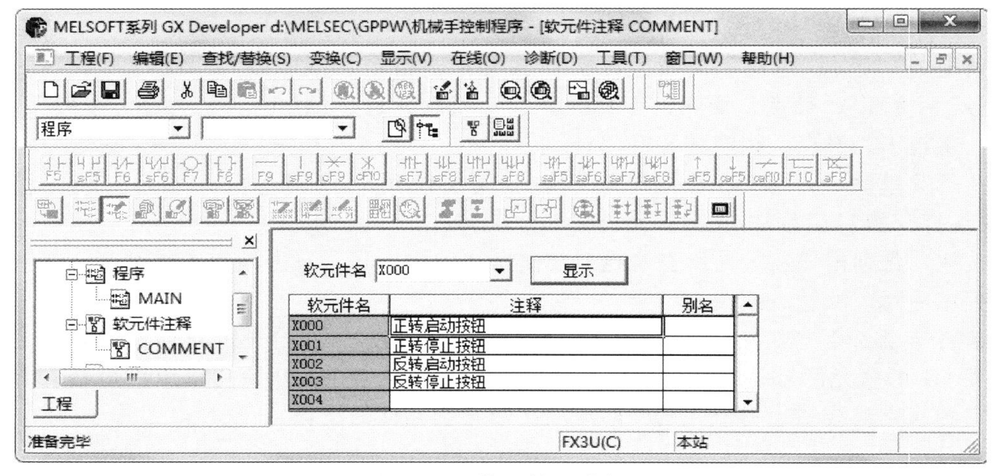

图 9.15 软元件 X 注释

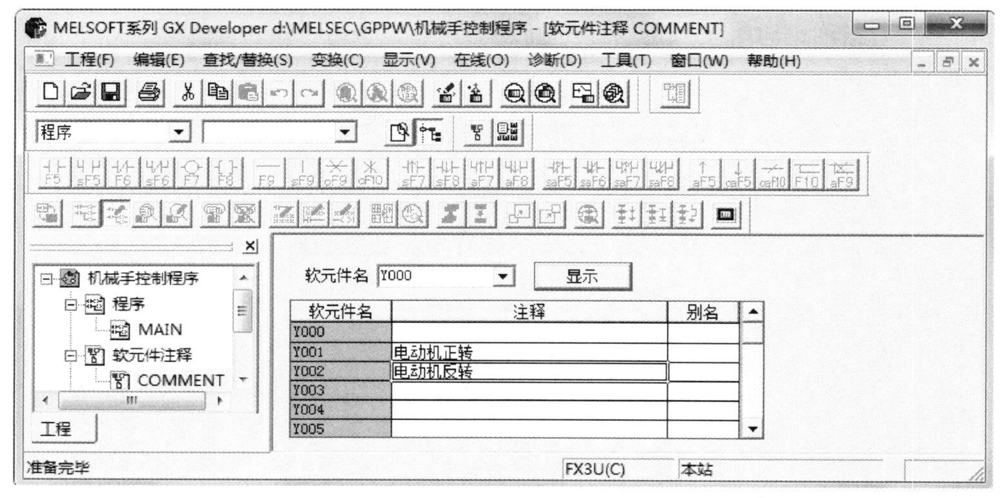

图 9.16 输入注释

在写入模式下单击工具条上的“注释编辑”按钮，进入注释编辑模式。双击梯形图中的某个触点或线圈，可以在出现的“注释输入”对话框（图 9.17）中输入注释或修改已有注释。单击“确定”按钮，在梯形图中将显示修改后的注释，修改后的注释同时自动进入软元件注释表。再次单击“注释编辑”按钮，退出注释编辑模式。

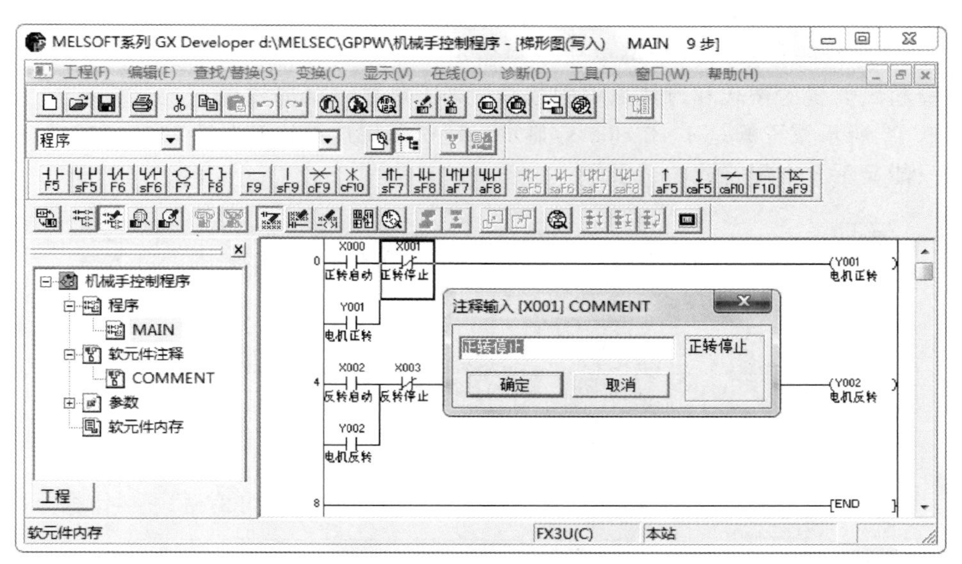

图 9.17 “注释输入”对话框

(2) 显示软元件注释。

执行菜单命令“显示”→“注释显示”，该命令的左边出现一个“√”，将会在触点和线圈的下面显示在软元件注释视图中定义的注释。再次执行该命令，该命令左边的“√”消失，梯形图中软元件下面的注释也随之消失。

(3) 设置注释的显示方式。

如果采用默认的注释显示方式，则注释将占用4行，程序显得很不紧凑，因此需要设置注释的显示方式，如图9.18所示。

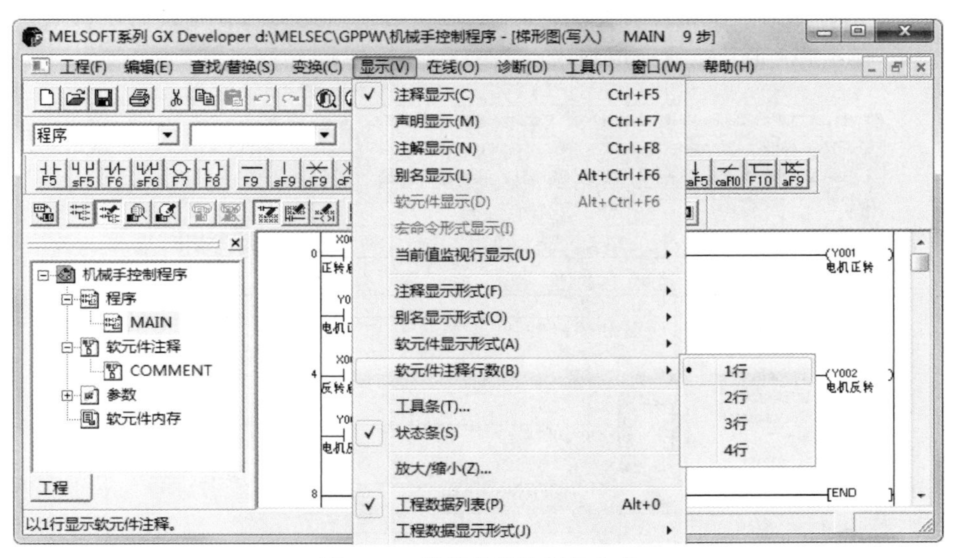

图 9.18 设置注释的显示方式

① 设置注释显示形式。执行菜单命令“显示”→“注释显示形式”，可选 4×8（4 行、每行 8 个字符或 4 个汉字）或 3×5 的显示方式。

② 设置注释的行数。执行菜单命令“显示”→“软元件注释行数”，可选 1～4 行，如果注释超出设置的格式和行数显示的范围，则不能显示全部注释。

图 9.19 所示设置的是 4×8 和 1 行显示，建议采用这种比较紧凑的显示方式，其不足之处是只能显示 8 个字符或 4 个汉字。

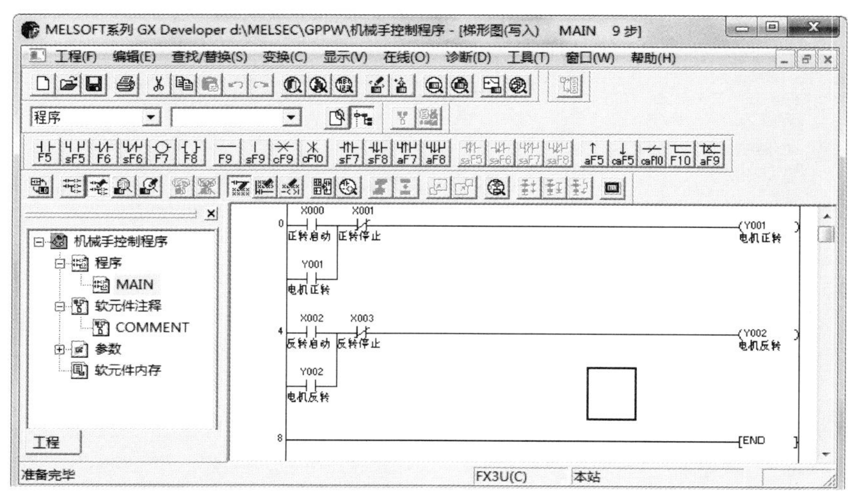

图 9.19　注释的显示方式

2. 声明

(1) 输入声明。

将矩形光标放到步序号所在处并双击，在出现的“梯形图输入”对话框中输入声明，如图 9.20 所示，输入“电机反转控制电路”，声明必须以英文的分号开始，否则认为输入的是指令，单击“确定”按钮完成输入。

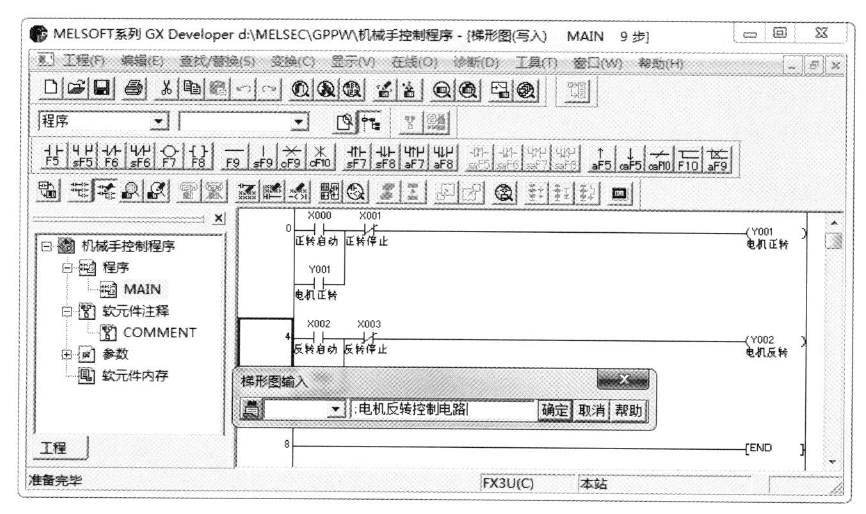

图 9.20　输入声明

在写入模式下单击工具条上的“声明编辑”按钮，进入声明编辑模式。双击梯形图中的某个步序号或某块电路，在出现的“行间声明输入”对话框中输入声明或修改已有声明。单击“确定”按钮后，在该电路块的上面立即显示新的或修改后的声明。再次单击“声明编辑”按钮，退出声明编辑模式。

（2）显示声明。

执行菜单命令“显示”→“声明显示”，该命令的左边出现一个“√”，在电路上面显示输入的声明“电机反转控制电路”，如图9.21所示。再次执行该命令，该命令左边的“√”消失，声明也随之消失。

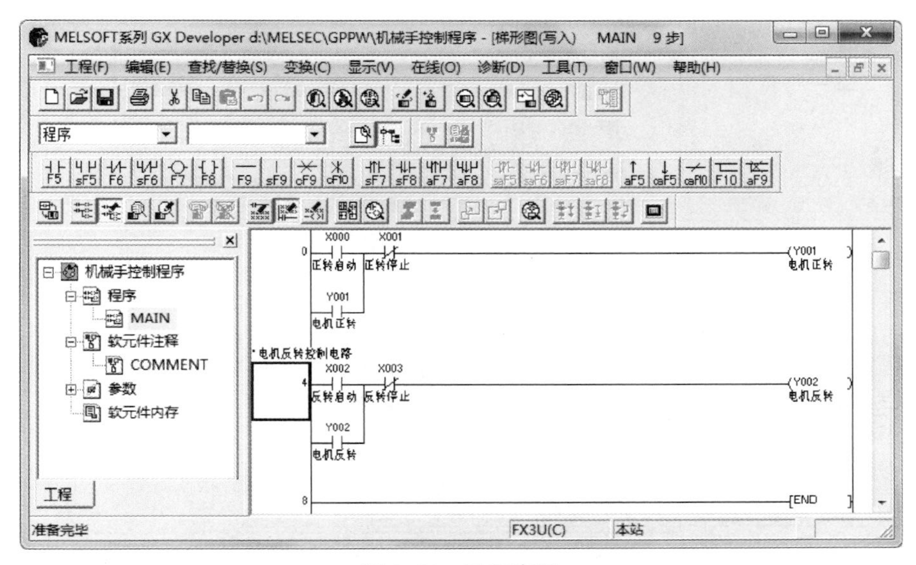

图9.21 显示声明

双击显示的声明，可以在出现的“梯形图输入”对话框中进行编辑。选中程序中的声明，按Delete键，可以删除。

3. 注解

（1）输入注解。

在写入模式下单击工具条上的“注解项编辑”按钮，进入注解编辑模式。双击梯形图中的某个线圈或输出指令，可以在出现的“输入注解”对话框中输入注解或修改已有注解，如图9.22所示。单击“确定”按钮后，在该电路块的上面立即显示新的或修改后的注解。再次单击“注解项编辑”按钮，退出注解编辑模式。

（2）显示注解。

执行菜单命令“显示”→“注解显示”，该命令的左边出现一个“√”，将会在Y002的线圈上面显示输入的注解“控制电机反转接触器”。再次执行该命令，该命令左边的“√”消失，注解也随之消失。双击显示的注解，可以在出现的“梯形图输入”对话框中编辑注解。选中梯形图中的注解，按Delete键，可以删除。

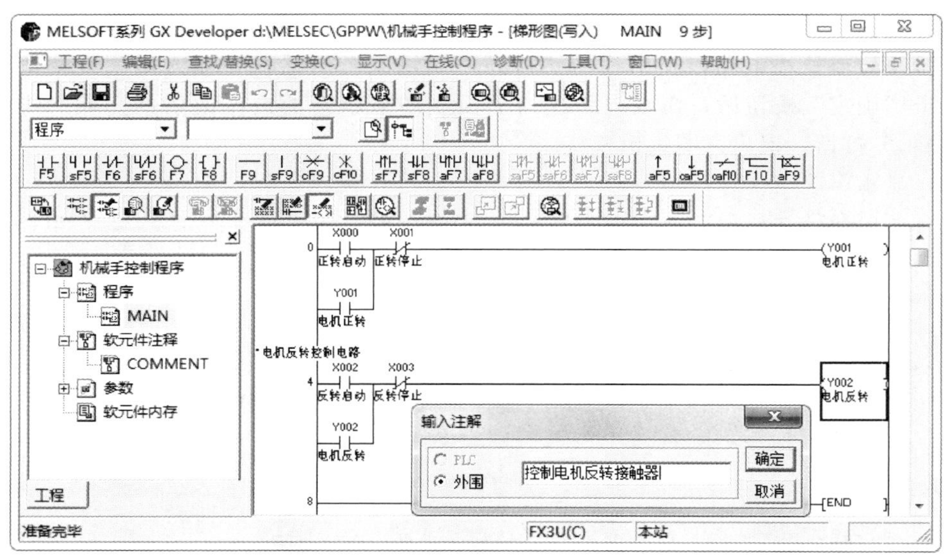

图 9.22　输入注解

注释、声明、注解都处于显示状态的梯形图程序如图 9.23 所示。

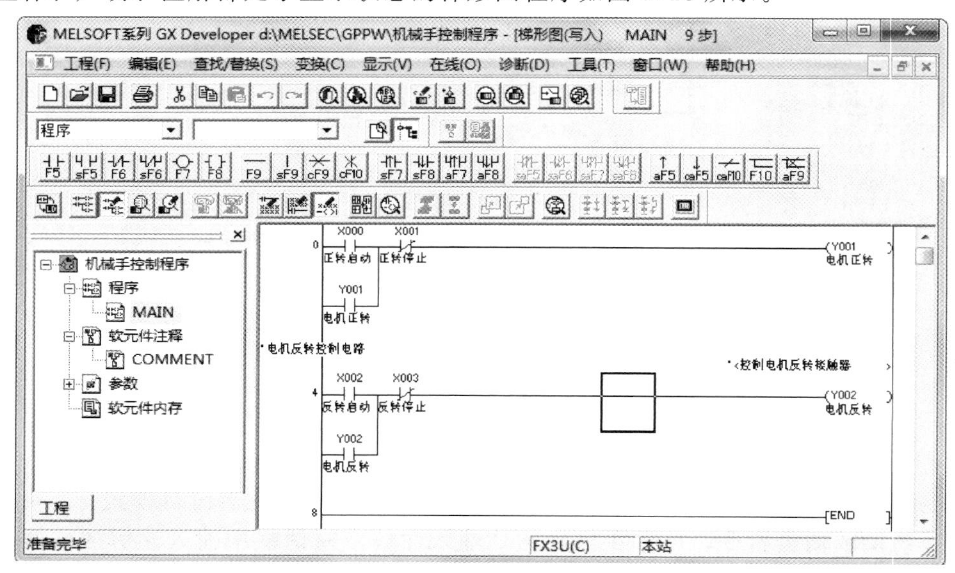

图 9.23　注释、声明、注解都处于显示状态的梯形图程序

4. 梯形图与指令表显示切换

单击工具条上的“梯形图/指令表显示切换”按钮，将在梯形图与指令表两种语言之间切换。也可通过菜单命令实现切换，在梯形图状态下，执行菜单命令“显示”→“列表显示”，程序以指令表形式显示；在指令表状态下，执行菜单命令“显示”→“梯形图显示”，程序以梯形图形式显示。

图 9.24 所示为关闭了注解显示的指令表程序。指令表显示形式下，声明和注解不能被关闭。

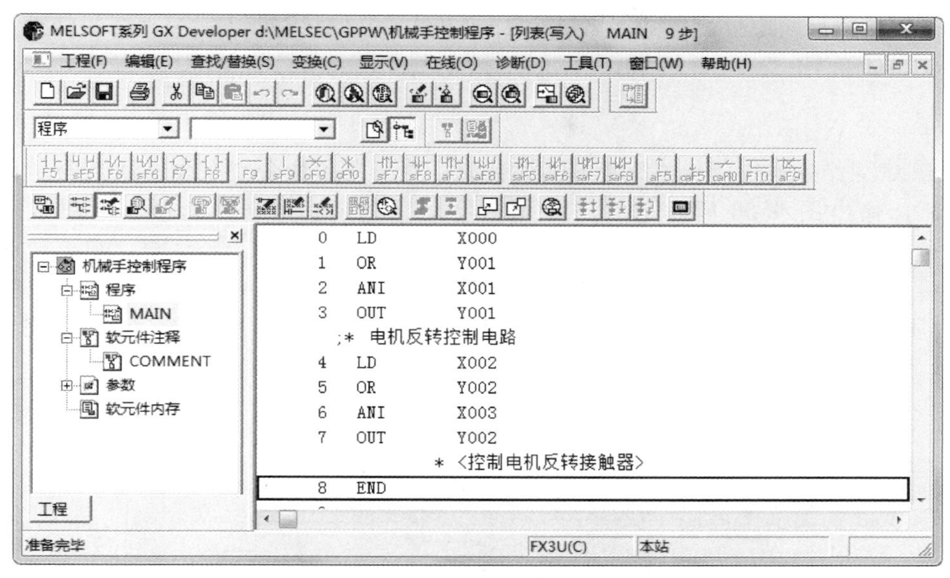

图 9.24 关闭了注解显示的指令表程序

9.1.4 用户程序下载到 PLC

1. 通信连接与设置

将编程电缆 USB－SC09－FX 的 USB 端插入编程计算机的 USB 接口，另一端 8 针圆形插口插入 PLC 的 8 孔圆形接口。

在 GX Developer 中执行菜单命令“在线＼传输设置”，弹出“传输设置”对话框，双击“串口”图标进行串口设置。对于 FX_{3U} 系列 PLC，通信速率选择 115.26kb/s，选择与计算机连接的串口 COM5，如图 9.25 所示。设置后单击“通信测试”按钮检验连接是否成功，连接成功后即可把编写好的程序下载到 PLC 存储器中。

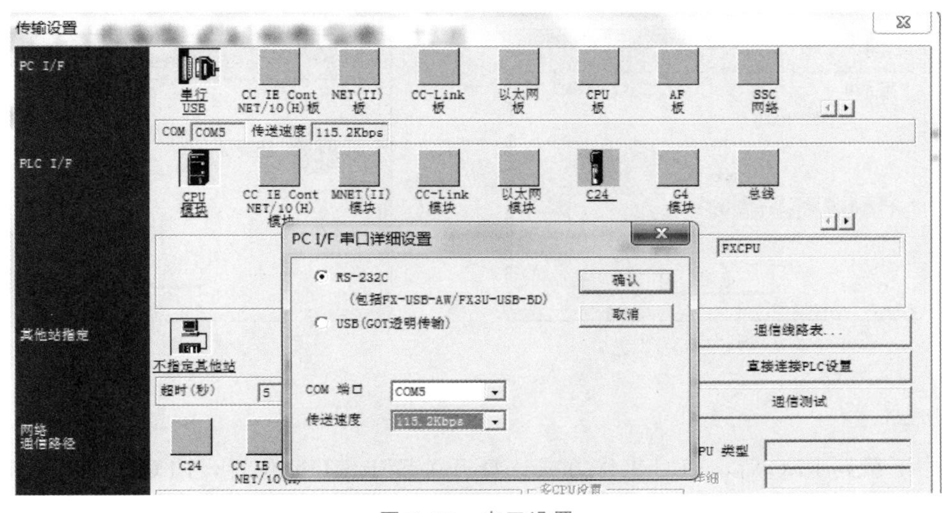

图 9.25 串口设置

与计算机连接的串口，可通过双击“计算机”→“系统属性”→“设备管理器”→“端口（COM和LPT)”→“USB－SERIAL CH340（COM5)”查看。

2. 程序下载

把PLC工作方式选择开关置于STOP位置，执行菜单命令“在线（O)”→“PLC写入（W)”，弹出图9.26所示的“PLC写入”对话框，在“文件选择”选项卡下勾选MAIN程序，单击“执行”按钮，弹出“是否执行PLC写入?”对话框，单击“是”按钮，开始从计算机到PLC写入用户程序。图9.27所示为写入过程，写入完成界面如图9.28所示，单击“确定”按钮，返回“PLC写入”对话框，关闭该对话框，完成程序下载。

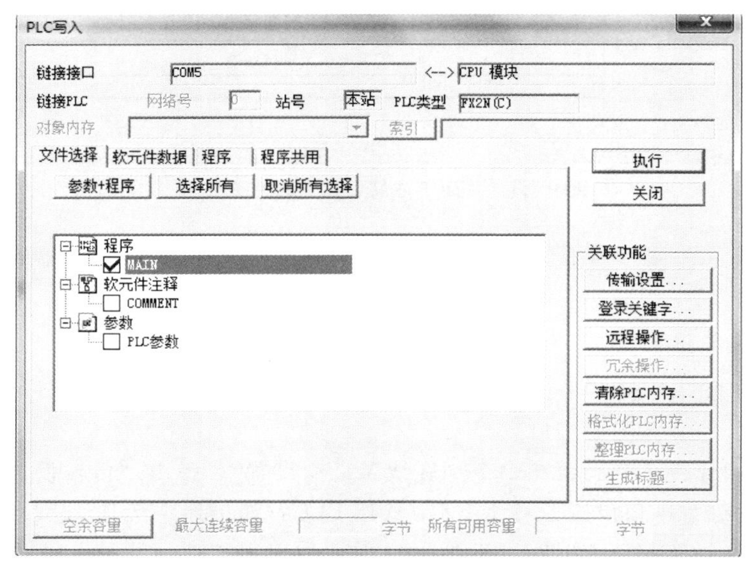

图9.26 “PLC写入”对话框

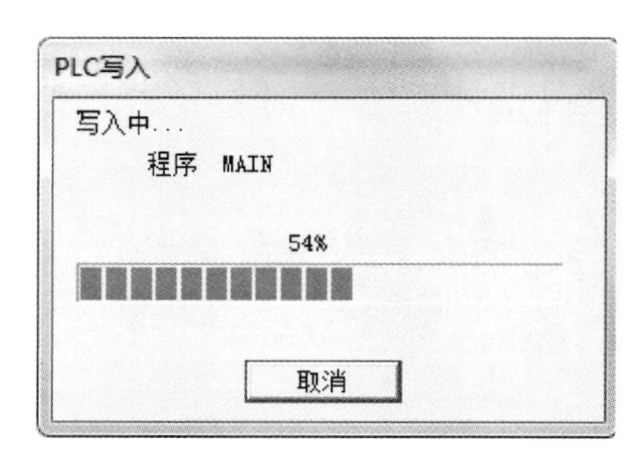

图9.27 写入过程

图9.28 写入完成界面

3. 运程序行

程序下载到PLC后，PLC工作方式选择开关置于RUN位置，PLC可独立运行用户程序，控制执行机构工作。

9.2 西门子 STEP 7－Micro/WIN 编程软件

9.2.1 编程软件安装

双击安装文件夹“STEP 7－Micro/WIN V4.0＋SP9”中的 SETUP.EXE，开始安装编程软件，使用默认的安装语言 English，单击 Next 按钮，出现准备安装窗口 Preparing Setup，开始安装。单击 Welcome to InstallShield Wizard 窗口中的 Next 按钮，出现许可协议窗口 License Agreement，单击 Yes 按钮，出现选择安装位置窗口 Choose Destination Location，单击 Browse 按钮，选择软件安装的目标文件夹，单击 Next 按钮，开始安装。安装结束后，出现 InstallShield Wizard Complete 对话框，表示安装完成。取消勾选 Yes, I want to view the Read Me file now 复选框，不阅读软件的自述文件，单击 Finish 按钮退出安装程序。

安装成功后，双击桌面上的 STEP 7－Micro/WIN 图标，打开编程软件，出现英文界面，执行菜单命令 Tools→Options，如图 9.29 所示，在弹出的对话框中单击左边的 General，在 General 选项卡中选择 Language 为 Chinese，如图 9.30 所示。先后单击 OK 按钮和 NO 按钮，退出 STEP 7－Micro/WIN 后，再进入该软件，界面和帮助文件均已变成中文，如图 9.31 所示。

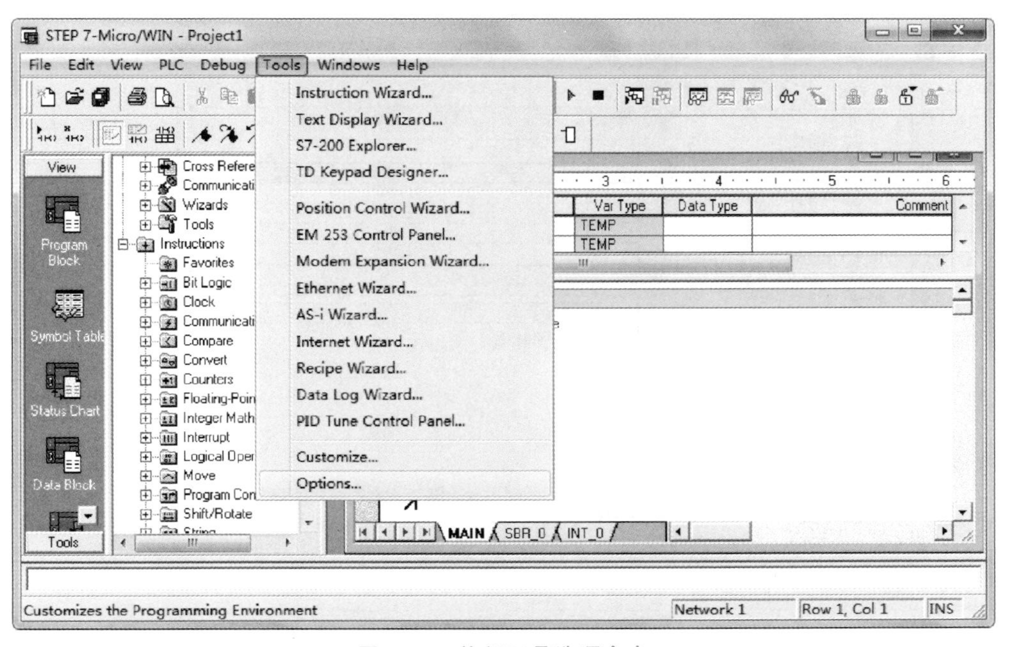

图 9.29 执行工具选项命令

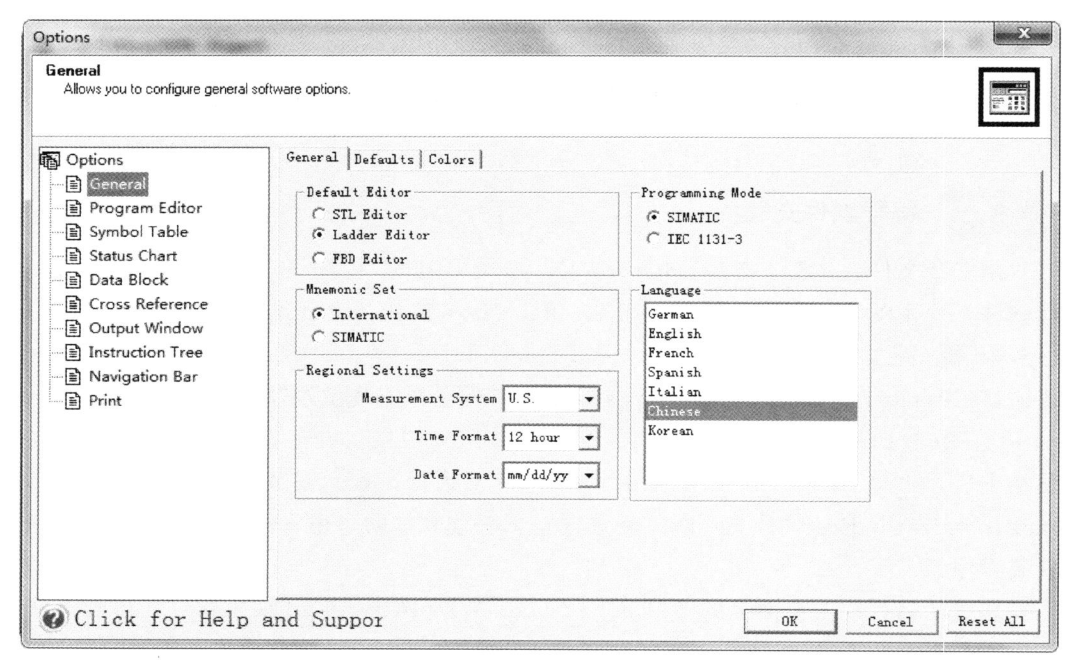

图 9.30 选择中文

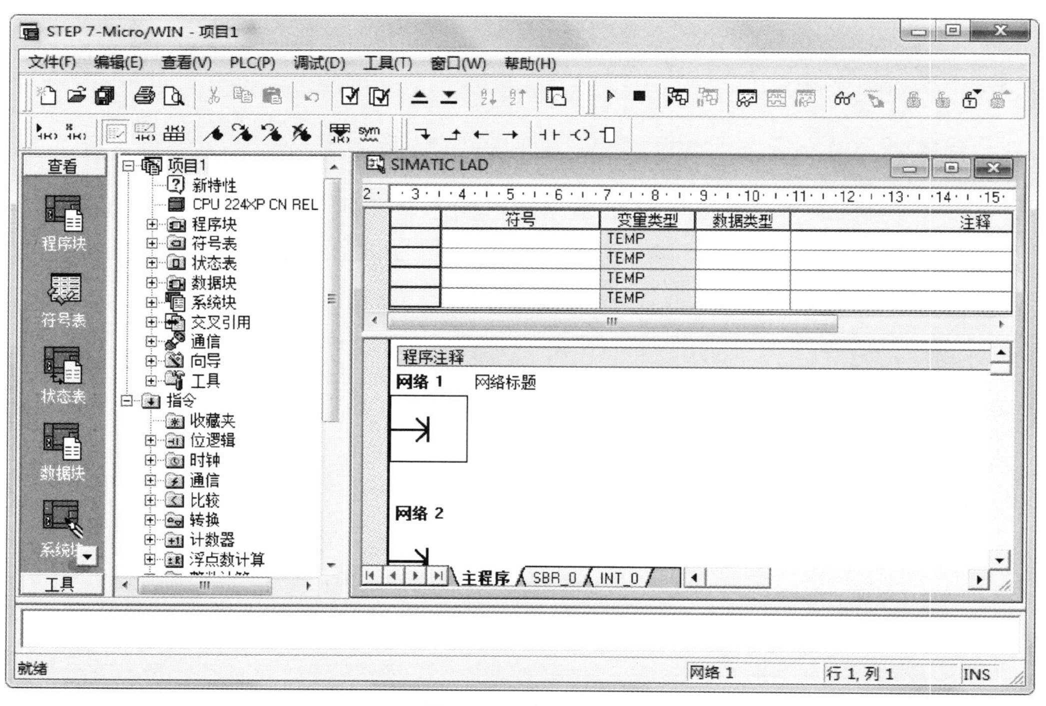

图 9.31 中文界面

9.2.2 编程软件界面功能

STEP7 - Micro/WIN 编程软件的工作界面如图 9.32 所示，主要有菜单栏、工具栏、局部变量表、浏览条、指令树、输出窗口、程序编辑器、选项卡、状态栏等。

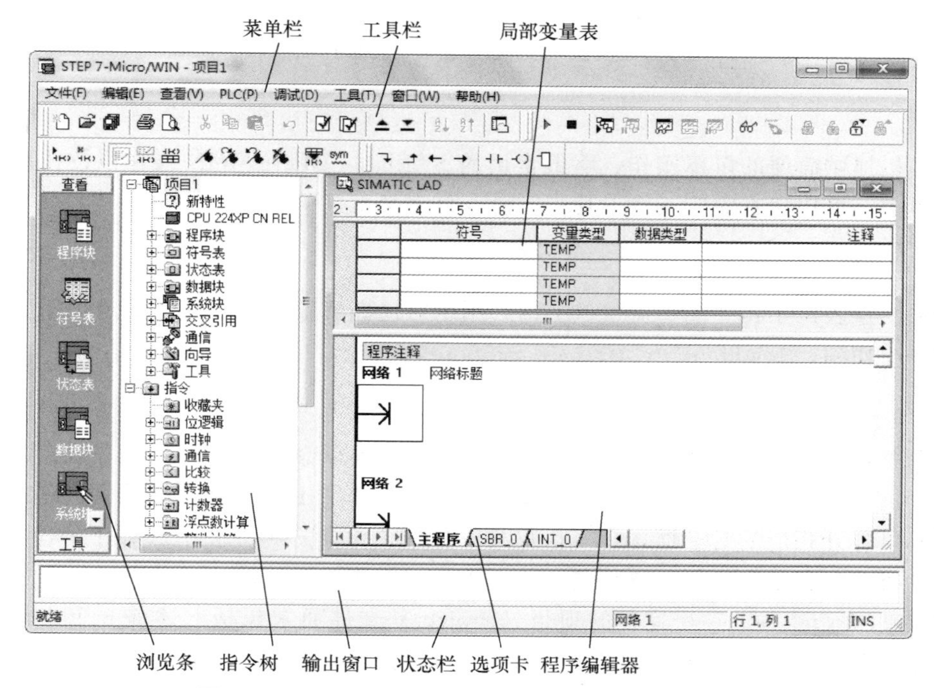

图 9.32 STEP 7 - Micro/WIN 编程软件的工作界面

1. 菜单栏

菜单栏包括文件、编辑、查看、PLC、调试、工具、窗口、帮助 8 个主菜单，其中文件、编辑、窗口、帮助与其他常用应用软件的大同小异，这里不再赘述。下面简要介绍查看、PLC、调试、工具 4 个菜单。

(1) 查看 (View) 菜单。

选择编程语言，可以在梯形图、语句表、功能块 3 种编程语言之间切换。可以通过“框架”子菜单打开或关闭浏览条、指令树、工具栏按钮区。可以通过“组件”子菜单执行浏览栏的任何项。

(2) PLC (P) 菜单。

PLC 菜单可建立与 PLC 联机时的相关操作，如改变 PLC 的工作方式 (RUN 或 STOP)、在线编译、查看 PLC 信息、上电复位、清除 PLC 存储卡中的程序和数据、时钟、存储器卡操作、程序比较、PLC 类型选择及通信设置等，还可提供离线编译的功能。

(3) 调试 (Debug) 菜单。

调试菜单主要用于联机调试。在离线方式下，可进行扫描操作，但该菜单的下拉菜单多数呈现灰色，表示不具备执行条件。

（4）工具（Tools）菜单。

工具菜单可以调用复杂指令向导，包括 PID 指令、NETR/NETW 指令和 HSC 指令，使复杂指令的编程工作大大简化，有文本显示向导、位置控制向导、EM253 控制面板、调制解调器扩展向导、以太网向导、AS－i 向导、因特网向导、数据记录向导、PID 调节控制面板、安装 TD400C 文本显示器、改变界面风格。还可以用“选项”子菜单设置 3 种程序编辑器风格，如语言模式、颜色、字体、指令盒的大小等。

2. 工具栏

工具栏提供简便的鼠标操作，将最常用的 STEP 7－Micro/WIN 操作以按钮形式设置到工具栏中。可用“查看”→“工具栏”命令自定义工具条。

3. 局部变量表

局部变量表位于程序编辑器窗口上部，用来对局部变量赋值。局部变量仅限于在它所在的程序中使用。

4. 浏览条

浏览条提供按钮控制的快速窗口切换功能，执行菜单命令“查看”→“框架”→“浏览条”，可打开或关闭浏览条。浏览条包括“查看”和“工具”两个菜单下的快捷图标，单击图标可打开相应的对话框，也可执行菜单命令“查看”→“组件”来打开对话框。浏览条的“查看”包括程序块、符号表、状态表、数据块、系统块、交叉引用、通信和设置 PG/PC 接口 8 个组件。一个完整的项目（Project）文件通常包括上述前 6 个组件。浏览条的“工具”包括指令向导、文本显示向导、位置控制向导、EM253 控制面板等组件。

程序块由可执行代码和注释组成，可执行代码由主程序（OB1）、可选的子程序（SBR_0）和中断程序（INT_0）组成，经编译后可下载到 PLC 中；而注释被忽略。

符号表允许程序员使用带有实际含义的符号作为编程元件，而不是直接用元件在主机中的直接地址。例如，编程时用 start 作为编程元件符号，而不用 I0.0。程序编译后下载到 PLC 中时，所有符号地址被转换为绝对地址，符号表中的信息不下载到 PLC。

状态表用于联机调试时，监视和观察程序执行时各变量的值和状态。状态表不下载到 PLC 中，它仅是一种监控用户程序执行情况的工具。

交叉引用表列举出程序中使用的各操作数，在哪个程序块的什么位置出现，以及使用它们的指令的助记符。还可以查看哪些内存区域已经被使用，作为位使用还是作为字节使用。在运行方式下编辑程序时，可以查看程序当前正在使用的跳变信号的地址。交叉引用表不下载到 PLC 中，只有在程序编辑成功后才能看到交叉引用表的内容。在交叉引用表中双击某操作数，可以显示出包含该操作数的程序。

5. 指令树

指令树提供编程时用到的所有快捷操作命令和 PLC 指令，可用“查看”→“框架”→“指令树”命令决定是否将其打开。指令树提供所有项目对象及为当前程序编辑器（LAD、FBD 或 STL）提供的所有指令的树形视图。

单击指令树中文件夹左边带加、减号的小方框，可以打开或关闭该文件夹；也可以双击某个文件夹来打开或关闭它，双击指令树中的某个对象，将会打开对应的窗口。

将光标放到指令树右侧的垂直分界线上，光标变为水平方向的双向箭头，按住鼠标左键，移动鼠标，可以拖动垂直分界线，调节指令树的宽度。可以右击浏览条，在弹出的快捷菜单中单击“隐藏”命令，关闭浏览条。

6. 输出窗口

输出窗口用来显示程序编译的结果信息，如程序的各块（主程序、子程序的数量及子程序号、中断程序的数量及中断程序号）及各块的大小，编译结果有无错误及错误编码和位置等。当输出窗口列出程序错误时，可双击错误信息，在程序编辑器窗口中显示出错的网络。修正程序后，重新编译，更新输出窗口。

执行菜单命令“查看”→“框架”→“输出窗口”，可打开或关闭输出窗口。

7. 程序编辑器

可用梯形图、语句表或功能图表编辑器编写用户程序，或在联机状态下，从 PLC 上传用户程序编辑或修改程序。

程序编辑器窗口包含局部变量表和程序视图。局部变量表用来对局部变量赋值，局部变量仅限于在其所在的程序中使用。将光标放到局部变量表与程序视图之间的分裂条上，光标变为垂直方向的双向箭头条，按住鼠标左键并上下移动鼠标，可以改变分裂条的位置。

8. 选项卡

选项卡位于程序编辑器窗口底部，单击选项卡的不同选项，可以在程序编辑器窗口切换显示主程序、子程序、中断程序。

9. 状态栏

状态栏用来显示软件执行状态信息。编辑程序时，显示当前网络号、行号、列号；运行时，显示运行状态、通信波特率、远程地址等。如果正在进行的操作需要很长时间才能完成，则显示进展信息。

9.2.3 程序编制

1. 新建项目

执行菜单命令“文件”→“新建”，或单击工具栏中的“新建”按钮，将在主窗口显示新建项目的主程序区。图 9.33 所示为新建项目界面，新建项目文件以“项目 1”命名，其中程序块包含一个主程序（OB1）、一个可选的子程序（SBR_0）和一个可选的中断程序（INT_0）。

（1）确定 PLC 的 CPU 型号。

执行菜单命令“PLC（P）”→“类型（T）”，弹出“PLC 类型”对话框，如图 9.34 所示，从中选择 PLC 类型；或者在指令树中右击“项目 1”下的 CPU221 图标，选择“类型”选项，在弹出的“PLC 类型”对话框中选择所用的 PLC 类型。

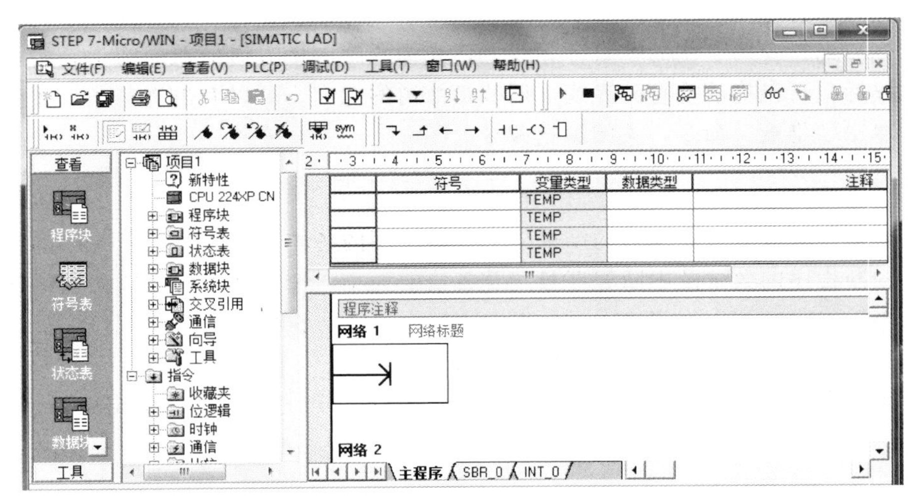

图 9.33　新建项目界面

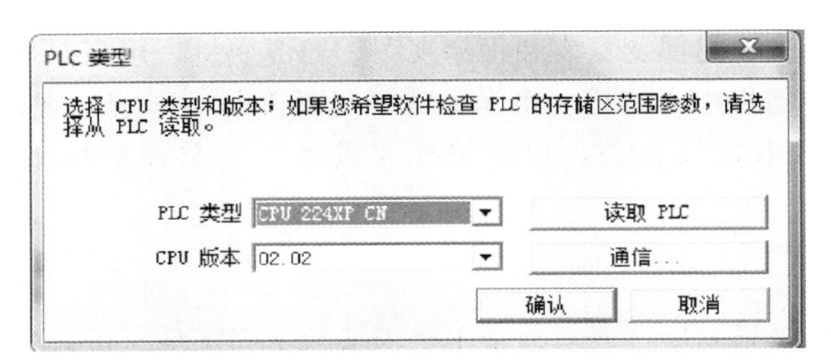

图 9.34　“PLC 类型”对话框

(2) 项目文件更名。

执行菜单命令“文件”→“另存为”，弹出“另存为”对话框，在此设置新建项目的文件名，文件扩展名为 .mwp。

(3) 添加子程序和中断程序。

添加子程序有以下三种方法。

① 执行菜单命令“编辑”→“插入”→“子程序”。

② 在程序编辑窗口右击编辑区，在弹出的快捷菜单中选择“插入”→“子程序”命令。

③ 右击指令树上的“程序块”图标，在弹出的快捷菜单中选择“插入”→“子程序”命令。

添加中断程序的方法与添加子程序的方法相似。如需对子程序和中断程序更名，可右击要更名的子程序或中断程序名称，选择“重命名”命令，然后直接命名即可。

2. 程序编辑

利用 STEP 7 - Micro/WIN 编程软件编辑和修改控制程序是程序员要做的最基本的工作。下面以梯形图程序为例，介绍编程基本操作，语句表和功能块图编程操作类似。

(1) 输入编程元件。

梯形图的编程元件主要有线圈、触点、指令盒、标号及连接线。输入方法有两种：一种是用工具栏编程元件按钮，如图9.35所示。对于触点、线圈、指令盒，单击对应按钮，在弹出窗口中单击要输入的指令，将指令插入光标所在位置。对于向下连线、向上连线、向左连线、向右连线，单击对应按钮，连线直接插入光标所在位置。单击"插入网络"按钮，光标所在位置下方插入一个网络；单击"删除网络"按钮，删除光标所在位置的网络。另一种是用指令树窗口中所列的一系列指令，双击要输入的指令，即可在矩形光标处放置一个编程元件。指令树窗口指令如图9.36所示。

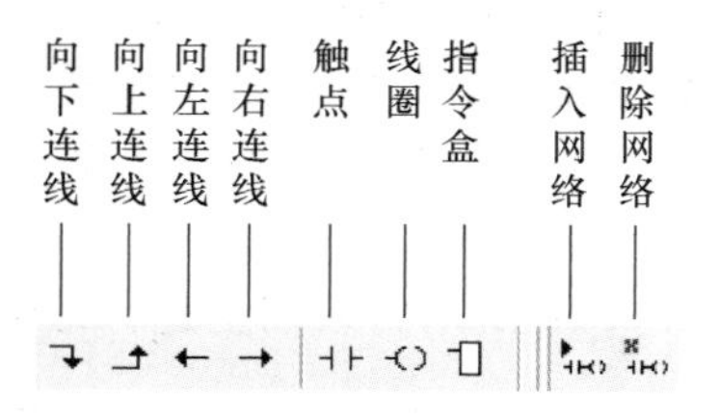

图 9.35 工具栏编程元件按钮

图 9.36 指令树窗口指令

① 顺序输入。在一个网络中，如果只有编程元件的串联连接，输入和输出都无分叉，则视作顺序输入。输入时只需从网络开始位置依次输入各编程元件即可，每输入一个编程元件，矩形光标自动移动到下一列。编程元件顺序输入如图9.37所示，图中"??.?"表示此处必须有操作数。此处的操作数为四个触点和一个线圈的名称，可单击"??.?"后输入合适的操作数。

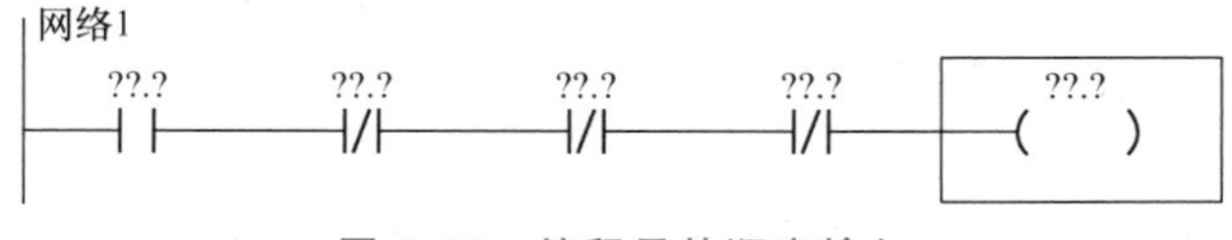

图 9.37 编程元件顺序输入

② 任意添加输入。要在任意位置添加一个编程元件，只需单击该位置，将光标移动

到此处，然后输入编程元件。可用工具条中的指令按钮编辑复杂结构的梯形图，在图 9.37 中，单击网络 1 中第一行下方的编程区域，则在开始处显示小图标，然后输入触点新生成一行，将光标移到要并联的触点处，单击“向上连接”按钮即可。如果要在一行的某个元件后向下分支，则将光标移到该元件，单击“向下连接”按钮，然后输入元件。

图 9.38 所示为采用上述方法编写的电动机双重互锁正反转控制梯形图程序。

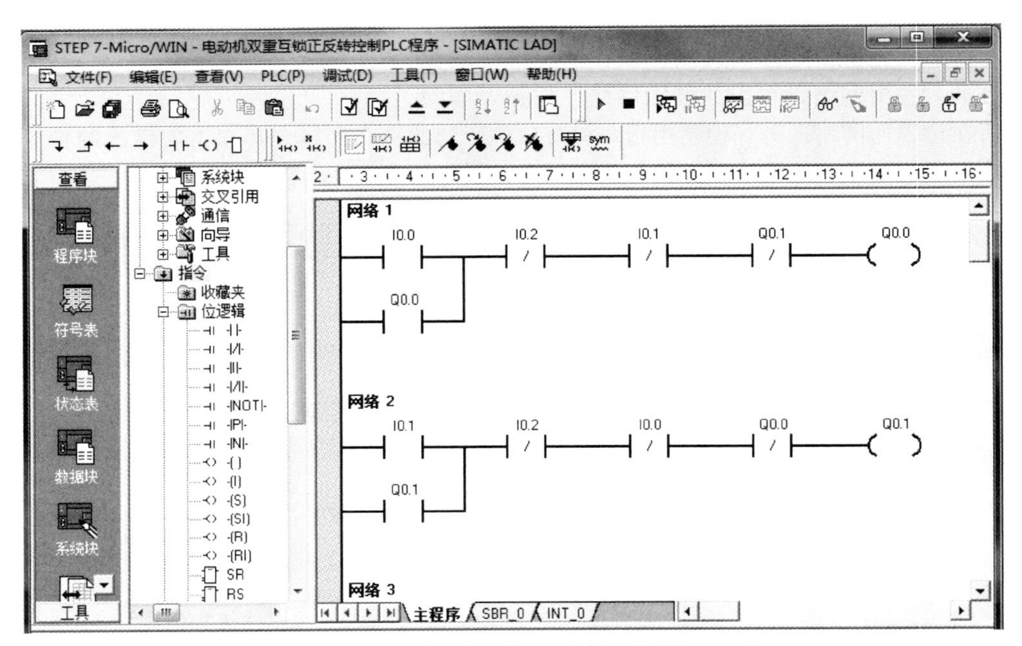

图 9.38　电动机双重互锁正反转控制梯形图程序

（2）插入或删除。

程序编辑中经常用到插入或删除一行、一列、一个网络、一个子程序、一个中断程序，方法有如下两种：一种是执行菜单命令“编辑”→“插入”或“删除”；另一种是在编辑区右击要操作的位置，弹出图 9.39 所示的下拉菜单，选择“插入”或“删除”命令，弹出子菜单，单击要插入或删除的选项，然后进行编辑。

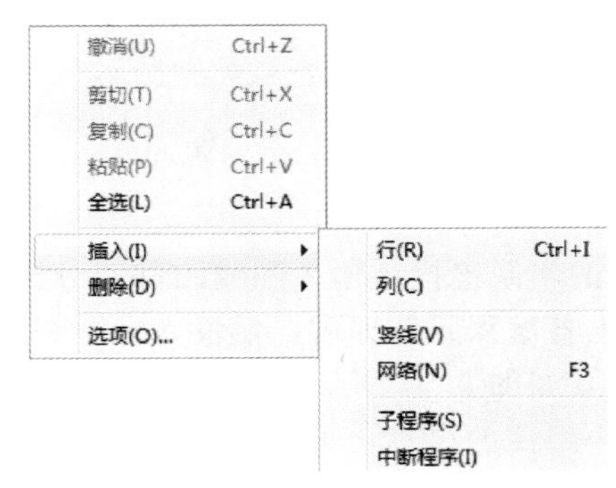

图 9.39　插入或删除选项

对于程序编辑，可把光标移动到某个网络的左端并单击，选中相应网络；也可把光标移动到某个网络左端，按下鼠标左键并上下拖动，选中多个网络，然后进行剪切、复制、粘贴操作。

（3）符号表。

使用符号表可将梯形图中的直接地址编号，用具有实际含义的符号代替，使程序更直观、易懂。使用符号表有以下两种方法。

① 在编程时使用直接地址（如 I0.0），然后打开符号表，编写与直接地址对应的符号

（如与 I0.0 对应的符号为 start），编译后由软件自动转换名称。

② 在编程时直接使用符号名称，然后打开符号表，编写与符号对应的直接地址，编译后得到相同结果。

单击指令树中“符号表”前面的“＋”展开符号表，双击其中的“用户定义”或“符号表”，弹出“符号表”窗口，如图 9.40 所示。把图 9.38 中的直接地址编号填写到符号表的“地址”列，并在“符号”列和“注释”列输入相应信息。

	符号	地址	注释
1	For_Start	I0.0	Forward Start Button
2	Rev_Start	I0.1	Reverse Start Button
3	Stp	I0.2	Stop button
4	KM1	Q0.0	Forward contactor
5	KM2	Q0.1	Reverse contactor

图 9.40 “符号表”窗口

执行菜单命令“PLC（P）”→“编译”后，执行菜单命令“查看（V）”，选中梯形图、符号寻址、符号信息表。图 9.38 中的梯形图程序显示为图 9.41 所示的符号表编程形式。要在梯形图中显示直接地址，执行菜单命令“查看（V）”，取消勾选“符号寻址”复选框即可。

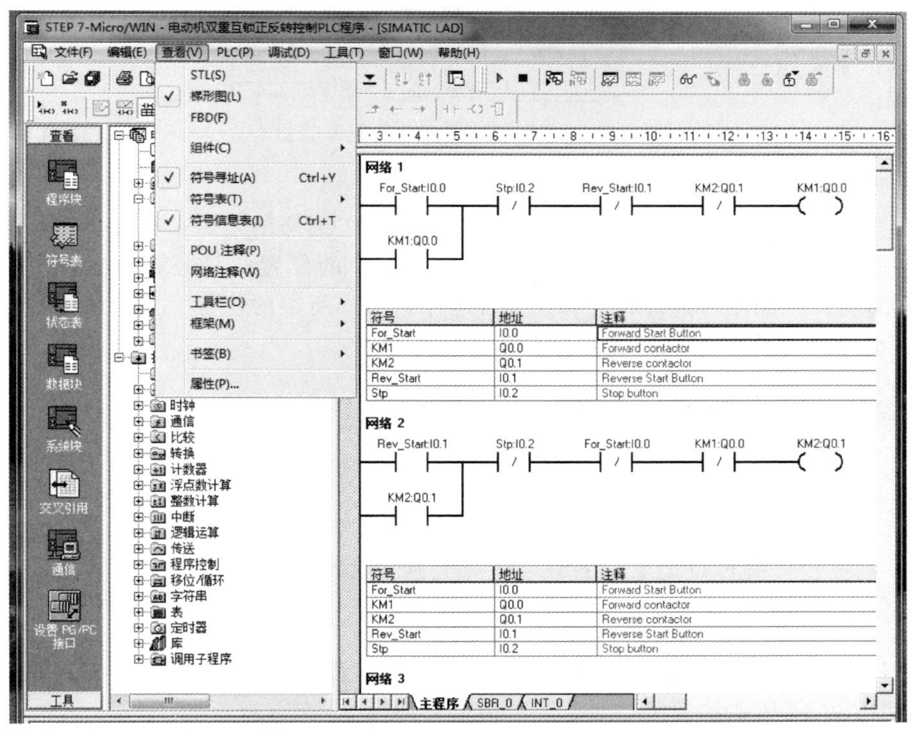

图 9.41 符号表编程形式

(4) 局部变量表。

① 局部变量与全局变量。程序中的每个程序组织单元（Program Organizational Unit，POU）都有 64kB 的存储单元组成的局部变量表。用它们定义有范围限制的变量，局部变量只在它被创建的 POU 中有效。而全局变量在各 POU 中均有效，只能在符号表（全局变量表）中定义。

② 局部变量的设置。将光标移动到编辑器的程序编辑区的上边缘并向下拖动，自动出现局部变量表，此时可为子程序和中断程序设置局部变量。图 9.42 所示为子程序调用指令的局部变量表，可在表中设置局部变量的参数名称、变量类型、数据类型及注释，局部变量的地址由程序编辑器在存储区中自动分配。在子程序中对局部变量表赋值时，变量类型有输入（IN）、输出（OUT）、输入/输出（IN_OUT）及暂时（TEMP）四种，可根据不同的参数类型选择相应的数据类型（如 BOOL、BYTE、INT、WORD 等）。

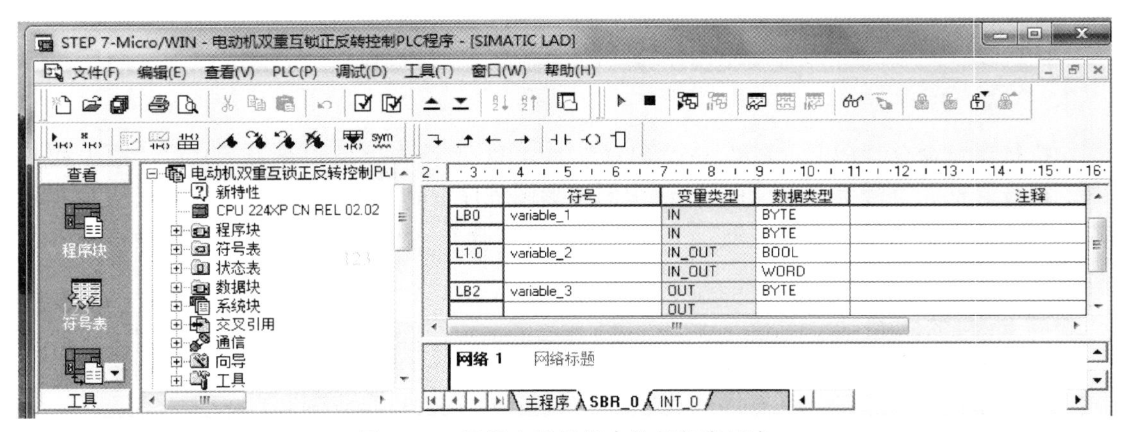

图 9.42　子程序调用指令的局部变量表

(5) 程序编译。

可用菜单命令“PLC”→“编译”进行离线编译。编译结束后，在输出窗口显示程序中语法错误的数量、各条错误的原因和错误在程序中的位置。双击输出窗口中的某条错误，程序编辑器中的矩形光标将会移动到程序中该错误所在的位置。只有改正程序中的所有错误，编译成功后才能下载程序。

9.2.4 通信设置与程序下载

1. 通信连接

将 S7-200 系列 PLC 专用的 PC/PPI 通信电缆的 USB/RS232C 端口直接插入计算机 USB 端口，将另一端的 D 型 9 针 RS-485 串行通信标准端口插入 PLC 串行通信接口。

2. 通信设置

在 STEP-7 Micro/WIN 中，执行菜单命令“查看（V）”→“组件（C）”→“通信（M）”，如图 9.43 所示，弹出“通信”对话框，如图 9.44 所示。

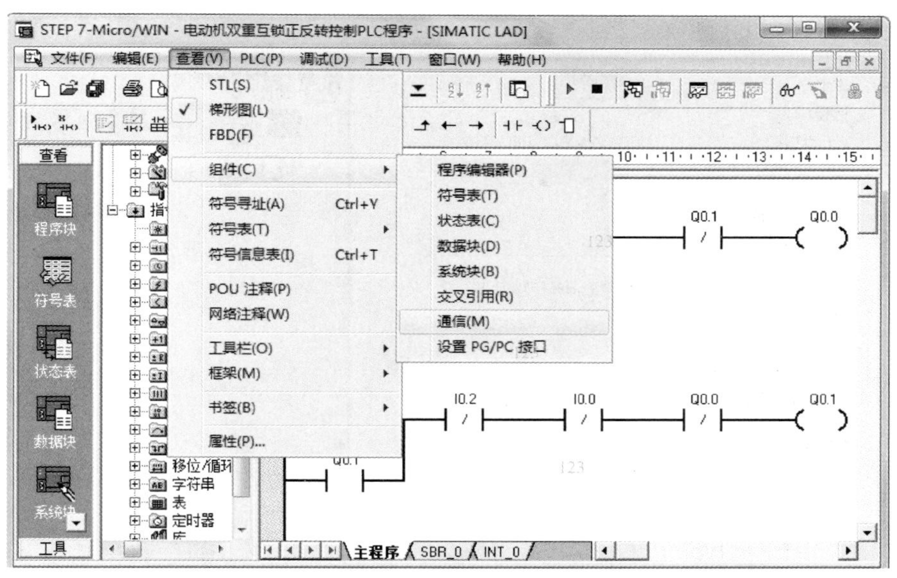

图 9.43 通信选项窗口

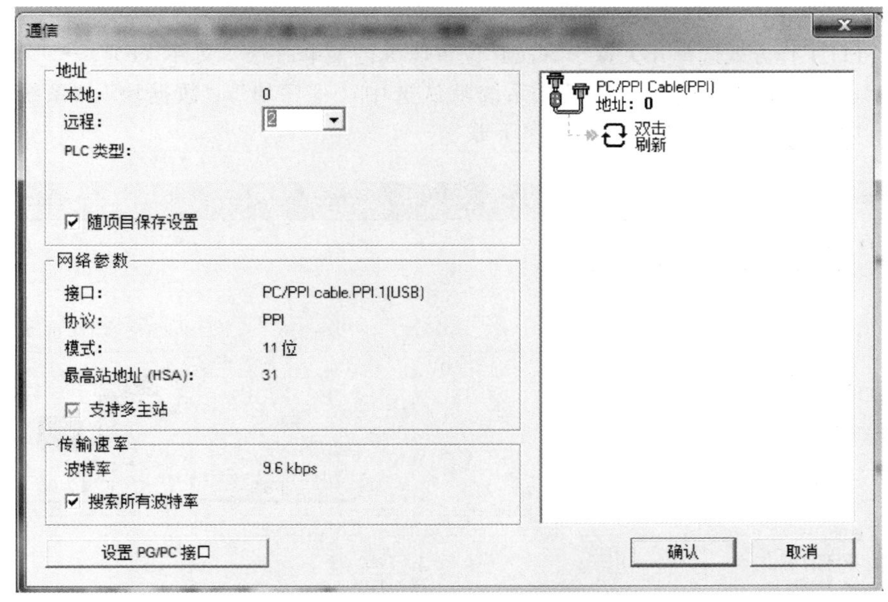

图 9.44 “通信”对话框

在“通信”对话框中双击“双击刷新”图标，将检查计算机连接的所有 S7-200 站点，并为每个站点建立 CPU 图标。图 9.45 中显示通信建立结果，可知建立了计算机与 CPU 224XP 的通信，通信地址为 2，传输速率为 9.6kbps，单击“确认”按钮，完成通信设置。连接成功后，即可把编写好的程序下载到 PLC 存储器中。

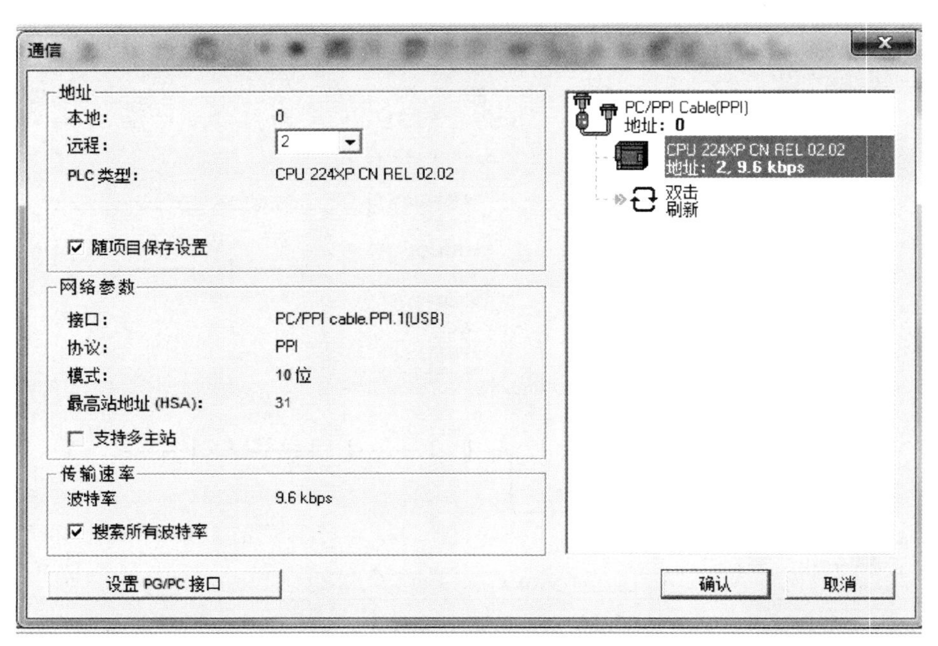

图 9.45　显示通信建立结果

3. 下载程序

先把 PLC 工作方式选择开关置于 STOP 位置，执行菜单命令“文件（F)”→“下载（D)”，弹出图 9.46 所示的“下载”对话框，系统默认选中“程序块”“数据块”“系统块”复选项，单击“下载”按钮，开始用户程序下载。

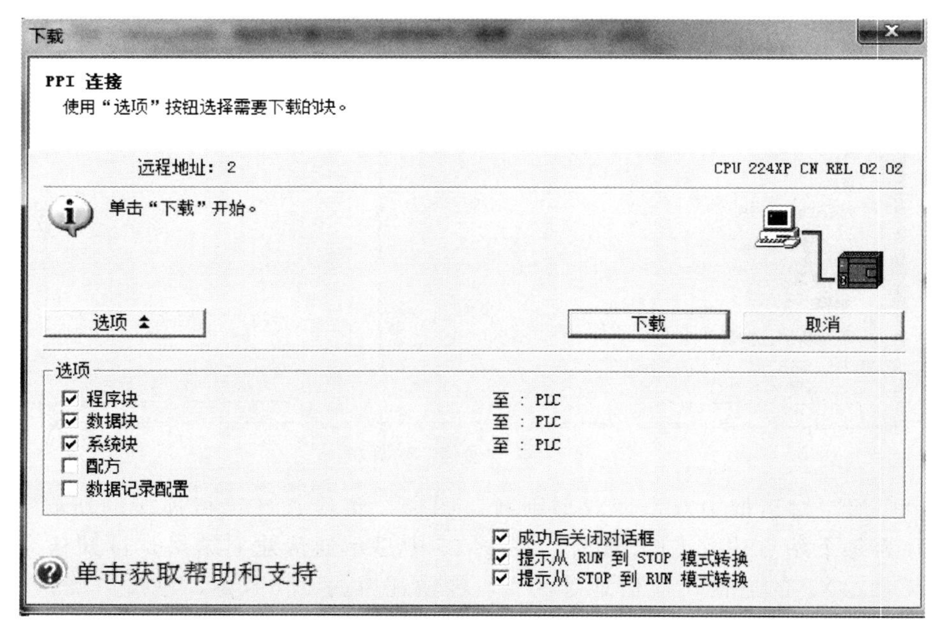

图 9.46　“下载”对话框

程序下载完成的界面如图9.47所示，屏幕下方的输出窗口显示“下载成功”。

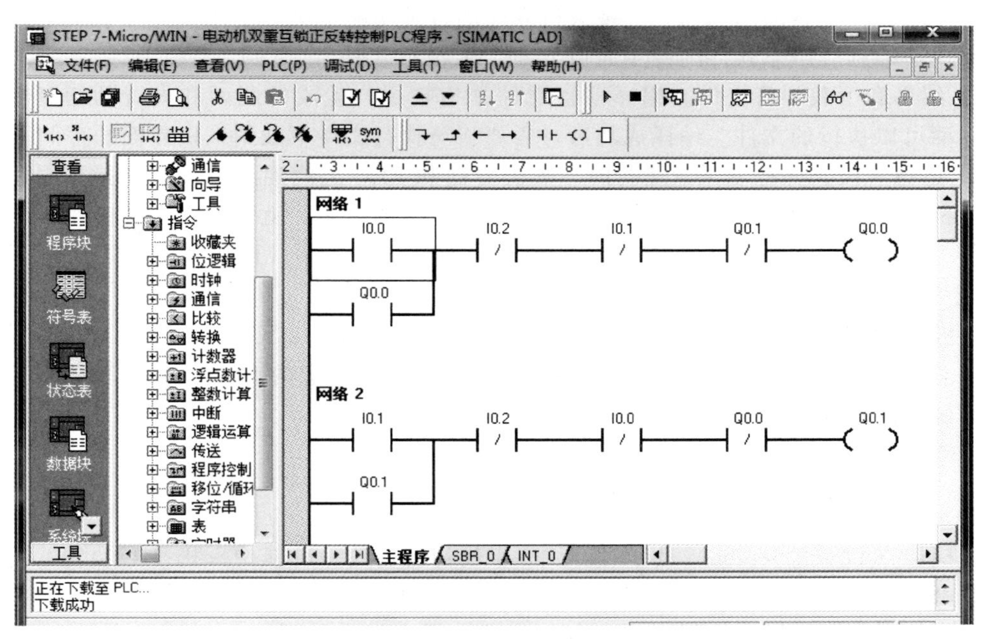

图9.47 程序下载完成的界面

4. 用户程序运行

程序下载成功后，把PLC工作方式选择开关置于RUN位置，PLC可独立运行用户程序，控制执行机构工作。

9.3 触摸屏与组态软件

9.3.1 人机界面与触摸屏

1. 人机界面及其工作原理

(1) 人机界面概述。

人机界面（Human Machine Interface，HMI），从广义上说，泛指计算机（包括PLC）与操作人员交换信息的设备。在控制领域，人机界面一般特指用于操作人员与控制系统之间进行对话和相互作用的专用设备。人机界面可以在恶劣的工业环境中长时间连续运行，是PLC的最佳搭档。人机界面用字符、图形和动画，动态显示现场数据和状态，操作人员可以通过人机界面来控制现场的被控对象。此外，人机界面还有报警、用户管理、数据记录、趋势图、配方管理、显示和打印报表、通信等功能。

(2) 人机界面的工作原理。

人机界面最基本的功能是显示现场设备（通常是PLC）中位变量的状态和寄存器中数字变量的值，用监控画面上的按钮向PLC发出各种命令，修改PLC寄存器中的参数。

① 对监控画面组态。首先需要用计算机上运行的组态软件对人机界面组态，生成满足用户要求的人机界面的画面，实现人机界面的各种功能。画面的生成是可视化的，一般不需要用户编程。组态软件的使用简单方便，很容易掌握。

② 编译和下载项目文件。编译项目文件是指将用户生成的画面和设置的信息转换为人机界面可以执行的文件。编译成功后，需要将可执行文件下载到人机界面的存储器中。

③ 运行阶段。在控制系统运行时，人机界面和 PLC 之间通过通信来交换信息，从而实现人机界面的各种功能。只需对通信参数进行简单的组态，就可以实现人机界面与 PLC 的通信。将画面中的图形对象与 PLC 的存储器地址联系起来，可以实现控制系统运行时 PLC 与人机界面之间的自动数据交换。

人机界面具有很强的通信功能，一般有串行通信端口（如 RS－232C 和 RS－422/RS－485 端口），有的还有 USB 和以太网端口。人机界面能与各主要生产厂家的 PLC 通信，也能与运行它的组态软件的计算机通信。

2. 触摸屏

（1）触摸屏及其工作原理。

触摸屏（Touch Screen）是 20 世纪 90 年代初出现的一种新的人机交互装置，是一种可接收触点等输入信号的感应式液晶显示器。当接触到屏幕上的图形按钮时，屏幕上的触觉反馈系统根据预先编制的程序驱动各种连接装置。触摸屏可以取代机械式的按钮面板，液晶显示画面效果生动，摆脱了键盘和鼠标操作，使人机交互更直接。

触摸屏的工作原理如下：用手指或其他物体触摸安装在显示器前端的触摸屏，系统根据手指触摸的图标或菜单位置来定位选择信息输入。触摸屏由触摸检测部件和触摸屏控制器组成。触摸检测部件安装在显示器屏幕前面，用于检测用户触摸位置，接收后传送至触摸屏控制器，触摸屏控制器接收触摸信息，并将它转换成触点坐标，再传送给 CPU，它能同时接收 CPU 发来的命令并加以执行。

触摸屏是人机界面的发展方向，用户可以在触摸屏上生成满足自己要求的触摸式按键。触摸屏使用直观方便，易于操作。画面上的按钮和指示灯可以取代相应的硬件元件，减少 PLC 需要的 I/O 点数，降低系统的成本，提高设备的性能和附加值。随着触摸屏技术的发展和应用的普及，其性能价格比不断提高，已经成为现代工业控制领域广泛使用的设备。

（2）SMART LINE IE 触摸屏。

国内外有很多家触摸屏生产企业，国外进入中国市场的生产企业主要有三菱、松下、欧姆龙、西门子、施耐德、AB、LG、三星等。国内生产企业有威纶通、昆仑通态、步科、维控等。下面对西门子公司专门为 S7－200 系列 PLC 配套的两款产品的基本配置做简单介绍。

S7－200 系列 PLC 支持 SMAR THMI（精彩面板）、Comfort HMI（精智面板）和 Basic HMI（精简面板）3 个系列的触摸屏，早期配套的文本显示单元 TD400C 已停产。其中 SMART 700 IE 和 SMART 1000 IE 是专门为 S7－200 和 S7－200 SMART 配套的触摸屏，显示器分别为 7 英寸和 10 英寸。它们采用 800×480 高分辨率宽屏设计，64K 色真彩色显示，节能的 LED 背光，高速外部总线，64MB DDR 内存，400MHz 主频的高端 ARM 处理器，使画面切换快速流畅；支持趋势图、配方管理和报警功能，Pack&Go 功能可以轻松实现项目更新与维护。

集成的以太网端口和串口（RS-422/RS-485）可以自适应切换，用以太网下载项目文件方便快速。串口通信速率最高为187.5kb/s，通过串口可以连接S7-200和S7-200 SMART，串口还支持三菱、欧姆龙、莫迪康和台达等PLC。

SMART 700 IE的价格在千元左右，具有很高的性能价格比，可作为S7-200系列PLC的首选人机界面。

9.3.2 组态软件

组态（Configuration）软件在我国是一个约定俗成的概念，并没有明确的定义，可以理解为组态式监控软件。组态的含义是配置、设定、设置等，是指用户通过类似于搭积木的简单方式，完成自己所需的软件功能，而不需要编写计算机程序。它有时也称二次开发，组态软件就称为二次开发平台。监控即监视和控制，组态技术就是使用应用软件中提供的工具、方法，完成工程中某个具体任务，并通过计算机信号对自动化设备或过程进行监视、控制和管理，故组态软件又称组态监控系统软件。

组态的概念最早出现在工业计算机控制中，例如集散控制系统（DCS）组态、PLC梯形图组态。人机界面生成软件就称为工控组态软件。组态软件是快速建立人机界面的软件工具或开发环境，利用组态软件的功能，可构建一套最适合自己的应用系统。随着组态软件的快速发展，实时数据库、实时控制、监视控制与数字采集、通信及联网、开放数据接口等技术广泛支持I/O设备，监控组态软件不断被赋予新的内容。

由于工控组态软件在实现工业控制的过程中免去了大量烦琐的编程工作，解决了控制工程人员缺乏计算机专业知识，计算机专业人员缺乏控制工程现场操作技术经验的矛盾，因此极大地提高了自动化工程的工作效率。工控组态软件在中小型工业过程控制、工业自动化、配电自动化、楼宇自动化、农业自动化、能源监测等领域展示了其独特的优势，在自动化系统中占据主要位置，逐渐成为工业自动化系统的灵魂。

1. 国外组态软件

（1）InTouch：美国Wonderware公司产品，是最早进入我国的组态软件。

（2）Fix：Intellution公司产品。

（3）Citech：澳大利亚CiT公司较早进入中国市场的产品。

（4）WinCC：德国西门子公司产品。

（5）RSView32：美国Rockwell公司的自动化组态软件。

（6）NI Lookout：美国国家仪器有限公司推出的最方便易用的组态软件。

2. 国产组态软件

（1）组态王：北京亚控科技发展有限公司产品，该公司是国内第一家较有影响的组态软件开发公司。

（2）MCGS：深圳昆仑通态科技有限责任公司产品，是国内应用较多的组态软件。

（3）controX：华富集团北京图灵开物技术有限公司的controX 2000是全32位的组态软件。

（4）ForceControl：大庆三维科技有限责任公司产品，是国内较早出现的组态软件。

（5）Wizcon：上海黑马安全自动化系统有限公司产品，是一款先进的数据采集与监视控制组态软件。

9.4 基于 MCGS 的 PLC 组态监控系统设计简介

MCGS（Monitor and Control Generated System）是一套基于 Windows 平台的，用于快速构造和生成上位机监控系统的组态软件系统，可运行于 Microsoft Windows XP/NT/2000 等操作系统。它为用户提供了解决实际工程问题的完整方案和开发平台，能够完成现场数据采集、实时和历史数据处理、报警和安全机制、流程控制、动画显示、趋势曲线和报表输出以及企业监控网络等功能。

MCGS 具有操作简便、可视性好、可维护性强、可靠性高等突出特点，已成功应用于石油化工、钢铁、电力系统、水处理、环境监测、机械制造、交通运输、能源、材料、农业自动化、航空航天等领域，用户可以在短时间内完成具备专业水准的计算机监控系统的开发工作。

9.4.1 PLC 组态监控系统的组成

PLC 控制装置可以方便地组成工业现场控制及各种功能的控制系统。为了能够实现分散控制和集中管理，建立良好的人机界面，以实现 PLC 工作状态下的计算机图形监控功能，可以利用计算机组态软件环境，十分方便地在 PLC 控制系统的基础上设计计算机组态监控系统。

1. PLC 组态监控系统的硬件结构

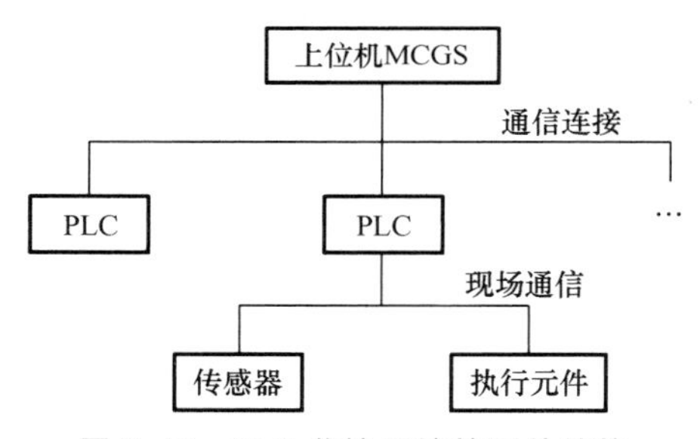

图 9.48 PLC 监控系统的硬件结构

基于 MCGS 组态软件的 PLC 监控系统的硬件结构如图 9.48 所示。PLC 与上位机之间通过 RS－232 或 RS－485 串行电路进行通信。PLC 作为可靠性极高的下位机，主要承担直接控制工业现场设备的任务；而上位机在 MCGS 环境下主要承担监控管理任务，同时兼具部分控制任务，以实现远程控制。

2. PLC 组态监控系统的运行

在上位机中利用 MCGS 提供的工具，按一定的步骤设计 PLC 工作状态下，计算机图形监控的组态编程，现场设备测试正常后，即可实现现场 PLC 及被控对象工作状态的计算机图形实时监控。

在上位机图形监控界面中，仿真工作流程与现场的实际生产动作同步，便于操作人员远程掌握现场情况，并对部分设备进行远程控制。例如，当现场发生故障或出现异常情况时，上位机监控界面中对应的图形元件会同时以醒目颜色、闪烁效果等方式，形象、直观地显示出故障环节，并发出音响报警，这有助于工作人员及时处理，排查故障，进行必要的远程控制干预，从而保证整个 PLC 控制系统安全运行。

9.4.2 MCGS组态软件系统的构成

MCGS组态软件系统包括组态环境和运行环境两部分。组态环境相当于一套完整的工具软件，帮助用户设计和构建自己的应用系统。运行环境则按照组态环境中构建的组态工程，以用户指定的方式运行，并进行各种处理，完成用户组态设计的目标和功能。

1. MCGS组态环境

MCGS组态环境是生成用户应用系统的工作环境，由可执行程序McgsSet.exe支持，存放于MCGS目录的Program子目录中。用户在MCGS组态环境中完成动画设计、设备连接、编写控制流程、编制工程、打印报表等全部组态工作后，生成扩展名为.mcg的工程文件，又称组态结果数据库，它与MCGS运行环境一起，构成了用户应用系统，统称为工程。

MCGS工控组态软件由主控窗口、设备窗口、用户窗口、实时数据库和运行策略5部分构成，如图9.49所示，在组态工程设计时，需要分别对每个部分进行组态操作，实现相应的功能。

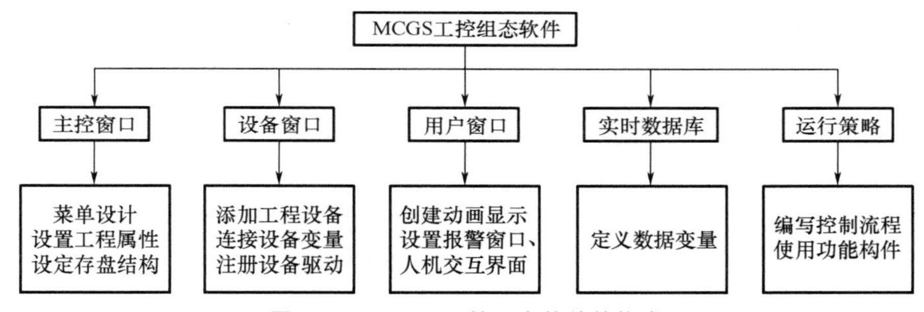

图9.49 MCGS工控组态软件的构成

(1) 主控窗口。主控窗口是工程的主窗口或主框架。在主控窗口中可以放置一个设备窗口和多个用户窗口，负责调度和管理这些窗口的打开和关闭。其主要组态操作包括定义工程的名称、编制工程菜单、设计封面图形、确定自动启动的窗口、设定动画刷新周期、指定数据库存盘文件名称及存盘时间等。

(2) 设备窗口。设备窗口是连接和驱动外部设备的工作环境。在该窗口内配置数据采集与控制输出设备，注册设备驱动程序，定义连接与驱动设备用的数据变量。

(3) 用户窗口。用户窗口主要用于设置工程中的人机交互界面，诸如生成各种动画显示画面、报警输出、数据与曲线图表等。

(4) 实时数据库。实时数据库是工程各部分的数据交换与处理中心，它将MCGS工程的各部分连成有机的整体。在其中定义不同类型和名称的变量，作为数据采集、处理、输出控制、动画连接及设备驱动的对象。

(5) 运行策略。运行策略主要完成工程运行流程的控制，包括编写控制程序，选用各种功能构件，如数据提取、定时器、配方操作及多媒体输出等。

2. MCGS运行环境

MCGS运行环境是用户应用系统的运行环境，由可执行程序McgsRun.exe支持，存放于MCGS目录的Program子目录中，在运行环境中完成对工程的控制。

9.4.3 S7-200系列PLC与MCGS组态实例

下面以三相异步电动机正反转启停监控系统为例，采用S7-200系列PLC控制器，介绍MCGS组态软件使用方法，通过学习组态过程，学会工程设计中涉及的设备组态、数据库组态及控制窗口组态等基本操作。

1. 监控系统要求

组态设计后的监控画面中，有正转启动按钮SB1、反转启动按钮SB2、双向停止按钮SB3、正转按钮指示HL1、反转按钮指示HL2、停止按钮指示HL3。单击画面上的正转启动按钮SB1，电动机正转运行，正转按钮指示HL1亮；单击画面上的反转启动按钮SB2，电动机反转运行，反转按钮指示HL2亮；单击画面上的双向停止按钮SB3，电动机停止运行，停止按钮指示HL3亮。

当单击画面上的按钮时，该按钮在S7-200系列PLC中对应的存储器被置1，使得PLC的输出发生相应变化，电动机运行状态随之变化，对应的指示灯点亮。

PLC输入/输出接点分配见表9-1。

表9-1 PLC输入/输出接点分配

输入		输出	
正转启动按钮SB1	I0.1	正转接触器KM1	Q0.1
反转启动按钮SB2	I0.2	反转接触器KM2	Q0.2
双向停止按钮SB3	I0.3		

2. 创建新工程

打开计算机上安装好的MCGS组态软件，在系统窗口中执行菜单命令“文件”→“新建工程”，弹出“D:\MCGS\WORK\新建工程x”工作台窗口，位于MCGS组态软件安装目录下的WORK文件夹内，新建工程序号x是按顺序自动生成的。此时执行菜单命令“文件”→“工程另存为”，弹出“另存为”对话框，把文件名修改为“三相异步电动机正反转启停监控”，单击“保存”按钮，工作台窗口变成“D:\MCGS\WORK\三相异步电动机正反转启停监控”，如图9.50所示。也可通过关闭新建的工程，打开MCGS组态软件安装目录下的WORK文件夹，找到“新建工程x”，将其命名为“三相异步电动机正反转启停监控”，双击重新打开该工程。

图9.50所示的工作台窗口中包含主控窗口、设备窗口、用户窗口、实时数据库及运行策略5个选项卡，分别对应MCGS组态系统设计的一个步骤，用户可分别对每部分进行组态设计。以上组态步骤可顺序进行，也可同时进行，用户只需选择相应选项卡进行组态设计即可。

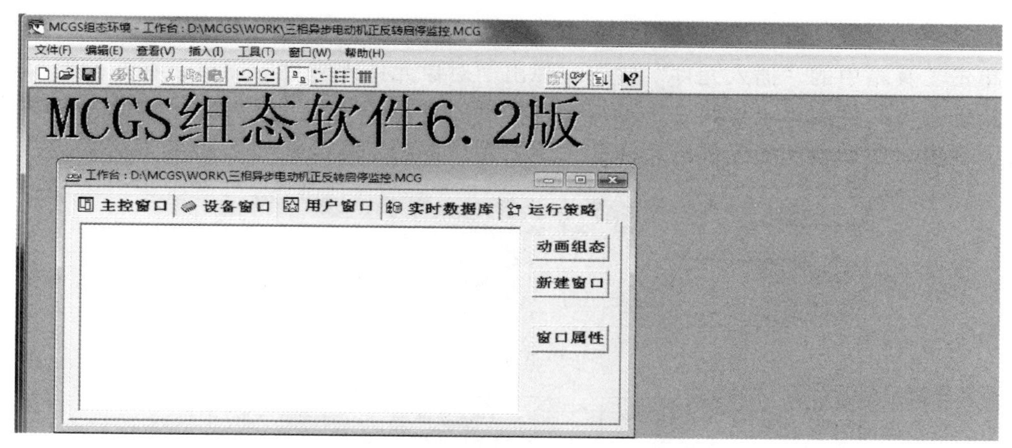

图 9.50　新建工程工作台窗口

3. 制作工程画面

新建工作台窗口的默认选项卡为“用户窗口”，单击“新建窗口”按钮，窗口中出现“窗口 0”，右击“窗口 0”图标，在弹出的快捷菜单中选择“设置为启动窗口”命令，使该画面在组态运行时自动启动，如图 9.51 所示。

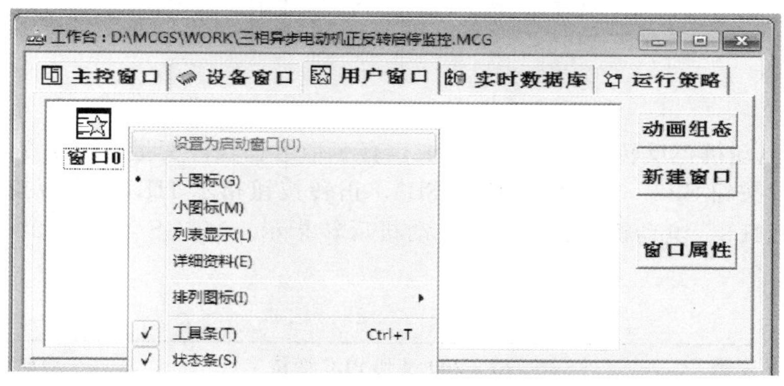

图 9.51　启动窗口设置

单击“窗口属性”按钮，弹出图 9.52 所示的“用户窗口属性设置”对话框，其中包含“基本属性”“扩充属性”“启动脚本”“循环脚本”“退出脚本”选项卡，用户可以根据实际需求进行编辑。此时只需在“基本属性”选项卡中编辑窗口名称、窗口背景及窗口位置等参数，把窗口名称修改为“正反转启动窗口”，选择窗口背景色，单击“确认”按钮。

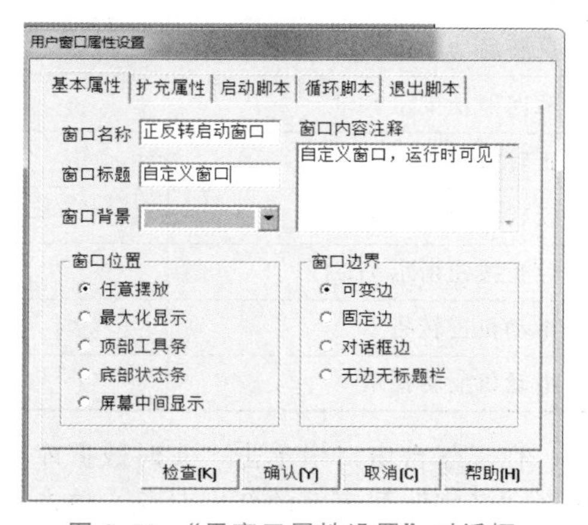

图 9.52　“用窗口属性设置”对话框

双击新建的正反转启动窗口，进入动画窗口组态界面，单击菜单栏中的“工具箱”按钮，弹出工具箱悬浮框，单击工具箱中的按钮控件，光标移回动画窗口，待指针变为“十”字形之后，即可在空白处放置相应的动画。用相同方法，在窗口放置第二个、第三个按钮。

单击工具箱中的“插入元件”按钮，弹出“对象元件库管理”窗口，在左侧窗口中单击“指示灯”文件夹，选择两个指示灯元件，然后单击“马达”文件夹，选择一个电动机元件，在窗口中调整这些元件的尺寸和位置。制作好的工程画面如图 9.53 所示。

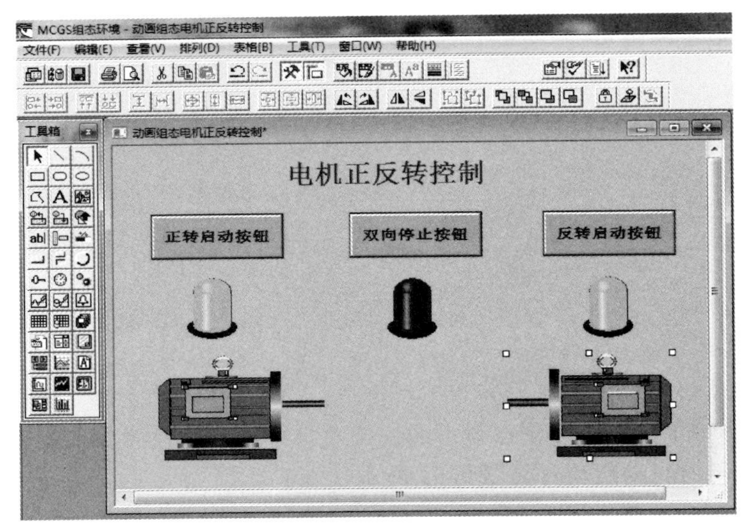

图 9.53 制作好的工程画面

4. 定义数据对象

三相异步电动机正反转启停监控系统中，有 8 个组态软件变量，分别是正转启动按钮 SB1、反转启动按钮 SB2、双向停止按钮 SB3、正转按钮指示 HL1、反转按钮指示 HL2、停止按钮指示 HL3、电动机正转指示、电动机反转指示。MCGS 与 S7－200 系列 PLC 变量对照见表 9－2。

表 9－2 MCGS 与 S7－200 系列 PLC 变量对照

MCGS 变量	S7－200 系列 PLC 变量	功能说明
正转启动按钮 SB1	M0.1	电动机正转启动
反转启动按钮 SB2	M0.2	电动机反转启动
双向停止按钮 SB3	M0.3	电动机双向停止
正转按钮指示 HL1	I0.1	电动机正转启动指示
反转按钮指示 HL2	I0.2	电动机反转启动指示
停止按钮指示 HL3	I0.3	电动机双向停止指示
电动机正转指示	Q0.1	电动机正转运行指示
电动机反转指示	Q0.2	电动机反转运行指示

在工作台窗口中单击“实时数据库”选项卡，单击右侧的“新增对象”按钮，单击工作区“名字”列表下的新增对象，单击右侧的“对象属性”按钮，弹出“数据对象属性设置”对话框。选中“基本属性”选项卡，在对象定义区域的“对象名称”文本框中输入

"正转启动按钮"，在对象类型区域中选中"开关"单选项，单击下方的"确认"按钮，完成"正转启动按钮"的定义，如图 9.54 所示。

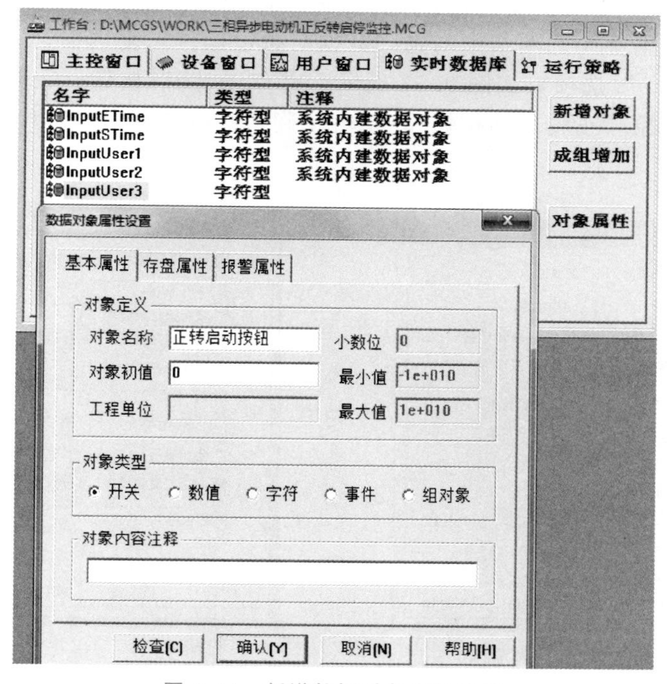

图 9.54 新增数据对象属性设置

按照上述方法，依次添加"反转启动按钮""双向停止按钮""正转按钮指示""反转按钮指示""停止按钮指示""电机正转指示""电机反转指示"。完成数据对象定义的实时数据库如图 9.55 所示，除了新建的数据类型外，还包括一些系统默认的数据对象，这些对象在系统设计中可以直接使用。

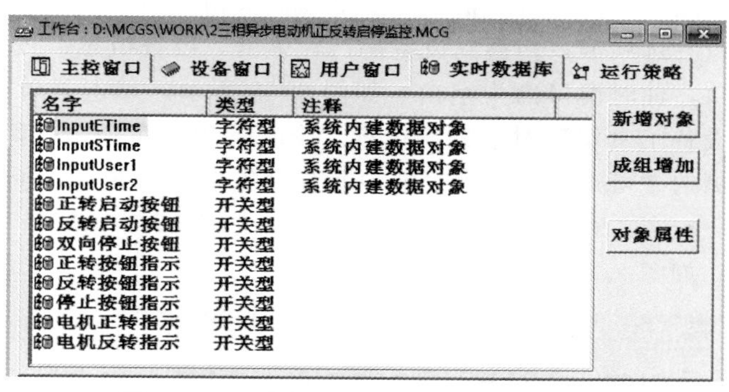

图 9.55 完成数据对象定义的实时数据库

5. 数据连接

完成数据对象定义之后，必须将数据库中的数据与用户画面中的控件和动画联系起来才能真正实现画面组态，该过程称为数据连接。数据连接是用户通过画面与 PLC 存储器进行联系的根本所在。

单击工作台窗口中的“用户窗口”选项卡，双击用户窗口进入画面编辑窗口。首先完成按钮的数据连接，双击“按钮”控件，弹出“标准按钮构件属性设置”对话框，如图9.56所示，在“基本属性”选项卡中，将按钮标题修改为“正转启动按钮”，其余保持默认值。在“操作属性”选项卡中勾选“数据对象值操作”复选框，在其后的下拉列表框中选择“按1松0”选项，如图9.57所示，并单击“?”按钮，在弹出的对话框中双击要连接的数据对象“正转启动按钮”，单击“确认”按钮，“正转启动按钮”的数据连接就完成了。

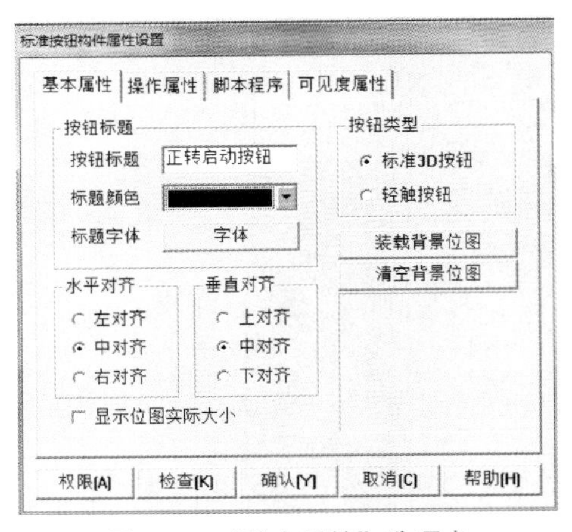

图9.56 “基本属性”选项卡

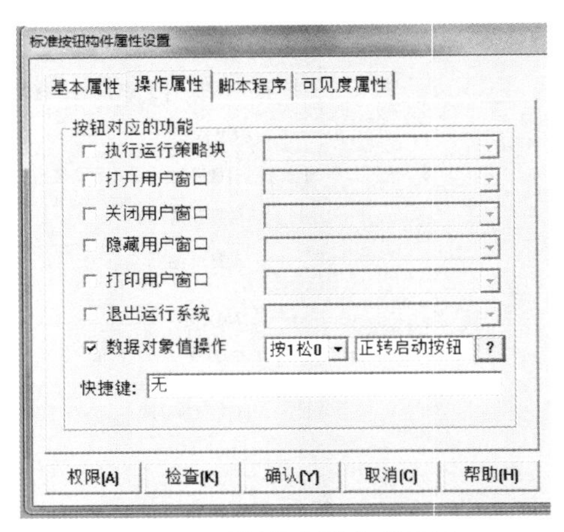

图9.57 “操作属性”选项卡

按照上述方法，分别对“反转启动按钮”“双向停止按钮”“正转按钮指示”“反转按钮指示”“停止按钮指示”进行数据连接。

6. 设备连接

设备连接主要是进行组态软件与下位机PLC的通信及I/O变量的分配。为了实现上位机与下位机的通信连接，需要将通信接口、下位机及相应的驱动程序添加至该窗口中。

选择“设备窗口”选项卡，切换到设备窗口，单击“设备组态”按钮，弹出“设备组态：设备窗口”窗口，此时窗口内为空白，如图9.58所示。单击菜单栏上的“设备工具箱”按钮，弹出“设备工具箱”对话框，执行“设备管理”命令，在弹出的“设备管理”界面中，依次将左侧的“可选设备”列表框中所有设备文件夹下的“通用串口父设备”和“PLC设备→西门子→S7-200-PPI→西门子-S7200PPI”添加至右侧“选定设备”框中，单击“确认”按钮，如图9.59所示。

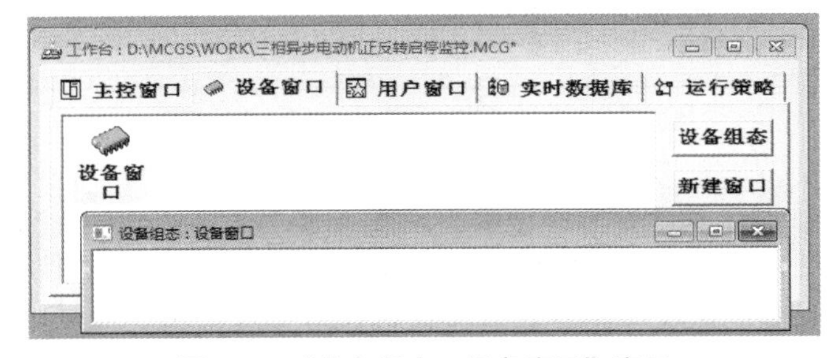

图9.58 “设备组态：设备窗口”窗口

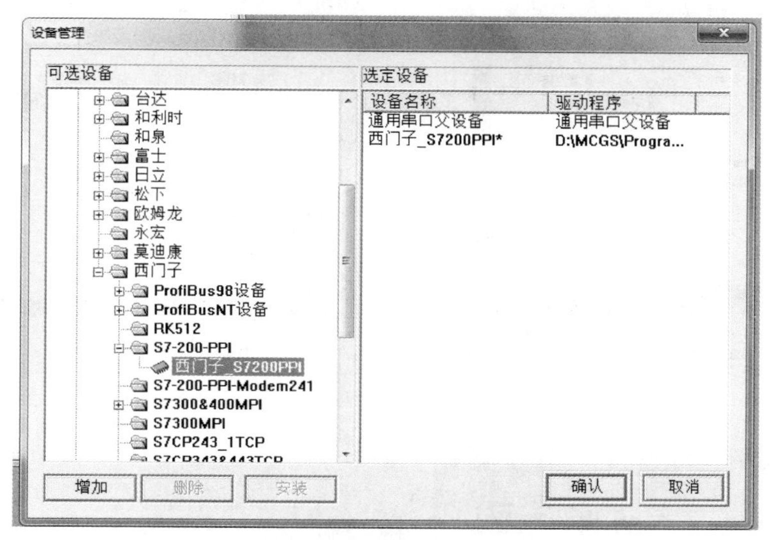

图 9.59 向设备工具箱中添加设备

此时，“设备工具箱”对话框中的“设备管理”界面便包含了上述设备，分别将“通用串口父设备”和“西门子_S7200PPI”从“设备工具箱”对话框拖放至“设备组态：设备窗口”窗口中，如图 9.60 所示。

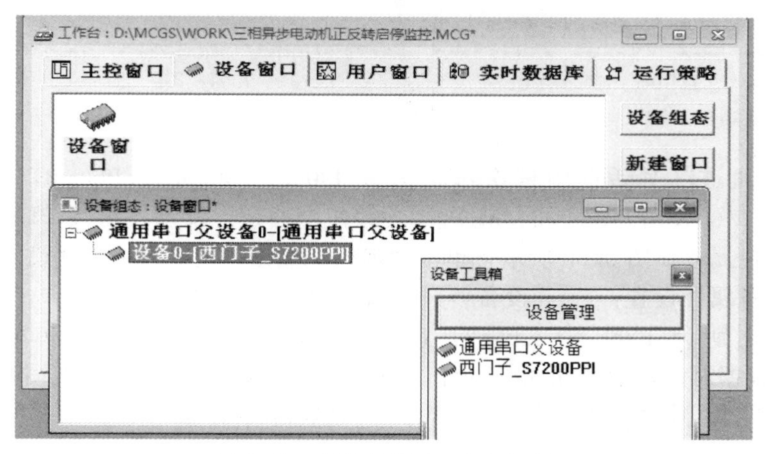

图 9.60 向设备窗口中添加设备

在“设备组态：设备窗口”窗口中双击“通用串口父设备 0 - [通用串口父设备]”，弹出“通用串口设备属性编辑”对话框，修改“基本属性”选项卡中的各项参数，参数必须与下位机 PLC 对应，修改后的参数如图 9.61 所示。

在“设备组态：设备窗口”窗口中双击“设备 0 - [西门子_S7200PPI]”，弹出“设备属性设置：- -【设备 0】”对话框，如图 9.62 所示。首先修改“基本属性”选项卡中的参数，然后单击“[内部属性]”右侧的...按钮，弹出图 9.63 所示的“西门子_S7200PPI 通道属性设置”对话框，单击“全部删除”按钮，将系统默认的通道删除，然后单击“增加通道”按钮，弹出图 9.64 所示的“增加通道”对话框。

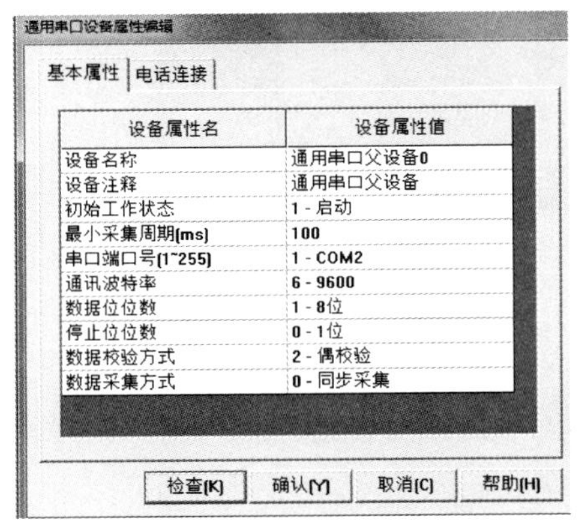

图 9.61　修改后的参数

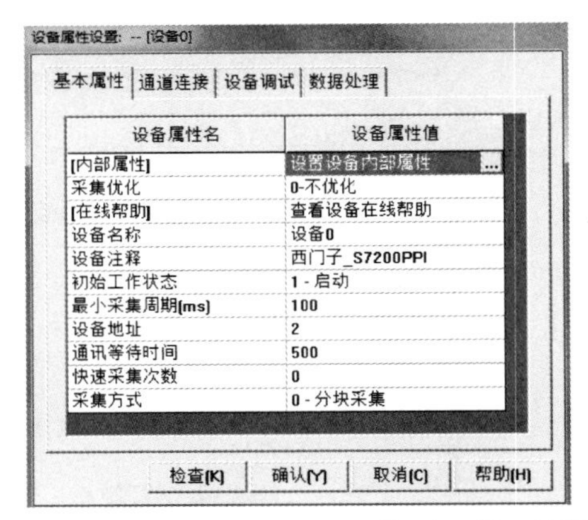

图 9.62　“设备属性设置：- - [设备 0]”对话框

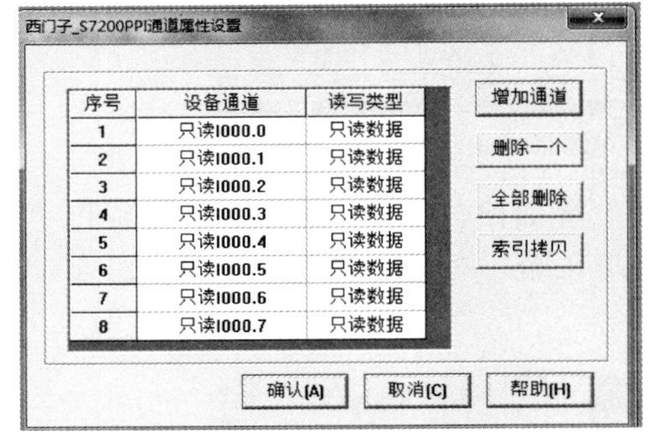

图 9.63　“西门子_S7200PPI
通道属性设置”对话框

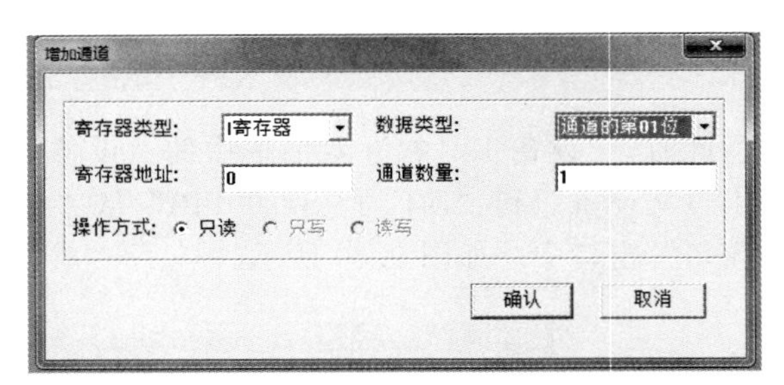

图 9.64　“增加通道”对话框

在“增加通道”对话框中依次添加只读 I000.1、I000.2、I000.3，读写 Q000.1、Q000.2，读写 M000.1、M000.2、M000.3，共 8 个通道，以动态链接 PLC 存储器数据。设置完成的通道属性如图 9.65 所示，单击“确认”按钮，完成通道属性设置。

选择“设备属性设置：- - [设备 0]”对话框的“通道连接”选项卡，在“对应数据对象”列中分别为 I000.1、I000.2、I000.3、Q000.1、Q000.2、M000.1、M000.2、M000.3 分配数据对象，如图 9.66 所示，单击“确认”按钮，完成通道连接。

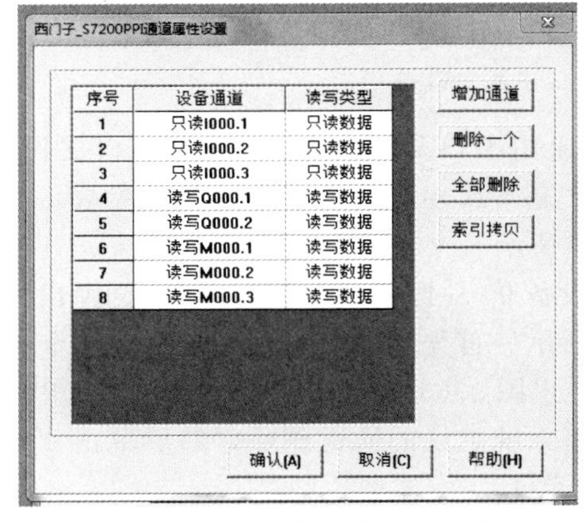

图 9.65　设置完成的通道属性

图 9.66　分配数据对象

选择“设备属性设置：--［设备0］”对话框的“设备调试”选项卡，确保PLC处于“ON”状态且PC/PPI通信线正常，此时若“通信状态”的通道值显示0，则表明MCGS组态软件与S7-200系列PLC设备组态成功，如图9.67所示。

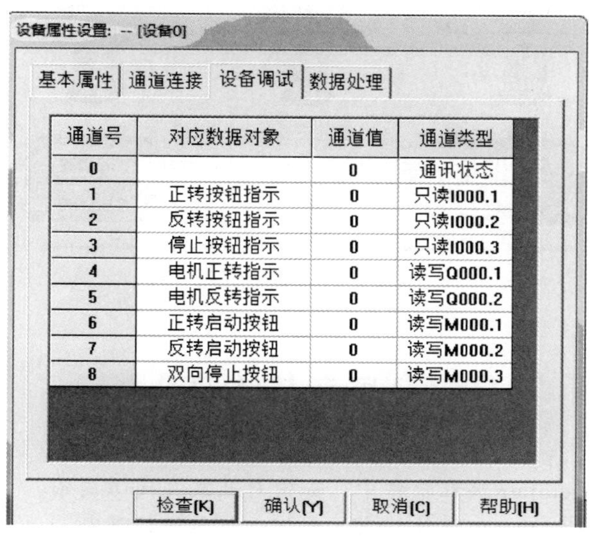

通道号	对应数据对象	通道值	通道类型
0		0	通讯状态
1	正转按钮指示	0	只读I000.1
2	反转按钮指示	0	只读I000.2
3	停止按钮指示	0	只读I000.3
4	电机正转指示	0	读写Q000.1
5	电机反转指示	0	读写Q000.2
6	正转启动按钮	0	读写M000.1
7	反转启动按钮	0	读写M000.2
8	双向停止按钮	0	读写M000.3

图9.67 设备调试

7. PLC程序设计

打开S7-200系列PLC编程软件STEP 7-Micro/WIN，设计图9.68所示的电动机控制系统梯形图，编译后下载到PLC。

网络1
M0.1 M0.2 I0.2 Q0.2 Q0.1
I0.1
Q0.1
网络2
M0.2 M0.1 I0.1 Q0.1 Q0.2
I0.2
Q0.2

图9.68 电动机控制系统梯形图

8. 组态系统联机运行调试

在MCGS系统菜单栏中单击“运行”按钮进入组态动画，运行效果如图9.69所示。

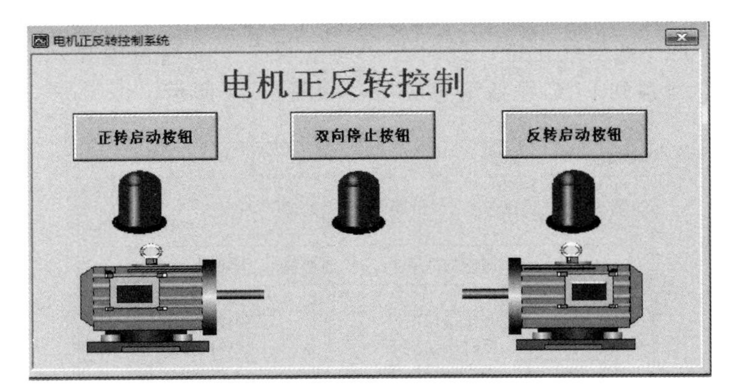

图 9.69 运行效果

思考与练习

9-1 在 GX Developer 编程软件中，如何打开或关闭工具条？

9-2 在 GX Developer 编程软件中，如何进行传输设置？

9-3 简述 STEP 7-Micro/WIN 编程软件的主要功能。

9-4 在 STEP 7-Micro/WIN 编程软件中，如何建立主程序、子程序和中断程序？

9-5 如何配置 PC 与 S7-200 系列 PLC 的通信参数？

9-6 说明 MCGS 组态软件的特点。

9-7 MCGS 用户应用系统结构由哪五部分组成？

9-8 MCGS 中的主控窗口有哪些作用？

9-9 简述 MCGS 中用户窗口的组成及作用。

9-10 采用 MCGS 进行设备组态的主要内容有哪些？

第10章 PLC工程应用实例

知识要点	掌握程度	相关知识
三菱 FX_{3U} 系列 PLC 工程应用实例	掌握三菱 FX_{3U} 系列 PLC 工程应用实例	机床电气控制技术
西门子 S7-200 系列 PLC 工程应用实例	掌握西门子 S7-200 系列 PLC 工程应用实例	机械设备电气控制

10.1 三菱 FX_{3U} 系列 PLC 工程应用实例

10.1.1 道路交通信号灯控制

1. 概述

该系统用于道路交通信号灯控制，采用 PLC 的 SFC 编程语言设计程序，使用步进梯形指令转换为语句表。控制面板安装有启动按钮 SB1 和停止按钮 SB2，按下启动按钮，信号灯系统开始工作，按下停止按钮，信号灯系统停止工作。系统开始工作后循环过程如下。

南北方向绿灯亮 35s，东西方向红灯亮；

南北方向绿灯闪烁 4 次，每次通 0.5s、断 0.5s，东西方向红灯亮；

南北方向绿灯灭，南北、东西方向黄灯同时亮 6s，东西方向红灯亮；

东西方向绿灯亮 45s，南北方向红灯亮；

东西方向绿灯闪烁 4 次，每次通 0.5s、断 0.5s，南北方向红灯亮；

东西方向绿灯灭，东西、南北方向黄灯同时亮 6s，南北方向红灯亮；

开始下一个循环，南北方向绿灯亮 35s，东西方向红灯亮。

其特点如下：两个方向的信号灯按照上述要求循环进行，直到按下停止按钮 SB2。M0 为停止标志。

2. 控制系统设计

采用三菱公司型号为 FX_{3U}-16MR/ES 的控制器。

(1) 输入/输出接点分配（表 10-1）。

表 10-1 输入/输出接点分配

输入		输出	
启动按钮 SB1	X000	南北红灯 KM0	Y000
停止按钮 SB2	X001	南北黄灯 KM1	Y001
		南北绿灯 KM2	Y002
		东西红灯 KM3	Y003
		东西黄灯 KM4	Y004
		东西绿灯 KM5	Y005

(2) PLC 接线端子图（图 10.1）。

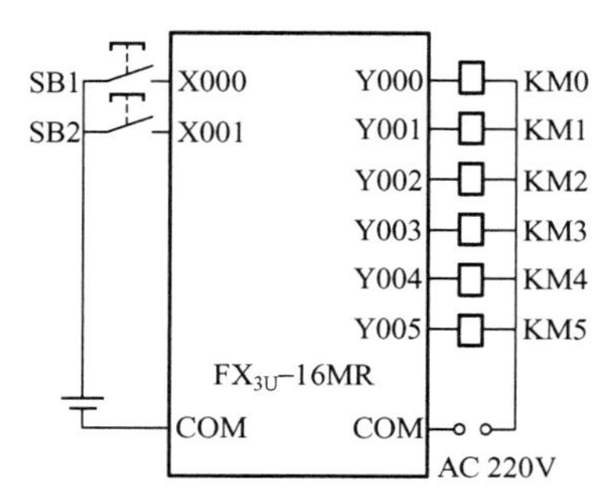

图 10.1 PLC 接线端子图

(3) 控制系统流程图(图10.2)。

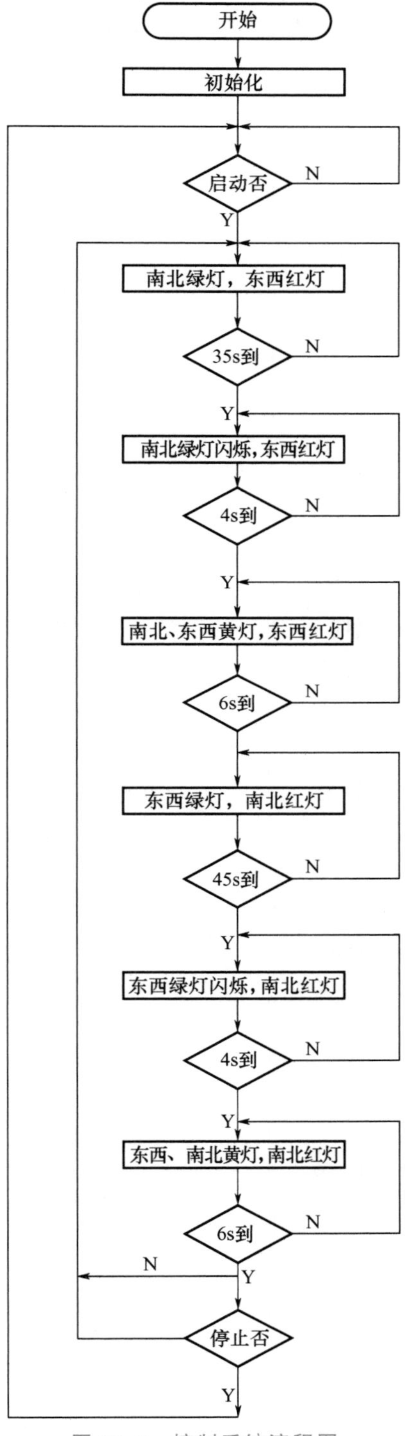

图10.2 控制系统流程图

（4）PLC控制程序梯形图（图10.3）。

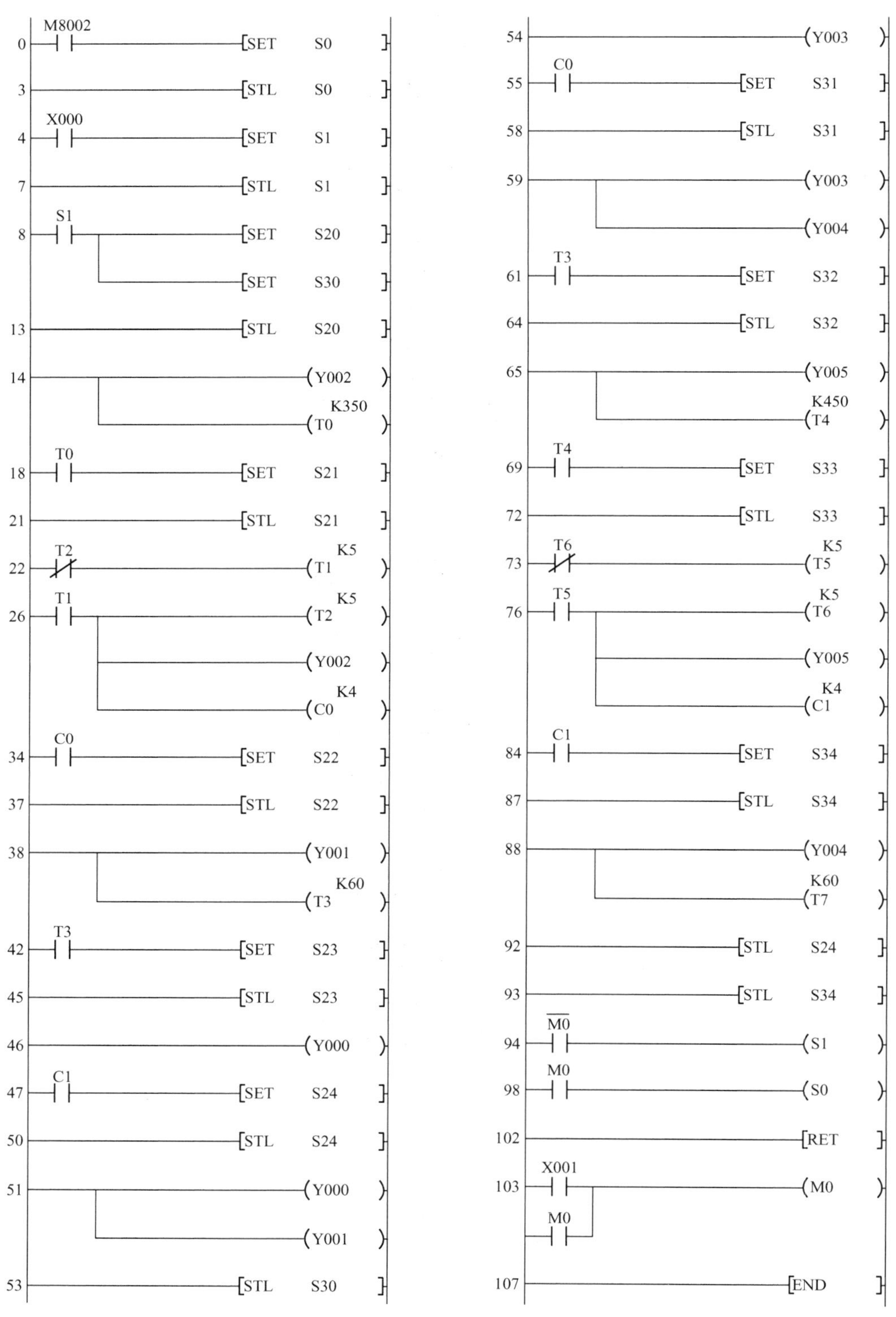

图10.3 PLC控制程序梯形图

与图10.3所示的PLC控制程序梯形图对应的语句表如下。

```
0    LD    M8002
1    SET   S0
3    STL   S0
4    LD    X000
5    SET   S1
7    STL   S1
8    LD    S1
9    SET   S20
11   SET   S20
13   STL   S20
14   OUT   Y002
15   OUT   T0      K350
18   LD    T0
19   SET   S21
21   STL   S21
22   LDI   T2
23   OUT   T1      K5
26   LD    T1
27   OUT   T2      K5
30   OUT   Y002
31   OUT   C0      K4
34   LD    C0
35   SET   S22
37   STL   S22
38   OUT   Y001
39   OUT   T3      K60
42   LD    T3
43   SET   S23
45   STL   S23
46   OUT   Y000
47   LD    C1
48   SET   S24
50   STL   S24
51   OUT   Y000
52   OUT   Y001
53   STL   S30
54   OUT   Y003
55   LD    C0
56   SET   S31
58   STL   S31
59   OUT   Y003
60   OUT   Y004
61   LD    T3
62   SET   S32
64   STL   S32
65   OUT   Y005
66   OUT   T4      K450
69   LD    T4
70   SET   S33
72   STL   S33
73   OUT   T5      K5
76   LD    T5
77   OUT   T6      K5
80   OUT   Y005
81   OUT   C1      K4
84   LD    C1
85   SET   S34
87   STL   S34
88   OUT   Y004
89   OUT   T7      K60
92   STL   S24
93   STL   S34
94   LD    T7
95   ANI   M0
96   OUT   S1
98   LD    T7
99   AND   M0
100  OUT   S0
102  RET
103  LD    X001
104  OR    M0
105  ANI   S0
106  OUT   M0
107  END
```

10.1.2 两台变频调速自动扶梯PLC控制系统

1. 概述

两台变频调速自动扶梯PLC控制系统用于两台自动扶梯的变频调速控制。控制信号有启动按钮 SB1、停止按钮 SB2、1 号扶梯上下行方向控制选择开关 SA1、2 号扶梯上下行方向控制选择开关 SA2、1 号扶梯使用状态选择开关 SA3、2 号扶梯使用状态选择开关 SA4。两个扶梯工作状态选择、运行方向选择如下：SA1 闭合，扶梯 1 上行，SA1 断开，扶梯 1 下行。SA2 闭合，扶梯 2 上行，SA2 断开，扶梯 2 下行。SA3 闭合，扶梯 1 工作，SA3 断开，扶梯 1 停运；SA4 闭合，扶梯 2 工作，SA4 断开，扶梯 2 停运。

2. 控制系统设计

采用三菱公司型号为 FX_{3U}-16MR/ES 的控制器。

（1）输入/输出接点分配（表 10-2）。

表 10-2　输入/输出接点分配

输　　入		输　　出		
启动按钮 SB1	X000	Y000	PWM 端子	变频器 1
停止按钮 SB2	X001	Y002	启动/停止	
1 号扶梯方向控制选择开关	X002	Y004	上行/下行	
2 号扶梯方向控制选择开关	X003	COM1	COM	
1 号扶梯使用状态选择开关	X004	Y000	PWM 端子	变频器 2
2 号扶梯使用状态选择开关	X005	Y003	启动/停止	
		Y005	上行/下行	
		COM2	COM	

（2）PLC 接线端子图（图 10.4）。

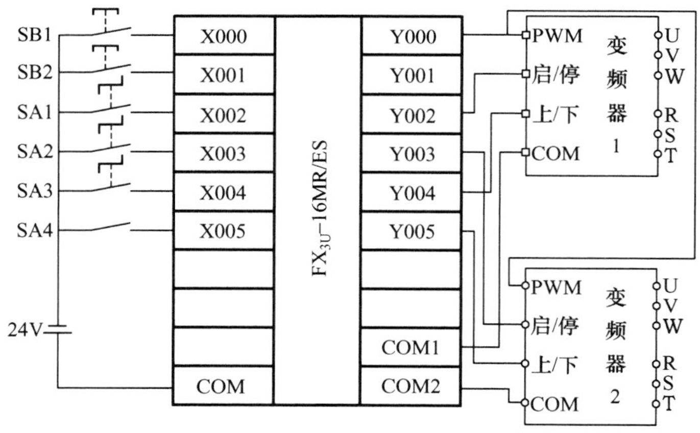

图 10.4　PLC 接线端子图

（3）PLC 控制程序梯形图（图 10.5）。

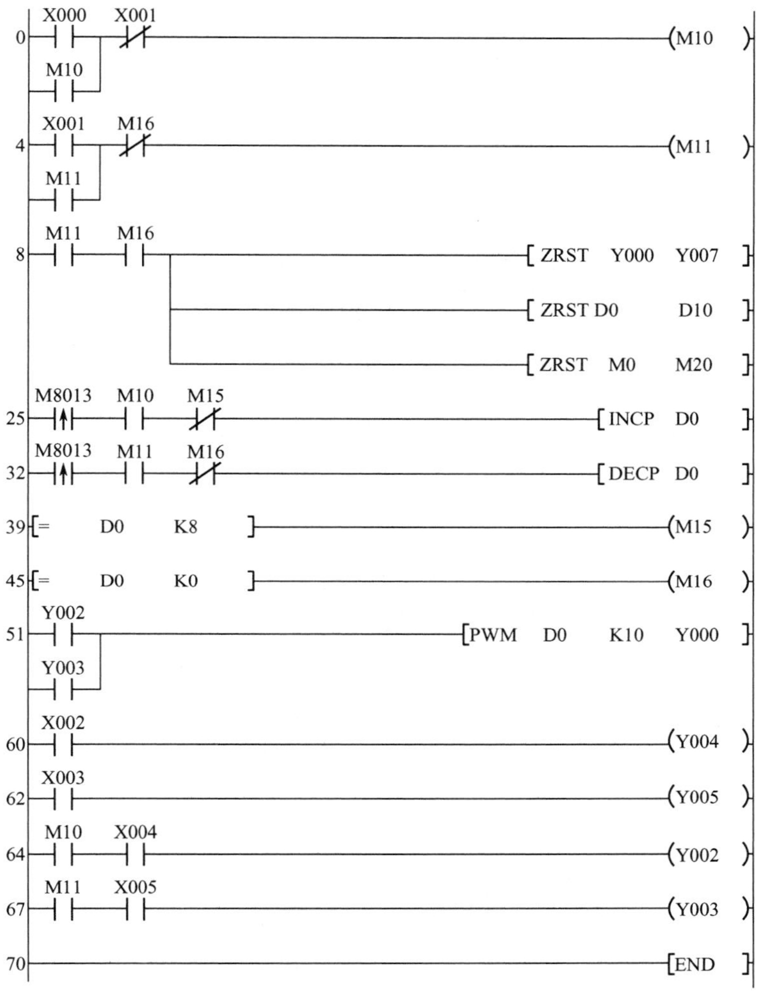

```
0   X000  X001              (M10)
    M10
4   X001  M16               (M11)
    M11
8   M11   M16               [ZRST  Y000  Y007]
                            [ZRST  D0    D10]
                            [ZRST  M0    M20]
25  M8013(↑)  M10  M15      [INCP  D0]
32  M8013(↑)  M11  M16      [DECP  D0]
39  [=  D0  K8]             (M15)
45  [=  D0  K0]             (M16)
51  Y002                    [PWM  D0  K10  Y000]
    Y003
60  X002                    (Y004)
62  X003                    (Y005)
64  M10   X004              (Y002)
67  M11   X005              (Y003)
70                          [END]
```

图 10.5　PLC 控制程序梯形图

10.1.3 加热加压罐进排料控制

1. 概述

设计一种加热加压罐进排料装置，根据工作要求，按下启动按钮，开始工作，实现进料、加压、加热、保温、排料，并按照上述工艺过程循环进行，直到按下停止按钮，结束工作。

加热加压罐进排料装置的工作原理如图 10.6 所示。该装置由下限液位传感器 LE2、温度传感器 TE、压力传感器 PE、上限液位传感器 LE1、排气电动阀 M1、进料电动阀 M2、增压电动阀 M3、排料电动阀 M4、电阻加热器 R 组成。启停控制由启动按钮 SB1、停止按钮 SB2 实现。

加热加压罐进排料装置工艺过程包括进料、加压、加热、排料。操作顺序如下。

（1）初始状态，四个传感器 LE2、TE、PE、LE1 处于断开状态，四个电动阀 M1、

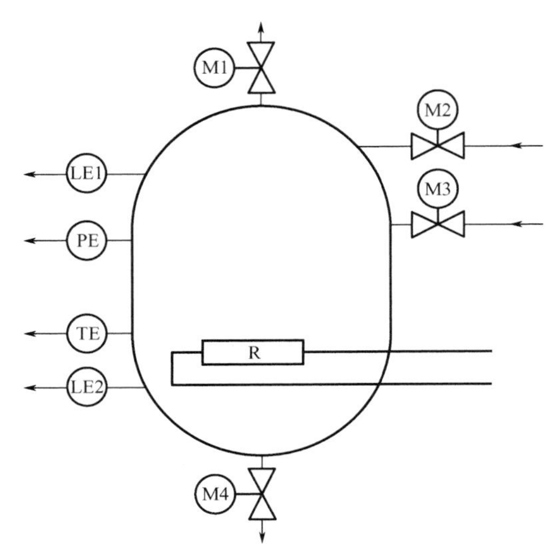

图 10.6 加热加压罐进排料装置的工作原理

M2、M3、M4 处于断开状态，电阻加热器 R 处于断开状态。

（2）按下启动按钮，排气电动阀 M1、进料电动阀 M2 接通电源，开始进料，液位上升到上限位置时，上限液位传感器 LE1 动作，断开排气电动阀 M1、进料电动阀 M2。

（3）延时 30s，增压电动阀 M3 接通，使氮气进入罐内，加压。当压力上升到设定值时，压力传感器 PE 动作，增压电动阀 M3 断开电源，同时电阻加热器 R 接通电源，开始加热。

（4）当温度上升到设定值时，温度传感器 TE 动作，断开电阻加热器 R 电源，并开始计时，保温 8min。

（5）保温时间到，排气电动阀 M1 接通电源，使罐内压力降低到初始值，保持排气电动阀 M1 接通电源，同时排料电动阀 M4 接通电源，开始排料。当液位降低到下限位置时，下限液位传感器 LE2 断开，断开排气电动阀 M1 和排料电动阀 M4 电源，系统恢复到初始状态，开始下一个工作循环。

2. 控制系统设计

采用三菱公司型号为 FX_{3U}-16MR/ES 的控制器。

（1）输入/输出接点分配（表 10-3）。

表 10-3 输入/输出接点分配

输 入		输 出	
下限液位传感器 LE2	X001	Y001	排气电动阀 M1
温度传感器 TE	X002	Y002	进料电动阀 M2
压力传感器 PE	X003	Y003	增压电动阀 M3
上限液位传感器 LE1	X004	Y004	排料电动阀 M4
启动按钮 SB1	X005	Y005	电阻加热器 R
停止按钮 SB2	X006		

（2）PLC 接线端子图（图 10.7）。

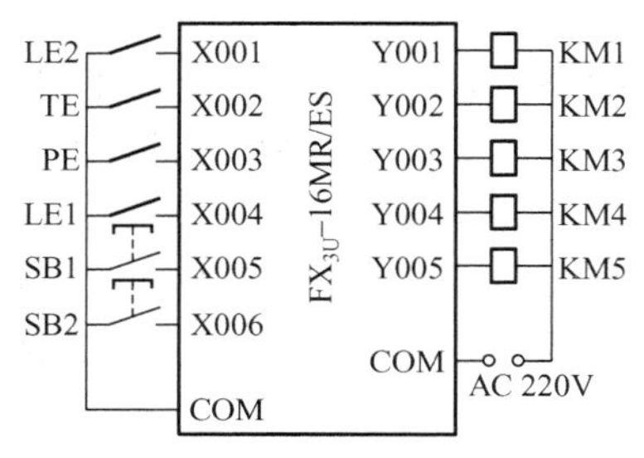

图 10.7 PLC 接线端子图

（3）PLC控制程序梯形图（图10.8）。

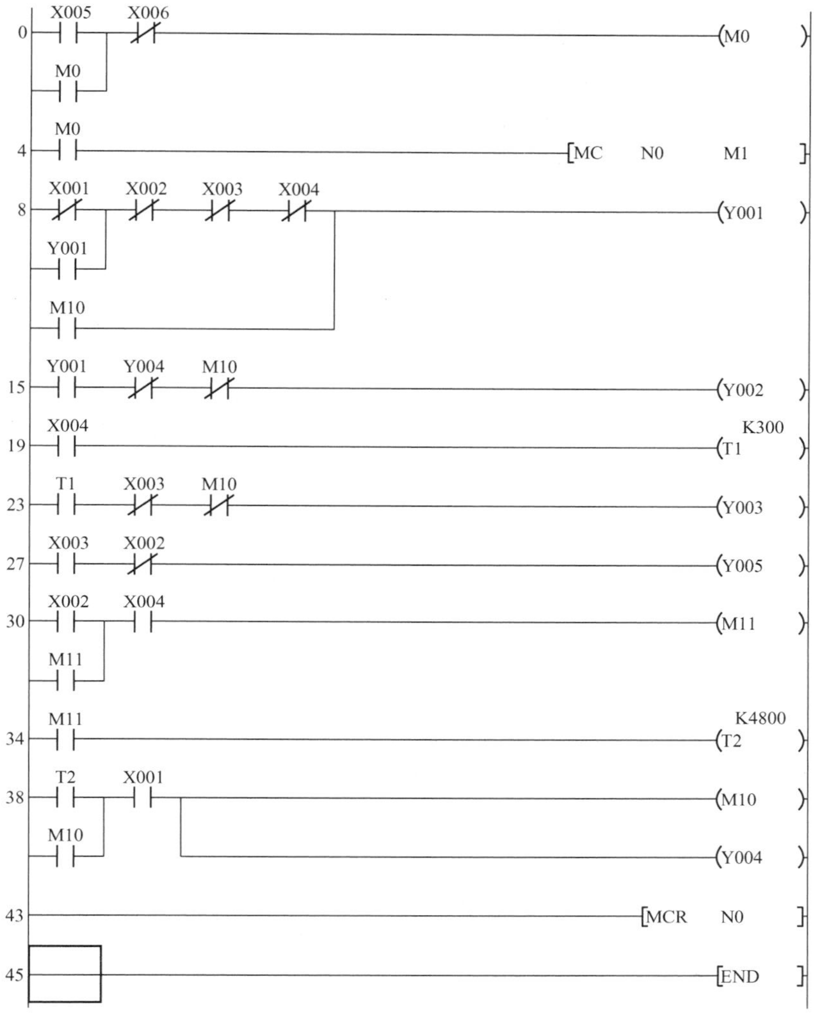

```
0   X005  X006(/)                          (M0)
    M0
4   M0                                     [MC   N0   M1]
8   X001(/)  X002(/)  X003(/)  X004(/)     (Y001)
    Y001
    M10
15  Y001  Y004(/)  M10(/)                  (Y002)
19  X004                                   (T1   K300)
23  T1  X003(/)  M10(/)                    (Y003)
27  X003  X002(/)                          (Y005)
30  X002  X004                             (M11)
    M11
34  M11                                    (T2   K4800)
38  T2  X001                               (M10)
    M10                                    (Y004)
43                                         [MCR  N0]
45                                         [END]
```

图10.8 PLC控制程序梯形图

10.2 西门子S7-200系列PLC工程应用实例

10.2.1 十字路口主干道信号灯与行人通道红绿灯控制

1. 概述

十字路口主干道信号灯与行人道红绿灯控制系统使用基本位逻辑指令实现十字路口主干道信号灯与行人通道红绿灯控制。系统启动后，十字路口主干道红绿黄信号灯按照程序设定的规律周期性变化，常态下行人通道亮红灯，当行人按钮被按下时，行人通道绿灯跟随下一个循环主干道南北方向绿灯亮一次，接着行人通道一直亮红灯。在行人通道亮过绿灯的90s内，再次按下行人按钮无效，90s之后，再次按下行人按钮，重复前述动作。

系统常态下开始工作，循环过程如下。

东西方向绿灯、南北方向红灯亮20s；

东西方向黄灯、南北方向红灯闪烁5s；

东西方向红灯、南北方向绿灯亮20s；

东西方向红灯、南北方向黄灯闪烁5s。

开始下一个循环，东西方向绿灯、南北方向红灯亮20s。

2. 控制系统设计

采用西门子公司型号为S7-200 CPU224XP的控制器。

(1) 输入/输出接点分配（表10-4）。

表10-4 输入/输出接点分配

输入		输出	
行人按钮SB	I0.0	东西方向绿灯HL1	Q0.0
		东西方向黄灯HL2	Q0.1
		东西方向红灯HL3	Q0.2
		南北方向绿灯HL4	Q0.3
		南北方向黄灯HL5	Q0.4
		南北方向红灯HL6	Q0.5
		行人通道绿灯HL7	Q0.6
		行人通道红灯HL8	Q0.7

(2) 控制系统流程图（图10.9）。

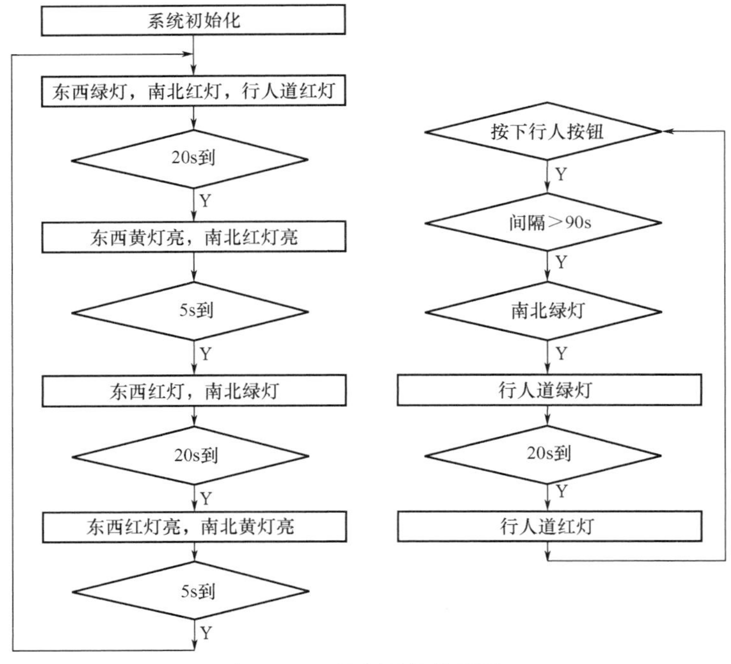

图10.9 控制系统流程图

（3）PLC 接线端子图（图 10.10）。

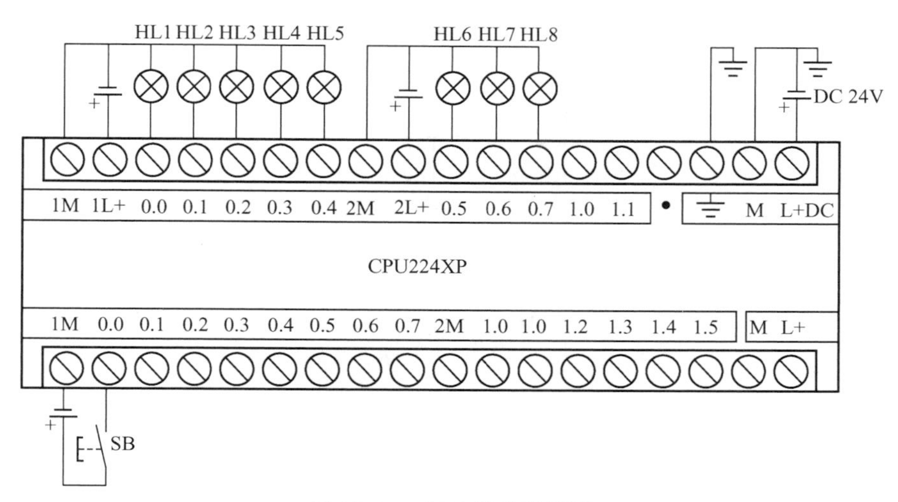

图 10.10　PLC 接线端子图

（4）PLC 控制程序梯形图（图 10.11）。

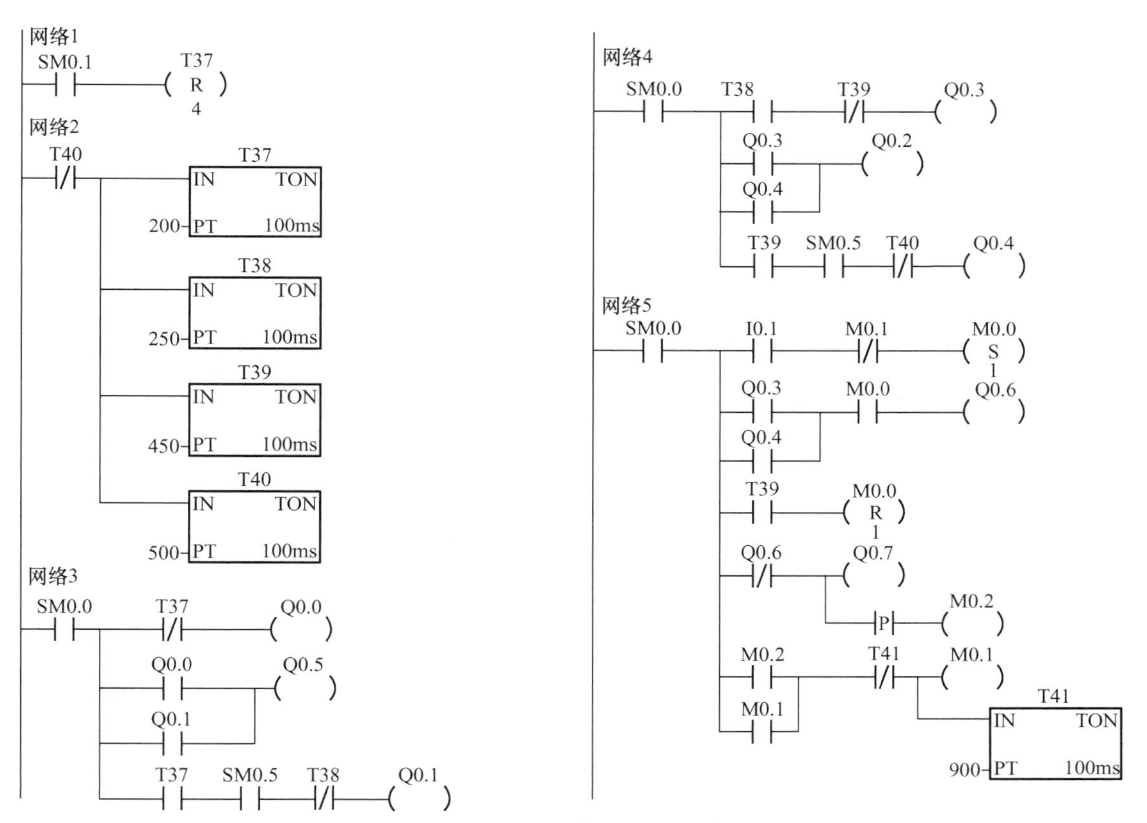

图 10.11　PLC 控制程序梯形图

与图 10.11 所示的 PLC 控制程序梯形图对应的语句表如下。

```
Network 1
LD      SM0.1
R       T37,4
Network 2
LDN     T40
TON     T37,200
TON     T38,250
TON     T39,450
TON     T40,500
Network 3
LD      SM0.0
LPS
AN      T37
=       Q0.0
LRD
LD      Q0.0
O       Q0.1
ALD
=       Q0.5
LPP
A       T37
A       SM0.5
AN      T38
=       Q0.1
Network 4
LD      SM0.0
LPS
A       T38
AN      T39
=       Q0.3
LRD
LD      Q0.3
O       Q0.4
ALD
=       Q0.2
LPP
A       T39
A       SM0.5
AN      T40
=       Q0.4
Network 5
LD      SM0.0
LPS
A       I0.1
AN      M0.1
S       M0.0, 1
LRD
LD      Q0.3
O       Q0.4
ALD
A       M0.0
=       Q0.6
LRD
A       T39
R       M0.0, 1
LRD
AN      Q0.6
=       Q0.7
EU
=       M0.2
LPP
LD      M0.2
O       M0.1
AN      T41
ALD
=       M0.1
TON     T41, 900
```

10.2.2 混料机进排料与搅拌控制

1. 概述

混料机进排料与搅拌控制原理如图 10.12 所示。混合罐有两个进料泵、一个出料泵、一个搅拌器。混合罐高度方向上安装有三个液位开关：高物位信号开关 SQ1、中物位信号开关 SQ2、低物位信号开关 SQ3。KM1 为组分 1 进料泵接触器，KM2 为组分 2 进料泵接触器，KM3 为出料泵接触器，KM4 为搅拌器接触器，初始状态下，SQ1、SQ2、SQ3 为断开状态，KM1、KM2、KM3、KM4 为断电状态。

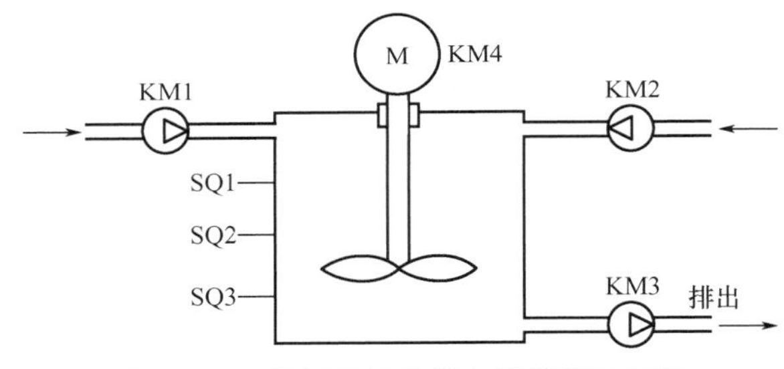

图 10.12　混料机进排料与搅拌控制原理

工作循环如下：按下 SB1→KM1 通电，组分 1 开始注入→SQ2 闭合→KM1 断电，组分 1 停止注入，KM2 通电，组分 2 开始注入→SQ1 闭合→KM2 断电，组分 2 停止注入；KM4 通电，开始搅拌→延时 8s，KM4 断电，停止搅拌；KM3 通电，排出混合料→SQ3 断开，延时 4s→KM3 断电，完成一个工作循环→KM1 通电，进入下一个工作循环。

2. 控制系统设计

采用西门子公司型号为 S7－200 CPU224XP 的控制器。

（1）输入/输出接点分配（表10-5）。

表10-5 输入/输出接点分配

输　　入		输　　出	
启停按钮 SB	I0.0	组分1进料接触器 KM1	Q0.0
高物位信号开关 SQ1	I0.1	组分2进料接触器 KM2	Q0.1
中物位信号开关 SQ2	I0.2	混合后出料接触器 KM3	Q0.2
低物位信号开关 SQ3	I0.3	搅拌电动机接触器 KM4	Q0.3

（2）控制系统流程图（图10.13）。

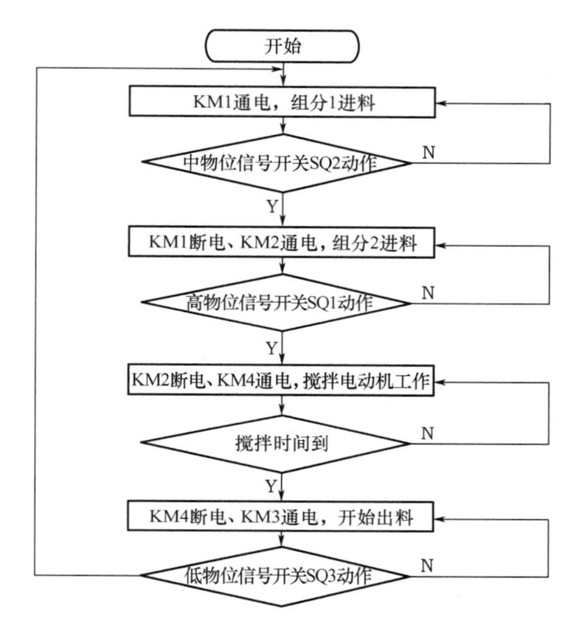

图10.13 控制系统流程图

（3）PLC接线端子图（图10.14）。

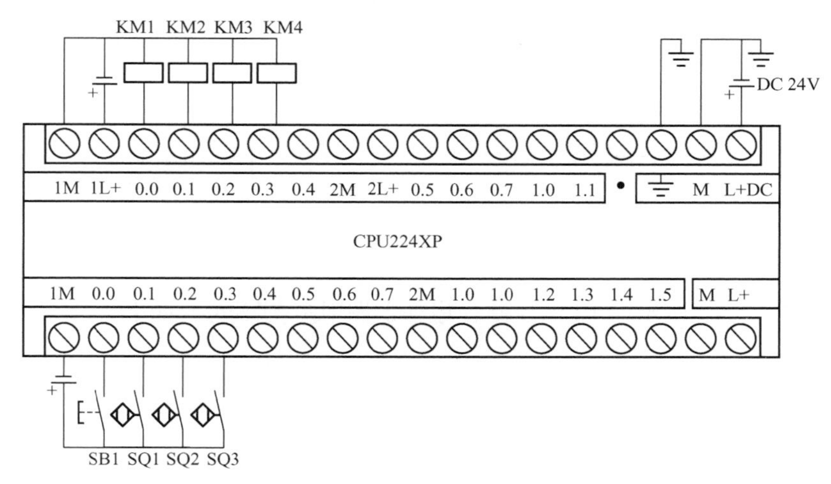

图10.14 PLC接线端子图

（4）PLC 控制程序梯形图（图 10.15）。

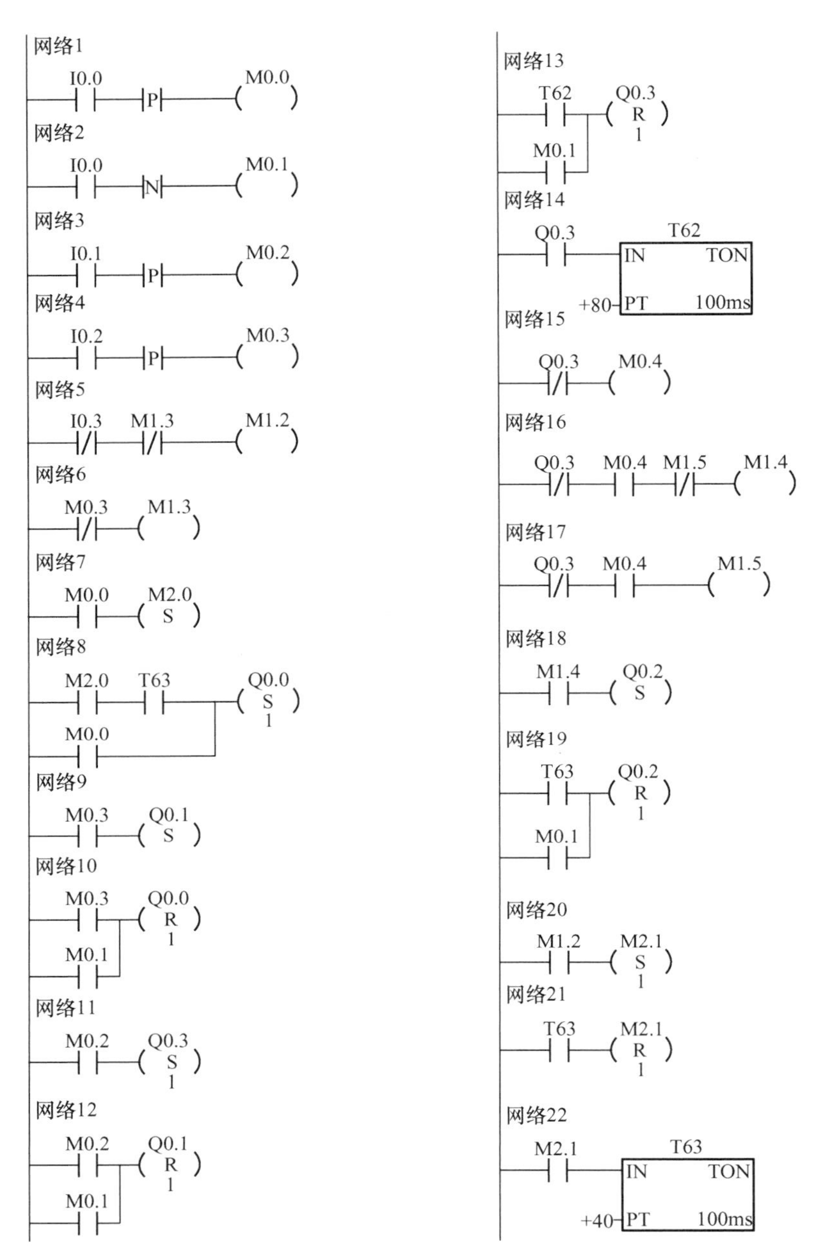

图 10.15　PLC 控制程序梯形图

与图 10.15 所示的 PLC 控制程序梯形图对应的语句表如下。

```
Network 1
LD      I0. 0
EU
=       M0. 0
Network 2
LD      I0. 0
ED
=       M0. 1
Network 3
LD      I0. 1
EU
=       M0. 2
Network 4
LD      I0. 2
EU
```

```
=          M0.3
Network 5
LDN        I0.3
AN         M1.3
=          M1.2
Network 6
LDN        M0.3
=          M1.3
Network 7
LD         M0.0
S          M2.0,1
Network 8
LD         M2.0
A          T63
O          M0.0
S          Q0.0,1
Network 9
LD         M0.3
S          Q0.1,1
Network 10
LD         M0.3
O          M0.1
R          Q0.0,1
Network 11
LD         M0.2
S          Q0.3,1
Network 12
LD         M0.2
O          M0.1
R          Q0.1,1
Network 13
LD         T62
O          M0.1
R          Q0.3,1
Network 14
LD         Q0.3
TON        T62,+80
Network 15
LDN        Q0.3
=          M0.4
Network 16
LDN        Q0.3
A          M0.4
AN         M1.5
=          M1.4
Network 17
LDN        Q0.3
A          M0.4
=          M1.5
Network 18
LD         M1.4
S          Q0.2,1
Network 19
LD         T63
O          M0.1
R          Q0.2,1
Network 20
LD         M1.2
S          M2.1,1
Network 21
LD         T63
R          M2.1,1
Network 22
LD         M2.1
TON        T63,+40
```

10.2.3 四人抢答器控制系统

1. 概述

该系统用于四人抢答器控制，设置有对应1、2、3、4号选手的抢答按钮SB1、SB2、SB3、SB4，主持人控制的系统复位按钮SB5，抢答开始按钮SB6；显示装置有一位七段数码管、一个抢答开始指示灯HL1、一个回答超时指示灯HL2。

工作过程如下：主持人按下抢答开始按钮SB6，抢答开始指示灯HL1亮，15s内选手可以抢答，若15s内无选手抢答，则系统自动复位，进入下一轮抢答。某选手首先按下抢答按钮，七段数码管显示选手编号，则其他选手抢答无效，回答限时20s，剩余10s时，七段数码管停止显示选手编号，开始显示10s倒计时，倒计时显示0时，回答超时指示灯HL2亮，选手停止回答。

技术特点如下：限时抢答必须在15s内完成，限时回答在20s内完成，超前抢答则选手被锁定，按钮无效，不影响其他选手抢答。合法抢答，则七段数码管显示选手编号，锁定其他选手按钮无效。

2. 控制系统设计

采用西门子公司型号为S7－200 CPU224XP的控制器。

（1）输入/输出接点分配（表10－6）。

表10－6　输入/输出接点分配

输　　入		输　　出	
系统复位按钮 SB5	I0.0	数码管 a	Q0.0
1号选手抢答按钮 SB1	I0.1	数码管 b	Q0.1
2号选手抢答按钮 SB2	I0.2	数码管 c	Q0.2
3号选手抢答按钮 SB3	I0.3	数码管 d	Q0.3
4号选手抢答按钮 SB4	I0.4	数码管 e	Q0.4
抢答开始按钮 SB6	I0.5	数码管 f	Q0.5
		数码管 g	Q0.6
		抢答开始指示灯 HL1	Q1.0
		回答超时指示灯 HL2	Q1.1

（2）控制系统流程图（图10.16）。

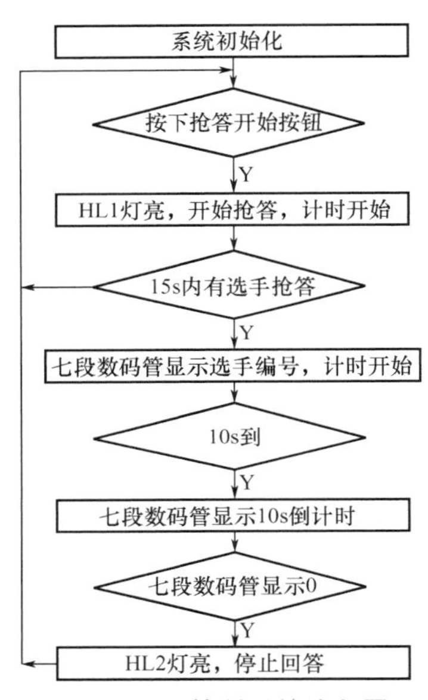

图10.16　控制系统流程图

（3）PLC接线端子图（图10.17）。

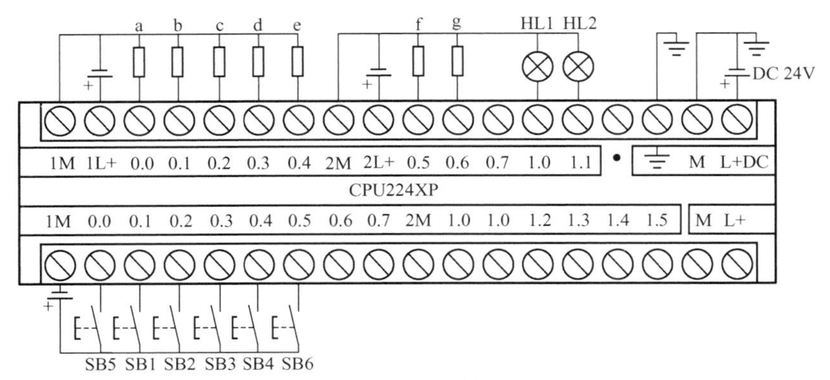

图10.17　PLC接线端子图

（4）PLC控制程序梯形图（图10.18）。

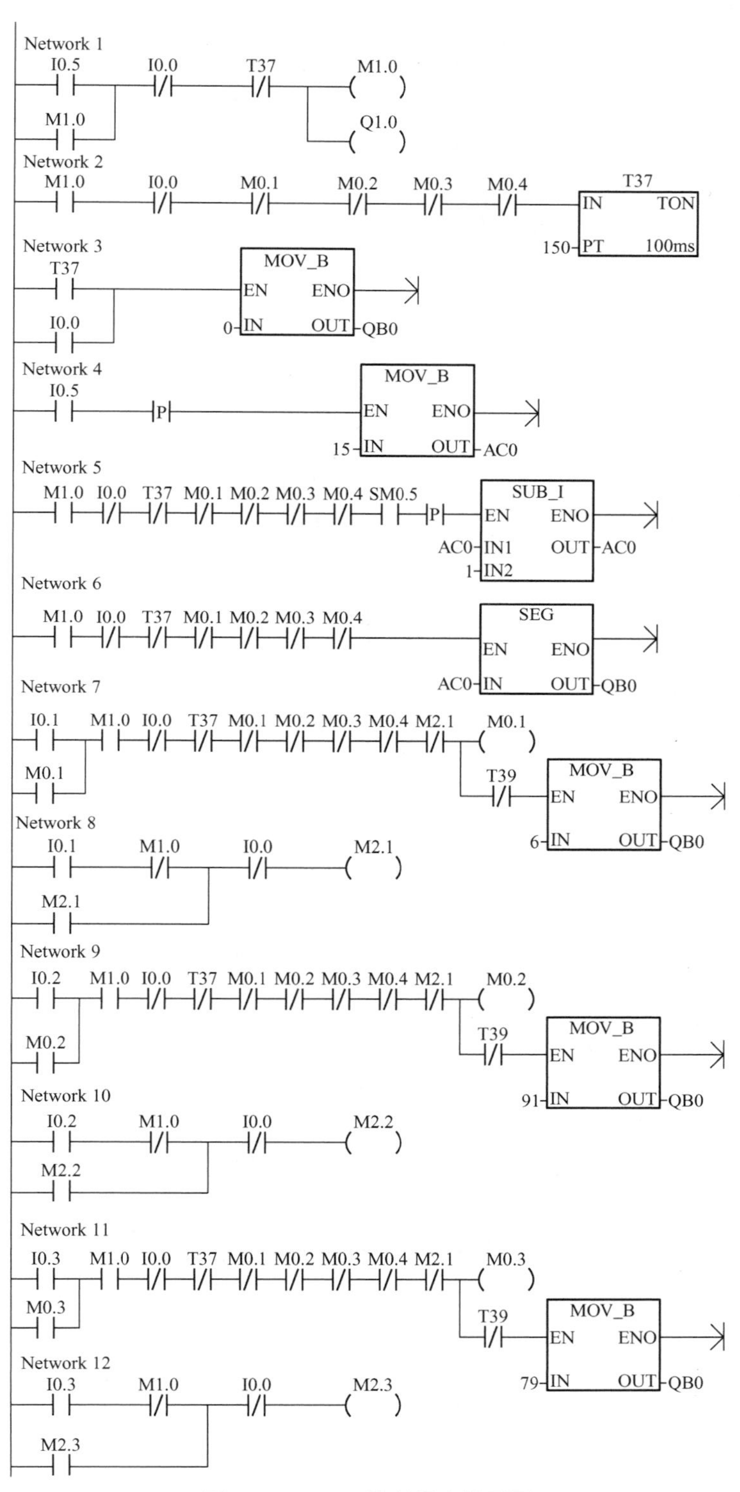

图10.18 PLC控制程序梯形图

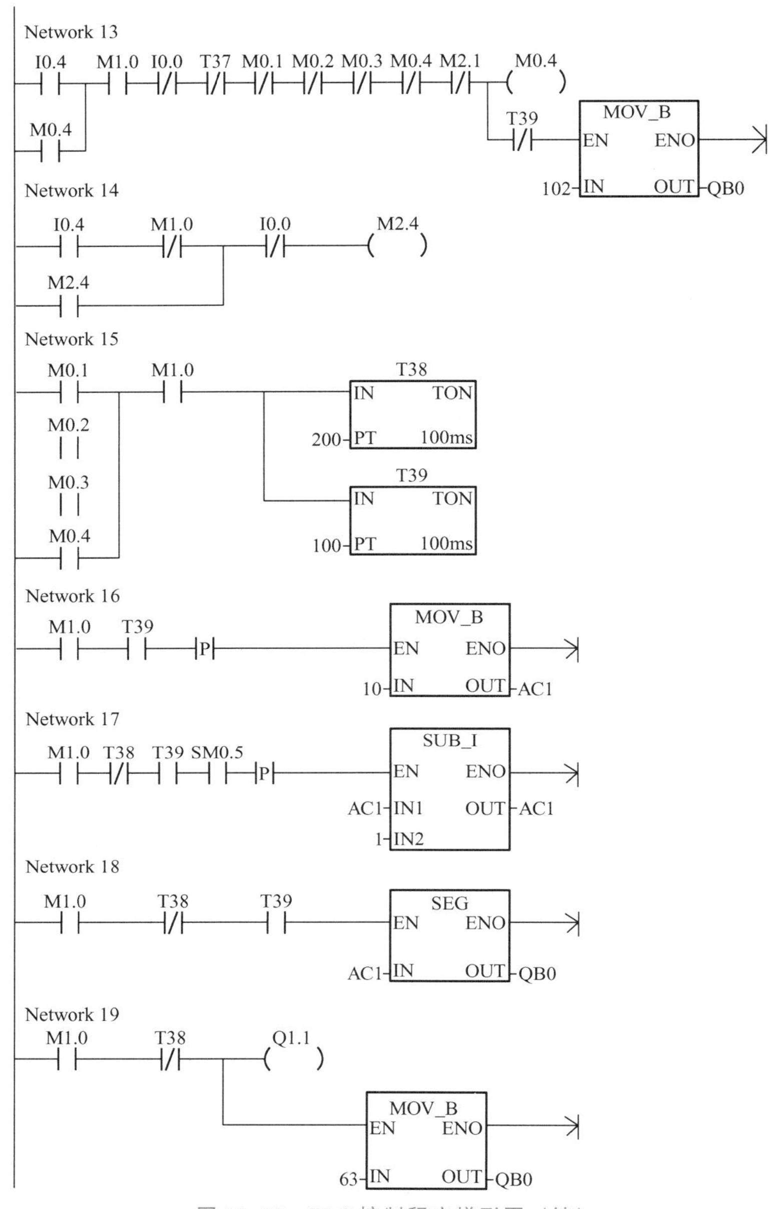

图 10.18　PLC 控制程序梯形图（续）

与图 10.18 所示的 PLC 控制程序梯形图对应的语句表如下。

```
Network 1
LD      I0.5
O       M1.0
AN      I0.0
AN      T37
=       M1.0
=       Q1.0

Network 2
LD      M1.0
AN      I0.0
AN      M0.1
AN      M0.2
AN      M0.3
AN      M0.4
TON     T37,150

Network 3
LD      T37
O       I0.0
MOVB    0,QB0

Network 4
LD      I0.5
```

```
EU
MOVB        15,AC0
Network 5
LD          M1.0
AN          I0.0
AN          T37
AN          M0.1
AN          M0.2
AN          M0.3
AN          M0.4
A           SM0.5
EU
-I          1,AC0
Network 6
LD          M1.0
AN          I0.0
AN          T37
AN          M0.1
AN          M0.2
AN          M0.3
AN          M0.4
SEG         AC0,QB0
Network 7
LD          I0.1
O           M0.1
A           M1.0
AN          I0.0
AN          T37
AN          M0.1
AN          M0.2
AN          M0.3
AN          M0.4
AN          M2.1
=           M0.1
AN          T39
MOVB        6,QB0
Network 8
LD          I0.1
AN          M1.0
O           M2.1
AN          I0.0
=           M2.1
Network 9
LD          I0.2
O           M0.2
A           M1.0
AN          I0.0
AN          T37
AN          M0.1
AN          M0.2
AN          M0.3
AN          M0.4
AN          M2.1
=           M0.2
AN          T39
MOVB        91,QB0
Network 10
LD          I0.2
AN          M1.0
O           M2.2
AN          I0.0
=           M2.2
Network 11
LD          I0.3
O           M0.3
A           M1.0
AN          I0.0
AN          T37
AN          M0.1
AN          M0.2
AN          M0.3
AN          M0.4
AN          M2.1
=           M0.3
AN          T39
MOVB        79,QB0
Network 12
LD          I0.3
AN          M1.0
O           M2.3
AN          I0.0
=           M2.3
Network 13
LD          I0.4
O           M0.4
A           M1.0
AN          I0.0
AN          T37
AN          M0.1
AN          M0.2
AN          M0.3
AN          M0.4
AN          M2.1
=           M0.4
AN          T39
MOVB        102,QB0
Network 14
LD          I0.4
AN          M1.0
O           M2.4
AN          I0.0
=           M2.4
Network 15
LD          M0.1
O           M0.2
O           M0.3
O           M0.4
A           M1.0
TON         T38,200
TON         T39,100
Network 16
LD          M1.0
A           T39
EU
MOVB        10,AC1
Network 17
LD          M1.0
AN          T38
A           T39
A           SM0.5
EU
-I          1,AC1
Network 18
LD          M1.0
AN          T38
A           T39
SEG         AC1,QB0
Network 19
LD          M1.0
AN          T38
=           Q1.1
MOVB        63,QB0
```

参考文献

曹菁，李斌，2010. 三菱 PLC、触摸屏和变频器应用技术［M］. 北京：机械工业出版社.

常斗南，翟津，2013. 三菱 PLC 控制系统综合应用技术［M］. 北京：机械工业出版社.

范永胜，王岷，2004. 电气控制与 PLC 应用［M］. 北京：中国电力出版社.

黄永红，2018. 电气控制与 PLC 应用技术［M］. 2 版. 北京：机械工业出版社.

廖常初，2013. FX 系列 PLC 编程及应用［M］. 2 版. 北京：机械工业出版社.

廖常初，2013. PLC 编程及应用［M］. 4 版. 北京：机械工业出版社.

梅丽凤，2012. 电气控制与 PLC 应用技术［M］. 北京：机械工业出版社.

漆汉宏，魏艳君，王振臣，等，2015. PLC 电气控制技术［M］. 3 版. 北京：机械工业出版社.

钱厚亮，田会峰，2018. 电气控制与 PLC 原理、应用实践（三菱电机 FX3U 系列）［M］. 北京：机械工业出版社.

任胜杰，2013. 电气控制与 PLC 系统［M］. 北京：机械工业出版社.

阮友德，2012. 电气控制与 PLC 实训教程［M］. 2 版. 北京：人民邮电出版社.

王振臣，齐占庆，2013. 机床电气控制技术［M］. 5 版. 北京：机械工业出版社.

肖军，2014. 可编程序控制器原理及应用［M］. 北京：清华大学出版社.

杨林建，2015. 电气控制与 PLC（三菱）［M］. 北京：机械工业出版社.

杨霞，刘桂秋，2017. 电气控制及 PLC 技术［M］. 北京：清华大学出版社.

张培志，2007. 电气控制与可编程序控制器［M］. 北京：化学工业出版社.

张振国，2017. 工厂电气与 PLC 控制技术［M］. 5 版. 北京：机械工业出版社.

赵全利，2014. 西门子 S7－200 PLC 应用教程［M］. 北京：机械工业出版社.

附录A 电气简图用图形符号(GB/T 4728—2018、2008摘抄)

符　号	说　明	符　号	说　明
	动合触点		延时闭合的动断触点
	动断触点		延时动合触点
	先断后合的转换触点		触点组
	中间断开的转换触点		手动操作开关，一般符号
形式1	先合后断的双向转换触点		自动复位的手动按钮开关
形式2			自动复位的手动拉拔开关
	双动合触点		无自动复位的手动旋转开关
	双动断触点		正向操作且自动复位的手动按钮开关
	延时闭合的动合触点		应急制动开关
	延时断开的动合触点		带动合触点的位置开关
	延时断开的动断触点		带动断触点的位置开关

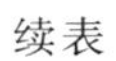

符　　号	说　　明	符　　号	说　　明
	组合位置开关		缓慢释放继电器线圈
	能正向操作带动断触点的位置开关		缓慢吸合继电器线圈
	带动合触点的热敏开关		延时继电器线圈
	带动断触点的热敏开关		快速继电器线圈
	带动断触点的热敏自动开关		对交流不敏感继电器线圈
	有热元件的气体放电管		交流继电器线圈
	接触器的主动合触点		热继电器驱动器件
	带自动释放功能的接触器		电子继电器驱动器件
	接触器的主动断触点		接近传感器
	断路器		接触传感器
	隔离开关；隔离器		接触敏感开关
	双向隔离开关；双向隔离器		接近开关
	隔离开关；负荷隔离开关		磁控接近开关
	带自动释放功能的负荷隔离开关	Fe	铁控接近开关
	手动操作有闭锁器件的隔离开关；隔离器		熔断器，一般符号
	自由脱口机构		熔断器
	驱动器件，一般符号；继电器线圈，一般符号		熔断器，撞击式熔断器
	驱动器件；继电器线圈（组合表示法）		带报警触点的熔断器

续表

符　　号	说　　明	符　　号	说　　明
	独立报警熔断器	GS 3～	三相永磁同步发动机
	带撞击式熔断器的三极开关	GS 1～	三相鼠笼式感应电动机
	熔断器开关	M 1～	单相鼠笼式感应电动机
	熔断式隔离开关；熔断式隔离器	M 3～	三相绕线式转子感应电动机
	熔断式负荷开关组合电气	M	三相星形连接的感应电动机
*	电动机，一般符号	M 3～	三相直线感应电动机
M	直线电动机，一般符号		双绕组变压器，一般符号
M	步进电动机，一般符号		
M	直流串励电动机		三绕组变压器，一般符号
M	直流并励电动机		
G	短分路复励直流发动机	*	指示仪表，一般符号
M 1～	单相串励电动机	*	记录仪表，一般符号
M 1～	单相推斥电动机	V	电压表
M 3～	三相串励电动机	A $I\sin\varphi$	无功电流表

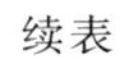
续表

符　　号	说　　明	符　　号	说　　明
var	无功功率表		带有非绝缘加热元件的热电偶
$\cos\varphi$	功率因数表		带有绝缘加热元件的热电偶
φ	相位表		灯，一般符号
H_Z	频率计		闪光型信号灯
n	转速表		机电型指示器；信号元件
− +	热电偶		机电型位置指示器
			报警器
	自耦变压器，一般符号		蜂鸣器
	电抗器，一般符号		由内置变压器供电的信号灯
	电流互感器，一般符号		音响信号装置，一般符号

附录B

FX_{3U}系列 PLC 指令一览表

表 B-1 基本指令

记号	称呼	功能	记号	称呼	功能
触点指令					
LD	取	动合触点逻辑运算开始	ANDP	与脉冲上升沿	检测上升沿的串联连接
LDI	取反	动断触点逻辑运算开始	ANDF	与脉冲下降沿	检测下降沿的串联连接
LDP	取脉冲上升沿	检测上升沿的运算开始	OR	或	并联动合触点
LDF	取脉冲下降沿	检测下降沿的运算开始	ORI	或反转	并联动断触点
AND	与	串联动合触点	ORP	或脉冲上升沿	检测上升沿的并联连接
ANI	与反转	串联动断触点	ORF	或脉冲下降沿	检测下降沿的并联连接
电路块、堆栈指令					
ANB	电路块与	电路块的串联连接	MPP	存储器出栈	存储读出与复位
ORB	电路块或	电路块的并联连接	INV	取反	运算结果的反转
MPS	存储器进栈	运算存储	MEP	上升沿导通	上升沿时导通
MRD	存储器读栈	存储读出	MEF	下降沿导通	下降沿时导通
输出指令					
OUT	输出	线圈驱动指令	PLS	上升沿脉冲	上升沿检测输出
SET	置位	保持线圈动作	PLF	下降沿脉冲	下降沿检测输出

续表

记　号	称　　呼	功　　能	记　号	称　　呼	功　　能
RST	复位	解除保持，当前值清零			
		主控、取反、空操作、结束指令			
MC	主控	连接到公共触点的指令	NOP	空操作	无操作
MCR	主控复位	解除连接到公共触点	END	结束	程序结束
INV	取反	运算结果取反			

表 B－2　步进梯形指令

记　号	称　　呼	功　　能	记　号	称　　呼	功　　能
STL	步进梯形图	步进梯形图的开始	RET	步进梯形图返回	步进梯形图的结束

表 B－3　应用指令

FNC NO	指令记号	功　　能	FNC NO	指令记号	功　　能
		流程控制			
00	CJ	条件跳转	05	DI	禁止中断
01	CALL	子程序调用	06	FEND	主程序结束
02	SRET	子程序返回	07	WDT	监控定时器
03	IRET	中断返回	08	FOR	循环范围开始
04	EI	允许中断	09	NEXT	循环范围结束
		传送、比较			
10	CMP	比较	15	BMOV	成批传送
11	ZCP	区间比较	16	FMOV	多点传送
12	MOV	传送	17	XCH	交换
13	SMOV	移位传送	18	BCD	BCD 转换
14	CML	反向传送	19	BIN	BIN 转换
		四则、逻辑运算			
20	ADD	BIN 加法	25	DEC	BIN 减 1
21	SUB	BIN 减法	26	WAND	逻辑字与
22	MUL	BIN 乘法	27	WOR	逻辑字或
23	DIV	BIN 除法	28	WXOR	逻辑字异或
24	INC	BIN 加 1	29	NEG	求补码

续表

FNC NO	指令记号	功　　能	FNC NO	指令记号	功　　能
		循环、移位			
30	ROR	循环右移	35	SFTL	位左移
31	ROL	循环左移	36	WSFR	字右移
32	RCR	带进位循环右移	37	WSFL	字左移
33	RCL	带进位循环左移	38	SFWR	移位写入（先入先出/后入先出控制用）
34	SFTR	位右移	39	SFRD	移位读出（先入先出控制用）
		数据处理			
40	ZRST	批次复位	45	MEAN	平均值
41	DECO	译码	46	ANS	信号报警置位
42	ENCO	编码	47	ANR	信号报警复位
43	SUM	ON 位数	48	SQR	BIN 开平方
44	BON	ON 位的判定	49	FLT	BIN 整数→BIN 浮点数转换
		高速处理			
50	REF	输入/输出刷新	55	HSZ	区间比较（高速计数器用）
51	REFF	输入刷新（带滤波器设定）	56	SPD	脉冲密度
52	MTR	矩阵输入	57	PLSY	脉冲输出
53	HSCS	比较置位（高速计数器用）	58	PWM	脉冲宽度调制
54	HSCR	比较复位（高速计数器用）	59	PLSR	带加减速的脉冲输出
		便捷指令			
60	IST	初始化状态	65	STMR	特殊定时器
61	SER	数据检索	66	ALT	交替输出
62	ABSD	凸轮控制（绝对方式）	67	RAMP	斜坡信号
63	INCD	凸轮控制（相对方式）	68	ROTC	旋转工作台控制
64	TTMR	示教定时器	69	SORT	数据排列
		外围设备 I/O			
70	TKY	数字键输入	75	ARWS	箭头开关

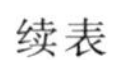
续表

FNC NO	指令记号	功　能	FNC NO	指令记号	功　能
71	HKY	16 键输入	76	ASC	ASCII 数据输入
72	DSW	数字式开关	77	PR	ASCII 码打印
73	SEGD	7 段译码	78	FROM	BMF 读出
74	SEGL	7 段码时间分割显示	79	TO	BMF 写入
外部设备（选件设备）					
80	RS	串行数据传送	85	VRRD	电位器读出
81	PRUN	8 进制位传送	86	VRSC	电位器刻度
82	ASCI	HEX→ASCII 的转换	87	RS2	串行数据传送 2
83	HEX	ASCII→HEX 的转换	88	PID	PID 运算
84	CCD	校验码	89～99	—	
数据传送 2					
100 - 101	—		103	ZPOP	变址寄存器的恢复
102	ZPUSH	变址寄存器的批次躲避	104～109	—	
浮点数					
110	ECMP	二进制浮点数比较	130	SIN	二进制浮点数 SIN 运算
111	EZCP	二进制浮点数区间比较	131	COS	二进制浮点数 COS 运算
112	EMOV	二进制浮点数数据比较	132	TAN	二进制浮点数 TAN 运算
113～115	—		133	ASIN	二进制浮点数 SIN - 1 运算
116	ESTR	二进制浮点数→字符串的转换	134	ACOS	二进制浮点数 COS - 1 运算
117	EVAL	字符串	135	ATAN	二进制浮点数 TAN - 1 运算
118	EBCD	二进制浮点数→十进制浮点数的转换	136	RAD	二进制浮点数角度→弧度转换
119	EBIN	十进制浮点数→二进制浮点数的转换	137	DEG	二进制浮点数弧度→角度转换
120	EADD	二进制浮点数加法运算	138～139	—	
121	ESUB	二进制浮点数减法运算	140	WSUM	算出数据合计值
122	EMUL	二进制浮点数乘法运算	141	WTOB	字节单位的数据分离
123	EDIV	二进制浮点数除法运算	142	BTOW	字节单位的数据结合
124	EXP	二进制浮点数指数运算	143	UNI	16 位数据的 4 位结合

续表

FNC NO	指令记号	功　　能	FNC NO	指令记号	功　　能
125	LOGE	二进制浮点数自然对数运算	144	DIS	16位数据的4位分离
126	LOG10	二进制浮点数常用对数运算	145～146	—	
127	ESQR	二进制浮点数开方运算	147	SWAP	上下字节转换
128	ENEG	二进制浮点数符号翻转	148	—	
129	INT	二进制浮点数→BIN整数转换	149	SORT2	数据排列2
定位					
150	DSZR	带DOG搜索的原点回归	156	ZRN	原点返回
151	DVIT	中断定位	157	PLSV	可变速脉冲输出
152	TBL	表格设定定位	158	DRVI	相对定位
153～154	—		159	DRVA	绝对定位
155	ABS	读出ABS当前值			
时钟运算					
160	TCMP	时钟数据比较	165	STOH	秒数据→小时、分、秒的转换
161	TZCP	时钟数据区间比较	166	TRD	时钟数据读出
162	TADD	时钟数据加法运算	167	TWR	时钟数据写入
163	TSUB	时钟数据减法运算	168	—	
164	HTOS	小时，分，秒数据→秒的转换	169	HOUR	计时
外部设备					
170	GRY	格雷码的转换	176	RD3A	模拟量模块的读出
171	GBIN	格雷码的逆转换	177	WR3A	模拟量模块的写入
172～175	—		178～179	—	
其他指令					
181	—		186	DUTY	出现定时脉冲
182	COMRD	读出软元件的注释数据	187	—	
183	—		188	CRC	CRC运算
184	RND	产生随机数	189	HCMOV	高速计数器传送
185	—				

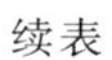
续表

FNC NO	指令记号	功　能	FNC NO	指令记号	功　能
数据块的处理					
190～191	—		196	BKCMP<	数据块的比较（S1<S2）
192	BK+	数据块加法运算	197	BKCMP<>	数据块的比较（S1≠S2）
193	BK-	数据块减法运算	198	BKCMP<=	数据块的比较（S1≤S2）
194	BKCMP=	数据块的比较（S1=S2）	199	BKCMP>=	数据块的比较（S1≥S2）
195	BKCMP>	数据块的比较（S1>S2）			
字符串的控制					
200	STR	BIN→字符串的转换	205	LEFT	从字符串的左侧开始取出
201	VAL	字符串→BIN 的转换	206	MIDR	从字符串中任意取出
202	$+	字符串合并	207	MIDW	字符串中的任意替换
203	LEN	检测出字符串的长度	208	INSTR	字符串的检索
204	RIGHT	从字符串的右侧开始取出	209	$MOV	字符串的传送
数据处理 3					
210	FDEL	数据表的数据删除	213	SFR	16 位数据 n 位右移（带进位）
211	FINS	数据表的数据插入	214	SFl	16 位数据 n 位左移（带进位）
212	POP	后入的数据读取［后入先出控制用］	215～219	—	
触点比较					
220～223	—		236	AND<>	触点比较 AND（S1≠S2）
224	LD=	触点比较 LD（S1=S2）	237	AND<=	触点比较 AND（S1≤S2）
225	LD>	触点比较 LD（S1>S2）	238	AND>=	触点比较 AND（S1≥S2）
226	LD<	触点比较 LD（S1<S2）	239	—	
227	—		240	OR=	触点比较 OR　S1=S2

续表

FNC NO	指令记号	功　　能	FNC NO	指令记号	功　　能
228	LD＜＞	触点比较 LD（S1≠S2）	241	OR＞	触点比较 OR（S1＞S2）
229	LD＜＝	触点比较 LD（S1≤S2）	242	OR＜	触点比较 OR（S1＜S2）
230	LD＞＝	触点比较 LD（S1≥S2）	243	—	
231	—		244	OR＜＞	触点比较 OR（S1≠S2）
232	AND＝	触点比较 AND（S1＝S2）	245	OR＜＝	触点比较 OR（S1≤S2）
232	AND＞	触点比较 AND（S1＞S2）	246	OR＞＝	触点比较 OR（S1≥S2）
234	AND＜	触点比较 AND（S1＜S2）	247～249	—	
235	—				
数据表的处理					
250～255	—		269	SCL2	定标 2（X/Y 座标数据）
256	LIMIT	上下限限位控制	270	IVCK	变频器的运行监控
257	BAND	死区控制	271	IVDR	变频器的运行控制
258	ZONE	区域控制	272	IVRD	变频器的参数读取
259	SCL	定标（不同点座标数据）	273	IVWR	变频器的参数写入
260	DABIN	十进制 ASCII→BIN 的转换	274	IVBWR	变频器的参数成批写入
261	BINDA	BIN→十进制 ASCII 的转换	275～277		
262～268	—				
数据传送 3					
278	RBFM	BFM 分割读出	279	WBFM	BFM 分割写入
高速处理 2					
280	HSCT	高速计数器表比较	281－289	—	
扩展文件寄存器的控制					
290	LOADR	读出扩展文件寄存器	294	RWER	扩展文件寄存器的删除、写入
291	SAVER	扩展文件寄存器的一并写入	295	INITER	
292	INITR	扩展文件寄存器的初始化	296～299	—	
293	LOGR	记入扩展文件寄存器			

附录C S7－200系列PLC指令一览表

位逻辑指令

指令格式	功能说明	指令格式	功能说明
LD bit	装载	R bit，N	复位一个区域
LDI bit	立即装载	RI bit，N	立即复位一个区域
LDN bit	取反后装载	＝bit	赋值
LDNI bit	取反后立即装载	＝I bit	立即赋值
A bit	与	EU	检测上升沿
AI bit	立即与	ED	检测下降沿
AN bit	取反后与	NOT	堆栈取反
ANI bit	取反后立即与	AENO	与 ENO
O bit	或	ALD	栈装载与
OI bit	立即或	OLD	栈装载或
ON bit	取反后或	LPS	逻辑推入栈
ONI bit	取反后立即或	LRD	逻辑读栈
S bit，N	置位一个区域	LPP	逻辑弹出栈
SI bit，N	立即置位一个区域	LDS N	装载堆栈

时钟指令

指令格式	功能说明	指令格式	功能说明
TODR T	读实时时钟	TODW T	写实时时钟
TODRX T	扩展读实时时钟	TODWX T	扩展写实时时钟

通信指令

指令格式	功能说明	指令格式	功能说明
NETR TBL，PORT	网络读指令	NETW TBL，PORT	网络写指令

续表

指令格式	功能说明	指令格式	功能说明
XMT TBL，PORT	发送指令	RCV TBL，PORT	接收指令
GPA ADDR，PORT	获取端口地址指令	SPA ADDR，PORT	设置端口地址指令

比较指令

指令格式	功能说明	指令格式	功能说明
LDBx IN1，IN2	装载字节比较结果 IN1 （x：＜，≤，＝，≥，＞，＜＞） IN2	OBx IN1，IN2	或字节比较结果 IN1 （x：＜，≤，＝，≥，＞，＜＞） IN2
LDWx IN1，IN2	装载字比较结果 IN1 （x：＜，≤，＝，≥，＞，＜＞） IN2	OWx IN1，IN2	或字比较结果 IN1 （x：＜，≤，＝，≥，＞，＜＞） IN2
LDDx IN1，IN2	装载双字比较结果 IN1 （x：＜，≤，＝，≥，＞，＜＞） IN2	ODx IN1，IN2	或双字比较结果 IN1 （x：＜，≤，＝，≥，＞，＜＞） IN2
LDRx IN1，IN2	装载实数比较结果 IN1 （x：＜，≤，＝，≥，＞，＜＞） IN2	ORx IN1，IN2	或实数比较结果 IN1 （x：＜，≤，＝，≥，＞，＜＞） IN2
ABx IN1，IN2	与字节比较结果 IN1 （x：＜，≤，＝，≥，＞，＜＞） IN2	LDSX IN1，IN2	装载字符串比较结果 IN1（X：＝，＜＞） IN2
AWx IN1，IN2	与字比较结果 IN1 （x：＜，≤，＝，≥，＞，＜＞） IN2	ASX IN1，IN2	与字符串比较结果 IN1（X：＝，＜＞） IN2
ADx IN1，IN2	与双字比较结果 IN1 （x：＜，≤，＝，≥，＞，＜＞） IN2	OSX IN1，IN2	或字符串比较结果 IN1（X：＝，＜＞） IN2
ARx IN1，IN2	与实数比较结果 IN1 （x：＜，≤，＝，≥，＞，＜＞） IN2		

转换指令

指令格式	功能说明	指令格式	功能说明
BTI IN，OUT	字节转换成整数	ITA IN，OUT，FMT	整数转 ASCII 码
ITB IN，OUT	整数转换成字节	DTA IN，OUT，FMT	双整数转 ASCII 码
ITD IN，OUT	整数转换成双整数	RTA IN，OUT，FMT	实数转 ASCII 码

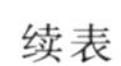
续表

指令格式	功能说明	指令格式	功能说明
DTI IN，OUT	双整数转换成整数	ATH IN，OUT，LEN	ASCII 码转十六进制数
DTR IN，OUT	双字转换成实数	HTA IN，OUT，LEN	十六进制数转 ASCII 码
BCDI OUT	BCD 码转换成整数	ITS IN，FMT，OUT	整数转字符串
IBCD OUT	整数转换成 BCD 码	DTS IN，FMT，OUT	双整数转字符串
ROUN IN，OUT	四舍五入，实数→双整数	RTS IN，FMT，OUT	实数转字符串
TRUNC IN，OUT	取整，实数→双整数	ENCO IN，OUT	编码指令
SEG IN，OUT	段码指令，点亮七段码	DECO IN，OUT	译码指令
计数器、高速计数器、脉冲输出和定时器指令			
指令格式	功能说明	指令格式	功能说明
CTU Cxx，PV	增计数器	TON Txxx，PT	打开延时定时器
CTD Cxx，PV	减计数器	TOF Txxx，PT	关断延时定时器
CTUD Cxx，PV	增/减计数器	TONR Txxx，PT	有记忆的打开延时定时器
HDEF HSC，MODE	定义高速计数器，为 HSCx 选择操作模式	BITIM OUT	触发时间间隔定时器
HSC N	激活高速计数器	CITIM IN，OUT	计算时间间隔定时器
PLS N	脉冲输出控制 PTO PWM		
数学运算指令			
指令格式	功能说明	指令格式	功能说明
+I IN1，OUT	整数、双整数、实数加法 IN1+OUT=OUT	SIN IN，OUT	正弦
+D IN1，OUT		CON IN，OUT	余弦
+R IN1，OUT		TAN IN，OUT	正切
−I IN2，OUT	整数、双整数、实数加法 OUT−IN2=OUT	LN IN，OUT	自然对数
−D IN2，OUT		EXP IN，OUT	自然指数
−R IN2，OUT		SQRT IN，OUT	平方根

续表

数学运算指令

指令格式	功能说明	指令格式	功能说明
MUL IN1，OUT	整数完整乘法	INCB OUT	字节、字和双字加1
*I IN1，OUT	整数、双整数、实数乘法 IN1*OUT=OUT	INCW OUT	
*D IN1，OUT		INCD OUT	
*R IN1，OUT		DECB OUT	字节、字和双字减1
DIV IN2，OUT	整数完整除法	DECW OUT	
/I IN2，OUT	整数、双整数、实数除法 OUT/IN2=OUT	DECD OUT	
/D IN2，OUT		PID TBL，LOOP	PID回路控制指令
/R IN2，OUT			

逻辑操作指令

指令格式	功能说明	指令格式	功能说明
INVB OUT	字节、字和双字取反	ORB IN1，OUT	字节、字和双字取逻辑或
INVW OUT		ORW IN1，OUT	
INVD OUT		ORD IN1，OUT	
ANDB IN1，OUT	字节、字和双字取逻辑与	XORB IN1，OUT	字节、字和双字取逻辑异或
ANDW IN1，OUT		XORW IN1，OUT	
ANDD IN1，OUT		XORD IN1，OUT	

传送、移位、循环指令

指令格式	功能说明	指令格式	功能说明
MOVB IN，OUT	字节、字、双字和实数传送	SRB OUT，N	字节、字和双字右移 N 位
MOVW IN，OUT		SRW OUT，N	
MOVD IN，OUT		SRD OUT，N	
MOVR IN，OUT		SLB OUT，N	字节、字和双字移 N 位
BIR IN，OUT	立即读取传送字节	SLW OUT，N	
BIW IN，OUT	立即写入传送字节	SLD OUT，N	
BMB IN，OUT，N	字节、字和双字块传送	RRB OUT，N	字节、字和双字循环右移 N 位
BMW IN，OUT，N		RRW OUT，N	
BMD IN，OUT，N		RRD OUT，N	
SWAP IN	交换字节	RLB OUT，N	字节、字和双字循环左移 N 位
SHRB DATA，S-BIT，N	寄存器移位	RLW OUT，N	
		RLD OUT，N	

续表

程序控制指令			
指令格式	**功能说明**	**指令格式**	**功能说明**
END	条件结束	FOR INDX，INIT，FINAL	For…Next 循环指令
STOP	停止	NEXT	
WDR	监视程序复位	LSCR N	装载 SCR 指令
JMP N	跳转到标号 *N*	SCRT N	SCR 传输指令
LBL N	定义一个跳转的标号	CSCRE	SCR 条件结束指令
CALL N [N1，…]	调用子程序 [N1，…（可以有 16 个可选参数）]	SCRE	SCR 结束指令
CRET	从 SBR 条件返回	DLED IN	诊断 LED 指令

字符串指令			
指令格式	**功能说明**	**指令格式**	**功能说明**
SLEN IN，OUT	字符串长度	SSCPY IN，INDX，N，OUT	字符串中复制子字符串
SCPY IN，OUT	字符串复制	SFND IN1，IN2，OUT	字符串搜索
SCAT IN，OUT	字符串连接	CFND IN1，IN2，OUT	字符搜索

表指令			
指令格式	**功能说明**	**指令格式**	**功能说明**
FND = TBL，PTN，INDX	根据比较条件在表中查找数据	ATT DATA，TBL	向表中增加一个数值
FND< >TBL，PTN，INDX		FIFO TBL，DATA	从表中取数据，先进先出
FND < TBL，PTN，INDX		LIFO TBL，DATA	从表中取数据，后进先出
FND > TBL，PTN，INDX		FILL IN，OUT，N	存储器填充指令